Kral

Grundlagen der Elektrotechnik 1

Ihr Plus – digitale Zusatzinhalte!
Auf unserem Download-Portal finden Sie zu diesem Titel kostenloses Zusatzmaterial.
Geben Sie dazu einfach diesen Code ein:

plus-z2i9h-aq3x5

plus.hanser-fachbuch.de

Christian Kral

Grundlagen der Elektrotechnik 1

Ein einführendes Lehrbuch

HANSER

Über den Autor:
Dipl.-Ing. Dr. Christian Kral lehrt am Technologischen Gewerbemuseum (TGM), Wien/Österreich. Sein Fachgebiet sind elektrische Maschinen und Antriebe einschließlich deren Modellbildung und Simulation.

MIX
Papier aus verantwortungsvollen Quellen
FSC® C083411

Print-ISBN: 978-3-446-47376-8
E-Book-ISBN: 978-3-446-48127-5

Bibliografische Information der Deutschen Nationalbibliothek:
Die Deutsche Nationalbibliothek verzeichnet diese Publikation in der Deutschen Nationalbibliografie; detaillierte bibliografische Daten sind im Internet unter http://dnb.d-nb.de abrufbar.

Vilshofener Straße 10 | 81679 München | info@hanser.de
www.hanser-fachbuch.de
Lektorat: Frank Katzenmayer
Herstellung: Frauke Schafft
Coverkonzept: Marc Müller-Bremer, www.rebranding.de, München
Covergestaltung: Max Kostopoulos
Titelbild und Illustrationen: Michi Fleischmann, MF-Illustrationen, www.cromagnon.at
Druck: CPI Books GmbH, Leck
Printed in Germany

Vorwort

Dieses Buch richtet sich an Schülerinnen und Schüler, die im Zuge ihrer technischen Ausbildung die Grundlagen der Elektrotechnik erlernen sollen. Dieses Werk bietet aber auch für alle jene einen soliden Einstieg, die in ihrem Studium oder ihrer beruflichen Weiterbildung der Welt der Elektrotechnik begegnen. Am Beginn müssen immer Begriffe erlernt und dazu passende Vorstellungen entwickelt werden.

Was ist der Unterschied zwischen Spannung und Strom und was hat das mit dem Widerstand zu tun? Wie hängen Leistung und Energie zusammen? Was ist ein elektrisches und was ein magnetisches Feld?

Zur Beantwortung dieser Fragen braucht man gute Vorstellungen. Die gute Vorstellung ist der Schlüssel für ein grundlegendes Verständnis der Elektrotechnik. Daher wirken in diesem Lehrbuch drei Figuren mit: Farad, Henry und Ohm. Die drei stellen Sachverhalte nach und ermöglichen damit Bilder im Kopf, an die man sich immer wieder erinnern kann. Und außerdem macht es auch manchmal einfach nur Freude, den Dreien zuzusehen.

In diesem Buch werden ganz grundlegende Zusammenhänge dargestellt und veranschaulicht. In aller Regel werden dafür elementare Konfigurationen betrachtet. Was für das grundlegende Verständnis nicht notwendig ist, wird fortgelassen. Damit kann der grundlegende Einstieg in die Elektrotechnik gut gelingen.

Statt immer nur in die Theorie einzusteigen, werden manche Teilgebiete anhand von ausgewählten Beispielen zugänglich gemacht. Wo erforderlich, werden daraus allgemeingültige Aussagen abgeleitet und formuliert. Zusätzlich sind durchgerechnete Zahlenwertbeispiele inkludiert, die das erworbene Wissen direkt anwenden.

Übung macht die Meisterin und den Meister. Für das selbstständige Arbeiten und Üben gibt es eine Vielzahl von Musterbeispielen und Aufgaben, die online über LeTTo verfügbar sind. Der Zugang zu dieser Plattform ist über *https://plus.hanser-fachbuch.de* möglich, wo man den Code eingibt, der auf der ersten Seite dieses Buchs abgedruckt ist.

Über die Seite *https://github.com/christiankral/Grundlagen-der-Elektrotechnik* kann Feedback zum Buch und zu den LeTTo-Aufgaben eingebracht werden. Dafür ist es erforderlich, einen kostenfreien Account auf *https://github.com* anzulegen. Fehler und Ungenauigkeiten des Buchs und der LeTTo-Aufgaben können so systematisch behandelt und behoben werden. Für jedes einzelne Anliegen sollte möglichst immer ein eigenes Ticket (Issue) erstellt werden. Alle Tickets sind öffentlich einsehbar, wodurch ein nachvollziehbarer und öffentlicher Verbesserungsprozess ermöglicht wird.

Meinem Freund Michi Fleischmann danke ich sehr für die gezeichneten Illustrationen. Sein gutes Gespür für die Darstellung von Situationen hat zu sehr punktgenauen und höchst ansprechenden Bildern geführt. Seine Bilder sind eine große Bereicherung für dieses Buch.

Meiner Kollegin Martina Baumann, meinem Kollegen Thomas Jäger und meinem Kollegen Norbert Salomon danke ich herzlich dafür, dass sie das gesamte Manuskript gründlich und fortwährend durchgearbeitet haben. Ihre kritischen und genauen Anmerkungen, ebenso wie viele persönliche Diskussionen, haben sehr viele ganz ausgezeichnete Beiträge zu diesem Buch geleistet. Mein großer Dank geht auch an Daniel Asch-Goiser für sein konstruktives inhaltliches Feedback und die gute Unterstützungsarbeit rund um dieses Buch. Außerdem danke ich Peter Macheiner für seine sehr gewissenhaften Anmerkungen zum Manuskript.

Ich danke meinem Schüler Mladen Gojkovic für seine kritische und genaue Auseinandersetzung mit dem gesamten Manuskript. Seine Analysen und Rückmeldungen haben viele wertvolle Hinweise geliefert und somit gut zur Entstehung dieses Buchs beigetragen. Bei Mohammad Assef Rahimi, der zum Entstehungszeitpunkt dieses Buchs gerade sein erstes Ausbildungsjahr im Fachgebiet der Elektrotechnik durchläuft, bedanke ich mich für die gründliche Durcharbeitung der ersten beiden Kapitel. Er hat mir gut aufgezeigt, was noch wichtig zu ergänzen war.

Die im Laufe der letzten Jahre entstandenen LeTTo-Aufgaben sind ein ganz wesentlicher Bestandteil dieses Buchs. Ich hoffe, dass viele Menschen davon profitieren. Für das Hosting der LeTTo-Aufgaben bedanke ich mich bei der LeTTo GmbH und für die damit einhergehende technische Unterstützung bei Thomas Mayer und Werner Damböck.

Meinem Lektor Frank Katzenmayer vom Carl Hanser Verlag danke ich für die sehr gute und stets konstruktive Zusammenarbeit.

Lichtenegg, im April 2024 Christian Kral

Inhalt

Gezeichnetes und Geschriebenes

Figuren

Wir haben drei Figuren, die uns durch dieses Buch begleiten:

Farad ist drahtig und hat lange Beine. Er hat viel Energie und steht manchmal unter großer Spannung.

Ohm heißt nicht nur wie die Einheit des Widerstands, manchmal bietet er auch Widerstand.

Henry sieht aus wie ein Wassertropfen. Er ist stromlinienförmig. Und er ist anpassungsfähig, auch wenn man ihm das nicht immer zutraut. Wenn es drauf ankommt, zwängt er sich jedoch durch engste Spalten und in kleinste Räume.

Nummerierungen

In technischen Dokumenten und Büchern ist es üblich, alle Gleichungen, Bilder und Tabellen zu nummerieren, so wie es auch in diesem Buch umgesetzt ist. Verweise auf andere Bücher (Literatur) werden über ein Kürzel angegeben.

Gleichungen. Wichtige Gleichungen werden in einer separaten Zeile geschrieben und in runden Klammern nummeriert. Dabei gibt die erste Zahl das Kapitel an, während die zweite Zahl eine fortlaufende Nummerierung repräsentiert. Die beiden Zahlen sind durch einen Punkt voneinander getrennt.

Beispiel: Der Satz von Pythagoras lautet:

$$c^2 = a^2 + b^2 \tag{4.6}$$

Wenn wir auf diese Gleichung verweisen, so schreiben wir Gl. (4.6). Wenn wir auf mehrere Gleichungen verweisen, verwenden wir die Abkürzung Gln.

Besonders wichtige Gleichungen werden in einen rechteckigen Rahmen gesetzt, um deren Wichtigkeit zu unterstreichen.

Beispiel: Das Ohmsche Gesetz lautet:

$$\boxed{R = \frac{U}{I}} \tag{2.21}$$

Bilder. Alle Bilder sind nummeriert und weisen eine Bildunterschrift auf, um die gezeigte Darstellung in kurzer Form zu beschreiben. Die erste Zahl der fortlaufenden Nummerierung kennzeichnet das Kapitel, die zweite Zahl gibt eine fortlaufende Nummer an.

Beispiel: Henry ist beispielsweise in Bild 2.4 auf Seite 28 mit Murmeln dargestellt.

Tabellen. Die Nummerierung einer Tabelle steht oberhalb der Tabelle und eine kurze textliche Beschreibung erläutert, was dargestellt ist. Die Tabellen sind unabhängig von den Bildern, aber nach dem selben Schema, mit Kapitel und fortlaufender Zahl, nummeriert.

Literatur. Der Verweis auf andere Bücher wird mit einer Kombination aus Buchstaben und Zahlen codiert. Die konkrete Auflösung dieser Codierung mit allen bibliografischen Angaben befindet sich im Kapitel Literatur auf Seite 283 am Ende dieses Buchs.

Beispiel: Das Ohmsche Gesetz ist in [Pre06, Abschnitt 6.5] behandelt.

Schreibweisen

Wir verwenden lateinische und griechische Buchstaben in unterschiedlichen Schreibweisen.

Hervorhebung. Wichtige Begriffe und Formulierungen sind im Text *kursiv* geschrieben, also *schräg gestellt.*

Physikalische Größen. Mit dem Formelzeichen t bezeichnen wir beispielsweise die physikalische Größe Zeit. Formelzeichen werden kursiv geschrieben. Zahlenwerte werden mit einem schmalen Leerzeichen als Tausendertrennzeichen dargestellt. Die zugehörige Einheit einer physikalischen Größe wird gerade geschrieben und vom Zahlenwert durch ein schmales Leerzeichen getrennt:

Beispiel: Die Zeitdauer beträgt $t = 1\,200\,\mathrm{s}$

Wenn eine physikalische Größe gleich null ist, so wird ihre Einheit dennoch mit angegeben.

Beispiel: Die Zählung beginnt zum Zeitpunkt $t = 0\,\mathrm{s}$

Kalligrafische Buchstaben. Um Punkte, Flächen und andere räumliche Objekte zu bezeichnen, verwenden wir kalligrafische Buchstaben, die wie handschriftlich verfasst aussehen.

Beispiel: Die Fläche $\mathcal{A}$ bezeichnet die Fläche als Objekt (als Ding), während der gewöhnliche geschrieben Buchstabe A den Flächeninhalt (mit der Einheit m^2) bezeichnet.

Vektoren. Vektorielle Größen werden mit einem Pfeil gekennzeichnet. Wir unterscheiden zwei- und dreidimensionale Vektoren, die zwei oder drei Koordinaten aufweisen.

Beispiel: Der dreidimensionale Kraftvektor beträgt: $\vec{F} = \begin{pmatrix} 0\,\mathrm{N} \\ 100\,\mathrm{N} \\ 0\,\mathrm{N} \end{pmatrix}$

Hervorhebungen

Am Beginn eines neuen Abschnitts, wo neue Formelzeichen und Einheiten auftreten, werden diese strukturiert zusammengefasst. Dabei ist in aller Regel Ohm so freundlich und weist auf besondere Eigenschaften und Aussprachen hin.

Zeichen	**Einheit**	**Größe**	**Quantity**
F	N	Kraft	Force

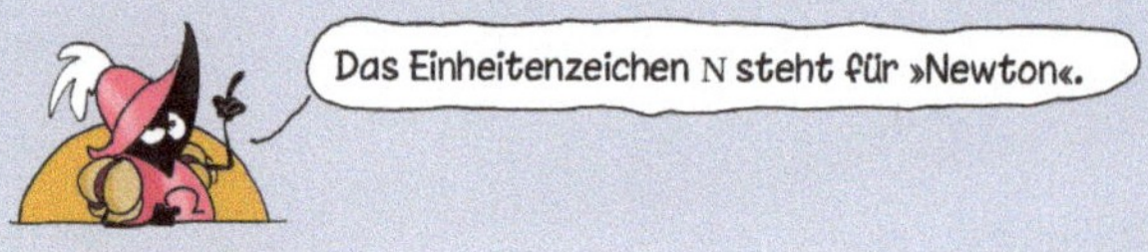

Wichtige Sachverhalte werden gesondert hervorgehoben:

Wichtige Eigenschaften oder Zusammenhänge werden durch einen Kasten mit Ausrufezeichen versehen.

Tipp. Ein praktischer Tipp findet sich in einem mit einem Häkchen versehenen Kasten.

Einheitenumrechnung. Wenn es um die Umrechnung von Einheiten geht, so sind diese in einem Kasten mit einem nach rechts weisenden Pfeil angegeben.

Am Ende von mehreren Abschnitten werden wichtige deutsche und englische Begriffe zusammengefasst.

Deutsch	**English**
Spannung	Voltage
Strom	Current

Erweitertes Wissen. Dadurch werden Inhalte gekennzeichnet, die über das grundlegende Wissen hinausgehen.

Beispiele und Übungen

Zahlenwertbeispiele. Durchgerechnete Zahlenwertbeispiele sind im Buch enthalten. Diese Zahlenwertbeispiele wenden das im jeweiligen Abschnitt erworbene Wissen unmittelbar an. Sie sind fortlaufend nummeriert und werden mit einem kleinen rechteckigen Quadrat abgeschlossen. ■

Übungsaufgaben. Es gibt zu diesem Buch eine große Sammlung von Musterbeispielen und Übungsaufgaben, die über einen LeTTo-Server[1] online zur Verfügung gestellten werden. Zu dieser Aufgabensammlung gelangen Sie, in dem Sie den auf der ersten Seite abgedruckten Code auf *https://plus.hanser-fachbuch.de* eingeben und den dort angegebenen Anweisungen folgen. Über LeTTo können alle Rechen- bzw. Arbeitsschritte der bearbeiteten Aufgaben online auf Korrektheit geprüft werden.

Die gesamte Aufgabensammlung ist frei verfügbar und kann daher auch auf dem LeTTo-Server einer Bildungseinrichtung uneingeschränkt genutzt, verändert und weiterentwickelt werden.

Suche im Buch

Grundsätzlich gibt es folgende systematische Möglichkeiten, Inhalte in diesem Buch zu finden:

Inhaltsverzeichnis. Das am Beginn des Buchs befindliche Inhaltsverzeichnis zeigt die Gliederung in Kapitel und Abschnitte. Dort kann man sich an den angeführten Themen orientieren und dann auf den entsprechenden Seiten nachschlagen.

Beispiel: 2.5 Widerstand 44

Stichwortverzeichnis. Das Stichwortverzeichnis ab Seite 285 listet die wichtigsten Stichworte und Begriffe auf. Gleich daneben sind jene Seitennummern angegeben, unter denen die zugehörigen Inhalte zu finden sind.

Beispiel: Ohm (Einheit) 44

Verzeichnis der Formelzeichen. Das Verzeichnis aller in diesem Buch verwendeten Formelzeichen mitsamt Einheit (EH) ist im Anhang B ab Seite 279 angegeben.

Beispiel:	**Größe**	**EH**	**Beschreibung**	**Seite**
	R	Ω	Widerstand	44

[1] LeTTo steht für »Learning Evaluating Teaching Testing Online«, siehe *https://letto.at*.

1 Grundlegendes Handwerkszeug

Für das praktische Rechnen in der Elektrotechnik benötigen wir einige mathematische Grundlagen, sowie ein Grundverständnis für die Beschaffenheit und die Besonderheiten von physikalischen Größen. Das wichtigste Handwerkszeug für den Einstieg in die Grundlagen der Elektrotechnik wird nachfolgend bereitgestellt.

1.1 Ausgewählte Funktionen

Tabelle 1.1 Mathematische Funktionen

Name	Schreibweise	Definition	Beispiel(e)
Kehrwert	$y = \frac{1}{x}$	Erfüllt die Bedingung $x \cdot y = 1$	$y = \frac{1}{2} = 0{,}5$
Quadrat	$y = x^2$	$y = x \cdot x$	$y = 2^2 = 4$ $y = (-2)^2 = 4$
Wurzel	$y = \sqrt{x}$	Gilt nur für $x > 0$	$y = \sqrt{4} = 2$
Vorzeichen	$y = \mathrm{sign}(x)$	$y = \begin{cases} -1 & \text{wenn } x < 0 \\ 0 & \text{wenn } x = 0 \\ 1 & \text{wenn } x > 0 \end{cases}$	$y = \mathrm{sign}(-4) = -1$ $y = \mathrm{sign}(0) = 0$ $y = \mathrm{sign}(4) = 1$
Betrag	$y = \|x\|$	$y = \begin{cases} -x & \text{wenn } x < 0 \\ x & \text{wenn } x \geq 0 \end{cases}$	$y = \|-4\| = 4$ $y = \|4\| = 4$

In Tabelle 1.1 sind einige für dieses Buch relevante Funktionen für reellwertige Größen zusammengestellt. In jeder der dargestellten Funktionen $y(x)$ bezeichnet

- x das Argument und
- y den Funktionswert.

Wir ergänzen dazu:

Kehrwert. Den Kehrwert von x berechnen wir, indem wir 1 durch x dividieren, also $y = \frac{1}{x}$. Der in Bild 1.1a dargestellte Funktionsverlauf ist eine *Hyperbel.* Der Funktionswert y ist für $x = 0$ nicht definiert. Zusätzlich gelten die Bedingungen $x = \frac{1}{y}$ und $x \cdot y = 1$.

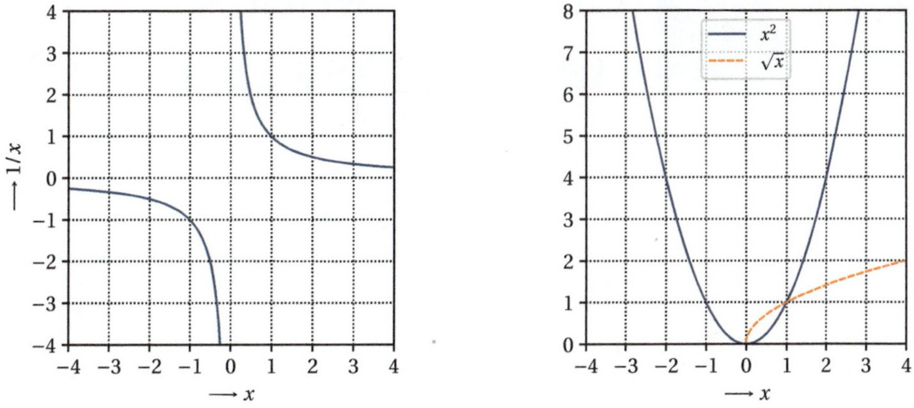

(a) (b)

Bild 1.1 Funktionen: (a) Hyperbel $1/x$, (b) Quadrat x^2 und Wurzel $\sqrt{x}$

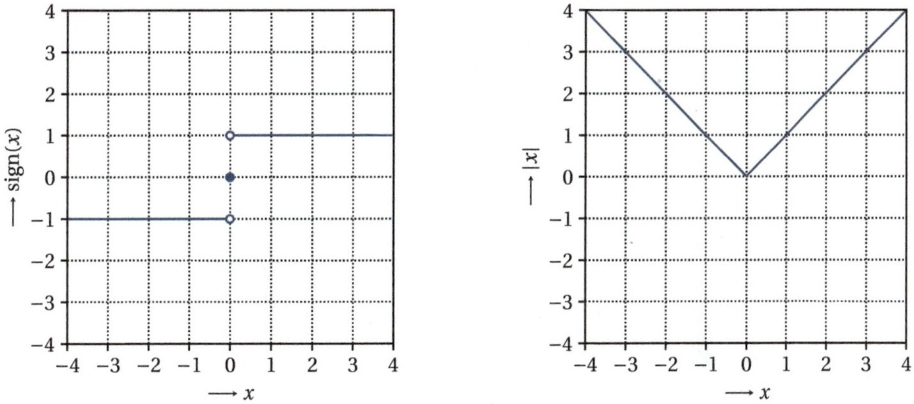

(a) (b)

Bild 1.2 Funktionen: (a) Vorzeichen- bzw. Signumfunktion $\text{sign}(x)$, (b) Betragsfunktion $|x|$

Quadrat. Das Quadrat eines positiven oder negativen Arguments gibt stets einen positiven Funktionswert, wie in Bild 1.1b gezeigt. Das Quadrat von null liefert als Funktionswert null.

Wurzel. Die reellwertige Wurzelfunktion ist nur für positive Argumente definiert, wie das in Bild 1.1b dargestellt ist. Für negative Argumente gibt es keine Lösung. Der Funktionswert der Wurzel ist stets positiv.

Vorzeichenfunktion. Die Vorzeichenfunktion bzw. Signumfunktion hat nur drei Funktionswerte. Die in Tabelle 1.1 angegebene Schreibweise für die Definition kennzeichnet drei unterschiedliche Fälle, die untereinander in einer geschwungenen Klammer aufgeschrieben werden und eindeutig voneinander unterscheidbar sind:

- Falls $x < 0$ ist, dann ergibt $y = -1$.

- Falls $x = 0$ ist, dann ergibt $y = 0$.
- Falls $x > 0$ ist, dann ergibt $y = 1$.

Die in Bild 1.2a dargestellte Funktion zeigt einen vollen (•) und zwei leere (○) Markierungspunkte, die wie folgt zu verstehen sind:

Voller Markierungspunkt. Der dargestellte Punkt (•) gehört zur Funktion. Hier ist das der Punkt $x = 0$ und $\mathrm{sign}(0) = 0$.

Leerer Markierungspunkt. Ein derartiger Punkt (○) ist jeweils auf einer Kurve bei $x = 0$ eingezeichnet, gehört selbst aber nicht mehr zur jeweiligen Kurve dazu. Der leere Markierungspunkt gibt also an, dass eine Kurve auf diesen Punkt zustrebt, ihn aber nicht vollständig erreicht. Stattdessen gehört der Punkt bei $x = 0$ und $\mathrm{sign}(0) = 0$ tatsächlich zur Funktion $\mathrm{sign}(x)$.

Betragsfunktion. Bei der Betragsbildung einer Größe wird einfach das Vorzeichen fortgelassen. Wir verwenden in aller Regel zwei unterschiedliche Schreibweisen:

- Wir schreiben zwei senkrechte Striche um den Funktionswert x, also $|x|$.
- Anstelle der Betragsstriche schreibt man für den Betrag (engl., *absolute value*) auch $\mathrm{abs}(x)$.

Bemerkenswert ist in diesem Zusammenhang, dass das Produkt aus der Vorzeichen- und der Signumfunktion wieder den Funktionswert ergibt:

$$x = \mathrm{sign}(x) \cdot |x| \tag{1.1}$$

Zahlenwertbeispiel 1.1. Wir bestimmen den Betrag und das Vorzeichen von $x = -2$.

- Die Betragsfunktion liefert immer einen positiven Wert. Für $x < 0$ erhalten wir: $|x| = 2$
- Das Vorzeichenfunktion liefert: $\mathrm{sign}(x) = -1$ ■

1.2 Zehnerpotenzen

1.2.1 Definition und Eigenschaften

Zehnerpotenzen sind Ausdrücke der Form 10^a, wobei $a \in \mathbb{Z}$ eine **ganze Zahl** ist:

■

Dabei bezeichnet $\mathbb{Z}$ die Menge der ganzen Zahlen, also: $\ldots -3, -2, -1, 0, 1, 2, 3, \ldots$

Wir unterscheiden:

Positiver Exponent. Für $a > 0$ ist die Zehnerpotenz größer als eins:

$$10^a = \underbrace{10 \cdot 10 \cdot \ldots \cdot 10}_{a\text{-mal}} = 1\underbrace{00\ldots0}_{a\text{ Nullen}} > 1 \tag{1.2}$$

Der Exponent a gibt dabei an, wie viele Nullen auf die Eins folgen.

Sonderfall Exponent null. Für $a = 0$ ist die Zehnerpotenz gleich eins:

$$10^0 = 1 \tag{1.3}$$

Negativer Exponent. Für $a < 0$ ist die Zehnerpotenz kleiner als eins:

$$10^a = \frac{1}{\underbrace{10 \cdot 10 \cdot \ldots \cdot 10}_{|a|\text{-mal}}} = 0{,}00\ldots0\underset{\substack{\uparrow \\ |a|\text{-te Dezimalstelle nach dem Komma}}}{1} < 1 \tag{1.4}$$

Der Betrag $|a|$ des Exponenten gibt an, an der wievielten Dezimalstelle nach dem Komma sich die Eins befindet.

Die Zehnerpotenzen von −3 bis 3 sind in Tabelle 1.2 zusammengefasst.

Tabelle 1.2 Zehnerpotenzen mit Exponenten von −3 bis 3

a	10^a	Produkt	Dezimalzahl
3	10^3	$10 \cdot 10 \cdot 10$	1000
2	10^2	$10 \cdot 10$	100
1	10^1	10	10
0	10^0	1	1
−1	10^{-1}	$\frac{1}{10}$	0,1
−2	10^{-2}	$\frac{1}{10} \cdot \frac{1}{10}$	0,01
−3	10^{-3}	$\frac{1}{10} \cdot \frac{1}{10} \cdot \frac{1}{10}$	0,001

Zahlenwertbeispiel 1.2. Wir stellen die Größe 10 000 als Zehnerpotenz dar.

Da wir nach der 1 insgesamt vier Nullen vorliegen haben, gilt: $10\,000 = 10^4$ ■

Zahlenwertbeispiel 1.3. Wir stellen die Größe 0,001 als Zehnerpotenz dar.

Die 1 ist die dritte Stelle nach dem Komma. Daher erhalten wir: $0{,}001 = 10^{-3}$ ■

1.2.2 Rechenregeln

Wir formulieren alle Rechenregeln nachfolgend mit den ganzzahligen Exponenten $a \in \mathbb{Z}$ und $b \in \mathbb{Z}$.

Produkt von Zehnerpotenzen

Wenn wir zwei Zehnerpotenzen mit den Exponenten a und b miteinander multiplizieren, ist der Exponent des Produkts gleich der Summe der einzelnen Exponenten:

$$\boxed{10^a \cdot 10^b = 10^{a+b}} \tag{1.5}$$

Kehrwert

Für den Kehrwert einer Zehnerpotenz gilt:

$$\boxed{10^a = \frac{1}{10^{-a}}} \qquad \boxed{10^{-a} = \frac{1}{10^a}} \tag{1.6}$$

Quotient von Zehnerpotenzen

Die Anwendung der Regeln für das Produkt und den Kehrwert führt zur Rechenregel von Quotienten:

$$\boxed{\frac{10^a}{10^b} = 10^a \cdot 10^{-b} = 10^{a-b}} \tag{1.7}$$

Unter dem *Quotienten* verstehen wir das Verhältnis zweier Größen in Form einer Divison, wie das in Bild 1.3 illustriert ist.

Bild 1.3 Der Quotient ist gleich dem Dividenden, geteilt durch den Divisor

Zahlenwertbeispiel 1.4. Wir bestimmen das Produkt: $10^4 \cdot 10^{-3} = 10^{4-3} = 10^1 = 10$ ■

Zahlenwertbeispiel 1.5. Wir bestimmen den Quotienten:

$$\frac{10^4}{10^{-3}} = 10^4 \cdot 10^3 = 10^{4+3} = 10^7$$ ■

1.2.3 Produkte aus Zahlen und Zehnerpotenzen

Wissenschaftliche Größen werden oft als Produkt

- einer Dezimalzahl und
- einer Zehnerpotenz

angegeben:

Wissenschaftliche Darstellung. Wenn nur eine Dezimalstelle ungleich null vor dem Komma steht, so sprechen wir oft von einer normierten Gleitkommadarstellung:

$$23450 = 2{,}345 \cdot 10000 = \underbrace{\overset{\text{Nicht 0}}{\overset{\downarrow}{2}}{,}345 \cdot 10^4}_{\text{Wissenschaftliche Darstellung}} = \underbrace{\texttt{2.345E4}}_{\text{Computer oder Taschenrechner}}$$

Auf Taschenrechnern wird diese wissenschaftliche Darstellungsform oft mit dem Kürzel SCI (engl. *scientific*) gekennzeichnet.

Technische Darstellung. Zusätzlich bieten Taschenrechner mitunter auch die Möglichkeit der Zahlendarstellung in einem sogenannten technischen Format,

- bei dem der Zahlenwert größer oder gleich eins und kleiner als 1 000 und auch
- der Exponent der Zehnerpotenz immer ein ganzzahliges Vielfaches von drei ist; das hat mit den technisch üblichen Einheitenvorsätzen Milli, Kilo, etc. zu tun:

$$23450 = 23{,}45 \cdot 1000 = \underbrace{\overset{\text{Größer oder gleich 1 und kleiner als 1 000}}{\overset{\downarrow}{2}}3{,}45 \cdot 10^3}_{\text{Technische Darstellung}} = \underbrace{\texttt{23.45E3}}_{\text{Computer oder Taschenrechner}}$$

Diese Darstellungsform ist auf Taschenrechnern oft mit dem Kürzel ENG (engl. *engineering*) bezeichnet.

Typischer Fehler anhand eines Beispiels:

Vorzeichen. Sowohl die Dezimalzahl als auch die Zehnerpotenz können ein positives oder negatives Vorzeichen aufweisen. Entsprechende Beispiele sind in Tabelle 1.3 zusammengestellt.

Computerdarstellung. Zahlen können in wissenschaftlicher oder technischer Darstellung geschrieben werden. Die Zehnerpotenzen werden direkt nach einem groß (oder klein) geschriebenen `E` (oder `e`) angegeben, so wie derartige Zahlen auch bei Taschenrechnern angezeigt werden.

Tabelle 1.3 Darstellung von Zahlen (a) in wissenschaftlicher (SCI) und (b) technischer Schreibweise (ENG)

(a)

Dezimalzahl	Rechnung	Wissenschaftlich	SCI
23450	$2{,}345 \cdot 10000$	$2{,}345 \cdot 10^4$	`2.345E4`
−23450	$-2{,}345 \cdot 10000$	$-2{,}345 \cdot 10^4$	`-2.345E4`
0,0002345	$2{,}345 \cdot 0{,}0001$	$2{,}345 \cdot 10^{-4}$	`2.345E-4`
−0,0002345	$-2{,}345 \cdot 0{,}0001$	$-2{,}345 \cdot 10^{-4}$	`-2.345E-4`

(b)

Dezimalzahl	Rechnung	Technisch	ENG
23450	$23{,}45 \cdot 1000$	$23{,}45 \cdot 10^3$	`23.45E3`
−23450	$-23{,}45 \cdot 1000$	$-23{,}45 \cdot 10^3$	`-23.45E3`
0,0002345	$234{,}5 \cdot 0{,}000001$	$234{,}5 \cdot 10^{-6}$	`234.5E-6`
−0,0002345	$-234{,}5 \cdot 0{,}000001$	$-234{,}5 \cdot 10^{-6}$	`-234.5E-6`

Bei Computern dürfen bei dieser Zahlendarstellung zwischen Vorzeichen, Ziffern und `E` keine Leerzeichen verwendet werden. Außerdem wird oft der Punkt (`.`) anstelle des Kommas (`,`) als Dezimaltrennzeichen verwenden.[1]

Zahlenwertbeispiel 1.6. Wir bestimmen das Produkt aus $3 \cdot 10^2$ und $5 \cdot 10^3$ in wissenschaftlicher Darstellung:

$$3 \cdot 10^2 \cdot 5 \cdot 10^3 = \overbrace{3 \cdot 5}^{15=1{,}5\cdot 10^1} \cdot \underbrace{10^2 \cdot 10^3}_{10^5} = 1{,}5 \cdot \underbrace{10^1 \cdot 10^5}_{10^6} = 1{,}5 \cdot 10^6$$ ∎

Zahlenwertbeispiel 1.7. Wir bestimmen das Produkt aus $3 \cdot 10^{-2}$ und $5 \cdot 10^{-3}$ einmal in einer wissenschaftlichen und dann in einer technischen Darstellung, bei der der Exponent ein ganzzahliges Vielfaches von drei ist.

Für die wissenschaftliche Darstellung erhalten wir:

$$3 \cdot 10^{-2} \cdot 5 \cdot 10^{-3} = \overbrace{3 \cdot 5}^{15=1{,}5\cdot 10^1} \cdot \underbrace{10^{-2} \cdot 10^{-3}}_{10^{-5}} = 1{,}5 \cdot \underbrace{10^1 \cdot 10^{-5}}_{10^6} = 1{,}5 \cdot 10^{-4}$$

Ausgehend von dieser Lösung entwickeln wir die technische Darstellung:

$$1{,}5 \cdot 10^{-4} = \overbrace{1{,}5 \cdot 10^2}^{150} \cdot \overbrace{10^{-2} \cdot 10^{-4}}^{10^{-6}} = 150 \cdot 10^{-6}$$

(wobei $\underbrace{10^2 \cdot 10^{-2}}_{1}$)

In dieser Darstellung ist der Exponent −6 ein ganzzahliges (−2) Vielfaches von 3. ∎

[1] Eine Ausnahme bilden meist Tabellenkalkulationen.

1.2.4 Runden und signifikante Stellen

Taschenrechner und Computer rechnen typisch mit über zehn Dezimalstellen. Für praktische Rechnungen mit einem Taschenrechner ist es in aller Regel ausreichend, auf *vier signifikante Stellen* genau zu rechnen, da sich damit die meisten Ergebnisse auf besser als 1 % genau bestimmen lassen. Die Rundung auf vier signifikante Stellen untersuchen wir beispielhaft anhand eines Bruchs, der unendlich viele Nachkommastellen aufweist:

$$\frac{3}{70} = 0{,}0\underbrace{42\,85}_{\text{Vier signifikante Stellen}}7\,142\,857\,142\ldots \approx 0{,}0\overbrace{42\,8\underset{\uparrow\,\text{Gerundet}}{6}}^{\text{Auf vier signifikante Stellen gerundet}}$$

Dabei gilt:

- Führende Nullen sind nicht signifikant.
- Die Position des Dezimaltrennzeichens (des Kommas) ist dabei nicht relevant.
- Wir suchen die erste signifikante Dezimalstelle (Stelle), die von null verschieden ist, das ist die 4. Daher ist 4 ist erste signifikante Stelle.
- Von nun an zählen wir von links nach rechts jede Ziffer (auch Nullen) als weitere signifikante Stelle.
- Die zweite signifikante Stelle ist die 2.
- Die dritte signifikante Stelle ist die 8.
- Die vierte signifikante Stelle ist die 5.
- Die fünfte signifikante Stelle ist die 7.
- Für die Rundung auf insgesamt vier signifikante Stellen müssen wir die vierte Stelle runden.
  - Wenn die fünfte signifikante Stelle 5, 6, 7, 8 oder 9 beträgt, dann runden wir die vierte Stelle auf.
  - Wenn die fünfte signifikante Stelle 0, 1, 2, 3 oder 4 beträgt, dann runden wir die vierte Stelle ab.

  In unserem Beispiel müssen wir die vierte signifikante Stelle von 5 auf 6 aufrunden, d. h.

  $$\frac{3}{70} \approx 0{,}042\,86 = 4{,}286 \cdot 10^{-2}$$

- Das Zeichen ≈ gibt an, dass eine Zahl gerundet ist.

Tabelle 1.4 Beispiele von Bruchzahlen, auf vier signifikante Stellen gerundet, als Dezimalzahl und im wissenschaftlichen Format (SCI)

Bruch	Ungerundet	Auf vier signifikante Stellen gerundet	
$\frac{3}{700}$	0,004 285 714 285 714...	0,004 286	$4{,}286 \cdot 10^{-3}$
$\frac{300}{7}$	42,857 142 857 14...	42,86	$4{,}286 \cdot 10^{1}$
$\frac{300\,000}{7}$	42 857,142 857 14...	42 860	$4{,}286 \cdot 10^{4}$

- Für Zahlen größer als 10000 müssen nach der gerundeten vierten signifikanten Stelle am Ende so viele Nullen ergänzt werden, dass die Größenordnung der Zahl korrekt ist.

Drei Beispiele von auf vier signifikante Stellen gerundete Zahlen sind in Tabelle 1.4 angegeben. Die drei Brüche bzw. Dezimalzahlen unterschieden sich nur durch ihre Zehnerpotenzen. In der wissenschaftlichen Darstellung der letzten Spalte sieht man die einheitliche Rundung auf vier signifikante Stellen deutlich.

Für das praktische Rechnen ist es sinnvoll, Zahlen auf **vier signifikante Stellen** zu **runden**, unabhängig davon ob diese Zahlen …

Wenn aufgrund der Rundung von Zahlen abschließende Nullen auftreten, so ist es zweckmäßig, diese Nullen mit anzuschreiben. Würde man im Beispiel

$$10{,}2014 \approx 10{,}20$$

die vierte signifikante Stelle 0 fortlassen und nur 10,2 schreiben, geht die Information verloren, dass auf vier signifikante Stellen gerundet wurde.

Zahlenwertbeispiel 1.8. Wir runden 0,999991 auf vier signifikante Stellen.

$$0{,}\underbrace{9999}_{\text{Vier signifikante Stellen}}91 \approx 1{,}000$$

Zahlenwertbeispiel 1.9. Wir runden 0,00988779 auf vier signifikante Stellen.

$$0{,}00\underbrace{9887}_{\text{Vier signifikante Stellen}}79 \approx 0{,}09888$$

Zahlenwertbeispiel 1.10. Wir runden 299792458 auf vier signifikante Stellen.

$$\underbrace{2997}_{\text{Vier signifikante Stellen}}92458 \approx 299800000$$

Zahlenwertbeispiel 1.11. Wir bestimmen $4 \cdot \pi \cdot 10^{-7}$ auf vier signifikante Stellen gerundet in wissenschaftlicher Schreibweise.

$$4 \cdot \pi \cdot 10^{-7} = \underbrace{12{,}5663\ldots}_{\approx 12{,}57 = 1{,}257 \cdot 10^{1}} \cdot 10^{-7} = 1{,}257 \cdot \underbrace{10^{1} \cdot 10^{-7}}_{10^{-6}} = 1{,}257 \cdot 10^{-6}$$

Deutsch	**English**
Kehrwert	Reciprocal
Signifikante Stelle	Significant digit
Zehnerpotenz	Power of ten

1.3 Geometrie

Zeichen	Einheit	Größe	Quantity
a, b, c	m	Seitenlänge	Side length
A	m^2	Fläche	Cross-sectional area
d	m	Diagonale	Diagonal
D	m	Durchmesser	Diameter
M	m^2	Mantelfläche	Lateral surface
r	m	Radius	Radius
U	m	Umfang	Perimeter
V	m^3	Volumen	Volume
π	1	Kreiszahl[2] »pi«	Pi

In der Elektrotechnik rechnen wir oft mit Längen, Flächen und Volumina. Die wichtigsten Zusammenhänge werden kurz zusammengefasst.

Ebene Figuren

In Tabelle 1.5 sind die Gleichungen für die Berechnung des Umfangs und der Fläche für ein Rechteck, ein Quadrat, ein rechtwinkeliges Dreieck und einen Kreis angegeben:

Rechteck. Für die Diagonale d eines Rechtecks kommt der Satz von Pythagoras zur Anwendung.

Quadrat. Das Quadrat ist ein Sonderfall des Rechtecks mit $b = a$.

Rechtwinkeliges Dreieck. Die beiden im rechten Winkel stehenden Seiten a und b heißen Katheten. Die Hypotenuse c des rechtwinkeligen Dreiecks heißt beim Rechteck Diagonale.

Kreis. Der Durchmesser D ist das Doppelte des Radius r.

Zahlenwertbeispiel 1.12. Von einem Quadrat mit der Fläche $A_\square = 4$ ermitteln wir die Seitenlänge.

Dazu müssen wir auf beiden Seiten der Gleichung $a^2 = A_\square$ die Wurzel ziehen:

$$a = \sqrt{A_\square} = \sqrt{4} = 2$$

Zahlenwertbeispiel 1.13. Von einem Kreis mit der Fläche $A_\bigcirc = 4$ bestimmen wir den Radius r, gerundet auf vier signifikante Stellen.

Dafür dividieren wir die Gleichung $r^2 \cdot \pi = A_\bigcirc$ zunächst auf beiden Seiten durch π:

$$r^2 = \frac{A_\bigcirc}{\pi}$$

Auf beiden Seiten der resultierenden Gleichung ziehen wir nun die Wurzel:

$$r = \sqrt{\frac{A_\bigcirc}{\pi}} = \sqrt{\frac{4}{\pi}} = \underbrace{1{,}128}_{\text{Vier signifikante Stellen}}37\ldots \approx 1{,}128$$

[2] Die Kreiszahl beträgt $\pi = 3{,}14159\ldots$

Tabelle 1.5 Ebene Figuren: Rechteck, Quadrat, rechtwinkeliges Dreieck und Kreis mit ihren Kenngrößen

	Rechteck	Quadrat	Rechtwinkeliges Dreieck	Kreis
Skizze	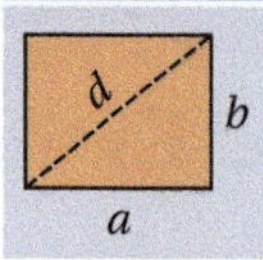	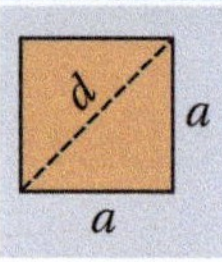	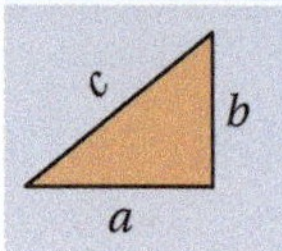	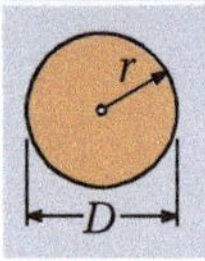
Zusätzliche Größe	Diagonale $d=\sqrt{a^2+b^2}$	Diagonale $d=\sqrt{2}\cdot a$	Hypotenuse $c=\sqrt{a^2+b^2}$	Durchmesser $D=2\cdot r$
Umfang	$U_{\square}=2\cdot(a+b)$	$U_{\square}=4\cdot a$	$U_{\triangle}=a+b+c$	$U_{\bigcirc}=2\cdot r\cdot\pi$
Fläche	$A_{\square}=a\cdot b$	$A_{\square}=a^2$	$A_{\triangle}=\frac{a\cdot b}{2}$	$A_{\bigcirc}=r^2\cdot\pi$

Räumliche Figuren

In Tabelle 1.6 sind die Manteloberflächen und Volumina einiger ausgewählter räumlicher Figuren angegeben. Dabei sind die Stirn- bzw. Grundflächen mit A – außer bei der Kugel – und die Manteloberflächen mit M bezeichnet. Die Mantelflächen aller zylinderförmigen Körper – das sind hier der Quader, Würfel und Kreiszylinder – berechnen sich aus dem Produkt des Umfangs der Grundfläche und der Höhe. Die gesamte Oberfläche ist für diese Körper gleich zweimal der Grundfläche plus die Mantelfläche und die Volumina sind das Produkt der Grundfläche und der Höhe.

Quader. Das Produkt aus der Grundfläche $A_{\square}=a\cdot b$ und der Höhe h ergibt das Volumen.

Würfel. Der Würfel ist ein Sonderfall des Quaders für $b=h=a$.

Kreiszylinder. Für Zylinder errechnet sich allgemein das Volumen als Produkt aus Grundfläche – hier die Kreisfläche $A_{\bigcirc}$ – und Höhe h. Die zugehörige Mantelfläche ist gleich dem Umfang der Grundfläche – hier gleich $U_{\bigcirc}$ – mal der Höhe h.

Tabelle 1.6 Räumliche Figuren: Quader, Würfel, Zylinder und Kugel

	Quader	Würfel	Kreiszylinder	Kugel
Skizze	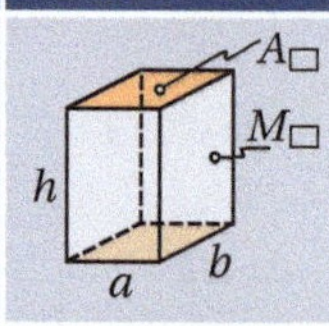	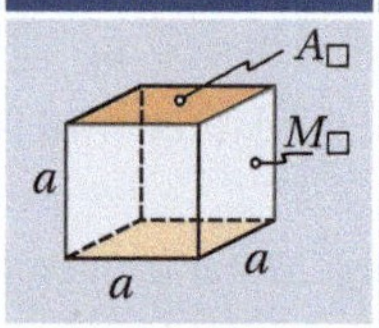	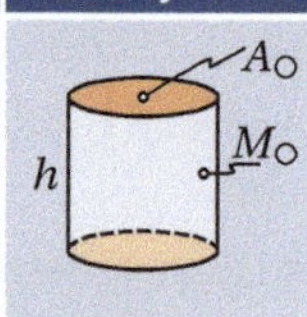	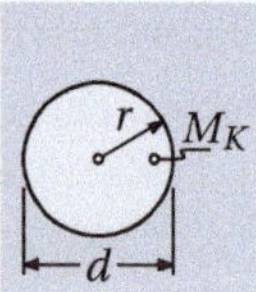
Manteloberfläche	$M_{\square}=U_{\square}\cdot h$ $=2\cdot(a+b)\cdot h$	$M_{\square}=U_{\square}\cdot a$ $M_{\square}=4\cdot a^2$	$M_{\bigcirc}=U_{\bigcirc}\cdot h$ $=2\cdot r\cdot\pi\cdot h$	$M_K=4\cdot r^2\cdot\pi$
Gesamtoberfläche	$O_{\square}=2\cdot A_{\square}+M_{\square}$ $=2\cdot a\cdot b$ $+2\cdot(a+b)\cdot h$	$O_{\square}=2\cdot A_{\square}+M_{\square}$ $=6\cdot a^2$	$O_{\bigcirc}=2\cdot A_{\bigcirc}+M_{\bigcirc}$ $=2\cdot r^2\cdot\pi$ $+2\cdot r\cdot\pi\cdot h$	$O_K=M_K$ $=4\cdot r^2\cdot\pi$
Volumen	$V_{\square}=A_{\square}\cdot h$ $=a\cdot b\cdot h$	$V_{\square}=A_{\square}\cdot a$ $=a^3$	$V_{\bigcirc}=A_{\bigcirc}\cdot h$ $=r^2\cdot\pi\cdot h$	$V_K=\frac{4}{3}\cdot r^3\cdot\pi$

Kugel. Die Manteloberfläche einer Kugel mit dem Radius r ist vier mal größer als die Fläche eines Kreises mit dem selben Radius. In der Berechnungsgleichung für das Volumen tritt der Radius zur dritten Potenz auf.

1.4 Physikalische Größen und Einheiten

In der Elektrotechnik und allen anderen physikalischen Disziplinen arbeiten wir mit physikalischen Größen. Das ist erforderlich, da beispielsweise 5 m und 5 cm zwar den selben Zahlenwert aufweisen, aber zwei unterschiedliche Längen meinen.

1.4.1 Basis-SI-Einheiten

In der Elektrotechnik verwenden wir das System der SI-Einheiten (SI, franz. *Système international d'unités*). Seit 2019 sind sieben Naturkonstanten mit festen Zahlenwerten definiert [Bur22, Abschnitt 2.3.1], sodass sich daraus die sieben Basis-SI-Einheiten der Tabelle 1.7 bestimmen lassen.

Basis-SI-Einheiten:

Jede **physikalische Größe** besteht aus (dem Produkt von) **Zahlenwert** und **Einheit**:

$$\boxed{\text{Physikalische Größe} = \text{Zahlenwert} \cdot \text{Einheit}} \qquad (1.8)$$

Wir untersuchen am Beispiel der Länge $x = 5\,\mathrm{m} = 5 \cdot \mathrm{m}$:

Formelzeichen. Die physikalische Größe der Länge wird beispielsweise mit dem Formelzeichen x gekennzeichnet.

Einheit. Die SI-Einheit der Länge x beträgt Meter (m). Wenn wir die SI-Einheit einer physikalischen Größe x bestimmen wollen, so kennzeichnen wir das dadurch, dass wir die Größe x in eckige Klammern schreiben:

$$\underbrace{[x]}_{\text{Einheit von } x} = \mathrm{m}$$

Zahlenwert. Der Zahlenwert der Länge x, der zur SI-Einheit Meter (m) gehört, beträgt 5. Die zugehörige mathematische Schreibweise erfolgt mit geschwungenen Klammern:

$$\underbrace{\{x\}}_{\text{Zahlenwert von } x} = 5$$

Tabelle 1.7 Basis-SI-Einheiten (Abkürzung EH = Einheiten)

Physikalische Größe	Formelzeichen	EH-Zeichen	EH-Name
Zeit	t	s	Sekunde
Länge	$l, s, x, r, \ldots$	m	Meter
Masse	m	kg	Kilogramm
Elektrische Stromstärke	I, i	A	Ampere
Temperatur	T	K	Kelvin
Stoffmenge	n	mol	Mol
Lichtstärke	I_v	cd	Candela

Physikalische Größe. In Anlehnung an Gl. (1.8) schreiben wir mathematisch für eine beliebige physikalische Größe x:

$$x = \underbrace{\{x\}}_{\text{Zahlenwert von } x} \cdot \underbrace{[x]}_{\text{Einheit von } x} \tag{1.9}$$

Schreibweisen:

Formelzeichen des lateinischen Alphabets sind immer kursiv (schräg gestellt) geschrieben, z. B. *t* für die Zeit.

Einheitenzeichen sind immer gerade geschrieben, z. B. s für Sekunden.

Ein Leerzeichen geringer Breite wird zwischen Zahlenwert und Einheitenzeichen gesetzt, z. B. 60 s.

1.4.2 Abgeleitete Einheiten

Aus den Basis-SI-Einheiten lassen sich andere physikalisch relevante Einheiten ableiten. So ergibt sich die Einheit der Geschwindigkeit v etwa aus dem Verhältnis der Einheit einer Wegstrecke l zur Einheit der Zeit t. Formal schreiben wir:

$$[v] = \frac{[l]}{[t]} = \frac{\mathrm{m}}{\mathrm{s}} = \mathrm{m/s} = \mathrm{m}^1 \cdot \mathrm{s}^{-1}$$

Für viele abgeleitete Einheiten verwenden wir eigene Einheiten-Zeichen. Für die Kraft F wird beispielsweise der Einheiten-Name *Newton* verwendet und mit dem Zeichen N abgekürzt. Wir wissen aus der Physik[3], dass »Kraft gleich Masse mal Beschleunigung« ist. Daraus kann man sich die Einheitengleichung für ein Newton aus den Basis-SI-Einheiten ableiten:

$$[F] = \mathrm{N} = [m] \cdot [a] = \mathrm{kg} \cdot \mathrm{m/s}^2 = \mathrm{kg}^1 \cdot \mathrm{m}^1 \cdot \mathrm{s}^{-2}$$

In diesem Beispiel werden Kilogramm (kg) und Meter (m) zur ersten und Sekunde (s) zur minus zweiten Potenz genommen. Alle diese Potenzen sind ganzzahlig.

3 Genau genommen gilt für eine Punktmasse, dass die *Summe* aller angreifenden Kräfte gleich Masse mal Beschleunigung ist.

> Jede **beliebige** physikalische **SI-Einheit** kann aus den sieben **Basis-SI-Einheiten** gebildet werden. Jede dieser Basis-SI-Einheiten wird dabei zu einer **ganzzahligen Potenz** genommen. Eine derartige Einheit[4] nennen wir:

■

1.4.3 Einheitenvorsätze

In technischen Anwendungen verwenden wir immer wieder Einheiten gemeinsam mit Einheitenvorsätzen, die auch als Einheiten-Präfixe bezeichnet werden. Gebräuchliche Einheitenvorsätze sind in Tabelle 1.8 angegeben. Sie sind allesamt Zehnerpotenzen.

> Im Prinzip kann man jeden **Einheitenvorsatz** als multiplikativen **Faktor** zur Einheit ansehen. In diesem Sinne kann man mit den Einheitenvorsätzen auch rechnen. ■

Eine abgeleitete SI-Einheit, die einen Einheitenvorsatz aufweist, ist eine *nicht-kohärente* SI-Einheit. Die einzige Ausnahme bildet das Kilogramm, das selbst eine Basis-SI-Einheit ist. Beispiele für nicht-kohärente SI-Einheiten sind das Gramm ($\mathrm{g} = 10^{-3}\,\mathrm{kg}$) oder die Längeneinheit Zentimeter ($\mathrm{cm} = 10^{-2}\,\mathrm{m}$).

Zahlenwertbeispiel 1.14. Wir bestimmen die Fläche eines Rechtecks mit den Seitenlänge $a = 25\,\mathrm{mm}$ und $b = 8\,\mathrm{cm}$.

Die Fläche $A_\square = a \cdot b$ errechnet sich aus dem Produkt der Seitenlängen a und b. Dafür wandeln wir die Seitenlängen auf eine einheitliche Längeneinheit um. Welche wir dafür wählen, ist egal. Wir untersuchen zwei Varianten:

$$\begin{aligned} A_\square = a \cdot b &= \overbrace{2{,}5\,\mathrm{cm}}^{25\,\mathrm{mm}} \cdot 8\,\mathrm{cm} = 20\,\mathrm{cm}^2 = 2\,000\,\mathrm{mm}^2 \\ &= 25\,\mathrm{mm} \cdot \underbrace{80\,\mathrm{mm}}_{8\,\mathrm{cm}} = 2\,000\,\mathrm{mm}^2 = 20\,\mathrm{cm}^2 \end{aligned}$$

Bezüglich der verwendeten Flächeneinheiten gilt folgender Zusammenhang:

$$1\,\mathrm{cm}^2 = (1\,\mathrm{cm})^2 = \underbrace{1\,\mathrm{cm}}_{10\,\mathrm{mm}} \cdot \underbrace{1\,\mathrm{cm}}_{10\,\mathrm{mm}} = 100\,\mathrm{mm}^2$$

■

---

[4] Der Begriff *kohärent* kommt aus dem Lateinischen und bedeutet zusammenhängend bzw. aufeinander abgestimmt.

Tabelle 1.8 Einheitenvorsätze (VS = Vorsatz)

VS-Name	VS-Zeichen	Dezimalzahl	Zehnerpotenz
Tera	T	1 000 000 000 000	10^{12}
Giga	G	1 000 000 000	10^{9}
Mega	M	1 000 000	10^{6}
Kilo	k	1 000	10^{3}
Hekto	h	100	10^{2}
Deka	da	10	10^{1}
Dezi	d	0,1	10^{-1}
Zenti	c	0,01	10^{-2}
Milli	m	0,001	10^{-3}
Mikro	µ	0,000 001	10^{-6}
Nano	n	0,000 000 001	10^{-9}
Piko	p	0,000 000 000 001	10^{-12}

1.4.4 Gleichungen und Einheiten

Alle physikalische Gleichungen sind **Größengleichungen**, ...

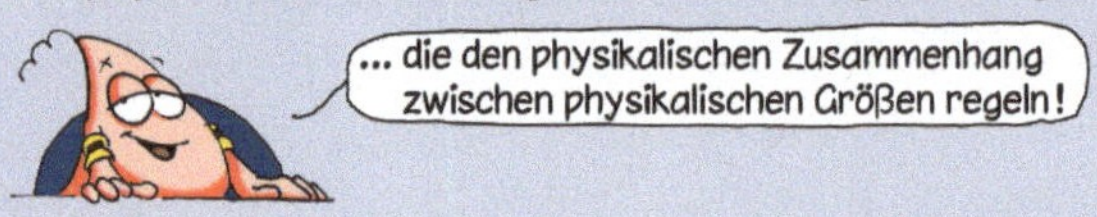

Größengleichungen gelten unabhängig von den verwendeten Einheiten:

- Beim Rechnen mit physikalischen Größen muss immer das Produkt aus Zahlenwert und Einheit gemäß den Gln. (1.8) und (1.9) verwendet werden.
- Physikalische Größen dürfen in unterschiedliche Einheiten umgerechnet werden.

Tipp. Praktisch ist es in einer Gleichung oft sinnvoll,

- alle physikalische Größen mit kohärenten SI-Einheiten einzusetzen,
- damit man das Resultat ebenfalls in einer kohärenten SI-Einheit erhält.

1.4.5 Nicht-SI-Einheiten

Neben den SI-Einheiten sind noch einige Nicht-SI-Einheiten gebräuchlich, von denen ausgewählte in Tabelle 1.9 zusammengefasst sind. Dabei sind manche dieser Umrechnungsfaktoren keine Zehnerpotenzen.

Tabelle 1.9 Typische Nicht-SI-Einheiten (Abkürzung EH = Einheit)

Nicht-SI-EH	EH-Zeichen	Umrechnung
Minute	min	1 min = 60 s
Stunde	h	1 h = 3600 s
Liter	l	1000 l = 1 m³
Tonne	t	1 t = 1000 kg
Grad	°	360° = 2 · π

Umrechnung von Einheiten

Eine allgemeine Vorgehensweise für die Umrechnung von Einheiten soll anhand eines einfachen Beispiels gezeigt werden: Die Geschwindigkeit $v = 54\,\text{km/h}$ soll in die Einheit m/s umgerechnet werden. In diesem Fall benötigen wir Umrechnungen

- von km auf m und
- von h auf s.

Diese Umrechnungen schreiben wir vorteilhaft so an, dass jeweils jene Einheiten, die wir loswerden wollen (hier km und h), auf der linken Seite einer Umrechnungsgleichung mit dem Zahlenwert 1 stehen:

$$1\,\text{km} = 1\,000\,\text{m}$$
$$1\,\text{h} = 3\,600\,\text{s}$$

Damit funktioniert die Umrechnung ganz einfach, indem man für die Einheit km/h die Schreibweise $\frac{1\,\text{km}}{1\,\text{h}}$ verwendet und die beiden Umrechnungsgleichungen einsetzt:

$$v = 54\,\text{km/h} = 54 \cdot \frac{\overbrace{1\,\text{km}}^{1\,000\,\text{m}}}{\underbrace{1\,\text{h}}_{3\,600\,\text{s}}} = 54 \cdot \frac{1\,000\,\text{m}}{3\,600\,\text{s}} = \frac{54 \cdot 1000}{3600} \cdot \frac{\text{m}}{\text{s}} = 15\,\text{m/s}$$

Umrechnungsfaktoren

Beim Umrechnen von Einheiten sollten Umrechnungsfaktoren der guten Ordnung wegen stets mit den korrekten Einheiten versehen werden. Nur so können physikalisch korrekte Zusammenhänge hergestellt und Fehler vermieden werden.

Falsch ist es daher, einfach nur einen Umrechnungsfaktor ohne Einheit zu verwenden:

$$\text{Falsch:}\quad v = 54\,\text{km/h} = \cancel{\frac{54\,\text{km/h}}{3{,}6}} = 15\,\text{m/s}$$

$$\text{Richtig:}\quad v = 54\,\text{km/h} = 54\,\frac{\cancel{\text{km}}}{\cancel{\text{h}}} \cdot \frac{1\,000\,\text{m}/\cancel{\text{km}}}{3\,600\,s/\cancel{\text{h}}} = 54\,\frac{\cancel{\text{km}}}{\cancel{\text{h}}} \cdot \frac{1\,\text{m}/\cancel{\text{km}}}{3{,}6\,s/\cancel{\text{h}}} = 15\,\text{m/s}$$

Zahlenwertgleichungen

Unter einer Zahlenwertgleichung versteht man eine Gleichung, bei der genau angegeben wird, mit welchen Einheiten man bestimmte Größen einsetzen muss, damit das Ergebnis dann – ebenfalls mit einer genau gekennzeichneten Einheit – herauskommt.

$$m_{[\mathrm{g}]} = 1000 \cdot m_{[\mathrm{kg}]}$$

Zahlenwertgleichungen werden neben der Umrechnung von Einheiten praktisch auch für Näherungsgleichungen verwendet.

Tatsächlich kann man alle Zahlenwertgleichungen jedoch immer auch als Größengleichung anschreiben, indem man entsprechende Faktoren mit dazu passenden Einheiten verwendet.

Zahlenwertgleichungen sind tatsächlich also nicht erforderlich und sollten **möglichst vermieden** werden.

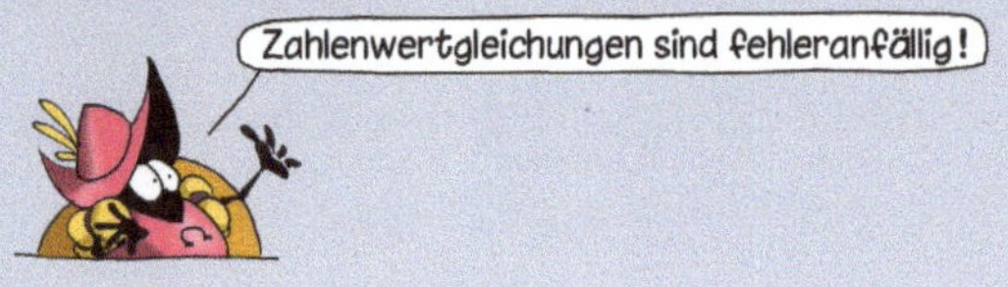

Deutsch	**English**
Elektrische Stromstärke	Electric current
Einheit	Unit
Länge	Length
Lichtstärke	Luminous intensity
Masse	Mass
Physikalische Größe	Physical quantity
Stoffmenge	Amount of substance
Temperatur	Temperature
Umrechnungsfaktor	Conversion factor
Zahlenwert	Numerical value
Zeit	Time

2 Gleichstrom

Wir lernen zunächst, die Begriffe Strom und Spannung zu unterscheiden und anzuwenden und erweitern danach schrittweise unser Wissen. Wenn wir von Gleichstromtechnik sprechen, meinen wir damit immer Gleichstrom und Gleichspannung, also Ströme und Spannungen, die konstant sind und damit keine zeitliche Veränderung aufweisen.

2.1 Strom

Zeichen	Einheit	Größe	Quantity
I	A	Strom	Current
Q	C, As	Ladung	Charge
t	s	Zeit	Time

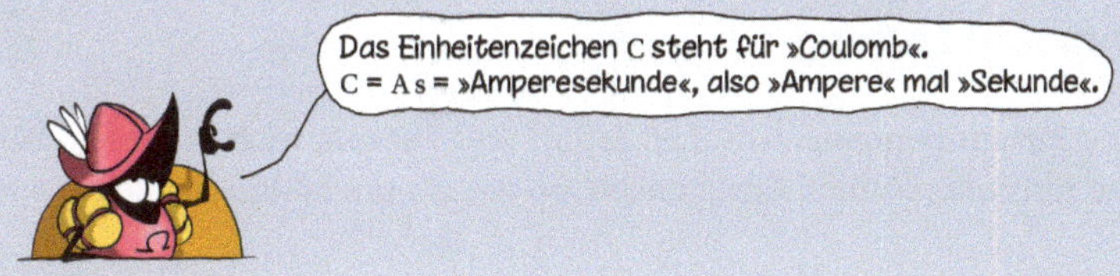

Der Begriff Strom ist ganz eng an die elektrische Ladung gekoppelt. Die elektrische Ladung wiederum gehört in die Welt der Atome, die wir nachfolgend untersuchen.

2.1.1 Aufbau von Atomen

Wir können uns Atome aus *Atombausteinen* bestehend vorstellen, die in Tabelle 2.1 angegeben sind. Der Atomkern besteht aus Protonen und Neutronen. Während die Neutronen elektrisch neutral sind, weist jedes Proton eine positive elektrische Ladung auf, die sogenannte Elementarladung.

Die **Einheit** der **Ladung** wird mit **Coulomb** bezeichnet und mit C abgekürzt.

Die **Elementarladung** wird mit e bezeichnet und beträgt:

$$\boxed{e \approx 1{,}602 \cdot 10^{-19}\,\mathrm{C}} \tag{2.1}$$

Die Ladungsmenge eines Elektrons oder Protons ist immer ein ganzzahliges Vielfaches der Elementarladung.

Die Elektronen in der Atomhülle weisen jeweils die negative Elementarladung auf, also $-e \approx -1{,}602 \cdot 10^{-19}\,\mathrm{C}$·. In einem neutralen Atom ist die Anzahl der Protonen und Elektronen gleich und damit sind die elektrischen Ladungen ausgeglichen, d. h. die resultierende elektrische Ladung ist gleich null.

Wir ordnen den Elektronen keine konkrete Umlaufbahnen zu, wie sie Planeten um die Sonne aufweisen. Stattdessen gehen wir davon aus, dass sich die Elektronen in sogenannten Orbitalen in der Atomhülle mit einer bestimmten Aufenthaltswahrscheinlichkeit befinden.

Tabelle 2.1 Atombausteine und deren Eigenschaften

Atombaustein	Bereich	Masse in kg	Ladung in C
Neutron	Atomkern	$1{,}675 \cdot 10^{-27}$	0
Proton	Atomkern	$1{,}673 \cdot 10^{-27}$	$1{,}602 \cdot 10^{-19}$
Elektron	Atomhülle	$9{,}109 \cdot 10^{-31}$	$-1{,}602 \cdot 10^{-19}$

2.1.2 Strom und Ladung

Der allgemeine Zusammenhang zwischen Strom und Ladung wird in diesem Abschnitt ganz allgemein formuliert, unabhängig davon, ob es sich um Leiter, Halbleiter oder Gase handelt.

Wir sprechen von elektrischem **Strom**, wenn wir **bewegte elektrische Ladungen** vorliegen haben.

Die **Bewegung** von Ladungsträgern prägt die Vorstellung des **Stromflusses**.

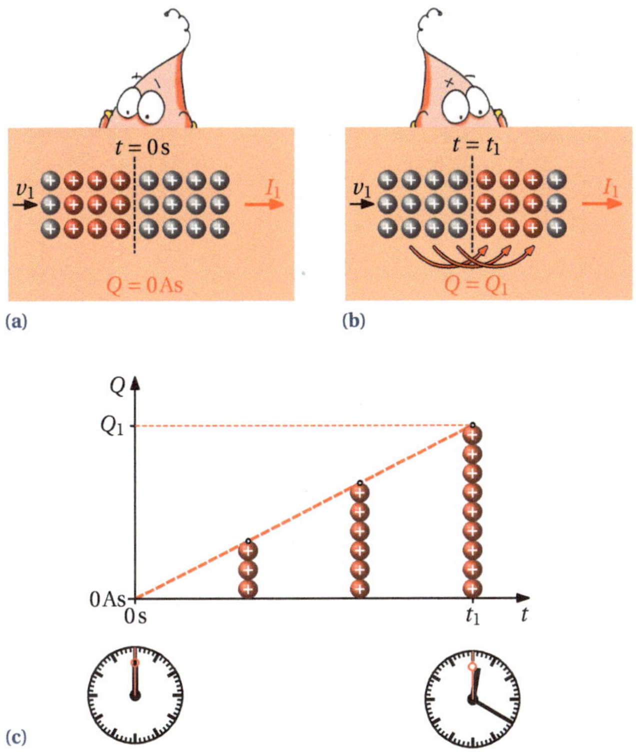

Bild 2.1 Bewegung von Ladungsträgern beim Strom $I_1 = 0{,}75\,\mathrm{A}$ zu den Zeitpunkten (a) $t = 0\,\mathrm{s}$, (b) $t_1 = 20\,\mathrm{min}$, (c) transportierte Ladungsmenge als Funktion der Zeit

> Die Einheit des Stroms ist **Ampere** (A):
>
> $$[I] = \mathrm{A} \tag{2.2}$$

Wir untersuchen eine bewegte Ladungsmenge und betrachten dazu Bild 2.1a und b. Wir stellen uns einen Beobachtungspunkt vor, an dem Henry in der Lage ist, Ladungsmengen zu zählen. Henry beginnt zum Zeitpunkt $t = 0\,\mathrm{s}$ mit der Zählung der am Beobachtungspunkt vorbeiströmenden Ladung.

Die Ladungsmenge Q, die am Beobachtungspunkt bis zum Zeitpunkt t vorbeiströmt, hängt mit dem Strom I zusammen:

$$\boxed{Q = I \cdot t} \tag{2.3}$$

Die Ladungsmenge ist immer ein ganzzahliges Vielfaches der Elementarladung e. Die Einheit Coulomb der Ladung können wir nun direkt aus der Einheit des Stroms (Ampere) und der Einheit der Zeit (Sekunde) bestimmen:

$$[Q] = [I] \cdot [t] = \mathrm{A} \cdot \mathrm{s} = \mathrm{As} = \mathrm{C} \tag{2.4}$$

Ein Coulomb (C) ist also gleich einem Ampere (A) mal einer Sekunde (s), also einer Amperesekunde (As).

Einheitenumrechnung. In der Praxis werden Ladungsmengen mitunter auch in Amperestunden (Ah) oder Milliamperestunden (mAh) angegeben:

$$1\,\mathrm{Ah} = 3600\,\mathrm{As} \qquad \frac{1}{3600}\,\mathrm{Ah} = 1\,\mathrm{As} \tag{2.5}$$

$$1\,\mathrm{mAh} = 3{,}6\,\mathrm{As} \qquad \frac{1}{3{,}6}\,\mathrm{mAh} = 1\,\mathrm{As} \tag{2.6}$$

■

Zahlenwertbeispiel 2.1. Betrachten wir zum besseren Verständnis von Gl. (2.3) beispielhaft Bild 2.1. Eine bestimmte bewegte Ladungsmenge pro Zeit entspricht dabei dem Strom[1] $I_1 = 0{,}75\,\mathrm{A}$. Die am Stromfluss beteiligten positiven Ladungsträger bewegen sich mit der Geschwindigkeit v_1, auf die wir nicht näher eingehen.

Wir beginnen in Bild 2.1a zum Zeitpunkt $t = 0\,\mathrm{s}$ die Ladungszählung mit $Q = 0\,\mathrm{C}$. Zum Zeitpunkt $t_1 = 20\,\mathrm{min} = 1\,200\,\mathrm{s}$ beträgt die insgesamt transportierte Ladung $Q_1 = I_1 \cdot t_1 = 0{,}75\,\mathrm{A} \cdot 1\,200\,\mathrm{s} = 900\,\mathrm{C}$. Diese Ladungsmenge ist in Bild 2.1a durch neun rote Ladungsträger symbolisiert. Eine rote Kugel repräsentiert daher die Ladungsmenge 100 C. Bild 2.1c zeigt, wie die insgesamt am Beobachtungspunkt vorbeibewegte Ladungsmenge von der Zeit abhängt. ■

Die Ladungsänderung innerhalb bestimmter Zeitabschnitte werden wir in Abschnitt 2.1.4 bei der Behandlung von Batterien noch präziser formulieren.

Wir unterscheiden Ladungsträger – also Teilchen, die eine Ladung tragen – mit positiver oder negativer Ladung:

Positive Ladungsträger mit der Ladung $Q_p > 0\,\mathrm{C}$ sind etwa Atome, denen ein oder mehrere Elektronen fehlen und die damit insgesamt eine positive Ladung aufweisen.

Negative Ladungsträger mit der Ladung $Q_n < 0\,\mathrm{C}$ sind beispielsweise Elektronen.

Ionen. Unter Ionen verstehen wir Atome, die abweichend vom elektrisch neutralen Zustand entweder

- ein oder mehrere Elektronen zu viel haben und damit insgesamt negativ geladen wirken (negative Ionen), oder
- zu wenige Elektronen aufweisen und damit positiv geladen wirken (positive Ionen).

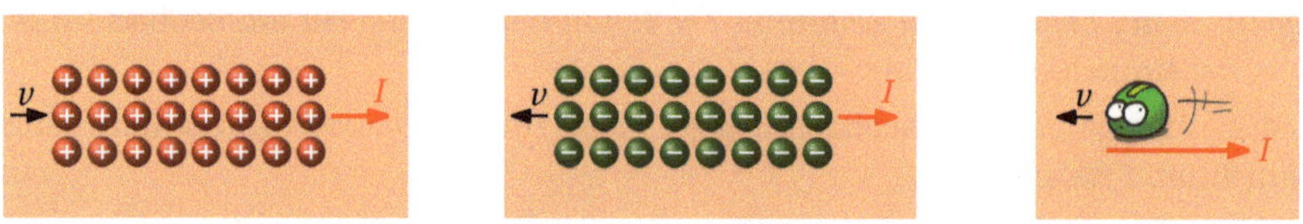

(a) (b) (c)

Bild 2.2 Bewegungsrichtung von Ladungsträgern (Pfeil bei v) und zugehörige Stromrichtung (Pfeil bei I) nach rechts, (a) positive Ladungsträger bewegen sich in Richtung des Stroms I (nach rechts), (b) und (c) negative Ladungsträger bewegen sich gegen die Richtung des Stroms I (nach links)

[1] Der zusätzliche Index 1 kennzeichnet hier eine konkrete Situation 1 mit dem konkreten Stromwert I_1.

Für die in Gl. (2.3) berücksichtigte Ladung muss man negative und positive Ladungen gemeinsam berücksichtigen:

$$Q = Q_p - Q_n \tag{2.7}$$

Bei den in Bild 2.2a gezeigten positiven Ladungsträgern stimmen die Bewegungsrichtung (Pfeil bei v) der Ladungsträger und die Stromrichtung (Pfeil bei I) überein. In Bild 2.2b und c sind die Bewegungsrichtung und die Stromrichtung aufgrund der negativen Ladungsträger unterschiedlich gerichtet.

Die **technische Stromrichtung** I

- ist in metallischen Leitern **gegen** die Richtung der **Elektronenbewegung** gerichtet und
- stimmt bei **positiven Ladungsträgern** mit deren **Bewegungsrichtung** überein.

2.1.3 Elektrische Leiter

Materialien, die den elektrischen Strom leiten, bezeichnen wir als elektrische Leiter oder einfach als *Leiter*.

Metallische Leiter

Metallische Leiter, wie etwa Silber, Kupfer und Aluminium, leiten den elektrischen Strom sehr gut. Diese Materialien weisen in der Atomhülle frei bewegliche Elektronen auf, die einen entsprechenden Stromfluss ermöglichen, siehe Bild 2.2b. Am Stromfluss in Metallen sind jedoch keine positiven Ladungsträger beteiligt.

Wir ergänzen dazu folgende Aspekte:

Die mittlere **Geschwindigkeit** von **Ladungsträgern** wird als **Driftgeschwindigkeit** bezeichnet.

Geschwindigkeit von Elektronen. In elektrisch gut leitfähigen Drähten liegt die mittlere Bewegungsgeschwindigkeit von Elektronen, die Driftgeschwindigkeit, in der Größenordnung von Mikro- bis Millimeter pro Sekunde. Dass das Licht dennoch so gut wie unmittelbar nach der Betätigung eines Lichtschalters brennt, können wir uns wie folgt vorstellen:

Lichtgeschwindigkeit. Das für die Leitung des Stroms verwendete Leitermaterial weist viele frei bewegliche Elektronen auf. Wenn, wie in Bild 2.3, Elektronen auf der linken Seite den Leiter verlassen, strömen gleich viele Elektronen auf der rechten Seite nach.

Wir können uns das wie ein Rohr in Bild 2.4 vorstellen, das voll mit Murmeln gefüllt ist. Wenn Henry auf einer Seite Murmeln in ein Rohr einfüllt, fallen auf der anderen

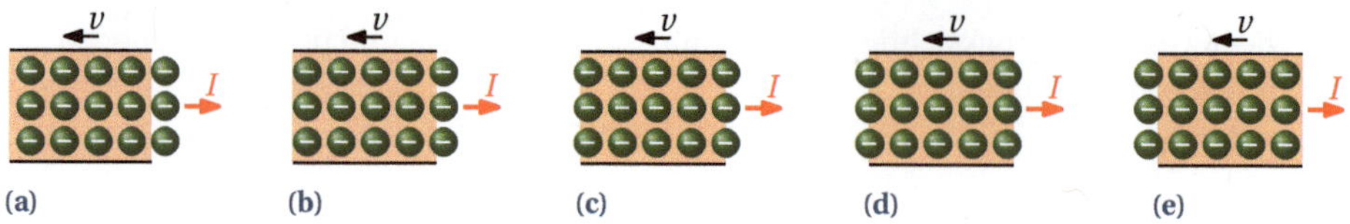

Bild 2.3 Stromfluss in einem Leiter infolge bewegter Ladungen, (a) bis (e) zeigen aufeinanderfolgende Zeitaugenblicke

Bild 2.4 Wenn Henry auf einer Seite des Rohrs Murmeln einfüllt, fallen auf der anderen Seite Murmeln aus dem Rohr heraus

Seite Murmeln aus dem Rohr heraus. Obwohl die materielle Strömungsgeschwindigkeit der Elektronen sehr gering ist, erfolgt die elektromagnetische Ausbreitung des Stroms (praktisch) mit Lichtgeschwindigkeit[2].

Das Beispiel von elektrischen Leitern Ⓛ auf einem Strommasten Ⓜ ist in Bild 2.5a dargestellt.

Halbleiter

Die Stromleitung ist in Halbleitern nicht so gut wie in elektrischen Leitern, aber dennoch möglich. Typische Halbleiter für technische Anwendungen sind Silizium (Si), Germanium (Ge) oder Siliziumcarbid (SiC).

p-Halbleiter weisen in ihrer Materialstruktur einen Mangel an Elektronen auf. Dieser Effekt wird durch die Dotierung mit Fremdatomen[3] erreicht. Die fehlenden Elektronen wirken wie positive Ladungsträger, die wir als *Löcher* bezeichnen. Die Bewegungsrichtung v dieser Löcher und die Stromrichtung I stimmen überein, wie das in Bild 2.2a gezeigt ist.

n-Halbleiter weisen infolge einer Dotierung[4] in ihrer Materialstruktur einzelne freie Elektronen auf. Die Stromrichtung I und die Bewegungsrichtung v der Elektronen sind einander entgegengesetzt, wie in Bild 2.2b dargestellt.

Halbleiter werden beispielsweise für Dioden und Transistoren eingesetzt. Einige Ausführungsbeispiele von Transistoren sind in Bild 2.5b dargestellt.

---

[2] Die Lichtgeschwindigkeit beträgt im leeren Raum $c_0 = 299\,792\,458\,\mathrm{m/s}$.

[3] Bei der Dotierung wird in eine Silizium-Struktur beispielsweise eine geringe Anzahl von Fremdatomen, etwa von Aluminium-Atomen (Al), eingebracht.

[4] Für die Dotierung eines n-Halbleiters kann etwa eine geringe Anzahl von Phosphor-Atomen (P) in eine Siliziumstruktur (Si) eingebracht werden.

(a) (b)

Bild 2.5 (a) Freileitung mit Strommast Ⓜ, elektrischem Leiter Ⓛ und Keramikisolator Ⓘ, (Foto: © Walter Baxter, CC BY-SA 2.0, via Wikimedia Commons), (b) Transistoren unterschiedlicher Bauart (Foto: © Benedikt.Seidl, Public Domain, via Wikimedia Commons)

Isolatoren

In Isolatoren sind so gut wie keine freien Ladungsträger vorhanden. In Isolatoren gibt es daher praktisch keinen Stromfluss. Typische feste Isolatoren der Elektrotechnik sind Kunststoffe und keramische Werkstoffe. Zusätzlich werden technisch auch Vakuum, Luft und andere gasförmige Medien als Isolierstoffe eingesetzt.

Das Beispiel eines Keramikisolators Ⓘ ist in Bild 2.5a dargestellt. Darüber hinaus dient auch die den Leiter umgebende Luft als Isolator gegenüber der Umgebung.

2.1.4 Laden und Entladen von Batterien

Zeichen	Einheit	Größe	Quantity
Q_1	C, As	Ladung zum Zeitpunkt t_1	Charge at time t_1
Q_2	C, As	Ladung zum Zeitpunkt t_2	Charge at time t_2
Q_{max}	C, As	Maximale Ladung	Maximum charge
ΔQ	C, As	Ladungsänderung	Change of charge
t_1	s	Anfangszeitpunkt	Start time
t_2	s	Endzeitpunkt	End time
Δt	s	Zeitspanne	Period of time

Wir unterscheiden:

Primärbatterien sind nur einmalig entladbare und damit nicht wiederaufladbare Batterien.

Sekundärbatterien sind Akkumulatoren bzw. Akkus, die mehrmalig aufgeladen und entladen werden können. Sie werden umgangssprachlich ebenfalls als Batterien oder als wiederaufladbare Batterien bezeichnet.

Wir können uns eine wiederaufladbare Batterie vereinfacht als Speicher vorstellen, dem wir Ladung entnehmen, aber auch zuführen können.

> So wie der zugeführte **Wasserstrom** zur Änderung des **Füllstands** bzw. Wasservolumens eines Gefäßes führt, ruft der elektrische **Strom** eine Änderung der **Ladung** hervor.

Wir führen dazu eine Überlegung an einem Beispiel durch.

Ausgangszustand. Ein Akku weist in Bild 2.6a zum Zeitpunkt t_1 die verwendbare (gespeicherte) Ladung Q_1 auf. Diese Ladungsmenge ist durch rote, positive geladene Ladungsträger symbolisiert.

Ladungsänderung. Ausgehend vom Zeitpunkt t_1 bis zum Zeitpunkt t_2 führen wir dem Akku insgesamt die Ladungsmenge ΔQ aus Bild 2.6b zu. Der Akku wird geladen. Das Symbol Δ (»Delta«) kennzeichnet in der Mathematik und Technik die Änderung einer Größe, hier die Änderung der Ladungsmenge Q.

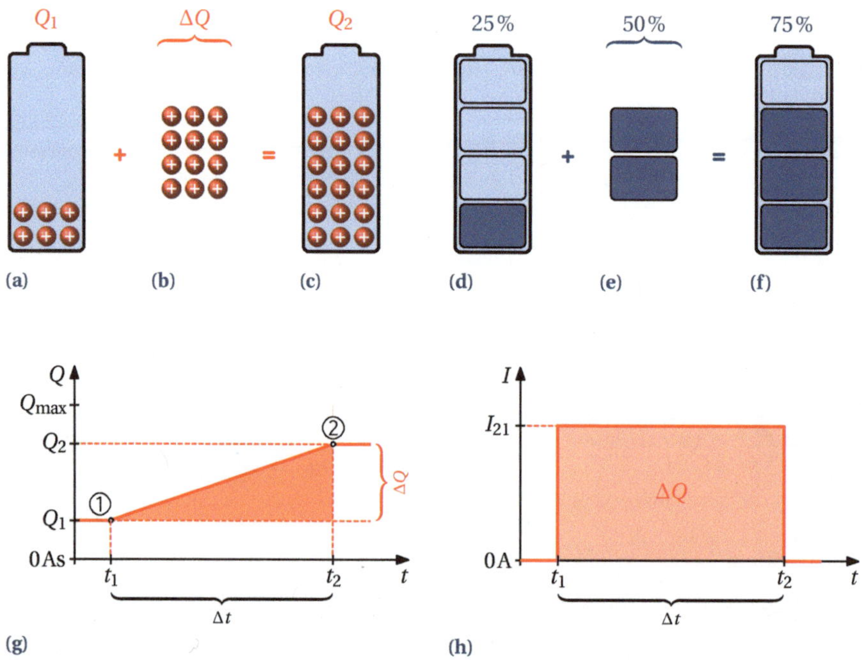

Bild 2.6 Der Ladungszustand eines Akkus wird ausgehend von (a) mit 25 % zum Zeitpunkt t_1 um (b) 50 % auf (c) 75 % zum Zeitpunkt t_2 erhöht; der symbolische Ladestand wird ausgehend von (d) 25 % um (e) 50 % auf (f) 75 % erhöht; Verlauf (g) der Ladung Q und (h) des Stroms I als Funktion der Zeit t

Endzustand. Zum Zeitpunkt t_2, nachdem der Ladevorgang abgeschlossen ist, weist der Akku in Bild 2.6c die verwendbare Ladung $Q_2 = Q_1 + \Delta Q$ auf.

Vollladezustand. Wir bezeichnen die maximale Ladung (Index max), die der Akku aufnehmen kann, mit Q_{max}.

Gespeicherte Ladung. Tatsächlich wird im Akku jedoch nicht Ladung gespeichert[5], wie das in Bild 2.6a bis c angedeutet ist. Ein Akku weist dennoch eine *verfügbare* bzw. verwendbare Ladungsmenge auf. Die zugrundeliegenden Vorgänge beim Laden und Entladen sind weitaus komplexer und in Abschnitt 2.1.5 in vereinfachter Weise erläutert.

Relativer Ladungszustand. Wenn wir die Ladungsmengen Q_1, ΔQ und Q_2 auf die maximale Ladung Q_{max} beziehen, erhalten wir in Bild 2.6d den relativen Ladezustand $\frac{Q_1}{Q_{max}} = 0{,}25 = 25\,\%$, der erhöht um $\frac{\Delta Q}{Q_{max}} = 0{,}50 = 50\,\%$ in Bild 2.6e den relativen Ladungszustand $\frac{Q_2}{Q_{max}} = 0{,}75 = 75\,\%$ in Bild 2.6f ergibt. Diese relative Angabe ist symbolisch durch Balken, wie etwa bei einer Ladestandanzeige eines Mobiltelefons, dargestellt.

Zeitverlauf der Ladung. Der Verlauf der Ladung Q als Funktion der Zeit t ist in Bild 2.6g dargestellt. Da wir mit dem Ladevorgang erst ab dem Zeitpunkt t_1 beginnen, ist die Ladung für $t \leq t_1$ konstant und gleich der Ladung Q_1. Während des Ladevorgangs im Zeitbereich $t_1 < t < t_2$ steigt die insgesamt dem Akku zugeführte Ladung linear an. Nachdem zum Zeitpunkt t_2 der Ladezustand beendet ist, bleibt die Ladungsmenge für $t \geq t_2$ auf dem Niveau der Ladung Q_2 konstant.

Ladestrom. Wenn wir den Akku nicht laden, also für $t \leq t_1$ und $t \geq t_2$, ist der Strom I in Bild 2.6h gleich null. Während des Ladevorgangs wird der Akku mit dem Gleichstrom $I = I_{21}$ geladen.

Ladung und Strom. Aus dem Kurvenverlauf in Bild 2.6h können wir folgenden Zusammenhang herstellen:

$$\underbrace{Q_2 - Q_1}_{\Delta Q} = I_{21} \cdot \underbrace{(t_2 - t_1)}_{\Delta t} \tag{2.8}$$

Das bedeutet, dass die rechteckige, rot unterlegte Fläche unter der Stromkurve gleich der Ladungsänderung ΔQ ist. Ganz allgemein können wir damit den Zusammenhang zwischen der Ladungsänderung ΔQ während der Zeitdauer Δt und dem Strom I genauer formulieren:

$$\boxed{\Delta Q = I \cdot \Delta t} \tag{2.9}$$

! Der **Strom** I ist **gleich** der **Ladungsänderung** ΔQ **dividiert durch die Zeitspanne** Δt, während der sich die Ladungsmenge ändert.

$$\boxed{I = \frac{\Delta Q}{\Delta t}} \tag{2.10}$$

Laden. Während des Ladevorgangs steigt die Gesamtladungsmenge von Q_1 um ΔQ auf Q_2 im Akku an.

Entladen. Die Entladung des Akkus führt zu einer Verminderung der verfügbaren Gesamtladungsmenge.

---

5 Ladungsspeicherung ist jedoch bei einem Kondensator der Fall.

Für die **Ladungsänderung** ΔQ und für die **Zeitdifferenz** Δt rechnen wir stets:

Die Ladungsänderung ΔQ ist

- **positiv** beim **Laden** ($Q_2 > Q_1$) und
- **negativ** beim **Entladen** ($Q_2 < Q_1$).

Wenn wir einen **Akkumulator** ...

Die Zusammenhänge zwischen den physikalischen Größen beim Laden und Entladen sind in Tabelle 2.2 angegeben.

Zahlenwertbeispiel 2.2. Wir bestimmen die Ladungsänderung in einem Akkumulator in Anlehnung an Bild 2.6 mit der maximalen Ladungsmenge $Q_{max} = 2\,\mathrm{Ah}$. Der Akku wird ausgehend von $t_1 = 0\,\mathrm{s}$ bis zum Zeitpunkt $t_2 = 20\,\mathrm{min}$ von 25 % auf 75 % aufgeladen.

Wir bestimmen im ersten Schritt die beiden Ladungsmengen $Q_1 = 0{,}25 \cdot Q_{max} = 0{,}25 \cdot 2\,\mathrm{Ah} = 0{,}5\,\mathrm{Ah}$ und $Q_2 = 0{,}75 \cdot Q_{max} = 0{,}75 \cdot 2\,\mathrm{Ah} = 1{,}5\,\mathrm{Ah}$.

Im zweiten Schritt berechnen wir den dafür erforderlichen Ladestrom I. Wir ermitteln die Ladungsänderung $\Delta Q = Q_2 - Q_1 = 1{,}5\,\mathrm{Ah} - 0{,}5\,\mathrm{Ah} = 1\,\mathrm{Ah}$ und die Zeitänderung $\Delta t = t_2 - t_1 = 20\,\mathrm{min} - 0 = \frac{1}{3}\mathrm{h}$. Damit können wir den Strom I während des Entladungsvorgangs aus Gl. (2.10) berechnen:

$$I = \frac{\Delta Q}{\Delta t} = \frac{1\,\mathrm{A}\cancel{\mathrm{h}}}{\frac{1}{3}\cancel{\mathrm{h}}} = 3\,\mathrm{A}$$

Zahlenwertbeispiel 2.3. Eine Batterie weist die maximal zu Verfügung stehende Ladung $Q_{max} = 2\,\mathrm{Ah}$ auf. Ausgehend vom vollgeladenen Zustand wird die Batterie beginnend im Zeitpunkt $t_1 = 0\,\mathrm{s}$ mit dem Strom $I = -80\,\mathrm{mA}$ entladen. Der Entladevorgang endet, wenn

Tabelle 2.2 Zusammenhang zwischen Ladung und Strom beim Laden und Entladen

Physikalische Größe	Laden	Entladen
Die Ladungsmenge Q	steigt	sinkt
Die Ladungsänderung ΔQ ist	positiv	negativ
Die Ladung	$Q_2 > Q_1$	$Q_2 < Q_1$
Der Strom I ist	positiv	negativ

die Batterie 20 % Restladungsdauer aufweist. Da wir es mit einem Entladevorgang zu tun haben, ist der Strom I gemäß Tabelle 2.2 negativ angegeben. Wir bestimmen den Zeitpunkt t_2, der das Ende des Entladevorgangs kennzeichnet und betrachten dazu Bild 2.7.

Zum Zeitpunkt $t_1 = 0\,\text{h}$ beträgt die Ladung: $Q_1 = Q_{max} = 2\,\text{Ah}$

Zum unbekannten Zeitpunkt t_2 beträgt die Ladung: $Q_2 = 0{,}2 \cdot Q_{max} = 0{,}2 \cdot 2\,\text{Ah} = 0{,}4\,\text{Ah}$

Wir bestimmen die Ladungsänderung: $\Delta Q = Q_2 - Q_1 = 0{,}4\,\text{Ah} - 2\,\text{Ah} = -1{,}6\,\text{Ah}$

Gemäß Gl. (2.9) bestimmen wir die Zeitdifferenz:

$$\Delta t = \frac{\Delta Q}{I} = \frac{-1{,}6\,\text{Ah}}{-0{,}08\,\text{A}} = 20\,\text{h}$$

Aus der Gleichung $\Delta t = t_2 - t_1$ erhalten wir: $t_2 = t_1 + \Delta t = 0\,\text{h} + 20\,\text{h} = 20\,\text{h}$

Wir halten fest: Die negative Ladungsänderung ΔQ und der negative Strom I führen zu einer positiven Zeitdifferenz Δt. ■

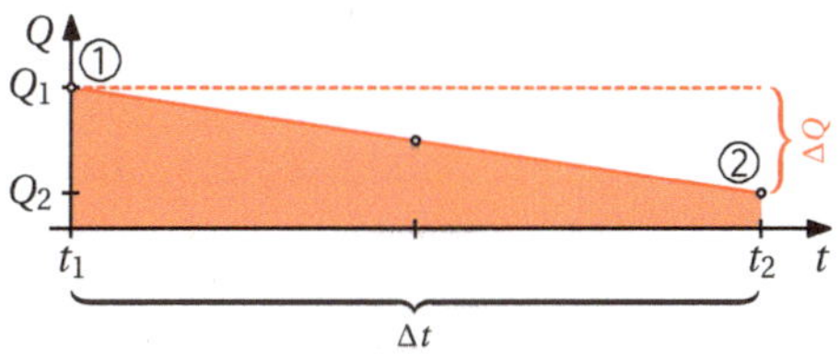

Bild 2.7 Zeitverlauf der Ladung Q beim entladen eines Akkus

2.1.5 Erweitertes Wissen: Lithium-Ionen-Akku

Lithium-Ionen-Akkus gehören zum Stand der Technik der Batterietechnologie. Sie speichern nicht einfach Ladung, wie das in Bild 2.6a bis c vereinfacht dargestellt ist. Stattdessen ermöglicht die Bewegung von Lithium-Ionen im Inneren des Akkus die Auf- und Entnahme von Elektronen über einen äußeren Stromkreis. Betrachten wir dazu Bild 2.8 bei einem Entladevorgang:

Kathode. Der Pluspol ⊕ des Akkus wird als Kathode bezeichnet.

Anode. Die Anode ist der Minuspol ⊖ des Akkus.

Elektrolyt. Im Inneren des Akkus befindet sich ein flüssiger oder fester Elektrolyt, der den Transport der Ionen ermöglicht.

Separator. Zwischen Anode und Kathode befindet sich der gestrichelt dargestellte Separator, durch den nur Ionen durchdringen können, aber keine Elektronen. Der Separator dient der elektrischen Trennung von Anode und Kathode.

Entladevorgang. Wenn der Akku vollständig geladen ist, befinden sich alle Lithium-Atome auf der Seite der Anode, siehe Bild 2.8a. Wir verbinden nun zum Zeitpunkt t_1 in Bild 2.8b eine Lampe (einen externen Verbraucher) mit dem Plus- und Minuspol des Akkus, indem wir einen Schalter schließen.

Atome. Die negativ geladenen Elektronen (grüne Kugeln) trennen sich nun von Lithium-Atomen (grau dargestellt), wodurch diese zu positiv geladenen Lithium-Ionen (rote Kugeln) werden.

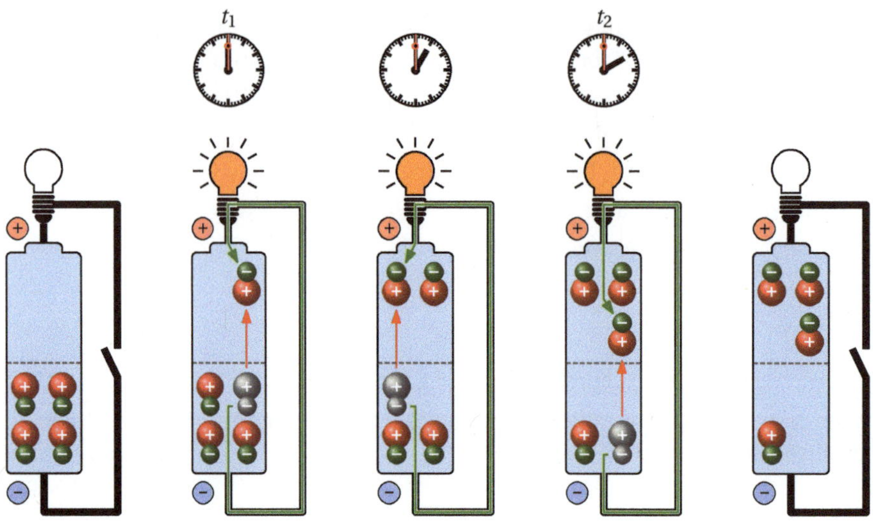

Bild 2.8 Ein (a) vollgeladener Lithium-Ionen-Akkumulator wird in (b) bis (d) zwischen t_1 und t_2 entladen, der Stromkreis ist in (e) wieder unterbrochen; ⊕ Pluspol, ⊖ Minuspol

Elektronen. Die Elektronen wandern nun außen über die elektrischen Leiter und den Verbraucher vom Minus- zum Pluspol: Es fließt ein Strom.

Ionen. Die Lithium-Ionen wandern im Inneren des Akkus durch den Separator zur Kathode und vereinen sich dort wieder mit Elektronen. So werden aus den Lithium-Ionen wieder elektrisch neutrale Lithium-Atome (rote und grüne Kugeln gemeinsam). Dieser Vorgang findet gemäß Bild 2.8c und d so lange statt, bis in Bild 2.8e der äußere Stromfluss zum Zeitpunkt t_2 unterbrochen wird.

Ladung. Der Zeitverlauf der Ladung Q ist in Bild 2.7 dargestellt. Die zwischen den Zeitpunkten t_2 und t_1 umgesetzte Ladungsmenge $\Delta Q = Q_2 - Q_1$ ist negativ, da die verfügbare Ladung aufgrund des Entladevorgangs absinkt.

Ladevorgang. Ein Lithium-Ionen-Akku kann auch wieder aufgeladen werden. Dazu benötigt man eine externe Energiequelle, die den in Bild 2.8b bis d dargestellten Stromfluss umkehrt.

Lithium-Ionen-Akkus werden beispielsweise in mobilen elektrischen Geräten sowie Elektrofahrzeugen eingesetzt. Ein ausgeführter Lithium-Ionen-Akku der Baugröße 18650 ist in Bild 2.9a dargestellt. Derartige Akkus sind etwa im Chassis[6] von Elektrofahrzeugen des Typs Tesla Model S verbaut, wie in Bild 2.9b gezeigt.

Was hier für Lithium-Ionen-Akku in grundlegender Weise erläutert ist, gilt in vergleichbarer Weise auch für Natrium-Ionen-Akkus. Diese Akkumulatoren kommen ohne Lithium, manche Bauarten sogar ohne Kupfer, Nickel und Kobalt aus und stellen daher für viele Anwendungsgebiete eine interessante Alternative zu Lithium-Ionen-Akkus dar.

[6] Als Chassis werden die tragenden Teile des Fahrgestells eines Fahrzeugs bezeichnet.

(a) (b)

Bild 2.9 (a) Lithium-Ionen-Akku 18650 (Durchmesser 18 mm, Länge 65 mm), wie er in großer Stückzahl in Tesla-Fahrzeugen verbaut ist (Foto: © Mladen Gojkovic), (b) Chassis eines Tesla Model S, Akkus Ⓐ im Boden verbaut (Foto: © christiankral, CC BY 4.0, via Wikimedia Commons)

Deutsch	**English**
Elementarladung	Elementary charge
Entladen	Discharge
Gleichstrom	DC current
Halbleiter	Semiconductor
Isolator	Insulator
Laden	Charge
Ladung	Charge
Leiter	Conductor
Lithium-Ionen-Akkumulator	Lithium-ion battery
Natrium-Ionen-Akkumulator	Sodium-ion battery

2.2 Stromkreis

Damit Strom fließen kann, muss ein **Stromkreis** über elektrisch leitende Verbindungen **geschlossen** sein.

Für einen Stromfluss benötigen wir eine Energiequelle, beispielsweise eine Batterie[7]. Wir betrachten dazu Bild 2.10, in dem ein einfacher elektrischer Stromkreis als Zeichnung und als Ersatzschaltbild dargestellt ist. Als Ersatzschaltbild bezeichnen wird dabei eine elektrische Schaltung, bei der die einzelnen Komponenten durch Schaltzeichen[8] dargestellt

[7] Genau genommen wird in einer Batterie chemische in elektrische Energie umgewandelt. Ungeachtet dessen ist der Begriff »Energiequelle« umgangssprachlich üblich.

[8] Ein Schaltzeichen ist ein technisches Symbol.

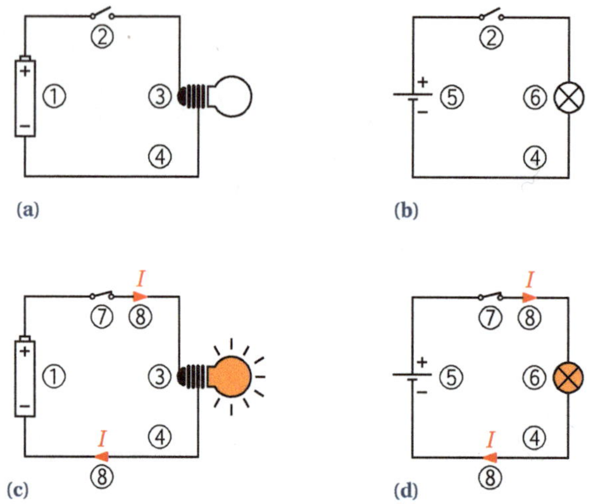

Bild 2.10 Stromkreis (a) offen als Zeichnung, (b) offen als Ersatzschaltbild, (c) geschlossen als Zeichnung, (d) geschlossen als Ersatzschaltbild: ① Zeichnung einer Batterie, ② Schaltzeichen Schalter offen, ③ Zeichnung einer Lampe, ④ Leitung, ⑤ Schaltzeichen einer Batterie, ⑥ Schaltzeichen einer Lampe, ⑦ Schaltzeichen Schalter geschlossen, ⑧ Strom *I* mit Strompfeil

werden. Bild 2.10a und c zeigen jeweils die Zeichnung einer elektrischen Schaltung und Bild 2.10b und d das jeweils zugehörige Ersatzschaltbild.

Zeichnung Batterie ①. Der Plus- und Minuspol der Batterie sind beschriftet.

Schaltzeichen Schalter offen ②. Die beiden Pole (Kreise) des Schalters sind nicht miteinander verbunden. Die dargestellte Zeichnung des offenen Schalters in Bild 2.10b wird gleichermaßen als Schaltzeichen in Bild 2.10a verwendet.

Wenn wir keinen Stromfluss haben, sagen wir:

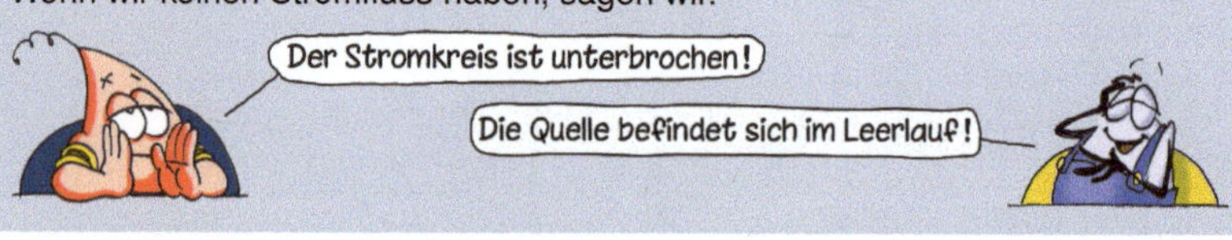

Zeichnung Lampe ③. Diese Zeichnung ist an eine Glühlampe mit einer Schraubfassung angelehnt.

Leitung ④. In einer elektrischen Schaltung werden elektrische Leitungen einfach als gerade Linien eingezeichnet.

Schaltzeichen Batterie ⑤. Das Schaltzeichen einer Batterie besteht aus einem längeren Strich (Pluspol) und einem kürzeren (Minuspol) Strich, quer zur angeschlossenen Leitung.

Schaltzeichen Lampe ⑥. Dieses Schaltzeichen besteht aus einem Kreis mit zwei sich schräg kreuzenden Linien.

Schaltzeichen Schalter geschlossen ⑦. Im Gegensatz zum offenen Schalter ② sind die beiden Pole nunmehr miteinander verbunden.

Tabelle 2.3 Schaltzeichen elektrischer Komponenten

Schaltzeichen	Beschreibung der Komponente
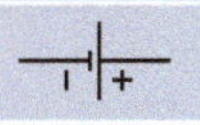	Batterie
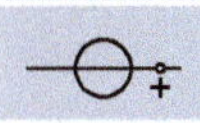	Spannungsquelle allgemein (kann auch eine Batterie sein)
	Leitung
	Verbindung von drei Leitungen im eingezeichneten Punkt
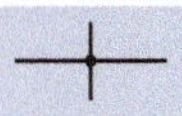	Verbindung von vier Leitungen im eingezeichneten Punkt
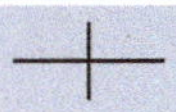	Kreuzung zweier Leitungen ohne elektrische Verbindung
	Klemme bzw. Anschluss
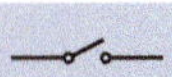	Schalter offen
	Schalter geschlossen
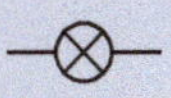	Lampe (elektrischer Verbraucher)
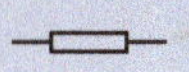	Widerstand (allgemeiner elektrischer Verbraucher)

Wenn Strom fließt, sagen wir:

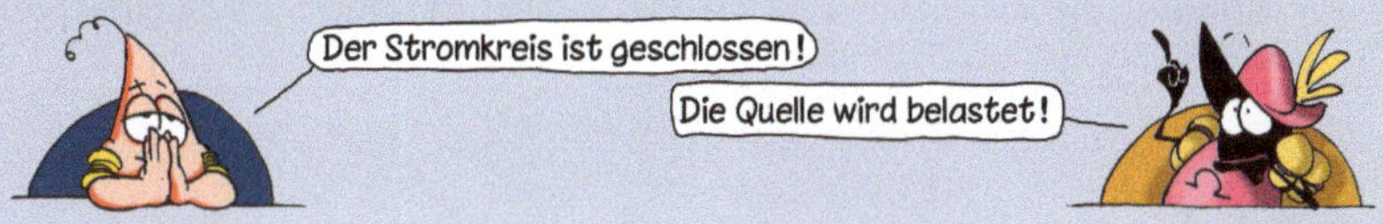

Strom ⑧. In Bild 2.10c und d ist der Strom mit einem roten Strompfeil gekennzeichnet und mit I beschriftet. Der Strom fließt im Stromkreis vom Plus- zum Minuspol der Batterie. Das ist die technische Stromrichtung. Den Strom I könnten wir genauso gut in Bild 2.10a und b einzeichnen, wobei in diesem Fall $I = 0\,\text{A}$ ist.

Eine Übersicht von Schaltzeichen typischer Komponenten eines elektrischen Ersatzschaltbilds ist in Tabelle 2.3 dargestellt. Dabei haben wir folgende Komponenten bislang noch nicht behandelt:

Widerstand. Das Schaltzeichen des Widerstands kennzeichnet einen allgemeinen elektrischen Verbraucher, während die Lampe ganz konkret ein Leuchtmittel kennzeichnet.

Klemme. Unter einer Klemme verstehen wir typisch einen Anschlusspunkt, wie beispielsweise den Pluspol beim Schaltzeichen der Batterie. Klemmen werden durch einen kleinen Kreisring gekennzeichnet, aber nur dann in einem Ersatzschaltbild eingezeichnet, wenn sie relevant sind.

Ein elektrisches **Ersatzschaltbild** ist stets eine **Vereinfachung** der Wirklichkeit.

Deutsch	**English**
Ersatzschaltbild	Equivalent circuit diagram
Kreuzung	Crossing
Pfeil	Arrow
Schalter	Switch
Stromkreis	Electric circuit
Verbindung	Connection

2.3 Stromdichte

Zeichen	**Einheit**	**Größe**	**Quantity**
A	m^2	Querschnitt	Area of cross section
		Leiterquerschnitt	Cross-sectional area of conductor
J	$\mathrm{A/m}^2$	Stromdichte	Current density

Viele technischen Begriffe, die das Wort **Dichte** enthalten, setzen die bezeichnete Größe entweder in das **Verhältnis zu** einer **Fläche oder** einem **Volumen**.

Als **Stromdichte** J bezeichnen wir das **Verhältnis** des **Stroms** I **zum Querschnitt**[9] A des Leiters, in dem der Strom fließt.

$$\boxed{J = \frac{I}{A}} \tag{2.11}$$

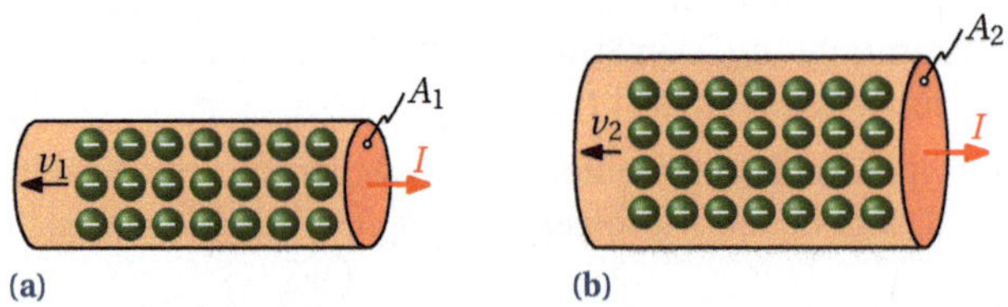

Bild 2.11 Zwei Leiter sind vom selben Strom I durchflossen, (a) Leiterquerschnitt A_1, Stromdichte J_1 und (b) Leiterquerschnitt A_2, Stromdichte J_2

9 Als Querschnitt des Leiters bezeichnen wir die Querschnittsfläche.

Die Einheit der Stromdichte ist Ampere (A) pro Quadratmeter (m^2):

$$[J] = \frac{\mathrm{A}}{\mathrm{m}^2} \tag{2.12}$$

Zahlenwertbeispiel 2.4. Die beiden Leiter in Bild 2.11 sind vom Strom $I = 12\,\mathrm{A}$ durchflossen, weisen aber die unterschiedlichen Querschnitte $A_1 = 1{,}5\,\mathrm{mm}^2$ in Bild 2.11a und $A_2 = 2{,}5\,\mathrm{mm}^2$ in Bild 2.11b auf. Da der Querschnitt A_1 geringer als der Querschnitt A_2 ist, ist die Stromdichte J_1 größer als J_2:

$$J_1 = \frac{I}{A_1} = \frac{12\,\mathrm{A}}{1{,}5\,\mathrm{mm}^2} = 8\,\mathrm{A/mm}^2 \qquad J_2 = \frac{I}{A_2} = \frac{12\,\mathrm{A}}{2{,}5\,\mathrm{mm}^2} = 4{,}8\,\mathrm{A/mm}^2$$ ■

Die Stromdichte ist ein Maß für die **Strombelastung** eines Leiters. ■

Je höher die Stromdichte ist, desto höher ist die Strombelastung eines Leiters. Praktisch achtet man bei der Auslegung von elektrischen Anlagen, Geräten und Maschinen darauf, dass bestimmte Grenzwerte von Stromdichten nicht überschritten werden.

Den Strom in einem Leiter kann man mit der Fließgeschwindigkeit von Wasser in einem Schlauch vergleichen. Weiters ist die Stromdichte mit dem Volumenstrom – das ist die transportierte Wassermenge pro Zeit – vergleichbar. In einem Schlauch größeren Querschnitts kann bei gleicher Fließgeschwindigkeit mehr Volumen pro Zeit transportiert werden, wie das in Bild 2.12 dargestellt ist. Elektrisch ist damit folgende Aussage vergleichbar:

Bei gleicher Stromdichte ist über einen Leiter mit **größerem Querschnitt mehr Strom** »transportierbar«. ■

Einheitenumrechnung. In der Praxis werden Stromdichten oft in Ampere pro Quadratmillimeter ($\mathrm{A/mm}^2$) angegeben:

$$1\,\mathrm{A/mm}^2 = 10^6\,\mathrm{A/m}^2 \qquad 10^{-6}\,\mathrm{A/mm}^2 = 1\,\mathrm{A/m}^2 \tag{2.13}$$ ■

(a) (b)

Bild 2.12 Bei gleicher Fließgeschwindigkeit wird in einem (a) dünneren Schlauch weniger Wasservolumen pro Zeit transportiert als (b) in einem dickeren Schlauch.

2.4 Potenzial und Spannung

Zeichen	**Einheit**	**Größe**	**Quantity**
U	V	Spannung	Voltage
φ	V	Potenzial	Potential

Die Begriffe Spannung und Strom gehören untrennbar zur Elektrotechnik, bezeichnen aber zwei gänzlich unterschiedliche physikalische Größen, denen unterschiedliche Phänomene zugrunde liegen.

2.4.1 Elektrisches Potenzial

Wir können uns das elektrische Potenzial φ in Bild 2.13 wie die Höhe h auf einer Leiter vorstellen:

Bezugshöhe. Wenn wir die Höhe h von Farad auf einer Leiter bestimmen wollen, so stellt sich die Frage, welche Höhe wir mit $h = 0\,\text{m}$ meinen. Wir wollen, wie das in Bild 2.13a eingezeichnet ist, davon ausgehen, dass mit $h = 0\,\text{m}$ der Untergrund bezeichnet ist, auf dem die Leiter steht.[10] Die Höhe $h = 0\,\text{m}$ nennen wir Bezugshöhe.

Höhendifferenz. Um von der ersten Stufe der Leiter in Bild 2.13b auf die dritte Stufe in Bild 2.13c zu gelangen, muss Farad die körperliche Energie für die Überwindung[11] von zwei Stufen aufbringen. Der erforderliche Energieaufwand ist gleich groß, wenn Henry

(a) (b) (c) (d)

Bild 2.13 (a) Leiter; Farad auf der (a) ersten, (b) dritten und (c) fünften Stufe der Leiter

[10] Alternativ könnten wir auch das Niveau des Meeresspiegels oder jede andere beliebige Höhe mit $h = 0\,\text{m}$ festlegen.

[11] der potenziellen Energie

die Höhe von der dritten Stufe in Bild 2.13c auf die fünfte Stufe in Bild 2.13d überwinden muss. Die Höhendifferenz beträgt in beiden Fällen jeweils zwei Stufen.

Einheit. Die Einheit des elektrischen Potenzials beträgt Volt (V):

$$[\varphi] = \mathrm{V} \tag{2.14}$$

Potenzial. Jeder Anschluss und jede Leitung einer aktiven elektrischen Schaltung weist ein bestimmtes elektrisches Potenzial auf.

Bezugspotenzial. Das Bezugspotenzial $\varphi = 0\,\mathrm{V}$ kann an einem beliebigen Punkt einer elektrischen Schaltung gewählt werden. Alternativ kann an einem Punkt der Schaltung auch ein beliebiges anderes Potenzial ungleich null festgelegt werden. Es darf aber stets nur ein einziges Potenzial frei festgelegt werden.

2.4.2 Spannung

Wir stellen nun den Zusammenhang zwischen Potenzial und Spannung her. Dazu betrachten wir die elektrische Schaltung in Bild 2.14a, bestehend aus einer Batterie, idealen Leitungen, einem geschlossenen Schalter und einer Lampe:

Potenziale. Das Potenzial an der oberen Leitung ② wird mit φ_2 und jenes der unteren Leitung ① mit φ_1 bezeichnet.

Potenzialdifferenz. Die Potenzialdifferenz zwischen dem Potenzial φ_2 an der elektrischen Leitung ② und dem Potenzial φ_1 entlang der Leitung ① bezeichnen wir hier als Spannung U_{21}, von ② nach ① gerichtet:

$$\boxed{U_{21} = \varphi_2 - \varphi_1} \tag{2.15}$$

So wie es beim Hochsteigen auf einer Leiter oder auf einen Berg nur auf die Höhendifferenz ankommt, ergibt sich die Spannung direkt aus der Potenzialdifferenz. Die Verwandtschaft zwischen geometrischer Höhe und elektrischem Potenzial ist in Tabelle 2.4 zusammengefasst. Der Potenzialdifferenz $\varphi_2 - \varphi_1$ in der Elektrotechnik entspricht geometrisch die Höhendifferenz $h_2 - h_1$, wie das mit Farad in Bild 2.15 gezeigt ist. Als Bezugspotenzial 0 m ist darin der Meeresspiegel gewählt.

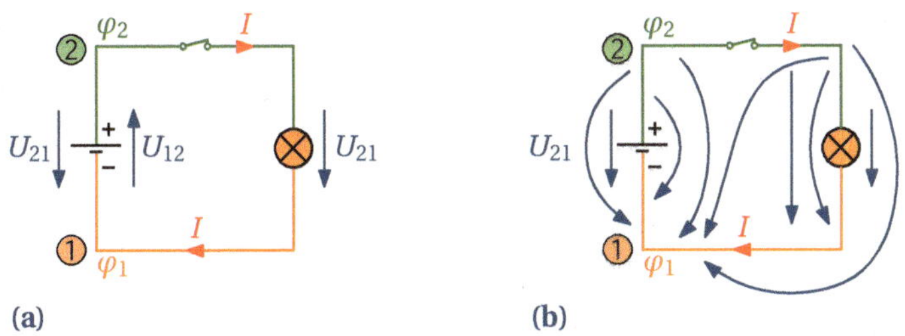

Bild 2.14 Schaltung mit den Potenzialen φ_2 der grünen Leitung ② und φ_1 der orangen Leitung ①, (a) Spannungen U_{21} und U_{12}, (b) mögliche unterschiedliche Spannungspfeile U_{21}

Bild 2.15 Farad auf einem Berg, dargestellt auf zwei unterschiedlichen Höhen h_1 und h_2, Höhendifferenz $\Delta h = h_2 - h_1$, Bezugshöhe 0 m ist der Meeresspiegel

Tabelle 2.4 Vergleich von geometrischen und elektrischen Größen

Geometrisch	Elektrisch
Höhe h	Potenzial φ
Höhendifferenz $\Delta h_{21} = h_2 - h_1$	Spannung = Potenzialdifferenz $U_{21} = \varphi_2 - \varphi_1$
Bezugshöhe $h = 0\,\mathrm{m}$	Bezugspotenzial $\varphi = 0\,\mathrm{V}$

Eine **Spannung** ist ...

Einheit. Die Einheit der Spannung ist gleich der Einheit des Potenzials und damit der Potenzialdifferenz, also Volt (V):

$$[U] = \mathrm{V} \tag{2.16}$$

Vorzeichen der Potenzialdifferenz. Auf einer Leiter macht es für Farad einen Unterschied, ob er nach oben oder nach unten steigt. In gleicher Weise unterscheiden wir auch die Spannung U_{12} von ① nach ② und U_{21} von ② nach ①:

$$U_{12} = \varphi_1 - \varphi_2 = -U_{21} \tag{2.17}$$

Das **Potenzial** ändert sich entlang einer idealen elektrischen **Leitung** nicht, es ist also **konstant**.

Damit ist das Potenzial das φ_2 entlang der grünen Leitung ② in Bild 2.14 ebenso konstant wie das Potenzial φ_1 entlang der gelben Leitung ①.

Zahlenwertbeispiel 2.5. Die Potenziale in Bild 2.14 werden beispielhaft mit $\varphi_2 = 9\,\text{V}$ und $\varphi_1 = 3\,\text{V}$ angenommen. Damit können wir die Spannungen $U_{21} = \varphi_2 - \varphi_1 = 9\,\text{V} - 3\,\text{V} = 6\,\text{V}$ und $U_{12} = \varphi_1 - \varphi_2 = 3\,\text{V} - 9\,\text{V} = -6\,\text{V}$ berechnen. ■

2.4.3 Spannung und Strom

Für elektrische Komponenten mit zwei Anschlüssen gilt:

■

Kennzeichen und Darstellung der elektrischen Spannung:

Spannungspfeil. Der Spannungspfeil U_{21} in Bild 2.14a zeigt von ② nach ① und ist gleich der Potenzialdifferenz $\varphi_2 - \varphi_1$ gemäß Gl. (2.15). Ein Spannungspfeil wird immer von einem Anfangspotenzial (hier φ_2) zu einem Endpotenzial (hier φ_1) gezeichnet, wobei sich beim Endpotenzial die Pfeilspitze befindet.[12]

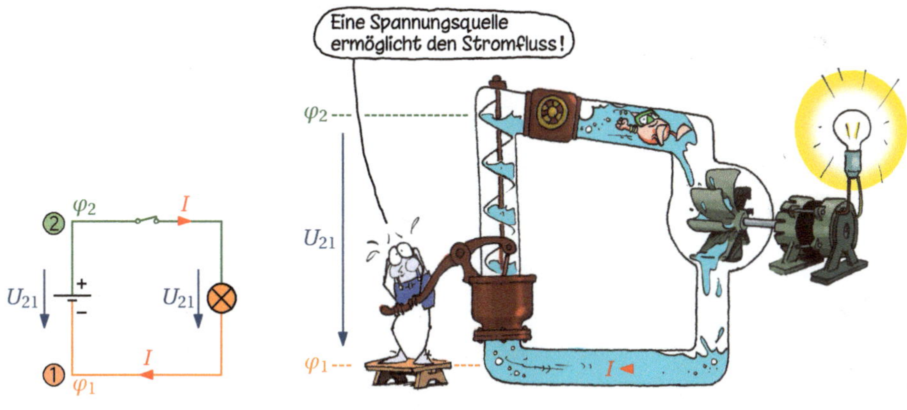

(a) (b)

Bild 2.16 (a) Stromkreis und (b) vergleichbarer Wasserkreislauf

[12] In US-amerikanischen Ersatzschaltbildern wird der Spannungspfeil in die entgegengesetzte Richtung gezeichnet.

Potenzial. Das Anfangs- und Endpotenzial eines Spannungspfeils bezieht sich jeweils entweder auf eine ideale Leitung – die konstantes Potenzial aufweist – oder beispielsweise einen bestimmten Anschlusspunkt einer elektrischen Schaltung. Für die Spannung U_{21} sind in Bild 2.14b beispielhaft mehrere gleichwertige Spannungspfeile eingezeichnet.

Batterie. Die vom Plus- zum Minuspol einer Batterie gerichtete Spannung ist immer positiv, wie in Bild 2.16a.

Spannungsvorzeichen. Die Spannung U_{21} in Bild 2.14a ist infolge von Gl. (2.15) positiv, wenn das Potenzial φ_2 größer als φ_1 ist.

Strom. Der Strom fließt aus der Batterie beim Pluspol heraus. Der Strompfeil in Bild 2.16a ist daher im Stromkreis außerhalb der Batterie zum Minuspol hin gerichtet.

Für die Spannung einer Spannungsquelle wurde historisch der Begriff **elektromotorische Kraft** verwendet. In diesem Sinne können wir uns vorstellen, dass ...

Wir können uns vereinfacht den Stromkreis in Bild 2.16a als einen Wasserkreislauf denken, wie das in Bild 2.16b gezeigt ist:

Pumpe. Die Pumpe transportiert Wasser nach oben. Die zurückgelegte Höhendifferenz entspricht dabei der Spannung.

Wasser. Den Fluss des Wassers können wir mit dem Stromfluss vergleichen.

Wasserleitung. Die Wasserleitungen entsprechen den Stromleitungen.

Turbine. Die Turbine entspricht dem Verbraucher, der die potenzielle Energie des Wassers in Bild 2.16b über einen Generator in elektrische Energie umwandelt, aus der in Glühbirne Licht wird.

2.5 Widerstand und Leitwert

Zeichen	Einheit	Größe	Quantity
G	S	Leitwert	Conductance
R	Ω, Ohm	Widerstand	Resistance

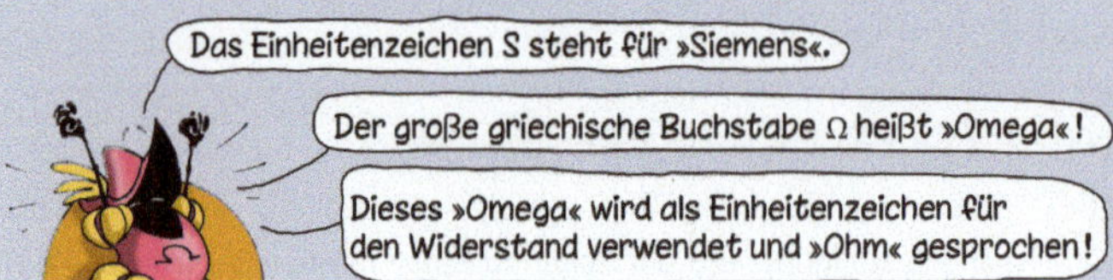

2.5.1 Widerstand

Für den Widerstand wird das Formelzeichen R verwendet. Die Einheit des Widerstands ist Ohm, wofür wir das Symbol Ω schreiben. Die Einheit Ohm ist außerdem gleich dem Verhältnis aus Volt (V) zu Ampere (A):

$$[R] = \Omega = \text{Ohm} = \frac{\text{V}}{\text{A}} \tag{2.18}$$

Jede elektrotechnische Komponente und jedes Bauelement weisen einen endlichen elektrischen Widerstand auf.

Typische Widerstand-Bauelemente, wie sie in der Elektrotechnik eingesetzt werden, sind in Bild 2.17 dargestellt. Alle dargestellten Widerstände haben 100 Ω, weisen jedoch unterschiedliche Leistungswerte[13] auf. Das bedeutet, dass sich diese Widerstände darin unterscheiden, mit welchem maximal zulässigen Strom sie betrieben werden dürfen.

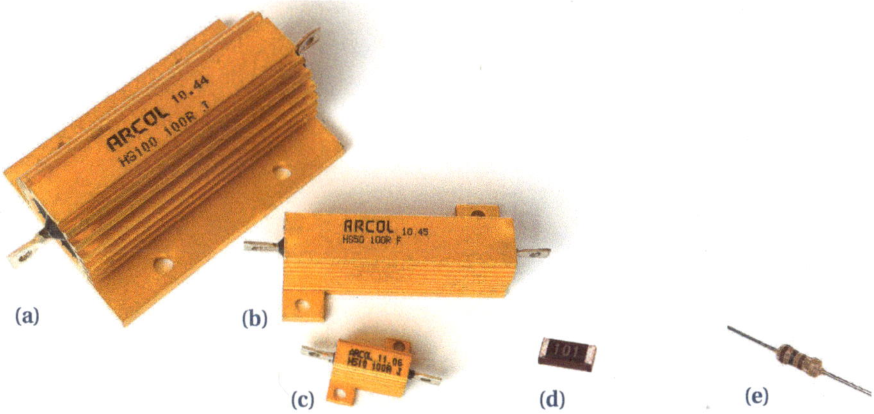

Bild 2.17 Widerstand-Baulemente mit 100 Ω: Leistungswiderstand mit Leistung (a) 100 W, (b) 50 W und (c) 10 W (Fotos (a) bis (c): © Harke, CC BY-SA 3.0, via Wikimedia Commons), (d) SMD-Widerstand mit ca. 0,66 W (Foto: © oomlout, CC BY-SA 2.0, via Wikimedia Commons), (e) Schichtwiderstand mit 0,25 W (Foto: © oomlout, CC BY-SA 2.0, via Wikimedia Commons)

2.5.2 Leitwert

> Der Widerstand R ist der **Kehrwert** des Leitwerts G und daher ist der Leitwert gleich dem Kehrwert des Widerstands.
>
> $$\boxed{R = \frac{1}{G}} \qquad \boxed{G = \frac{1}{R}} \tag{2.19}$$

[13] Die Leistung weist die Einheit »Watt« auf, die mit dem Buchstaben W abgekürzt wird.

Bild 2.18 Der Leitwert ist der Kehrwert des Widerstands

Die Einheit des Leitwerts heißt Siemens, abgekürzt mit dem Buchstaben S. Sie entspricht aufgrund von Gl. (2.18) auch dem Kehrwert von Ohm bzw. dem Verhältnis von Ampere (A) zu Volt (V):

$$[G] = \mathrm{S} = \frac{1}{\Omega} = \frac{\mathrm{A}}{\mathrm{V}} \tag{2.20}$$

Ob man von einem Widerstand-Bauelement den Widerstand R oder Leiterwert G angibt, macht keinen Unterschied. Beide Angaben sind gleichwertig und über Gl. (2.19) ineinander umrechenbar. Der Zusammenhang zwischen Widerstand und Leitwert ist in Bild 2.18 illustriert.

Zahlenwertbeispiel 2.6. Für den Widerstand $R = 100\,\Omega$ bestimmen wir den Leitwert G:

$$G = \frac{1}{R} = \frac{1}{100\,\Omega} = 0{,}01\,\mathrm{S} = 10\,\mathrm{mS}$$ ■

2.5.3 Ohmsches Gesetz

> Ein elektrischer Widerstand, der unabhängig von der Stromstärke konstant ist, wird als **Ohmscher Widerstand** bezeichnet. ■

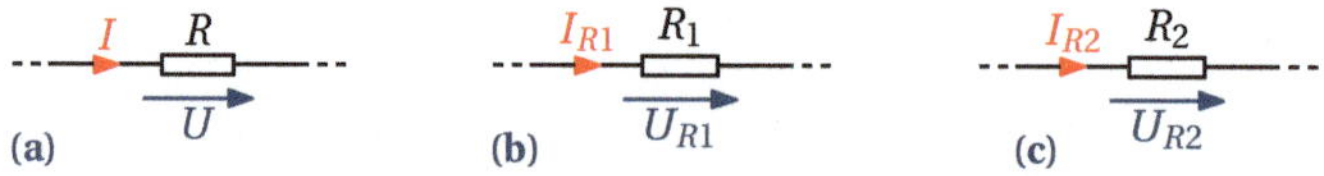

Bild 2.19 Spannungs- und Strompfeile (a) an einem allgemeinen Widerstand R, sowie (b) an einem Widerstand R_1 bzw. (c) R_2

Das Ohmsche Gesetz setzt folgende Größen zueinander in Beziehung, die in Bild 2.19a dargestellt sind:

- Ohmscher Widerstand R,
- Spannung U, die am Widerstand R anliegt,
- Strom I, der durch den Widerstand R fließt.

Die in Bild 2.19a dargestellten gestrichelten Linien deuten dabei an, dass die elektrische Schaltung an dieser Stelle weitergeht, ohne näher darauf einzugehen.

> Der **Ohmsche Widerstand** R ist das Verhältnis aus der **Spannung** U am Widerstand zum **Strom** I durch den Widerstand:
>
> $$\boxed{R = \frac{U}{I}} \qquad \boxed{G = \frac{I}{U}} \tag{2.21}$$

Über das Ohmsche Gesetz lassen sich die Einheiten Ohm (Ω) und Siemens (S) mit den Einheiten Volt (V) und Ampere (A) entsprechend den Gln. (2.18) und (2.20) in Beziehung bringen.

Wie kann man das Ohmsche Gesetz gut bestimmen, ohne – je nach Aufgabenstellung – fortwährend Gl. (2.21) umformen zu müssen? Eine gute Möglichkeit ist das in Bild 2.20 dargestellte URI-Dreieck, bei dem man die Spannung U oben platziert, während der Widerstand R bzw. und der Strom I darunter und nebeneinander geschrieben werden.

Widerstand. Um über das URI-Dreieck den Widerstand zu bestimmen, decken wir in Bild 2.21b den Buchstaben R ab. Es bleiben U oben und I unten stehen, genau so wie das auch in Bild 2.21d mit Ohm, Farad und Henry veranschaulicht ist. Der Widerstand R ist das Verhältnis der Spannung U (oberhalb des Bruchstrichs) zum Strom I (unterhalb des Bruchstrichs), siehe Bild 2.21c.

(a) (b)

Bild 2.20 URI-Dreieck (a) mit Formelzeichen U, R und I, (b) akrobatisch mit Farad, Ohm und Henry

(a) (b) (c)

Bild 2.21 (a) URI-Dreieck mit abgedecktem R, (b) Ohmsches Gesetz mathematisch formuliert, (c) Ohmsches Gesetz dargestellt von Ohm, Farad und Henry

Bild 2.22 (a) URI-Dreieck mit abgedecktem *I*, (b) Ohmsches Gesetz mathematisch formuliert, (c) Ohmsches Gesetz dargestellt von Ohm, Farad und Henry

Bild 2.23 (a) URI-Dreieck mit abgedecktem *U*, (b) Ohmsches Gesetz mathematisch formuliert, (c) Ohmsches Gesetz dargestellt von Ohm, Farad und Henry

Strom. Wenn wir nun im URI-Dreieck von Bild 2.22a den Strom I abdecken, bleiben die Spannung U oben und der Widerstand R unten stehen. In Bild 2.22c haben Ohm und Henry gegenüber Bild 2.21c einfach nur Plätze getauscht. Das Ohmsche Gesetz ist in der zugehörigen Umformung lautet:

$$I = \frac{U}{R} \qquad\qquad I = G \cdot U \tag{2.22}$$

Spannung. Damit bleibt jene Umformung des Ohmschen Gesetzes übrig, bei der wir die Spannung U im URI-Dreieck von Bild 2.23 abdecken. Der Widerstand R und der Strom I stehen nun unmittelbar nebeneinander, wie Ohm und Henry. Der Widerstand R und der Strom I treten in der umgeformten Gleichung als Produkt auf, woraus sich die Spannung U ergibt:

$$U = R \cdot I \qquad\qquad U = \frac{1}{G} \cdot I = \frac{I}{G} \tag{2.23}$$

> **!** Das **Ohmsche Gesetz** gilt für jeden Ohmschen Widerstand einer elektrischen Schaltung mit
>
> - der jeweiligen **Spannung am Widerstand** und
> - dem jeweiligen **Strom durch** den **Widerstand**.

■

Zahlenwertbeispiel 2.7. Der Widerstand $R_1 = 20\,\Omega$ in Bild 2.19b ist vom Strom $I_{R1} = 1{,}5\,\text{A}$ durchflossen. Wir bestimmen die Spannung U_{R1} am Widerstand:

$$U_{R1} = R_1 \cdot I_{R1} = 20\,\Omega \cdot 1{,}5\,\text{A} = 30\,\text{V}$$ ■

Zahlenwertbeispiel 2.8. Der Widerstand $R_2 = 40\,\Omega$ in Bild 2.19c wird an der Spannung $U_{R2} = 50\,\text{V}$ betrieben. Damit können wir den Strom durch den Widerstand berechnen:

$$I_{R2} = \frac{U_{R2}}{R_2} = \frac{50\,\text{V}}{40\,\Omega} = 1{,}25\,\text{A}$$ ■

Sonderfälle von Widerständen bzw. Leitwerten:

- Eine **ideale Verbindung**[14] weist den Widerstand $R = 0\,\Omega$ auf.
- Eine **Unterbrechung**[15] weist den Leitwert $G = 0\,\text{S}$ auf.

■

2.5.4 Widerstands- und Leitwertgerade

Da der Ohmsche Widerstand R bzw. der Leitwert G konstant sind, weist das Ohmsche Gesetz einen linearen Zusammenhang zwischen der Spannung U und dem Strom I auf:

$$U = R \cdot I = \frac{1}{G} \cdot I = \frac{I}{G} \qquad I = G \cdot U = \frac{U}{R} \tag{2.24}$$

Wenn man diesen Zusammenhang grafisch darstellt, erhält man eine Gerade. Wir betrachten dazu beispielhaft den Ohmschen Widerstand $R = 100\,\Omega$, zu dem gleichwertig der Leitwert $G = 1/R = 1/100\,\Omega = 0{,}01\,\text{S}$ gehört:

Widerstandsgerade. Bei der Widerstandsgeraden in Bild 2.24a tragen wir die Spannung U auf der vertikalen Achse und den Strom I auf der horizontalen Achse auf.

Steigung. Die Steigung der Geraden, also das Verhältnis der Spannung U zum Strom I, ergibt den Widerstand R gemäß Gl. (2.21).

Nullpunkt. Die Widerstandsgerade geht durch den Koordinatenursprung, da die Spannung U gleich null ist, wenn auch der Strom gleich null ist.

Konstruktion. Für die Konstruktion der Widerstandsgeraden ist es ausreichend, einen Punkt über das Ohmsche Gesetz gemäß Gl. (2.24) zu bestimmen, da die Widerstandsgerade durch den Nullpunkt geht. Wir wählen beispielhaft $I = 0{,}5\,\text{A}$ und erhalten dafür $U = R \cdot I = 100\,\Omega \cdot 0{,}5\,\text{A} = 50\,\text{V}$: Dieser Punkt ist in Bild 2.24a mit ① gekennzeichnet.

---

[14] Wir nennen das auch einen idealen »Kurzschluss«.

[15] Statt Unterbrechung verwenden wir mitunter auch den Begriff »Leerlauf«.

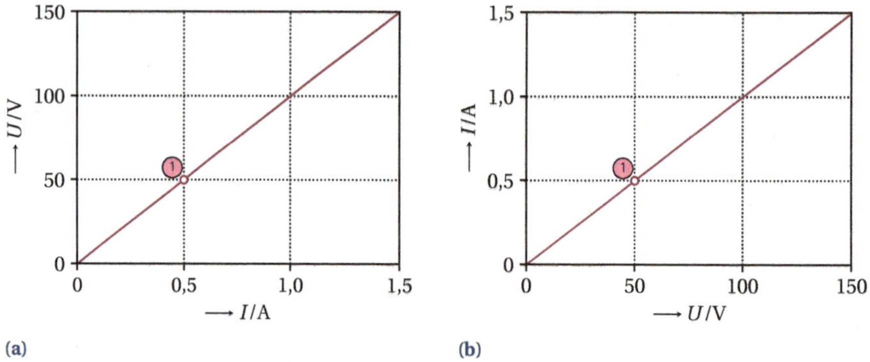

Bild 2.24 (a) Widerstandsgerade für $R = 100\,\Omega$, (b) Leitwertgerade für $G = 0{,}01\,\mathrm{S}$: Punkt ① für $I = 0{,}5\,\mathrm{A}$ und $U = 50\,\mathrm{V}$

Leitwertgerade. Bei der Leitwertgerade in Bild 2.24b vertauschen wir im Vergleich zu Bild 2.24a nur die horizontale und vertikale Achse.

Steigung. Aufgrund der vertauschten Achsen ist die Steigung der Leitwertgeraden das Verhältnis des Stroms I zur Spannung U und damit gleich dem Leitwert G.

Nullpunkt. Die Leitwertgerade geht ebenfalls durch den Nullpunkt.

Konstruktion. Wir können wieder einen beliebigen Punkt für die Konstruktion wählen. Der Einfachheit wegen wählen wir den selben Punkt ① in Bild 2.24b mit $U = 50\,\mathrm{V}$ und $I = G \cdot U = 0{,}01\,\mathrm{S} \cdot 50\,\mathrm{V} = 0{,}5\,\mathrm{A}$.

Gleichwertige Darstellung. Die Widerstands- und Leitwertgerade sind zueinander gleichwertige Darstellungen, da sie durch Vertauschung der horizontalen und vertikalen Achsen ineinander überführt werden können.

Eine **Widerstands-** und **Leitwertgerade** kann ebenso für ...

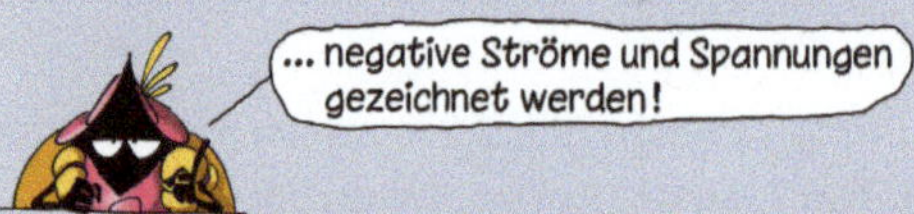

Deutsch	English
Koordinatenursprung	Origin of coordinates
Steigung	Slope
Widerstand-Baulement	Resistor
Widerstandsgerade	Load-line

2.6 Ideale Quellen

Bei den idealen Quellen unterscheiden wir Spannungs- und Stromquellen, je nachdem welche Größe konstant ist.

> Immer wenn wir in der Elektrotechnik von **idealem** Verhalten sprechen, werden bestimmte Effekte vernachlässigt.

2.6.1 Ideale Spannungsquelle

Die Schaltzeichen in Bild 2.25a und b zeigen jeweils eine ideale Spannungsquelle mit der Spannung U_Q. Da es sich um eine *ideale* Quelle[16] handelt, ist die Spannung U_Q konstant, unabhängig davon, was an die Quelle angeschlossen ist.

> Wir nennen die Spannung U_Q einer **Spannungsquelle** die **Quellenspannung** oder **Quellspannung**.

Der Ohmsche Widerstand R_1 in Bild 2.25c stellt die *Belastung* bzw. *Last* der Spannungsquelle dar. Die Spannung U_{R1} am Widerstand ist gleich der Spannung U_Q an der Quelle: Das ist eine Konsequenz aus der Potenzialdifferenz, die in Abschnitt 2.4 beschrieben ist. Da die Spannung $U_{R1} = U_Q$ ist, fließt durch den Widerstand R_1 folgender Strom infolge des Ohmsches Gesetzes:

$$I_{R1} = \frac{U_{R1}}{R_1}$$

> Wenn wir nur eine **Batterie** in einer elektrischen Schaltung haben, fließt der (positive) **Strom beim Pluspol** aus der Batterie **heraus** zum Minuspol.

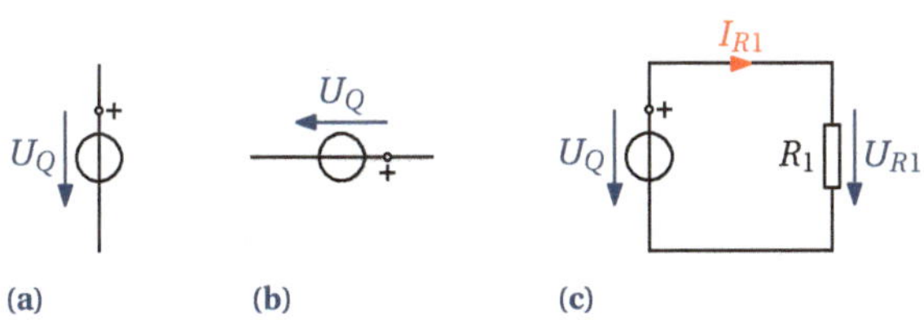

Bild 2.25 (a) und (b) Schaltzeichen einer Spannungsquelle, (c) Spannungsquelle mit Widerstand R_1

[16] Bei einer nicht idealen (und daher realen) Quelle ändert sich die Spannung mit der Belastung.

Beispiele für Spannungsquellen sind:

- Batterie (ist aber nicht ideal, da die Spannung nur bei geringer Belastung näherungsweise konstant bleibt),
- Gleichspannungsnetzgerät,
- Ladegerät für Notebook, Tablet oder Mobiltelefon.

2.6.2 Ideale Stromquelle

In der Elektrotechnik arbeiten wir mitunter mit Strom- statt mit Spannungsquellen. Die Stromquelle mit dem konstanten Strom I_Q in Bild 2.26a und b braucht natürlich einen geschlossenen Stromkreis[17], damit dieser Strom tatsächlich fließen kann.

Wir nennen den Strom I_Q einer **Stromquelle** den **Quellenstrom** oder **Quellstrom**.

Würde man an die Stromquelle nichts anschließen, so wäre infolge eines derart unterbrochenen Stromkreises auch der Strom gleich null, was im Widerspruch zum konstanten Strom der Stromquelle steht. Daher gibt es tatsächlich keine idealen Stromquellen, die unabhängig vom angeschlossenen Widerstand R_1 in Bild 2.26c einen konstanten Strom liefern.

Der Strom I_{R1} durch den Widerstand R_1 in Bild 2.26c ist gleich dem Quellstrom I_Q, d. h $I_{R1} = I_Q$. Die Spannung am Widerstand errechnet sich nach dem Ohmschen Gesetz:

$$U_{R1} = R_1 \cdot I_{R1}$$

Deutsch	English
Ideale Spannungsquelle	Ideal voltage source
Ideale Stromquelle	Ideal current source
Quellenspannung	Source voltage
Quellenstrom	Source current

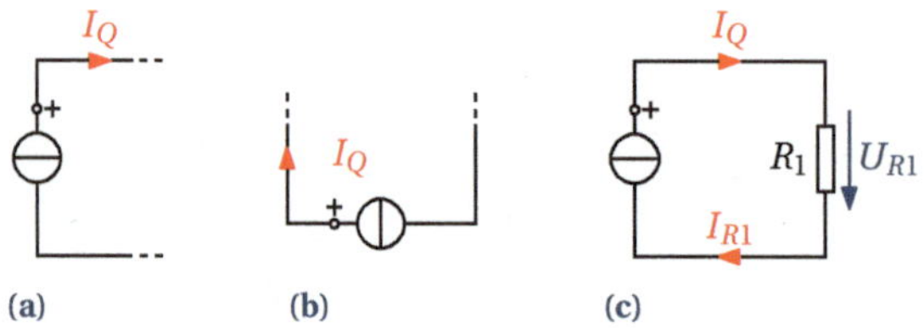

Bild 2.26 (a) und (b) Schaltzeichen einer Stromquelle, (c) Stromquelle mit Widerstand R_1

[17] Dies ist durch gestrichelte Leistungen symbolisiert.

2.7 Serien- und Parallelschaltung

In Bild 2.25c bzw. 2.26c haben wir jeweils eine Quelle, die einen einzelnen Ohmschen Widerstand speist. Wir erweitern nachfolgend diese Grundschaltung um Serien- bzw. Parallelschaltungen von Widerständen und Quellen.

Zunächst lernen wir die erforderlichen Begriffe kennen:

Serienschaltung

Komponenten in **Serienschaltung** sind vom …

Wir betrachten die Serien- bzw. Reihenschaltung, bestehend aus einer Spannungsquelle und zwei Ohmschen Widerständen in Bild 2.27a. Da es keine Verzweigung für den Strom gibt, ist der Strom durch die Spannungsquelle und die beiden Widerstände gleich groß:

$$I_{Q1} = I_{R1} = I_{R2}$$

Dieser Strom stellt sich in Abhängigkeit der konstanten Spannung U_Q und der Widerstände R_1 und R_2 ein.

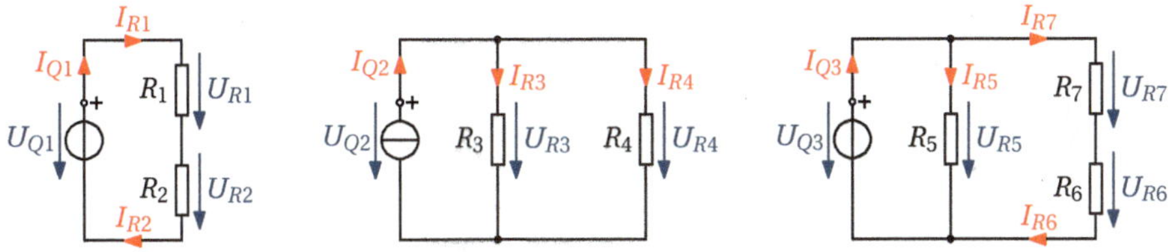

(a) (b) (c)

Bild 2.27 (a) Serienschaltung, (b) Parallelschaltung, (c) gemischte Serien- und Parallelschaltung von Widerständen

Parallelschaltung

Komponenten in **Parallelschaltung** weisen …

In der Parallelschaltung von Bild 2.27b sind eine Stromquelle und zwei Ohmsche Widerstände parallel geschaltet. Für alle in Bild 2.27b dargestellten Komponenten ist das Potenzial der oberen Anschlüsse jeweils gleich. Ebenso ist das Potenzial der unteren Anschlüsse jeweils gleich. Folglich sind alle Spannungen (Potenzialdifferenzen) der Komponenten gleich:

$$U_{Q2} = U_{R3} = U_{R4}$$

Diese Spannung stellt sich infolge des konstanten Stroms I_{Q2}, sowie der Widerstände R_3 und R_4 ein.

2.7.1 Kirchhoffsche Maschenregel

Wir begleiten für unsere Überlegungen Farad zu einigen Wanderungen in den Bergen und betrachten dazu Bild 2.28:

Hütten. Wir haben drei Hütten, die sich auf unterschiedlichen Seehöhen befinden:

- **Hütte** ① auf der Seehöhe $h_1 = 230\,\text{m}$
- **Hütte** ② auf der Seehöhe $h_2 = 690\,\text{m}$
- **Hütte** ③ auf der Seehöhe $h_3 = 400\,\text{m}$

Bild 2.28 Farad unternimmt eine Wanderung in den Bergen: Hütten ①, ② und ③, Wanderwege [21], [23] und [31], Höhendifferenzen Δh_{21}, Δh_{23} und Δh_{31}

Wanderwege. Die einzelnen Hütten sind durch Wanderwege miteinander verbunden:

Weg [31] verbindet die Hütten ③ und ①, Höhendifferenz[18] $\Delta h_{31} = h_3 - h_1 = 400\,\text{m} - 230\,\text{m} = 170\,\text{m}$

Weg [23] verbindet die Hütten ② und ③, Höhendifferenz $\Delta h_{23} = h_2 - h_3 = 690\,\text{m} - 400\,\text{m} = 290\,\text{m}$

Weg [21] verbindet die Hütten ② und ①, Höhendifferenz $\Delta h_{21} = h_2 - h_1 = 690\,\text{m} - 230\,\text{m} = 460\,\text{m}$

Wenn Farad nun eine Wanderung von der Hütte ① zur ② unternimmt, muss er die Höhendifferenz $\Delta h_{21} = 460\,\text{m}$ überwinden. Er benötigt dafür körperliche Energie, um die potenzielle Energie infolge der Höhendifferenz zu überwinden:

Wanderung. Für den Weg von der Hütte ① zur Hütte ② ist es bezüglich der potenziellen Energie egal, ob Farad den Weg [21] oder nacheinander die Wege [31] und [23] nimmt. Die insgesamt zurückgelegte Höhendifferenz beträgt in beiden Fällen:

$$\Delta h_{21} = \Delta h_{31} + \Delta h_{23} = 170\,\text{m} + 290\,\text{m} = 460\,\text{m}$$

Rundwanderweg. Für den Rundwanderweg von der Hütte ① zur Hütte ② über den Weg [21] und wieder zurück über die Hütte ③ zur Hütte ① über die Wege [23] und [31] ergibt die gesamte Höhendifferenz null[19]:

$$\Delta h_{21} - \Delta h_{31} - \Delta h_{23} = 460\,\text{m} - 290\,\text{m} - 170\,\text{m} = 0\,\text{m}$$

Kommen wir zurück zur Elektrotechnik. Wir betrachten den Teil einer elektrischen Schaltung, wie er in Bild 2.29a dargestellt ist. Wir können uns die Potenziale und Spannungen wie Höhe und Höhendifferenzen vorstellen, in Anlehnung an Tabelle 2.4:

Potenziale. Wir haben drei unterschiedliche Potenziale, die wir wie folgt annehmen:

Potenzial ① beträgt $\varphi_1 = 230\,\text{V}$

Potenzial ② beträgt $\varphi_2 = 690\,\text{V}$

Potenzial ③ beträgt $\varphi_3 = 400\,\text{V}$

Spannungen. Die Spannungen sind die Potenzialdifferenzen:

Spannung $U_{31} = \varphi_3 - \varphi_1 = 170\,\text{V}$

Spannung $U_{23} = \varphi_2 - \varphi_3 = 290\,\text{V}$

Spannung $U_{21} = \varphi_2 - \varphi_1 = 460\,\text{V}$

Masche $\mathcal{M}_1$. Diese Masche entspricht dem Rundwanderweg von ① über ③ nach ② und zurück zu ①. Die Masche stellt also einen *geschlossenen* Umlauf dar. Der gewählte Ausgangspunkt ① für den Umlauf der Masche kann letztlich beliebig gewählt werden.

> **!** Eine **Masche** ist ein **geschlossener Umlauf** entlang von Leitungen und Komponenten einer elektrischen Schaltung.
> Jede Masche hat einen **Umlaufsinn**, entweder im oder gegen den Uhrzeigersinn. ■

---

[18] Die Differenz einer Höhe wird mit dem Symbol Δ (»Delta«) gekennzeichnet.

[19] Obwohl die insgesamt für den Rundwanderweg erforderliche potenzielle Energie gleich null ist, benötigt Farad körperliche Energie, um die Wanderung durchzuführen.

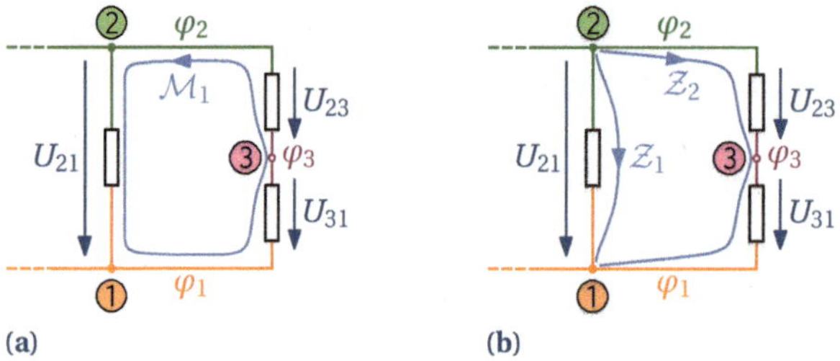

Bild 2.29 Teil einer gemischten Serien- und Parallelschaltung mit (a) Masche $\mathcal{M}_1$, (b) zwei Teilkurven $\mathcal{Z}_1$ und $\mathcal{Z}_2$

So wie die Summe aller vorzeichenrichtig addierten Höhendifferenzen beim Rundwanderweg gleich null ist, ergibt auch die Summe aller vorzeichenrichtig addierten Spannungen entlang einer Masche null.

> **Kirchhoffsche Maschenregel:**
> Die **Summe** aller vorzeichenrichtig addierter **Spannungen** entlang einer **Masche** ist **gleich null**.

Positives Vorzeichen. Spannungen, deren Spannungspfeile mit dem Umlaufsinn der Masche übereinstimmen, werden positiv gezählt.

Negatives Vorzeichen. Spannungen, deren Spannungspfeile gegen den Umlaufsinn der Masche gerichtet sind, werden negativ gezählt.

Bezogen auf Bild 2.29a bedeutet das für die Spannungen der Masche $\mathcal{M}_1$:

$$U_{21} - U_{31} - U_{23} = 460\,\mathrm{V} - 170\,\mathrm{V} - 290\,\mathrm{V} = 0\,\mathrm{V}$$

Wir können diese Gleichung aber auch anders interpretieren:

$$U_{21} = U_{23} + U_{31}$$

> Die **Spannung** zwischen zwei beliebigen Potenzialen kann **unabhängig vom Weg** zwischen diesen Potenzialen bestimmt werden.

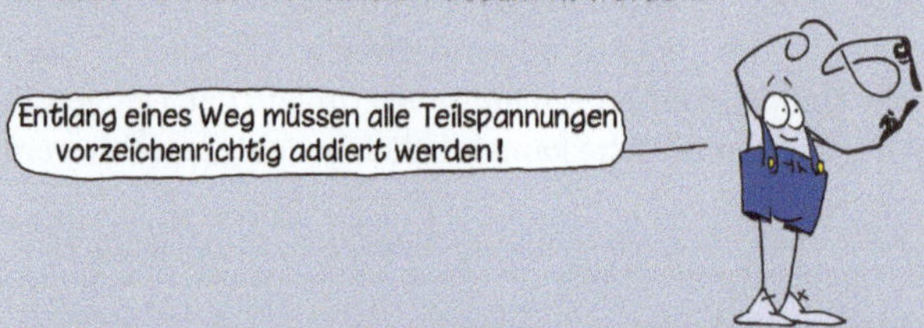

> **Positives Vorzeichen.** Spannungen in Wegrichtung
> **Negatives Vorzeichen.** Spannungen gegen die Wegrichtung

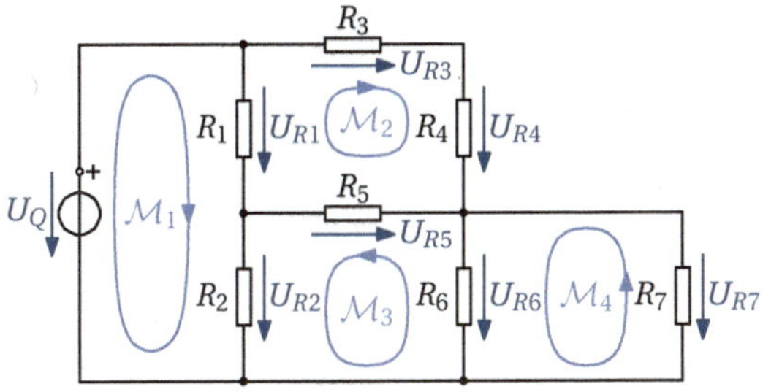

(a)

$$\mathcal{M}_1: \quad U_{R1} + U_{R2} - U_Q = 0\,\mathrm{V}$$
$$\mathcal{M}_2: \quad U_{R3} + U_{R4} - U_{R5} - U_{R1} = 0\,\mathrm{V}$$
$$\mathcal{M}_3: \quad U_{R2} - U_{R6} - U_{R5} = 0\,\mathrm{V}$$
$$\mathcal{M}_4: \quad U_{R6} - U_{R7} = 0\,\mathrm{V}$$

(b)

Bild 2.30 (a) Schaltung mit Maschen $\mathcal{M}_1$ bis $\mathcal{M}_4$, (b) zugehörige Maschengleichungen

Für Bild 2.29b gilt:

- Die Spannung U_{21} von ② nach ① entlang des Wegs $\mathcal{Z}_1$ ist
- gleich der Spannung $U_{23} + U_{31}$ von ② über ③ nach ① entlang des Wegs $\mathcal{Z}_2$:

$$U_{21} = 460\,\mathrm{V} = U_{23} + U_{31} = 290\,\mathrm{V} + 170\,\mathrm{V}$$

Betrachten wir als Beispiel für Maschengleichungen die Schaltung in Bild 2.30a:

Orientierung. Die Maschen $\mathcal{M}_1$ und $\mathcal{M}_2$ sind im Uhrzeigersinn, die Maschen $\mathcal{M}_3$ und $\mathcal{M}_4$ gegen den Uhrzeigersinn orientiert. Grundsätzlich ist es egal, wie wir die Maschen orientieren: Sie führen immer zu gleichwertigen mathematischen Gleichungen.

Maschengleichungen. Für die vorzeichenrichtige Summenbildung der Maschengleichungen in Bild 2.30b darf man an einer beliebigen Stelle der Masche beginnen und muss nach einem vollständigen Umlauf wieder zu dieser Stelle zurückkehren.

Zahlenwertbeispiel 2.9. Für die Spannungen Spannungen $U_Q = 100\,\mathrm{V}$, $U_{R1} = 25\,\mathrm{V}$, $U_{R4} = 10\,\mathrm{V}$ und $U_{R5} = 20\,\mathrm{V}$ gemäß Bild 2.30 ermitteln wir die unbekannte Spannungen durch Analyse der Maschengleichungen:

- Masche $\mathcal{M}_1$: $U_{R2} = U_Q - U_{R1} = 100\,\mathrm{V} - 25\,\mathrm{V} = 75\,\mathrm{V}$
- Masche $\mathcal{M}_2$: $U_{R3} = U_{R5} + U_{R1} - U_{R4} = 20\,\mathrm{V} + 25\,\mathrm{V} - 10\,\mathrm{V} = 35\,\mathrm{V}$
- Masche $\mathcal{M}_3$: $U_{R6} = U_{R2} - U_{R5} = 75\,\mathrm{V} - 20\,\mathrm{V} = 55\,\mathrm{V}$
- Masche $\mathcal{M}_4$: $U_{R7} = U_{R6} = 55\,\mathrm{V}$ ■

2.7.2 Serienschaltung von Widerständen

Für die Serien- bzw. Reihenschaltung von n Widerständen $R_1, R_2, \ldots, R_n$ in Bild 2.31a betrachten wir die Spannung von ② nach ①. Diese Spannung ist gleich U_Q und außerdem gleich der Summe aller Spannungen $U_{R1} + U_{R2} + \ldots + U_{Rn}$ an den Widerständen. Wenn wir zusätzlich das Ohmsche Gesetz für jeden einzelnen Widerstand anwenden, erhalten wir:

$$\begin{aligned} U_Q = U_{R1} + U_{R2} + \ldots + U_{Rn} &= \overbrace{R_1 \cdot I_{R,\mathrm{Ges}}}^{U_{R1}} + \overbrace{R_2 \cdot I_{R,\mathrm{Ges}}}^{U_{R2}} + \ldots + \overbrace{R_n \cdot I_{R,\mathrm{Ges}}}^{U_{Rn}} \\ &= U_{R,\mathrm{Ges}} = \underbrace{(R_1 + R_2 + \ldots + R_n)}_{R_{\mathrm{Ges}}} \cdot I_{R,\mathrm{Ges}} \end{aligned} \tag{2.25}$$

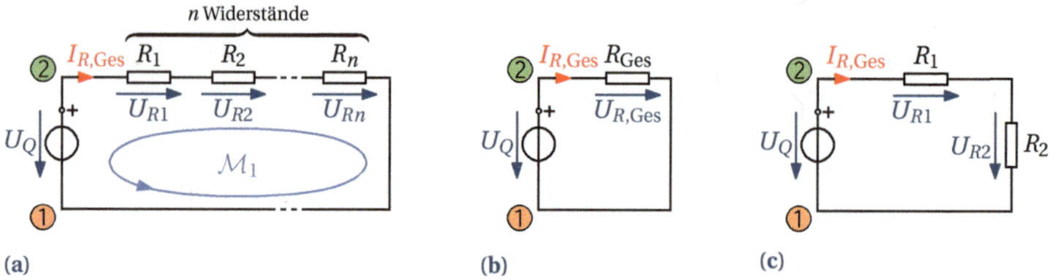

Bild 2.31 (a) Serienschaltung von n Widerständen $R_1, R_2, \ldots, R_n$ (b) gleichwertiger Ersatzwiderstand R_{Ges}, (c) Serienschaltung von zwei Widerständen R_1 und R_2

Der **Gesamtwiderstand** R_{Ges} einer **Serienschaltung** berechnet sich aus der **Summe** der in Serie geschalteten **Widerstände**:

$$\boxed{R_{\mathrm{Ges}} = R_1 + R_2 + \ldots + R_n} \qquad (2.26)$$

Die in Serie geschalteten Widerstände und der Gesamtwiderstand führen in den beiden Schaltungen von Bild 2.31a und b mit $U_{R,\mathrm{Ges}} = U_Q$ zum Strom:

$$I_{R,\mathrm{Ges}} = \frac{U_Q}{R_{\mathrm{Ges}}} = \frac{U_{R,\mathrm{Ges}}}{R_{\mathrm{Ges}}} \qquad (2.27)$$

Die Schaltungen in Bild 2.31a und b sind vollständig gleichwertig. Das bedeutet, dass bei der Speisung mit der Spannung U_Q

- die n in Serie geschalteten Widerstände R_1, R_2, … R_n in Bild 2.31a vom selben Strom $I_{R,\mathrm{Ges}}$ durchflossen sind wie
- der gleichwertige Gesamtwiderstand R_{Ges} gemäß Gl. (2.26) in Bild 2.31b.

Die Begriffe **Spannung** und **Spannungsabfall** können an einem Widerstand gleichwertig verwendet werden.

Zahlenwertbeispiel 2.10. Für die Serienschaltung zweier Widerstände in Bild 2.31c mit $R_1 = 32\,\Omega$ und $R_2 = 68\,\Omega$ berechnen wir den Gesamtwiderstand:

$$R_{\mathrm{Ges}} = R_1 + R_2 = 32\,\Omega + 68\,\Omega = 100\,\Omega$$

Zahlenwertbeispiel 2.11. Von $n = 3$ gemäß Bild 2.31a in Serie geschalteten Widerständen R_1, R_2 und R_3 kennt man den Gesamtwiderstand $R_{\mathrm{Ges}} = 820\,\Omega$, sowie $R_1 = 200\,\Omega$ und $R_3 = 500\,\Omega$. Wir berechnen: $R_2 = R_{\mathrm{Ges}} - R_1 - R_3 = 820\,\Omega - 200\,\Omega - 500\,\Omega = 120\,\Omega$

2.7.3 Spannungsteilerregel

Die Spannungsteilerregel stellt einen Zusammenhang zwischen Spannungen und Widerständen in einer Serienschaltung her. Sie kann angewandt werden, ohne den Strom der Serienschaltung bestimmen zu müssen.

Für die Spannungsteilerregel betrachten wir die Serienschaltung von insgesamt n Widerständen in Bild 2.32a. Für zwei beliebige Widerständen R_k und R_j mit den Indizes k und j ist die Spannungsteilerregel eine direkte Konsequenz der Serienschaltung (alle Ströme sind gleich) unter Anwendung des Ohmschen Gesetzes, gemeinsam mit Bild 2.31b:

$$I_{R,\mathrm{Ges}} = \frac{U_{Rk}}{R_k} = \frac{U_{Rj}}{R_j} = \frac{U_{R,\mathrm{Ges}}}{R_{\mathrm{Ges}}} \tag{2.28}$$

Daraus folgt die Spannungsteilerregel:

$$\frac{U_{Rk}}{U_{Rj}} = \frac{R_k}{R_j} \qquad \frac{U_{Rk}}{U_{R,\mathrm{Ges}}} = \frac{R_k}{R_{\mathrm{Ges}}} \qquad \frac{U_{Rj}}{U_{R,\mathrm{Ges}}} = \frac{R_j}{R_{\mathrm{Ges}}} \tag{2.29}$$

In einer **Serienschaltung** gilt die **Spannungsteilerregel**:

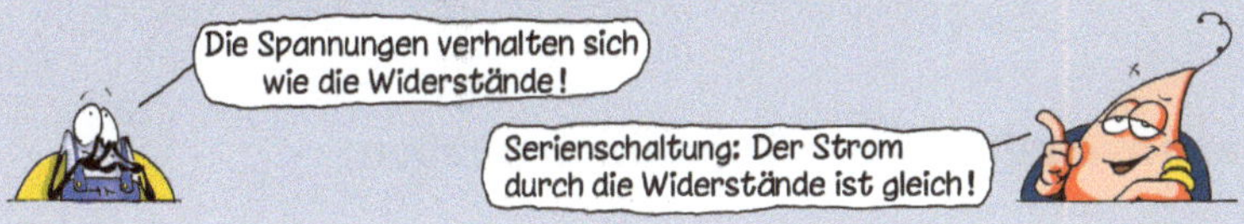

Wenn wir nur zwei Widerstände R_1 und R_2 (mit $k = 1$ und $j = 2$) vorliegen haben, wie das in Bild 2.32b dargestellt ist, so gilt:

Die **Spannungsteilerregel** für **zwei Widerstände** lautet mit $U_{R,\mathrm{Ges}} = U_{R1} + U_{R2}$ und $R_{\mathrm{Ges}} = R_1 + R_2$:

$$\boxed{\frac{U_{R1}}{U_{R2}} = \frac{R_1}{R_2}} \qquad \boxed{\frac{U_{R1}}{U_{R,\mathrm{Ges}}} = \frac{R_1}{R_{\mathrm{Ges}}}} \qquad \boxed{\frac{U_{R2}}{U_{R,\mathrm{Ges}}} = \frac{R_2}{R_{\mathrm{Ges}}}} \tag{2.30}$$

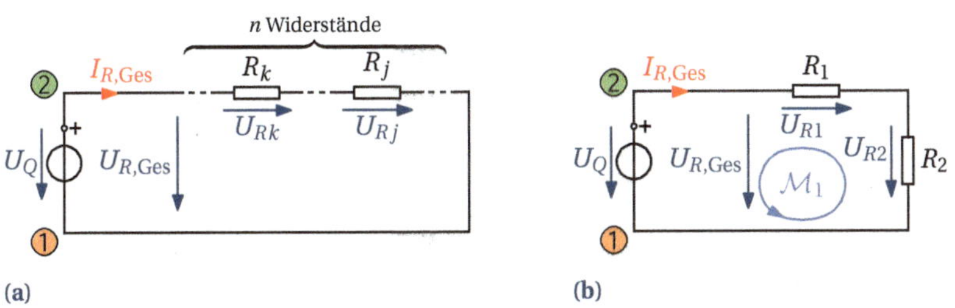

Bild 2.32 (a) Serienschaltung von n Widerständen $R_1, R_2, \ldots, R_n$, von denen nur die Widerstände mit den Indizes k und j dargestellt sind, (b) Serienschaltung zweier Widerstände R_1 und R_2

Zahlenwertbeispiel 2.12. Wir betrachten die Serienschaltung zweier Widerstände in Bild 2.32b mit $U_Q = U_{R,\text{Ges}} = 25\,\text{V}$, $R_1 = 32\,\Omega$ und $R_2 = 68\,\Omega$. Die beiden Spannungen U_{R1} und U_{R2} sollen über die Spannungsteilerregel ermittelt werden:

Wir bestimmen den Gesamtwiderstand $R_{\text{Ges}} = R_1 + R_2 = 100\,\Omega$. Da wir die Gesamtspannung $U_{R,\text{Ges}} = U_Q = 25\,\text{V}$ kennen, ermitteln wir die Spannung an den Widerständen direkt aus Gl. (2.29) in der Form $\frac{U_{R1}}{U_Q} = \frac{R_1}{R_{\text{Ges}}}$ bzw. $\frac{U_{R2}}{U_Q} = \frac{R_2}{R_{\text{Ges}}}$:

$$U_{R1} = U_Q \cdot \frac{R_1}{R_{\text{Ges}}} = 25\,\text{V} \cdot \frac{32\,\Omega}{100\,\Omega} = 8\,\text{V} \qquad U_{R2} = U_Q \cdot \frac{R_2}{R_{\text{Ges}}} = 25\,\text{V} \cdot \frac{68\,\Omega}{100\,\Omega} = 17\,\text{V}$$

Die Spannung U_{R2} können wir alternativ auch direkt aus U_{R1} und den Widerständen R_1 und R_2 berechnen:

$$\frac{U_{R2}}{U_{R1}} = \frac{R_2}{R_1} \Rightarrow U_{R2} = U_{R1} \cdot \frac{R_2}{R_1} = 8\,\text{V} \cdot \frac{68\,\Omega}{32\,\Omega} = 17\,\text{V}$$

Zum Abschluss wenden wir noch die Kirchhoffsche Maschengleichung für die eingezeichnete Masche $\mathcal{M}_1$ an, die den Kontrollwert null ergibt:

$$U_Q - U_{R1} - U_{R2} = 25\,\text{V} - 8\,\text{V} - 17\,\text{V} = 0\,\text{V}$$ ■

2.7.4 Serienschaltung von Spannungsquellen

Eine Serienschaltung von mehreren Spannungsquellen ist in Bild 2.33a dargestellt. Die Spannungsquellen mit den Spannungen U_{Q1}, U_{Q2}, …, U_{Qn} lassen sich durch eine gleichwertige Ersatzspannungsquelle mit $U_{Q,\text{Ges}}$ ersetzen. Dafür betrachten wir die Spannung von ② nach ①:

> **!** Die **Gesamtspannung** einer **Serienschaltung** von Spannungsquellen berechnet sich aus der **vorzeichenrichtigen Summe** der in Serie geschalteten Spannungen. ■

Für die Bildung der vorzeichenrichtigen Summe beachten wir:

Bezugsrichtung. Wir beziehen die Gesamtspannung $U_{Q,\text{Ges}}$, von ② nach ① in Bild 2.33b.

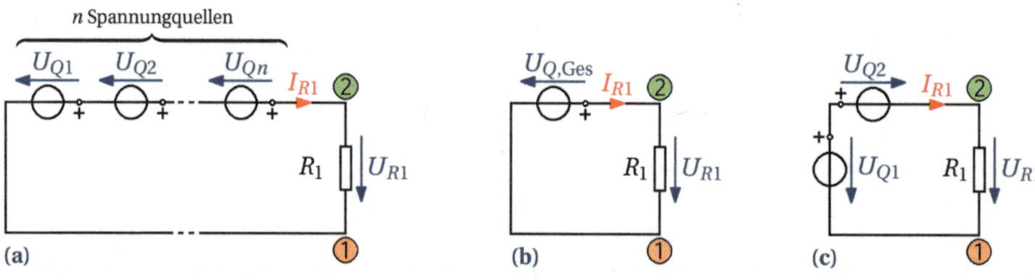

Bild 2.33 (a) Serienschaltung von n Spannungsquellen, (b) gleichwertige Ersatzspannungsquelle, (c) Serienschaltung von zwei Spannungsquellen

Positives Vorzeichen. Alle Quellenspannungen in Bild 2.33a, deren Spannungspfeile von ② nach ① (entlang der Quellen) gerichtet sind, werden mit positiven Vorzeichen gezählt.

Negatives Vorzeichen. Alle Spannungsquellen mit vertauschter Polarität, deren Spannungspfeile von ① nach ② gerichtet sind, müssen mit einem negativen Vorzeichen berücksichtigt werden.

Für die Zusammenschaltung von Spannungsquellen mit unterschiedlicher Polarität betrachten wir:

Zahlenwertbeispiel 2.13. Wir untersuchen die beiden Spannungsquellen aus Bild 2.33c mit $U_{Q1} = 6\,\text{V}$ und $U_{Q2} = 1{,}5\,\text{V}$, die den Widerstand $R_1 = 180\,\Omega$ versorgen. Der Strom I_{R1} durch den Widerstand soll berechnet werden. Die Spannung am Widerstand beträgt:

$$U_{Q,\text{Ges}} = U_{R1} = -U_{Q2} + U_{Q1} = -1{,}5\,\text{V} + 6\,\text{V} = 4{,}5\,\text{V}$$

Das negative Vorzeichen von U_{Q2} ist eine Folge dessen, dass der Spannungspfeil von U_{Q2} gegen den Weg von ② nach ① (entlang der Quellen) gerichtet ist. Über das Ohmsche Gesetz lässt sich der gesuchte Strom ermitteln:

$$I_{R1} = \frac{U_{R1}}{R_1} = \frac{4{,}5\,\text{V}}{180\,\Omega} = 0{,}025\,\text{A} = 25\,\text{mA}$$ ■

2.7.5 Amperemeter

Betrachten wir zunächst die einfache Schaltung in Bild 2.34a, bestehend aus einer Spannungsquelle mit U_Q und dem Widerstand R_1. Der Strom im Stromkreis berechnet sich zu:

$$I_{R1} = \frac{U_Q}{R_1} \tag{2.31}$$

Für die tatsächliche Messung dieses Stroms in der Praxis verwenden wir ein Amperemeter:

Strompfad. Unter dem Strompfad verstehen wir all jene elektrische Leitungen, über die der Strom geleitet wird. Der zu messende Strom muss gemäß Bild 2.34b durch das Amperemeter fließen, das als Schaltzeichen Ⓐ dargestellt ist.

Digitalmultimeter. Ein Digitalmultimeter[20], wie es in Bild 2.34c dargestellt ist, kann den Strom $I_{R1} \approx I_A$ im Stromkreis bestimmen. Die Anzeige des Stroms erfolgt digital. Mit einem Multimeter kann man außerdem auch Spannungen und in aller Regel auch Ohmsche Widerstände messen.

Innenwiderstand. Amperemeter weisen einen inneren Ohmschen Widerstand auf, der hier als Innenwiderstand R_A bezeichnet ist. Für eine genaue Messung des Stroms muss der Innenwiderstand

- entweder *deutlich kleiner*[21] als der Lastwiderstand der untersuchten Schaltung sein, d. h. $R_A \ll R_1$,

$$I_A \approx \frac{U_Q}{R_1}, \tag{2.32}$$

[20] Ein Multimeter ist zur Messung von Strömen, Spannungen und Widerständen geeignet.

[21] Anstelle des Kleinerzeichens < wird dafür das Relationszeichen ≪ verwendet.

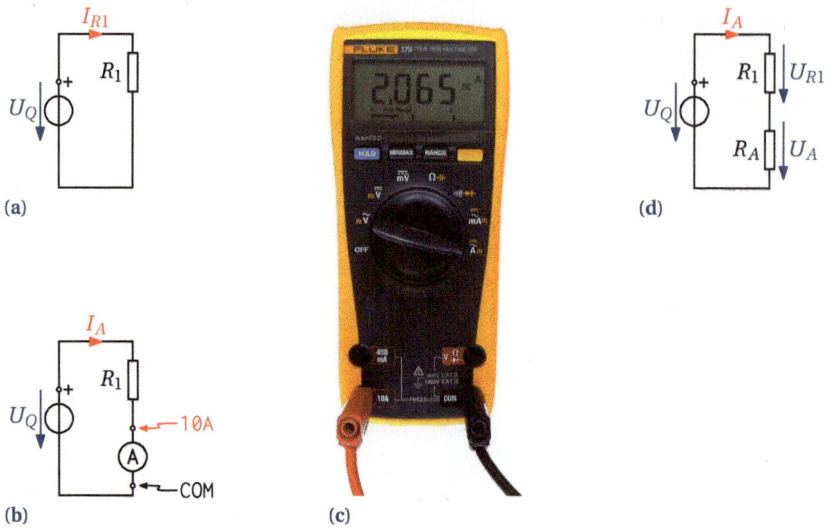

Bild 2.34 (a) Widerstand R_1 an einer Spannungsquelle, (b) mit Amperemeter Ⓐ im Messbereich 10A, (c) Digitalmultimeter für die Messung von Strömen im Messbereich 10A (Foto: © christiankral, CC BY 4.0, via Wikimedia Commons), (d) Ersatzschaltbild einschließlich Innenwiderstand R_A des Amperemeters

- oder der Innenwiderstand R_A muss, wie in Bild 2.34c, als Serienwiderstand mitberücksichtigt werden:

$$I_A = \frac{U_Q}{R_1 + R_A} \tag{2.33}$$

Ideales Amperemeter. Der Innenwiderstand eines idealen Amperemeters ist gleich null, d. h. $R_A = 0\,\Omega$. In diesem Fall drücken die Gln. (2.32) und (2.33) denselben Zusammenhang aus.

Zahlenwertbeispiel 2.14. Wir berechnen den Strom in Bild 2.34a für $U_Q = 25\,\text{V}$ und $R_1 = 100\,\Omega$. Zusätzlich vergleichen wir dieses Ergebnis mit dem Fall in Bild 2.34d, wenn wir den zusätzlichen Einfluss des Innenwiderstands $R_A = 1\,\Omega$ eines nicht idealen Amperemeters mitberücksichtigen. Der Strom ohne Amperemeter in Bild 2.34a beträgt:

$$I_{R1} = \frac{U_Q}{R_1} = \frac{25\,\text{V}}{100\,\Omega} = 0{,}25\,\text{A}$$

Wenn wir das Amperemeter in Bild 2.34d miteinbeziehen, müssen wir den Gesamtwiderstand $R_{Ges} = R_1 + R_A = 100\,\Omega + 1\,\Omega = 101\,\Omega$ im Ohmschen Gesetz berücksichtigen:

$$I_A = \frac{U_Q}{R_{Ges}} = \frac{25\,\text{V}}{101\,\Omega} = 0{,}2475\,\text{A}$$

Das entspricht einer Abweichung von (etwa[22]) einem Prozent gegenüber I_{R1}. ■

[22] Bei einer Rechengenauigkeit von vier signifikanten Stellen ergibt sich eine Abweichung von einem Prozent. Rechnet man mit mehr als vier signifikanten Stellen, so ist dieses Ergebnis nur noch näherungsweise korrekt.

2.7.6 Kirchhoffsche Knotenregel

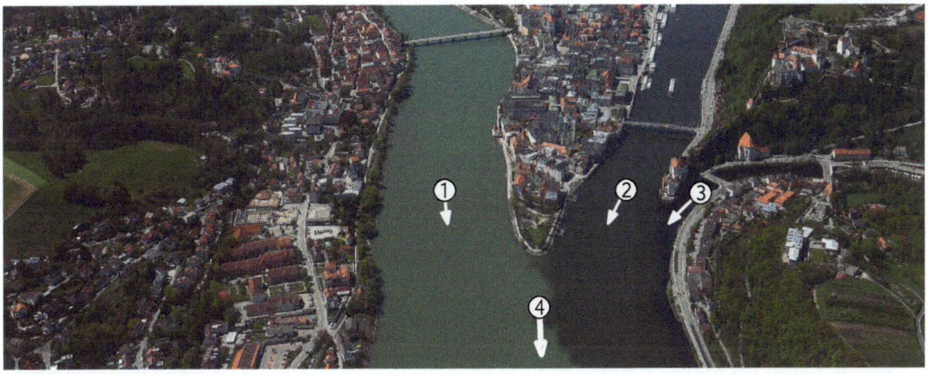

Bild 2.35 Stadt Passau am Zusammenfluss dreier Flüsse; ① Inn, ② Donau, ③ Ilz, ④ die Vereinigung dieser drei Flüsse wird als Donau bezeichnet (Foto © Carsten Steger, CC BY-SA 4.0, via Wikimedia Commons)

In Bild 2.35 sehen wir den Zusammenfluss der Flüsse ① Inn, ② Donau und ③ Ilz in der Stadt Passau. Der Zusammenfluss dieser drei Flüsse heißt wieder ④ Donau. Es ist anschaulich klar, dass die Summe der Wasserströme der drei Zuflüsse ①, ② und ③ gleich dem Wasserstrom des Abflusses ④ ist, wie das in Bild 2.36a visualisiert ist. Genauso verhält es sich in der Elektrotechnik mit den Strömen. Wenn im Knoten (Verbindungspunkt) $\mathcal{K}_1$ die drei Ströme I_1, I_2 und I_3 zufließen, dann gilt für den abfließenden Strom $I_4 = I_1 + I_2 + I_3$.

> **Kirchhoffsche Knotenregel:**
> In jedem **Knoten** ist die Summe der **zufließenden Ströme gleich** der Summe der **abfließenden Ströme**.
>
> 

Die Gültigkeit dieser Regel umfasst folgende Aspekte:

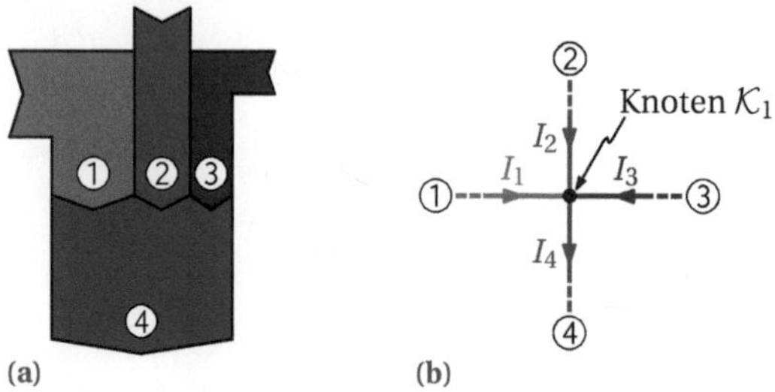

Bild 2.36 Zusammenfluss dreier Flüsse in Passau: ① Inn, ② Donau, ③ Ilz, ④ vereinigter Fluss Donau (a) schematisch visualisiert, (b) vergleichbares elektrisches Ersatzschaltbild, in dem im Knoten $\mathcal{K}_1$ die drei zufließenden Ströme I_1, I_2, I_3 den abfließenden Strom I_4 ergeben

Keine Ladungsspeicherung. Grundsätzlich ist die Kirchhoffsche Knotenregel nur dann gültig, wenn im betrachteten Knoten keine Ladungen gespeichert werden. Dass keine Ladungen gespeichert werden, ist in elektrischen Schaltungen für gewöhnlich der Fall.

Knoten. Betrachten wir dazu Bild 2.37a. Neben den Knoten $\mathcal{K}_1$ bis $\mathcal{K}_5$ ist auch noch die gestrichelt gekennzeichnete, in sich geschlossene Kurve $\mathcal{K}_6$ wie ein Knoten zu behandeln. Als Knoten gelten in der Elektrotechnik Verbindungspunkte ebenso wie beliebige, in sich *geschlossene Kurven* in einer Schaltung. Die zugehörigen Knotengleichungen sind in Bild 2.37b angegeben.

Die in sich geschlossene, gestrichelte Kurve $\mathcal{K}_6$ begrenzt in Bild 2.37b einen rosa gekennzeichneten Bereich. In die zugehörige Knotengleichung werden nur jene Ströme einbezogen, die

- in diesen Bereich hineinfließen (I_{R3} und I_{R5}) und jene,
- die aus diesem Bereich herausfließen (I_8),
- d. h. alle Ströme, die die gestrichelte Kurve kreuzen.

Weitere Ströme innerhalb dieses Bereichs (I_{R6} und I_{R7}) bleiben unberücksichtigt.

Eine **alternative** Formulierung der **Kirchhoffschen Knotenregel** lautet:
Die **Summe** aller **Ströme** ist gleich **null**, wenn

- die **zufließenden** Ströme **positiv** und
- die **abfließenden** Ströme **negativ**

gezählt werden. ■

Zahlenwertbeispiel 2.15. Für Bild 2.36b betragen die Ströme $I_1 = 5\,\text{A}$, $I_2 = 3\,\text{A}$ und $I_3 = 1\,\text{A}$. Damit ergibt sich für den Strom $I_4 = I_1 + I_2 + I_3 = 5\,\text{A} + 3\,\text{A} + 1\,\text{A} = 9\,\text{A}$. ■

Zahlenwertbeispiel 2.16. Wir untersuchen Bild 2.37 mit den Strömen $I_Q = 0{,}9\,\text{A}$, $I_{R1} = 0{,}6\,\text{A}$, $I_{R2} = 0{,}2\,\text{A}$, $I_{R6} = 0{,}2\,\text{A}$. Wir bestimmen die unbekannten Strömen aus den Knotengleichungen:

- Knoten $\mathcal{K}_1$: $I_{R3} = I_Q - I_{R1} = 0{,}9\,\text{A} - 0{,}6\,\text{A} = 0{,}3\,\text{A}$
- Knoten $\mathcal{K}_2$: $I_{R5} = I_{R1} - I_{R2} = 0{,}6\,\text{A} - 0{,}2\,\text{A} = 0{,}4\,\text{A}$

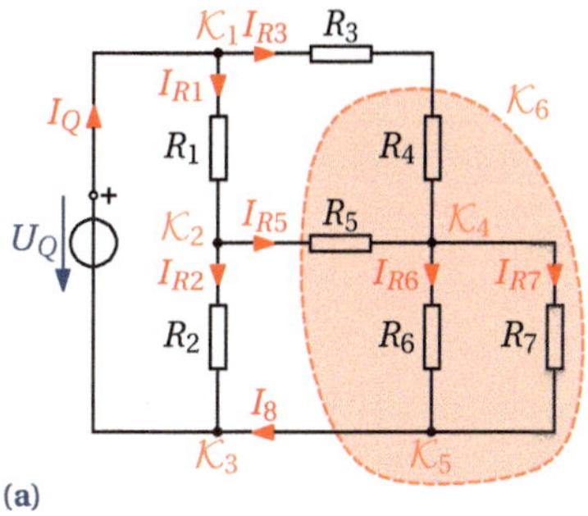

(a)

$$
\begin{aligned}
\mathcal{K}_1 &: \quad I_Q = I_{R1} + I_{R3} \\
\mathcal{K}_2 &: \quad I_{R1} = I_{R2} + I_{R5} \\
\mathcal{K}_3 &: \quad I_{R2} + I_8 = I_Q \\
\mathcal{K}_4 &: \quad I_{R3} + I_{R5} = I_{R6} + I_{R7} \\
\mathcal{K}_5 &: \quad I_{R6} + I_{R7} = I_8 \\
\mathcal{K}_6 &: \quad I_{R3} + I_{R5} = I_8
\end{aligned}
$$

(b)

Bild 2.37 (a) Schaltung mit Knoten $\mathcal{K}_1$ bis $\mathcal{K}_6$, (b) zugehörige Knotengleichungen

- Knoten $\mathcal{K}_3$: $I_8 = I_Q - I_{R2} = 0{,}9\,\text{A} - 0{,}2\,\text{A} = 0{,}7\,\text{A}$
- Knoten $\mathcal{K}_4$: $I_{R7} = I_{R3} + I_{R5} - I_{R6} = 0{,}3\,\text{A} + 0{,}4\,\text{A} - 0{,}2\,\text{A} = 0{,}5\,\text{A}$

Alle unbekannten Ströme sind damit bestimmt. Die Gleichungen der Knoten $\mathcal{K}_5$ und $\mathcal{K}_6$ enthalten keine zusätzlichen Informationen. Wir rechnen jedoch zur Kontrolle nach:

- Knoten $\mathcal{K}_5$: $I_{R6} + I_{R7} = 0{,}2\,\text{A} + 0{,}5\,\text{A} = I_8 = 0{,}7\,\text{A}$
- Knoten $\mathcal{K}_6$: $I_{R3} + I_{R5} = 0{,}3\,\text{A} + 0{,}4\,\text{A} = I_8 = 0{,}7\,\text{A}$ ■

2.7.7 Parallelschaltung von Widerständen

Wir untersuchen die Parallelschaltung von n Widerständen R_1, R_2, ... R_n, wie sie in Bild 2.38a dargestellt ist, um die Spannung $U_{R,\text{Ges}}$ bei gegebenem Strom I_Q zu bestimmen. Dabei arbeiten wir vorteilhaft mit den Leitwerten, statt mit den Widerständen:

$$G_1 = \frac{1}{R_1} \qquad G_2 = \frac{1}{R_2} \qquad \dots \qquad G_n = \frac{1}{R_n} \tag{2.34}$$

Wir wenden nun die Kirchhoffsche Knotenregel auf die gestrichelt dargestellte Fläche (den Knoten $\mathcal{K}_1$) an. Daraus folgt, dass der Gesamtstrom I_Q gleich der Summe der Ströme durch die einzelnen Widerstände ist. Zusätzlich gilt, dass die Spannung $U_{R,\text{Ges}}$ an allen Widerständen gleich groß ist. Gemeinsam mit dem Ohmschen Gesetz, formuliert mit den Leit-

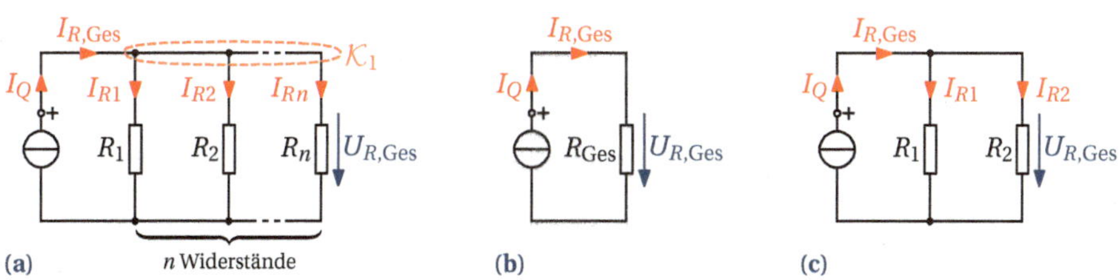

Bild 2.38 (a) Parallelschaltung von n Widerständen, (b) gleichwertiger Ersatzwiderstand R_{Ges}, (c) Parallelschaltung zweier Widerstände R_1 und R_2

werten, erhalten wir:

$$I_Q = I_{R1} + I_{R2} + \ldots + I_{Rn} = \overbrace{G_1 \cdot U_{R,\text{Ges}}}^{I_{R1}} + \overbrace{G_2 \cdot U_{R,\text{Ges}}}^{I_{R2}} + \ldots + \overbrace{G_n \cdot U_{R,\text{Ges}}}^{I_{Rn}} \tag{2.35}$$
$$= I_{R,\text{Ges}} = \underbrace{(G_1 + G_2 + \ldots + G_n)}_{G_\text{Ges}} \cdot U_{R,\text{Ges}}$$

Der **Gesamtleitwert** G_Ges einer **Parallelschaltung** berechnet sich aus der **Summe der** parallel geschalteten **Leitwerte**:

$$\boxed{G_\text{Ges} = G_1 + G_2 + \ldots + G_n} \qquad R_\text{Ges} = \frac{1}{G_\text{Ges}} \tag{2.36}$$

Der Gesamtwiderstand R_Ges ist der Kehrwert des Gesamtleitwerts G_Ges. ■

Die beiden Schaltungen in Bild 2.38a und b verhalten sich vollständig gleichwertig. Mit $I_{R,\text{Ges}} = I_Q$ gilt für die gesamte Spannung:

$$U_{R,\text{Ges}} = \frac{I_{R,\text{Ges}}}{G_\text{Ges}} = R_\text{Ges} \cdot I_{R,\text{Ges}} \tag{2.37}$$

Aus Gl. (2.36) können wir folgenden allgemeinen Zusammenhang ableiten:

Da der Gesamtleitwert stets größer als der größte einzelne Leitwert ist, ist umgekehrt der **Gesamtwiderstand** stets **kleiner als der kleinste** einzelne **Widerstand**. ■

Zahlenwertbeispiel 2.17. Wir bestimmen für Bild 2.38c mit $R_1 = 10\,\Omega$ und $R_2 = 40\,\Omega$ den Gesamtwiderstand. Zunächst berechnen wir die Leitwerte:

$$G_1 = \frac{1}{R_1} = \frac{1}{10\,\Omega} = 0{,}1\,\text{S} \qquad G_2 = \frac{1}{R_2} = \frac{1}{40\,\Omega} = 0{,}025\,\text{S}$$

Damit ermitteln wir den Gesamtleitwert:

$$G_\text{Ges} = G_1 + G_2 = 0{,}1\,\text{S} + 0{,}025\,\text{S} = 0{,}125\,\text{S}$$

Daraus bestimmen wir den Gesamtwiderstand der Parallelschaltung:

$$R_\text{Ges} = \frac{1}{G_\text{Ges}} = \frac{1}{0{,}125\,\text{S}} = 8\,\Omega$$ ■

Zahlenwertbeispiel 2.18. Wir schalten $n = 5$ gleiche große Widerstände $R_1 = 80\,\Omega$ parallel. Dafür ermitteln wir den gesamten Widerstand R_Ges. Wir schreiben die Lösung zunächst allgemein mit Formelzeichen an:

Der zu einem einzelnen Widerstand R_1 gehörige Leitwert beträgt: $G_1 = \frac{1}{R_1}$. Der gesamte Leitwert G_Ges berechnet sich aus der Summe von n einzelnen Leitwerten G_1:

$$G_\text{Ges} = n \cdot G_1$$

Damit erhalten wir für den gesamten Widerstand R_Ges:

$$R_\text{Ges} = \frac{1}{G_\text{Ges}} = \frac{1}{n \cdot G_1} = \frac{1}{n} \cdot \underbrace{\frac{1}{G_1}}_{R_1} = \frac{R_1}{n} = \frac{80\,\Omega}{5} = 16\,\Omega$$ ■

Zahlenwertbeispiel 2.18 erlaubt folgende allgemeingültige Aussage:

Die **Parallelschaltung** von n **gleich großen Widerständen** der Größe R_1 ergibt den Gesamtwiderstand:

$$R_{Ges} = \frac{R_1}{n} \tag{2.38}$$

Zahlenwertbeispiel 2.19. Zwei Widerstände $R_1 = 70\,\Omega$ und R_2 sind gemäß Bild 2.38c parallel geschaltet. Der gesamte Widerstand beträgt $R_{Ges} = 20\,\Omega$. Wir bestimmen den unbekannten Widerstand R_2:

Zunächst bestimmen wir die Leitwerte der angegebenen Widerstände:

$$G_1 = \frac{1}{R_1} = \frac{1}{78\,\Omega} = 0{,}01429\,\mathrm{S} \qquad G_{Ges} = \frac{1}{R_{Ges}} = \frac{1}{20\,\Omega} = 0{,}05000\,\mathrm{S}$$

Aus der Bestimmungsgleichung $G_{Ges} = G_1 + G_2$ ermitteln wir nun den Leitwert G_2:

$$G_2 = G_{Ges} - G_1 = 0{,}05000\,\mathrm{S} - 0{,}01429\,\mathrm{S} = 0{,}03571\,\mathrm{S}$$

Damit ermitteln wir den gesuchten Widerstand:

$$R_2 = \frac{1}{G_2} = \frac{1}{0{,}03571\,\mathrm{S}} = 28{,}00\,\Omega$$

Für die Kennzeichnung der Berechnung einer **Parallelschaltung** verwenden wir ...

Falls nur zwei Widerstände R_1 und R_2 parallel geschaltet sind, kann der Gesamtwiderstand ohne den Umweg über die Leitwerte bestimmt werden:

Für die **Parallelschaltung** (Symbol ||) von **zwei** Widerständen R_1 und R_2 gilt:

$$\boxed{R_{Ges} = R_1 \,||\, R_2 = \frac{R_1 \cdot R_2}{R_1 + R_2}} \tag{2.39}$$

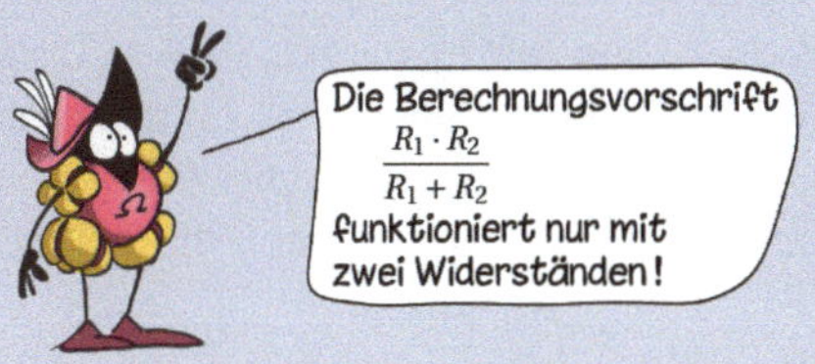

Falls eine Parallelschaltung mehr als zwei Widerstände aufweist, ist es erforderlich, mit Gl. (2.36) zu rechnen.

Zahlenwertbeispiel 2.20. Wenn wir Bild 2.38c die Widerstände $R_1 = 10\,\Omega$ und $R_2 = 40\,\Omega$ aus Zahlenwertbeispiel 2.17 zugrundelegen, dann erhalten wir für den Gesamtwiderstand:

$$R_{\text{Ges}} = R_1 || R_2 = \frac{R_1 \cdot R_2}{R_1 + R_2} = \frac{10\,\Omega \cdot 40\,\Omega}{10\,\Omega + 40\,\Omega} = \frac{400\,\Omega^2}{50\,\Omega} = 8\,\Omega$$ ■

2.7.8 Stromteilerregel

So wie die Spannungsteilerregel für eine Serienschaltung anwendbar ist, gilt die Stromteilerregel für eine Parallelschaltung. Wir betrachten dazu eine Parallelschaltung von insgesamt n Leitwerten. Für zwei beliebige Leitwerte G_k und G_j in Bild 2.39a mit den Indizes k und j folgt die Stromteilerregel direkt aus der Eigenschaft der Parallelschaltung, dass alle Spannungen gleich sind:

$$U_{R,\text{Ges}} = \frac{I_{Rk}}{G_k} = \frac{I_{Rj}}{G_j} = \frac{I_{R,\text{Ges}}}{G_{\text{Ges}}} \tag{2.40}$$

Daraus resultiert die Stromteilerregel mit den zugehörigen Leitwerten:

$$\frac{I_{Rk}}{I_{Rj}} = \frac{G_k}{G_j} \qquad \frac{I_{Rk}}{I_{R,\text{Ges}}} = \frac{G_k}{G_{\text{Ges}}} \qquad \frac{I_{Rj}}{I_{R,\text{Ges}}} = \frac{G_j}{G_{\text{Ges}}} \tag{2.41}$$

! In einer **Parallelschaltung** gilt die **Stromteilerregel**:

■

Wenn wir nur zwei Leitwerte G_1 und G_2 (mit $k = 1$ und $j = 2$) vorliegen haben, wie das in Bild 2.39b gezeigt ist, so gilt:

! Die **Stromteilerregel** für **zwei Leitwerte** lautet mit $I_{R,\text{Ges}} = I_{R1} + I_{R2}$ und $G_{\text{Ges}} = G_1 + G_2$:

$$\boxed{\frac{I_{R1}}{I_{R2}} = \frac{G_1}{G_2}} \qquad \boxed{\frac{I_{R1}}{I_{R,\text{Ges}}} = \frac{G_1}{G_{\text{Ges}}}} \qquad \boxed{\frac{I_{R2}}{I_{R,\text{Ges}}} = \frac{G_2}{G_{\text{Ges}}}} \tag{2.42}$$

■

Zahlenwertbeispiel 2.21. Wir betrachten Bild 2.39b mit $R_1 = 10\,\Omega$, $R_2 = 40\,\Omega$ und $I_Q = I_{R,\text{Ges}} = 1{,}5\,\text{A}$. Wir bestimmen die Ströme I_{R1} und I_{R2} zuerst über Gl. (2.41) und danach aus Gl. (2.43). Die Leitwerte $G_1 = 0{,}1\,\text{S}$, $G_2 = 0{,}025\,\text{S}$, sowie den Gesamtleitwert $G_{\text{Ges}} = 0{,}125\,\text{S}$ können wir Zahlenwertbeispiel 2.20 entnehmen. Wir bestimmen damit die Ströme:

$$I_{R1} = I_Q \cdot \frac{G_1}{G_{\text{Ges}}} = 1{,}5\,\text{A} \cdot \frac{0{,}1\,\text{S}}{0{,}125\,\text{S}} = 1{,}2\,\text{A} \qquad I_{R2} = I_Q \cdot \frac{G_2}{G_{\text{Ges}}} = 1{,}5\,\text{A} \cdot \frac{0{,}025\,\text{S}}{0{,}125\,\text{S}} = 0{,}3\,\text{A}$$

Die Summe dieser beiden Ströme gibt zur Kontrolle mit der Kirchhoffschen Knotenregel den Gesamtstrom $I_{R1} + I_{R2} = I_Q = 1{,}2\,\text{A} + 0{,}3\,\text{A} = 1{,}5\,\text{A}$. ■

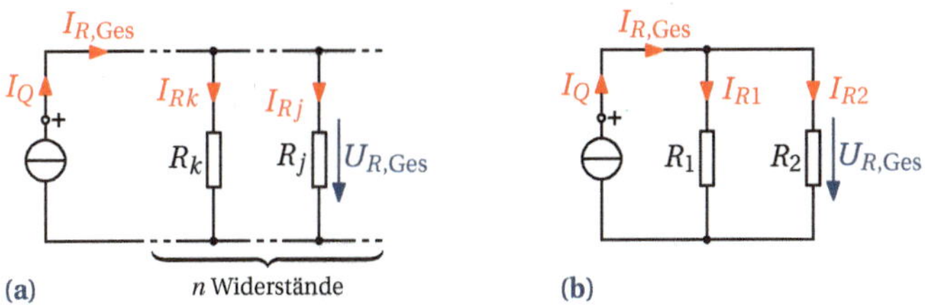

Bild 2.39 (a) Parallelschaltung von n Widerständen $R_1, R_2, \ldots, R_n$, von denen nur die Widerstände mit den Indizes k und j dargestellt sind, (b) Parallelschaltung zweier Widerstände R_1 und R_2

Für eine Parallelschaltung mit nur zwei Leitwerten ist es gegebenenfalls zweckmäßig, die Stromteilerregel direkt mit Widerständen zu formulieren.

Alternative Stromteilerregel für eine **Parallelschaltung** von **zwei Widerständen** R_1 und R_2:

$$\boxed{\frac{I_{R1}}{I_{R2}} = \frac{R_2}{R_1}} \qquad \boxed{\frac{I_{R1}}{I_{R,\text{Ges}}} = \frac{R_2}{R_1 + R_2}} \qquad \boxed{\frac{I_{R2}}{I_{R,\text{Ges}}} = \frac{R_1}{R_1 + R_2}} \tag{2.43}$$

Zahlenwertbeispiel 2.22. Wir bestimmen die Ströme mit der alternativen Stromteilerregel gemäß Gl. (2.43) und verwenden dafür die Angaben aus Zahlenwertbeispiel 2.21:

$$I_{R1} = I_Q \cdot \frac{R_2}{R_1 + R_2} = 1{,}5\,\text{A} \cdot \frac{40\,\Omega}{10\,\Omega + 40\,\Omega} = 1{,}2\,\text{A}$$

$$I_{R2} = I_Q \cdot \frac{R_1}{R_1 + R_2} = 1{,}5\,\text{A} \cdot \frac{10\,\Omega}{10\,\Omega + 40\,\Omega} = 0{,}3\,\text{A}$$

Die beiden Ströme sind identisch mit jenen aus Zahlenwertbeispiel 2.21. ■

2.7.9 Voltmeter

Die einfache Schaltung in Bild 2.40a besteht aus einer Stromquelle mit I_Q, die den Widerstand R_1 speist. Die Spannung am Widerstand ergibt sich damit zu:

$$U_{R1} = R_1 \cdot I_Q \tag{2.44}$$

Für die praktische Messung der Spannung verwenden wir ein Voltmeter:

Spannungspfad. Das mit dem Schaltzeichen Ⓥ bezeichnete Voltmeter muss, wie in Bild 2.40b, an jene beiden Potenziale angeschlossen werden, deren Potenzialdifferenz – also Spannung – gemessen werden soll.

Bild 2.40 (a) Widerstand R_1 an einer Stromquelle, (b) mit Voltmeter Ⓥ, (c) Digitalmultimeter für die Messung von Spannungen (Foto: © christiankral CC BY 4.0, via Wikimedia Commons), (d) Ersatzschaltbild einschließlich Innenwiderstand R_V des Voltmeters

Digitalmultimeter. Die Spannung $U_{R1} \approx U_V$ kann mit einem Digitalmultimeter, wie es in Bild 2.40d dargestellt ist, ermittelt werden.

Innenwiderstand. Der innere Ohmsche Widerstand eines Voltmeters wird hier als Innenwiderstand R_V bezeichnet. Für eine genaue Messung muss der Innenwiderstand

- entweder deutlich größer als der Lastwiderstand R_1 der untersuchten Schaltung sein, d. h. $R_V \gg R_1$,

$$U_V \approx R_1 \cdot I_Q, \tag{2.45}$$

- oder der Innenwiderstand R_V muss, wie in Bild 2.40c, als Parallelwiderstand mitberücksichtigt werden:

$$U_V = \frac{R_1 \cdot R_V}{R_1 + R_V} \cdot I_Q \tag{2.46}$$

Ideales Voltmeter. Der Innenwiderstand R_V eines idealen Voltmeters ist unendlich groß.

Zahlenwertbeispiel 2.23. Wir betrachten Bild 2.40 und untersuchen den Einfluss des Innenwiderstands R_V des Voltmeters auf die Bestimmung der Spannung U_{R1}. Konkret rechnen wir mit $I_Q = 0{,}25\,\mathrm{A}$, sowie $R_1 = 100\,\Omega$ und $R_V = 10\,\mathrm{k}\Omega$. Die Spannung am Widerstand R_1 errechnet sich gemäß Bild 2.40a zu $U_{R1} = R_1 \cdot I_Q = 100\,\Omega \cdot 0{,}25\,\mathrm{A} = 25\,\mathrm{V}$.

Der Innenwiderstand R_V des Voltmeters ist in Bild 2.40d parallel zum Widerstand R_1 geschaltet. Die mit dem Voltmeter gemessene Spannung beträgt gemäß Gl. (2.46):

$$U_V = \frac{R_1 \cdot R_V}{R_1 + R_V} \cdot I_Q = \frac{100\,\Omega \cdot 10000\,\Omega}{100\,\Omega + 10000\,\Omega} \cdot 0{,}25\,\mathrm{A} = 24{,}75\,\mathrm{V}$$

Die Abweichung von U_V gegenüber U_{R1} beträgt (etwa) ein Prozent. ■

Deutsch	English
Amperemeter	Ammeter
Kirchhoffsche Knotenregel	Kirchhoff's current law
Kirchhoffsche Maschenregel	Kirchhoff's voltage law
Parallelschaltung	Parallel circuit
Serienschaltung	Series circuit
Spannungsteiler	Voltage divider
Stromteiler	Current divider
Voltmeter	Voltmeter

2.8 Widerstandsnetzwerke

Wir behandeln Kombinationen aus Serien- und Parallelschaltungen von Ohmschen Widerständen mit einer Spannungs- oder Stromquelle.

2.8.1 Gemeinsame Spannungs- und Strommessung

Wenn man die Spannung an einem Widerstand und den Strom durch diesen Widerstand gemeinsam messen möchte, benötigt man ein Volt- und ein Amperemeter – oder beispielsweise zwei Multimeter. Betrachten wir dazu die beiden Messschaltungen in Bild 2.41:

Spannungsrichtige Messung. Bei der Messschaltung in Bild 2.41a misst das Voltmeter genau die Spannung U_{R1} am Widerstand R_1, da die Spannung des Voltmeters und des Widerstands aufgrund der Parallelschaltung identisch sind. Die Spannung wird also richtig gemessen. Der über das Amperemeter gemessene Strom I_A setzt sich jedoch tatsächlich aus dem Strom I_{R1} durch den Widerstand R_1 und dem Strom durch das Voltmeter zusammen.

Stromrichtige Messung. In der stromrichtigen Messung von Bild 2.41b fließt durch das Amperemeter der Strom I_{R1}, der auch durch den Widerstand fließt, da es in Serie mit dem Widerstand geschaltet ist. Daher wird der Strom richtig gemessen. Das Voltmeter

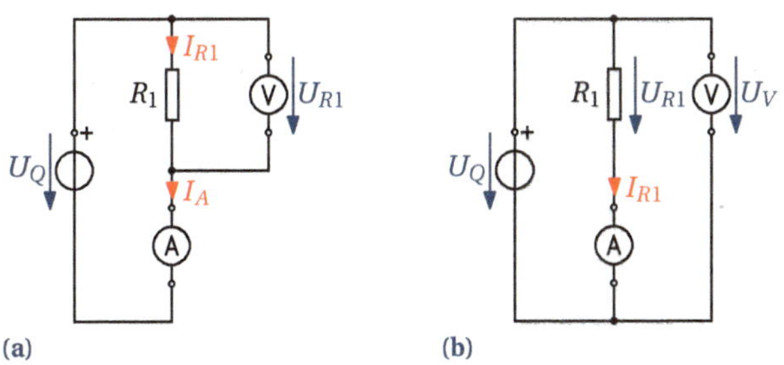

Bild 2.41 Messung von Spannung und Strom gemeinsam in (a) einer spannungsrichtigen und (b) einer stromrichtigen Form

misst jedoch den Spannungsabfall U_{R1} am Widerstand R_1 und Amperemeter gemeinsam.

Ideale Messgeräte. Falls die Ampere- und Voltmeter in Bild 2.41 als ideale Messgeräte behandelt werden, unterscheiden sich die (idealen) Messergebnisse der spannungs- und stromrichtigen Messschaltung nicht.

Reale Messgeräte. Wenn die endlichen Innenwiderstände der Ampere- bzw. Voltmeter in der Analyse der Messschaltungen von Bild 2.41 berücksichtigt werden, unterscheiden sich die Messergebnisse abhängig davon, ob eine spannungs- oder stromrichtige Messung angewandt wird.

2.8.2 Gemischte Serien- und Parallelschaltung

Reine **Widerstandsnetzwerke** mit zwei Anschlüssen, die aus **Serien- und Parallelschaltungen** bestehen, können auf einen einzelnen **Gesamtwiderstand** reduziert werden:

Vorgehensweise:

- Falls es Serienschaltungen gibt, ersetzen wir alle Serienschaltungen jeweils durch einen Ersatzwiderstand. Wir zeichnen eine vereinfachte Schaltung mit diesen Ersatzwiderständen.
- Für vorhandene Parallelschaltungen ersetzen wir alle diese Parallelschaltungen durch jeweils einen Ersatzwiderstand. Dazu zeichnen wir wiederum ein Ersatzschaltbild mit diesen Ersatzwiderständen.
- Die obigen Schritte führen wir so lange durch, bis nur noch ein einzelner Gesamtwiderstand R_{Ges} übrig ist.
- Ausgehend vom ermittelten Gesamtwiderstand können dann alle Spannungen und Ströme berechnet werden, indem wir uns schrittweise wieder zurück zum originalen Widerstandsnetzwerk arbeiten.

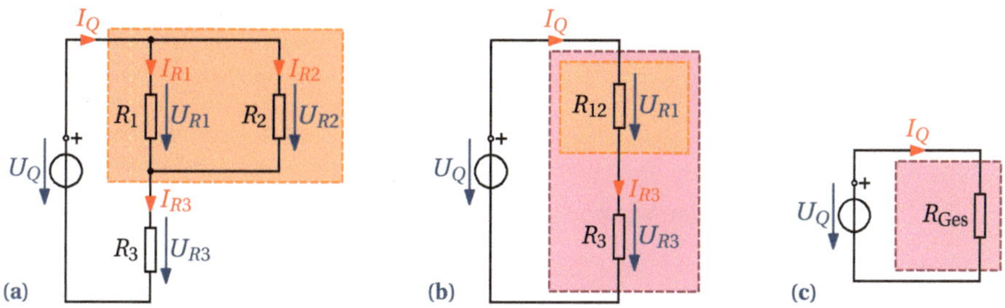

Bild 2.42 (a) Parallel- mit anschließender Serienschaltung, (b) erster und (c) zweiter Schritt der Vereinfachung

Zahlenwertbeispiel 2.24. Wir untersuchen eine Parallel- mit anschließender Serienschaltung anhand von Bild 2.42a mit $U_Q = 72\,\text{V}$, $R_1 = 18\,\Omega$, $R_2 = 63\,\Omega$ und $R_3 = 66\,\Omega$. Für die Bestimmung aller unbekannten Spannungen und Ströme führen wir folgende Rechenschritte durch:

Vereinfachung der Parallelschaltung. Die aus R_1 und R_2 bestehende Parallelschaltung[23] wird vereinfacht. Den daraus resultierenden Ersatzwiderstand versehen wir mit dem Index 12, um die Herkunft von R_1 und R_2 zu bezeichnen:

$$R_{12} = R_1 || R_2 = \frac{R_1 \cdot R_2}{R_1 + R_2} = \frac{18\,\Omega \cdot 63\,\Omega}{18\,\Omega + 63\,\Omega} = 14\,\Omega$$

Vereinfachung der Serienschaltung. Die aus dem vorigen Rechenschritt resultierende Vereinfachung des Ersatzschaltbilds ist in Bild 2.42b ersichtlich. Es verbleibt nun eine Serienschaltung, die folgenden Ersatzwiderstand aufweist:

$$R_{\text{Ges}} = R_{12} + R_3 = 14\,\Omega + 66\,\Omega = 80\,\Omega$$

Dieser Widerstand ist der Gesamtwiderstand der Schaltung.

Gesamtstrom. Aus dem Gesamtwiderstand R_{Ges} in Bild 2.42c kann nun der Gesamtstrom I_Q berechnet werden:

$$I_Q = \frac{U_Q}{R_{\text{Ges}}} = \frac{72\,\text{V}}{80\,\Omega} = 0{,}9\,\text{A}$$

Spannungen und Ströme. Alle gesuchten Spannungen und Ströme können durch Analyse von Bild 2.42b bis a (also in umgekehrter Richtung) schrittweise bestimmt werden. Aus Bild 2.42b folgt:

$$I_{R3} = I_Q = 0{,}9\,\text{A} \qquad U_{R3} = R_3 \cdot I_{R3} = 66\,\Omega \cdot 0{,}9\,\text{A} = 59{,}4\,\text{V}$$

Die Spannung U_{R1} am Widerstand R_{12} ist – durch Vergleich mit Bild 2.42a – gleich der Spannungen U_{R2}. Diese Spannungen werden nun aus der Kirchhoffschen Maschenregel $U_Q - U_{R3} - U_{R1} = 0\,\text{V}$ bestimmt. Über das Ohmsche Gesetz können dann die verblei-

[23] Die Widerstände R_1 und R_3 sind nicht in Serie geschaltet, da sie nicht vom selben Strom durchflossen sind. Daher ist die Parallelschaltung von R_1 und R_2 der erste Schritt bei der Vereinfachung.

benden Ströme ermittelt werden:

$$U_{R1} = U_{R2} = U_Q - U_{R3} = 72\,\text{V} - 59{,}4\,\text{V} = 12{,}6\,\text{V}$$

$$I_{R1} = \frac{U_{R1}}{R_1} = \frac{12{,}6\,\text{V}}{18\,\Omega} = 0{,}7\,\text{A} \qquad I_{R2} = \frac{U_{R2}}{R_2} = \frac{12{,}6\,\text{V}}{63\,\Omega} = 0{,}2\,\text{A}$$

Kontrolle. Zur Kontrolle wenden wir noch die Kirchhoffsche Knotenregel an:

$$I_Q = 0{,}9\,\text{A} = I_{R1} + I_{R2} = 0{,}7\,\text{A} + 0{,}2\,\text{A}$$

■

Zahlenwertbeispiel 2.25. Wir untersuchen eine Serien- mit anschließender Parallelschaltung, gemäß der Schaltung aus Bild 2.43a mit $I_Q = 0{,}7\,\text{A}$, $R_1 = 18\,\Omega$, $R_2 = 63\,\Omega$ und $R_3 = 66\,\Omega$ unter Durchführung folgender Rechenschritte:

Vereinfachung der Serienschaltung. Die aus R_1 und R_3 bestehende Serienschaltung liefert folgenden Ersatzwiderstand:

$$R_{13} = R_1 + R_3 = 18\,\Omega + 66\,\Omega = 84\,\Omega$$

Vereinfachung der Parallelschaltung. Mit dem Ersatzwiderstand R_{13} ergibt sich das in Bild 2.42b dargestellte Ersatzschaltbild. Hier treten nun die Widerstände R_{13} und R_2 in einer Parallelschaltung auf, deren Gesamtwiderstand wie folgt berechnet wird:

$$R_{\text{Ges}} = R_{13} || R_2 = \frac{R_{13} \cdot R_2}{R_{13} + R_2} = \frac{84\,\Omega \cdot 63\,\Omega}{84\,\Omega + 63\,\Omega} = 36\,\Omega$$

Gesamtspannung. Die Gesamtspannung U_Q kann nun aus dem Ersatzschaltbild in Bild 2.43c bestimmt werden:

$$U_Q = R_{\text{Ges}} \cdot I_Q = 36\,\Omega \cdot 0{,}7\,\text{A} = 25{,}2\,\text{V}$$

Spannungen und Ströme. Zunächst bestimmen wir die Spannung

$$U_{R2} = U_Q = 25{,}2\,\text{V}$$

und damit alle Ströme über das Ohmsche Gesetz in Bild 2.43b:

$$I_{R1} = I_{R3} = \frac{U_Q}{R_{13}} = \frac{25{,}2\,\text{V}}{84\,\Omega} = 0{,}3\,\text{A} \qquad I_{R2} = \frac{U_{R2}}{R_2} = \frac{25{,}2\,\text{V}}{63\,\Omega} = 0{,}4\,\text{A}$$

Mit dem in Bild 2.43a angewandten Ohmschen Gesetz ergibt sich weiter:

$$U_{R1} = R_1 \cdot I_{R1} = 18\,\Omega \cdot 0{,}3\,\text{A} = 5{,}4\,\text{V} \qquad U_{R3} = R_3 \cdot I_{R3} = 66\,\Omega \cdot 0{,}3\,\text{A} = 19{,}8\,\text{V}$$

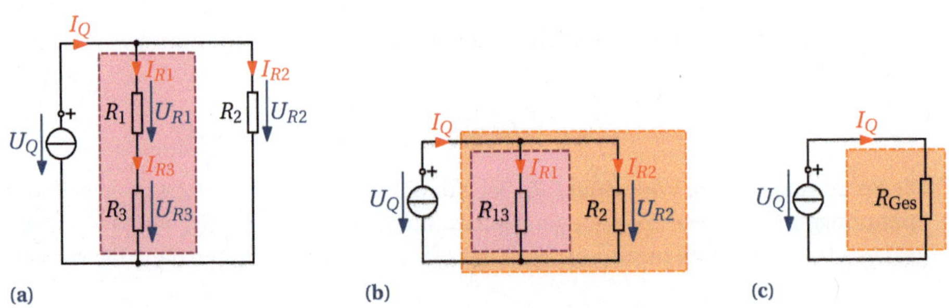

Bild 2.43 (a) Serien- mit anschließender Parallelschaltung, (b) erster und (c) zweiter Schritt der Vereinfachung

Kontrolle. Zur Kontrolle wenden wir noch die Kirchhoffsche Maschenregel an:

$$U_{R1} + U_{R3} - U_{R2} = 5{,}4\,\mathrm{V} + 19{,}8\,\mathrm{V} - 25{,}2\,\mathrm{V} = 0\,\mathrm{V}$$ ■

2.8.3 Erweitertes Wissen: Stern- und Dreieckschaltungen

Manche Zusammenschaltungen von Widerständen lassen sich nicht durch Serien- bzw. Parallelschaltungen vereinfachen. Eine Lösungsmöglichkeit, um alle Spannungen und Ströme in dieser Schaltung zu bestimmen, ist die Methode der Stern-Dreieck-Transformation.

Jede **Sternschaltung** mit drei Anschlüssen kann in eine **Dreieckschaltung umgewandelt** werden – und umgekehrt.

■

Wir erläutern das am Beispiel der Widerstände R_1, R_2 und R_3, die in Bild 2.44a bzw. b, eine aus drei Zweigen bestehende Sternschaltung bilden. Diese Sternschaltung ist blau unterlegt. Bezüglich der drei Anschlüsse ①, ② und ③ kann diese Sternschaltung in eine gleichwertig wirksame Dreieckschaltung gemäß Bild 2.44c umgewandelt werden. Dafür gilt:

$$R_{12} = \frac{R_1 \cdot R_2 + R_2 \cdot R_3 + R_3 \cdot R_1}{R_3} \qquad R_1 = \frac{R_{12} \cdot R_{31}}{R_{12} + R_{23} + R_{31}} \tag{2.47}$$

$$R_{23} = \frac{R_1 \cdot R_2 + R_2 \cdot R_3 + R_3 \cdot R_1}{R_1} \qquad R_2 = \frac{R_{23} \cdot R_{12}}{R_{12} + R_{23} + R_{31}} \tag{2.48}$$

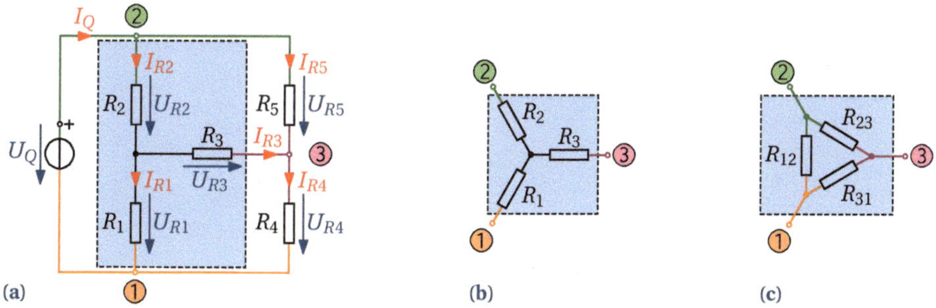

Bild 2.44 (a) Schaltung, die sich nicht durch Serien- und Parallelschaltungen vereinfachen lässt, (b) Sternschaltung, (c) Dreieckschaltung

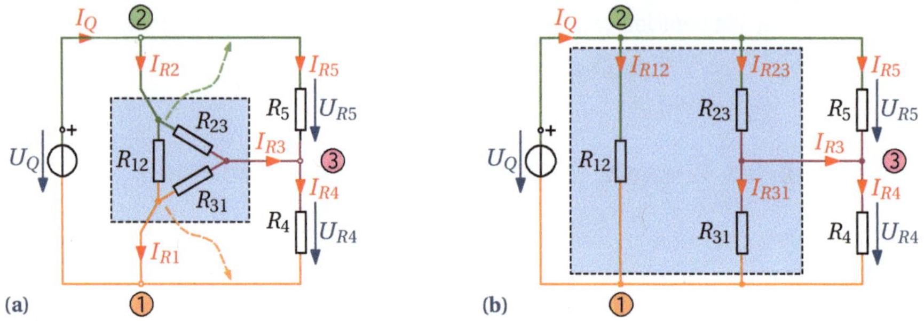

Bild 2.45 (a) Schaltung mit transformierten Widerständen R_{12}, R_{23} und R_{31}, (b) umgezeichnet

$$R_{31} = \frac{R_1 \cdot R_2 + R_2 \cdot R_3 + R_3 \cdot R_1}{R_2} \qquad R_3 = \frac{R_{31} \cdot R_{23}}{R_{12} + R_{23} + R_{31}} \tag{2.49}$$

Wenn wir die transformierten Dreieckswiderstände aus Bild 2.44c bezüglich der Klemmen ①, ② und ③ in die Originalschaltung einfügen, erhalten wir Bild 2.45a. Damit ergibt sich eine erhebliche Vereinfachung, da nun die Widerstände R_{23} und R_5 ebenso wie R_{31} und R_4 jeweils zueinander parallel geschaltet sind. Diese beiden Parallelschaltungen sind wiederum in Serie geschaltet. Wenn wir die Schaltung, wie in Bild 2.45b, umzeichnen, ist das klarer ersichtlich.

In der vereinfachten Schaltung aus Bild 2.45b können alle Spannungen und Ströme bestimmt werden. Durch schrittweisen Vergleich mit den Schaltungen aus Bild 2.45 und 2.44 lassen sich alle Spannungen und Ströme der Originalschaltung berechnen.

Tipp. Die in Bild 2.44a dargestellte Schaltung lässt sich beispielsweise auch über eine Dreieck-Stern-Transformation **vereinfachen**.

- Dafür betrachtet man etwa die Widerstände R_2, R_3 und R_5 in **Dreieckschaltung**.
- Nach der Transformation dieser Widerstände in eine gleichwertige **Sternschaltung** bleiben wieder nur **Serien- und Parallelschaltungen** übrig.

Es ist im Beispiel aus Bild 2.44 egal, ob man für einen Teil eine Stern-Dreieck- oder für einen anderen Teil eine Dreieck-Stern-Transformation durchführt.

Deutsch	**English**
Gesamtwiderstand	Equivalent resistance
In Serie schalten	Connect in series
Parallel schalten	Connect in parallel
Vereinfachung	Simplification
Vereinfachen	Simplify

2.9 Widerstandsberechnungen

2.9.1 Temperaturabhängigkeit

Zeichen	Einheit	Größe	Quantity
R_B	Ω	Widerstand bei der Temperatur T_A	Resistance at temperature T_B
R_{20}	Ω	Widerstand bei 20 °C	Resistance at 20 °C
T	K	Temperatur	Temperature
T_B	K	Betriebstemperatur	Operating temperature
α_{20}	1/K, K^{-1}	Temperaturkoeffizient	Temperature coefficient
ϑ	°C	Celsiustemperatur	Celsius temperature
ϑ_B	°C	Celsiustemperatur von T_B	Celsius temperature of T_B

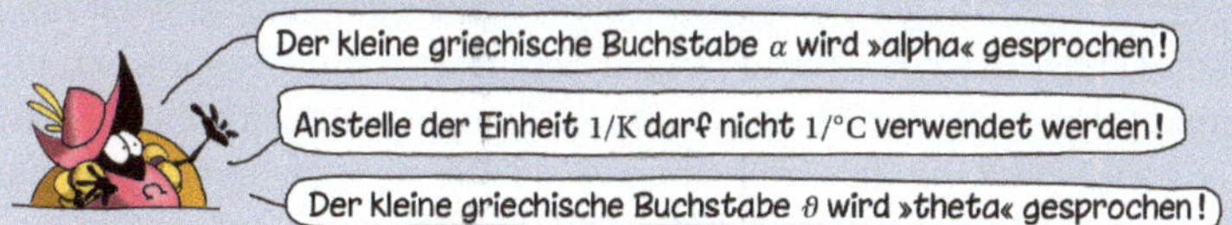

Alle nachfolgend angegebenen Gleichungen gelten für Temperaturen in Kelvin (K), die mit dem großen Buchstaben T bezeichnet werden. Oft sind in der Praxis Temperaturen mit Grad Celsius (°C) angegeben und zur Unterscheidung der Einheit mit dem griechischen Buchstaben ϑ bezeichnet.

Für die Umrechnung zwischen der Kelvin-Temperatur T (in K) und der Grad Celsius-Temperatur ϑ (in °C) gilt:

$$\frac{\vartheta}{°C} = \frac{T}{K} - 273{,}15 \tag{2.50}$$

Tabelle 2.5 (a) Charakteristische Celsius- und Kelvin-Temperaturen, (b) Materialeigenschaften: Temperaturkoeffizient α_{20} [FRS+93, Abschnitt 2.8], charakteristische Temperatur T_0

(a)

ϑ in °C	T in K
−273,15	0
0	273,15
20	293,15
100	373,15

(b)

Material		α_{20} in K^{-1}	T_0 in K
Ag	Silber	0,00380	29,99
Cu	Kupfer E-Cu 58	0,00393	38,70
Au	Gold	0,00370	22,88
Al	Aluminium	0,00403	45,01

Typische Temperaturen, die praktisch immer wieder auftreten, sind in Tabelle 2.5a angegeben. Ohmsche Widerstände sind temperaturabhängig. Wir unterscheiden dabei:

(a) (b)

Bild 2.46 Der Ohmsche Widerstand von Metallen (a) ist gering bei tiefen Temperaturen und (b) steigt aufgrund der Wärmebewegung der Atome mit zunehmender Temperatur, da die Bewegung der freien Elektronen, repräsentiert durch mehrere kleine Henrys, behindert wird.

Kaltleiter weisen einen umso geringeren Ohmschen Widerstand auf, je tiefer die Temperatur ist. Daher steigt der Widerstand mit der Temperatur an. Wir sprechen in diesem Zusammenhang von Leitern mit einem *positiven* Temperaturkoeffizienten. Das bedeutet, dass der Widerstand mit der Temperatur *steigt.* Wir nennen derartige Widerstände daher auch PTC-Widerstände (engl. *positive temperature coefficient*).

Metalle gehören zu den Kaltleitern. Den steigenden Widerstand in metallischen Leitern kann man einfach so erklären, dass die Atome bei geringen Temperaturen eine geringe Wärmebewegung aufweisen, sodass sich die freien Elektronen verhältnismäßig ungehindert bewegen können. Diese Rolle der Elektronen übernehmen in Bild 2.46a mehrere kleine Henrys. Mit steigenden Temperaturen nimmt die Wärmebewegung der Atome zu und behindert damit den Fluss der freien Elektronen. In Bild 2.46b haben es die Henrys entsprechend schwer, an den Atomen vorbeizukommen. Der Widerstand steigt.

Supraleiter sind eine besondere Form von Kaltleitern, bei denen der Ohmsche Widerstand unterhalb der sogenannten *Sprungtemperatur* praktisch null wird. Viele Metalle gehören zu den Supraleitern. Deren Sprungtemperatur ist verglichen mit Raumtemperatur jedoch extrem gering und liegt in der Nähe des absoluten Nullpunkts.

Heißleiter haben einen umso geringeren Ohmschen Widerstand, je höher die Temperatur ist. Der Widerstand *sinkt* mit steigender Temperatur. Der zugehörige Temperaturkoeffizient ist *negativ.* Wir sprechen daher auch von NTC-Widerständen (engl. *negative temperature coefficient*). Reine Halbleiter gehören zu den heißleitenden Materialien.

Für metallische Leiter ist der Zusammenhang zwischen Widerstand und Temperatur über einen weiten Bereich linear. Wir betrachten dazu Bild 2.47a und beschreiben diesen Zusammenhang über folgende Kenngrößen:

Raumtemperatur. Die Raumtemperatur ist in aller Regel mit $20\,°\mathrm{C} = 293{,}15\,\mathrm{K}$ angegeben.

Betriebstemperatur. Wir bezeichnen die Betriebstemperatur mit ϑ_B in Grad Celsius bzw. mit T_B in Kelvin.

Widerstand bei Raumtemperatur. Der Ohmsche Widerstand bei Raumtemperatur wird mit R_{20} bezeichnet.

Widerstand bei Betriebstemperatur. Der Index B kennzeichnet den Widerstand R_B, der zur Betriebstemperatur T_B gehört.

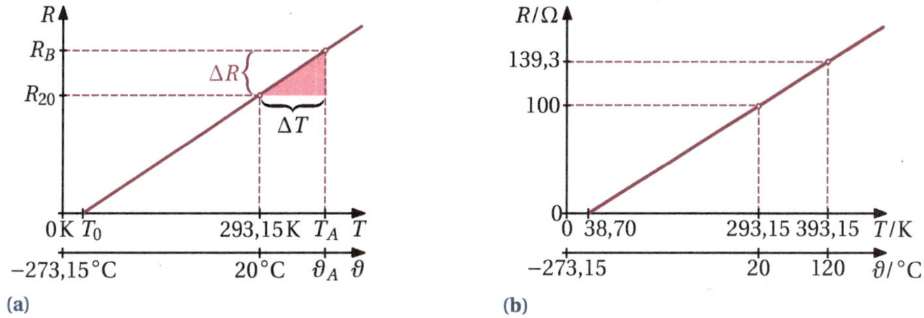

Bild 2.47 Linearer Zusammenhang zwischen Widerstand R und Temperatur T (a) allgemein, (b) für Kupfer mit $\alpha_{20} = 0{,}00393\,\mathrm{K}^{-1}$

Temperaturkoeffizient. Wie stark sich der Widerstand in Abhängigkeit der Temperatur verändert, wird durch den Temperaturkoeffizienten α_{20} charakterisiert.[24] Diese Kenngröße ist für unterschiedliche Materialien in Tabelle 2.5b angeführt.

Temperaturabhängigkeit des Widerstands. Zwischen dem Widerstand bei Raum- und Betriebstemperatur gilt folgender Zusammenhang:

$$R_B = R_{20} + \overbrace{R_{20} \cdot \alpha_{20} \cdot \Delta T}^{\Delta R} = R_{20} \cdot (1 + \alpha_{20} \cdot \underbrace{(T_B - 293{,}15\,\mathrm{K})}_{\Delta T}) \tag{2.51}$$

Temperaturdifferenzen werden immer in der Einheit ...

Temperaturdifferenz. Die Temperaturdifferenz ΔT (sprich: »Delta« T) zwischen Betriebstemperatur und Raumtemperatur beträgt:

$$\Delta T = T_B - 293{,}15\,\mathrm{K} \tag{2.52}$$

Widerstandsdifferenz. Gemäß Gl. (2.51) hängt die Widerstandsdifferenz

$$\Delta R = R_{20} \cdot \alpha_{20} \cdot \Delta T \tag{2.53}$$

vom Widerstand R_{20} bei Raumtemperatur, dem zugehörigen Temperaturkoeffizienten α_{20} und der Temperaturänderung ΔT ab.

Steigung. Die Steigung der Geraden in Bild 2.47a beträgt:

$$\frac{\Delta R}{\Delta T} = R_{20} \cdot \alpha_{20} \tag{2.54}$$

---

24 Der Temperaturkoeffizient ist selbst von der Temperatur abhängig. Der Temperaturkoeffizient α_{20} bezieht sich auf die Raumtemperatur $20\,°\mathrm{C} = 293{,}15\,\mathrm{K}$.

Zahlenwertbeispiel 2.26. Kupfer ist ein Leitermaterial, das gemäß Tabelle 2.5b den Temperaturkoeffizienten $\alpha_{20} = 0{,}00393\,\mathrm{K}^{-1}$ aufweist. Wir untersuchen den Ohmschen Widerstand in Bild 2.47b, der bei Raumtemperatur $20\,°\mathrm{C} = 293{,}15\,\mathrm{K}$ den Widerstand $R_{20} = 100\,\Omega$ aufweist. Bei einer Temperaturerhöhung um $\Delta T = 100\,\mathrm{K}$, also auf die Betriebstemperatur $T_B = 393{,}15\,\mathrm{K}$, steigt der Widerstand gemäß Gl. (2.53) um

$$\Delta R = R_{20} \cdot \alpha_{20} \cdot \Delta T = 100\,\Omega \cdot 0{,}00393\,\mathrm{K}^{-1} \cdot 100\,\mathrm{K} = 39{,}3\,\Omega$$

auf den Widerstandswert $R_B = R_{20} + \Delta R = 100\,\Omega + 39{,}3\,\Omega = 139{,}3\,\Omega$ an. Der Widerstand *erhöht* sich um 39,3 %: So lässt sich der Zahlenwert von $\alpha_{20} = 0{,}00393\,\mathrm{K}^{-1}$, multipliziert mit der Temperaturerhöhung $\Delta T = 100\,\mathrm{K}$, interpretieren. ■

Erweitertes Wissen. Die Temperaturabhängigkeit des Ohmschen Widerstands ist in Gl. (2.51) auf die Ausgangstemperatur 20 °C bezogen. Zwischen dem Widerstand R_B bei der Betriebstemperatur T_B und dem Widerstand R_A bei einer unterschiedlichen Ausgangstemperatur T_A lässt sich auch ein allgemeiner Zusammenhang herstellen:

$$\frac{R_B}{R_A} = \frac{T_B - T_0}{T_A - T_0} \qquad \text{mit } T_0 = 293{,}15\,\mathrm{K} - \frac{1}{\alpha_{20}} \tag{2.55}$$

Für Kupfer mit $\alpha_{20} = 0{,}00393\,\mathrm{K}^{-1}$ ergibt sich damit die charakteristische Temperatur $T_0 = 293{,}15\,\mathrm{K} - 1/0{,}00393\,\mathrm{K}^{-1} = 38{,}70\,\mathrm{K}$, die den Schnittpunkt der linearen Widerstandsgeraden in Bild 2.47b mit der Temperaturachse repräsentiert. Bei dieser Temperatur ist der Widerstand, der durch die in Bild 2.47b dargestellt Gerade angenähert wird, gleich null. Tatsächlich weicht der temperaturabhängige Widerstand in der Umgebung von T_0 jedoch von der dargestellten Geraden ab.

2.9.2 Material- und Geometrieabhängigkeit

Zeichen	Einheit	Größe	Quantity
A	m^2	Leiterquerschnitt	Cross-sectional area of conductor
l	m	Leiterlänge	Length of conductor
γ	S/m	Spezifische elektrische Leitfähigkeit	Specific electric conductivity
ρ	Ωm	Spezifischer elektrischer Widerstand	Specific electric resistivity

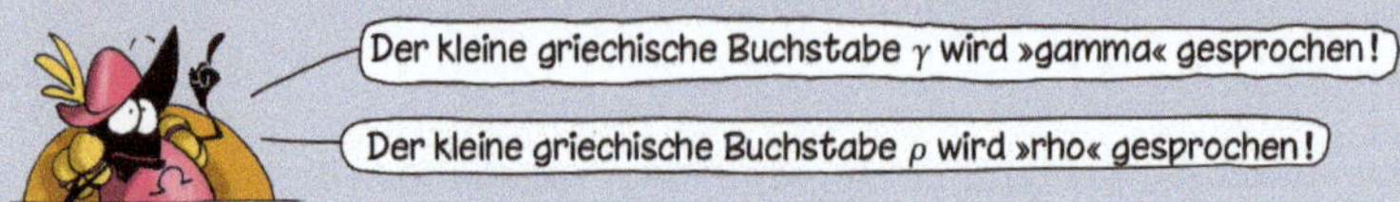

■

Der Ohmsche Widerstand eines Leiters bzw. Drahts hängt von folgenden Größen gemäß Bild 2.48 ab:

Länge. Je größer die Leiterlänge l ist, desto *höher* ist sein Widerstand, siehe Bild 2.49a.

Querschnitt. Je geringer der Querschnitt A des Leiters ist, desto *höher* ist sein Widerstand, siehe Bild 2.49b.

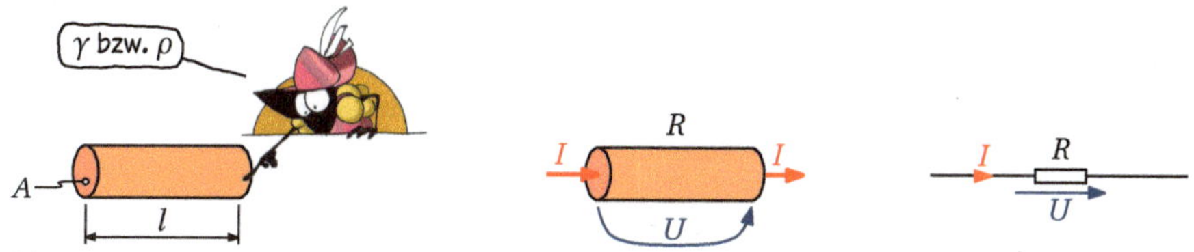

(a) (b) (c)

Bild 2.48 (a) Widerstandsberechnung basierend auf der Leiterlänge l, dem Leiterquerschnitt A, sowie der spezifischen elektrischen Leitfähigkeit γ bzw. dem spezifischem elektrischen Widerstand ρ, (b) Widerstand mit Strom I und Spannung U, (c) Ohmscher Widerstand in einem Ersatzschaltbild, durchflossen vom Strom I, mit Spannungsabfall U

(a) (b)

Bild 2.49 (a) Je größer die Leiterlänge und (b) je geringer der Querschnitt, desto höher ist der Widerstand

Spezifische elektrische Leitfähigkeit. Je größer die spezifische elektrische Leitfähigkeit γ ist, desto *geringer* ist der Widerstand. Die spezifische Leitfähigkeit ist eine Materialeigenschaft. Typische Kennwerte sind in Tabelle 2.6 zusammengefasst.

Spezifischer elektrischer Widerstand. Der spezifische elektrische Widerstand ρ ist der Kehrwert des spezifischen elektrischen Leitwerts γ:

$$\boxed{\rho = \frac{1}{\gamma}} \qquad \boxed{\gamma = \frac{1}{\rho}} \tag{2.56}$$

Der **Ohmsche Widerstand** R eines Leiters berechnet sich gemäß:

$$\boxed{R = \frac{l}{\gamma \cdot A}} \qquad \boxed{R = \frac{\rho \cdot l}{A}} \tag{2.57}$$

Da der **Leitwert** G der Kehrwert des Ohmschen Widerstands ist, können wir daraus ableiten:

$$G = \frac{\gamma \cdot A}{l} \qquad G = \frac{A}{\rho \cdot l} \tag{2.58}$$

■

Tabelle 2.6 Spezifische elektrische Leitfähigkeit γ und spezifischer elektrischer Widerstand ρ für ausgewählte Materialien bei 20 °C [FRS⁺93, Abschnitt 2.8]

Material		γ in S/m	γ in S m/mm²	ρ in Ω m	ρ in Ω mm²/m
Ag	Silber	$61\cdot10^6$	61	$1{,}639\cdot10^{-8}$	0,01639
Cu	Kupfer E-Cu 58	$58\cdot10^6$	58	$1{,}724\cdot10^{-8}$	0,01724
Au	Gold	$43{,}5\cdot10^6$	43,5	$2{,}299\cdot10^{-8}$	0,02299
Al	Aluminium	$36\cdot10^6$	36	$2{,}778\cdot10^{-8}$	0,02778

Einheitenumrechnung. Da Leiterquerschnitte oft in der Einheit mm² und Längen in der Einheit m angegeben sind, sind auch die spezifische elektrische Leitfähigkeit und der spezifische elektrische Widerstand in dazu passenden Einheiten angegeben:

$$1\,\mathrm{S/m} = 10^{-6}\,\mathrm{S\,m/m^2} \qquad 10^{6}\,\mathrm{S/m} = 1\,\mathrm{S\,m/m^2} \tag{2.59}$$

$$1\,\Omega\mathrm{m} = 10^{6}\,\Omega\mathrm{mm^2/m} \qquad 10^{-6}\,\Omega\mathrm{m} = 1\,\Omega\mathrm{mm^2/m} \tag{2.60}$$

Bezüglich der **Einheiten** gilt:

Man erhält den Ohmschen Widerstand R in der Einheit Ω, wenn man ...

Zahlenwertbeispiel 2.27. Wir bestimmen den Ohmschen Widerstand eines Kupferleiters mit dem Querschnitt $A = 1{,}5\,\mathrm{mm^2}$ und der Länge $l = 100\,\mathrm{m}$. Aus Tabelle 2.6 entnehmen wir $\gamma = 58\cdot10^6\,\mathrm{S/m} = 58\,\frac{\mathrm{Sm}}{\mathrm{mm^2}}$ und berechnen:

$$R = \frac{l}{\gamma\cdot A} = \frac{100\,\cancel{\mathrm{m}}}{58\,\frac{\mathrm{S}\cancel{\mathrm{m}}}{\cancel{\mathrm{mm^2}}}\cdot 1{,}5\,\cancel{\mathrm{mm^2}}} = \frac{100}{58\cdot1{,}5\,\mathrm{S}} = \frac{100\,\Omega}{85{,}5} = 1{,}149\,\Omega$$

Dabei haben wir den Kehrwert der Einheit Siemens (also $\frac{1}{\mathrm{S}}$) durch Ohm (Ω) ersetzt. ■

2.9.3 Potenziometer

Um die Funktionsweise eines Potenziometers zu verstehen, betrachten wir zunächst einen gewöhnlichen festen Widerstand in Bild 2.50a, der zwischen den Anschlüssen ① und ③ den Widerstand R_{13} aufweist.

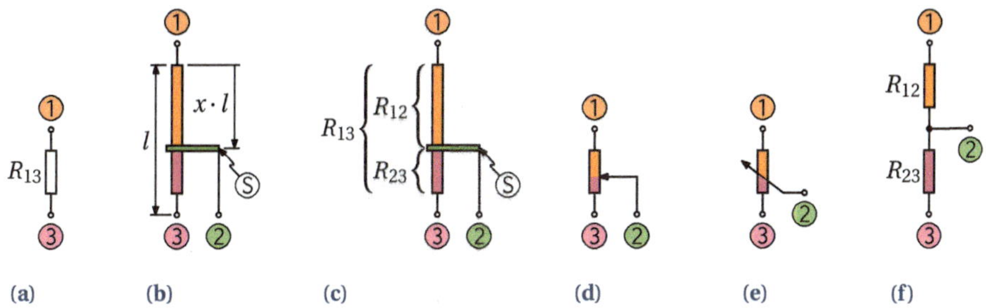

Bild 2.50 (a) Fester Widerstand R_{13}, (b) und (c) Potenziometer mit Widerstandsbahn zwischen ① und ③, sowie einstellbarer Schleifkontakt, verbunden mit ②, (d) Schaltzeichen eines Potenziometers, (e) alternatives Schaltzeichen eines Potenziometers, (f) Ersatzschaltbild mit Teilwiderständen; die Farben dienen der Veranschaulichung der Widerstandsanteile und sind nicht Teil der Schaltzeichen

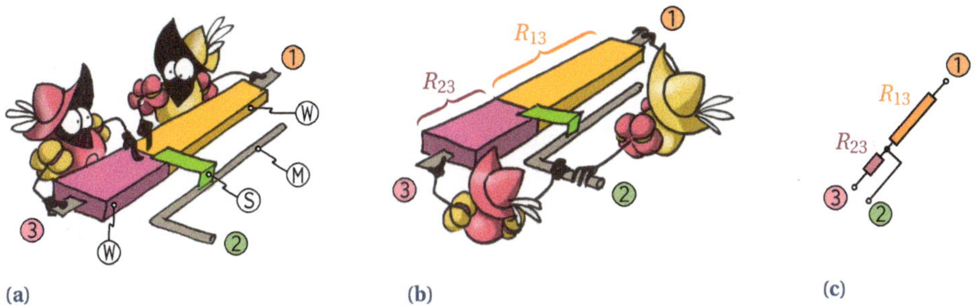

Bild 2.51 Potenziometer (a) und (b) mit Widerstandsbahn, (c) elektrisches Ersatzschaltbild; ①, ②, ③ Anschlüsse, Ⓜ Metallbahn, Ⓢ Schleifkontakt, Ⓦ Widerstandsbahn

> **!** Ein **Potenziometer** ist ein **einstellbarer Widerstand** mit – in aller Regel – **drei Anschlüssen**. ■

Gesamtwiderstand. Für das in den Bildern 2.50b und 2.51a dargestellte Potenziometer nehmen wir an, dass zwischen den Anschlüssen ① und ③ der Gesamtwiderstand R_{13} auftritt. Wir können uns anhand von Gl. (2.57) vorstellen, dass der Widerstand R_{13} aus einem Leitermaterial mit einem bestimmten Querschnitt A und einer bestimmten Leiterlänge l hergestellt ist. Wir sprechen beim Leiter eines Potenziometers von einer sogenannten *Widerstandsbahn* Ⓦ.

Schleifkontakt. Auf der Widerstandsbahn Ⓦ in Bild 2.51b gleitet der Schleifkontakt Ⓢ, der den Gesamtwiderstand nicht verändert. Der Schleifkontakt ist mit einer gut leitfähigen Metallbahn Ⓜ verbunden. Wir nehmen an, dass sich der mit dem Anschluss ② verbundene Schleifkontakt Ⓢ in den Bildern 2.50b und 2.51b an der Position $x \cdot l$ befindet. Dabei bezeichnet x eine relative Position:

Position oben. Wenn sich der Schleifkontakt Ⓢ ganz oben befindet, entspricht das der relativen Größe $x = 0 = 0\,\%$.

Position unten. Die Position des Schleifkontakts ganz unten entspricht $x = 1 = 100\,\%$.

Teilwiderstände. Da alle Teilwiderstände proportional zur Länge der jeweiligen Widerstandsbahn sind, treten zwischen ① und ② bzw. ② und ③ folgende Widerstände auf:

$$R_{12} = x \cdot R_{13} \qquad R_{23} = (1 - x) \cdot R_{13} \tag{2.61}$$

Diese Widerstände sind in Bild 2.50 und 2.51 gekennzeichnet. Die Abhängigkeit dieser Widerstände von der relativen Position x ist in Bild 2.52 angegeben. Als Konsequenz davon gilt unabhängig von der relative Position x des Schleifkontakts:

$$R_{13} = R_{12} + R_{23} = \cancel{x \cdot R_{13}} + \underbrace{(1 - x) \cdot R_{13}}_{R_{13} - \cancel{x \cdot R_{13}}} \tag{2.62}$$

Das bedeutet, dass der Gesamtwiderstand zwischen ① und ③ unabhängig von der Position des Schleifkontakts immer gleich groß ist.

Schaltzeichen. Typische Schaltzeichen von Potenziometern sind in Bild 2.50d und e dargestellt.

Ersatzschaltbild. Unter Berücksichtigung von Gl. (2.61) gilt das in Bild 2.50f angegebene Ersatzschaltbild.

Wir unterscheiden folgende typische Bauarten von Potenziometern:

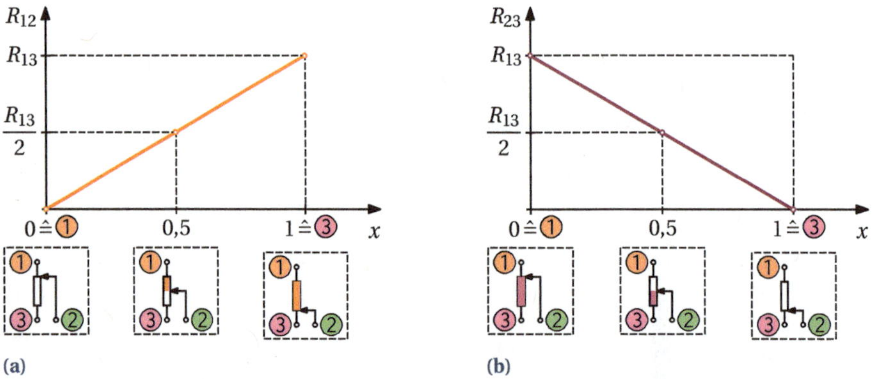

Bild 2.52 Teilwiderstand (a) R_{12} und (b) R_{23} als Funktion der relativen Position x des Schleifkontakts; $x = 0 ≙$ Position ① oben, $x = 0{,}5 ≙$ Mittelposition, $x = 1 ≙$ Position ③ unten, Gesamtwiderstand R_{13}

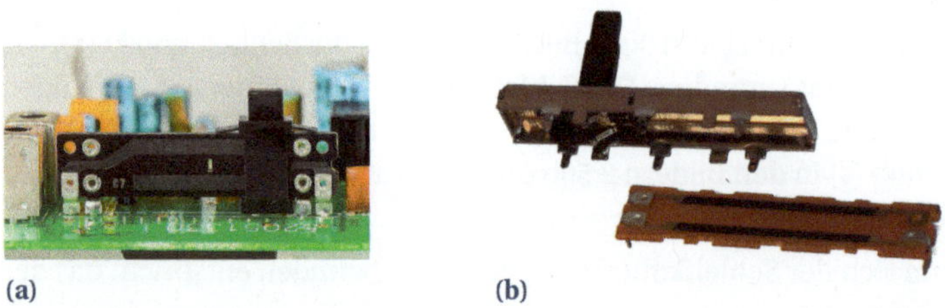

Bild 2.53 Schiebepotenziometer, (a) eingebaut (Foto: © Raimond Spekking, CC BY-SA 4.0, via Wikimedia Commons), (b) geöffnet (Foto: © christiankral, CC BY 4.0, via Wikimedia Commons)

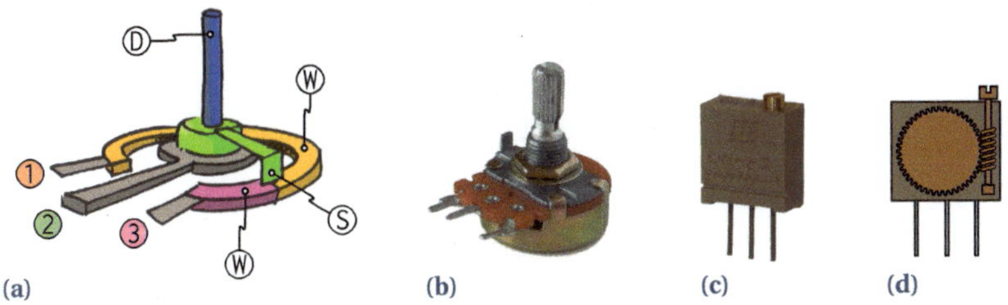

Bild 2.54 (a) Schematische Darstellung eines Drehpotenziometers, (b) praktische Ausführung (Foto: © Iainf, CC BY-SA 3.0, via Wikimedia Commons), (c) Spindelpotenziometer, (d) Schnitt durch Spindelpotenziometer; ①, ②, ③ Anschlüsse, Ⓢ Schleifkontakt, Ⓦ Widerstandsbahn, Ⓓ Welle

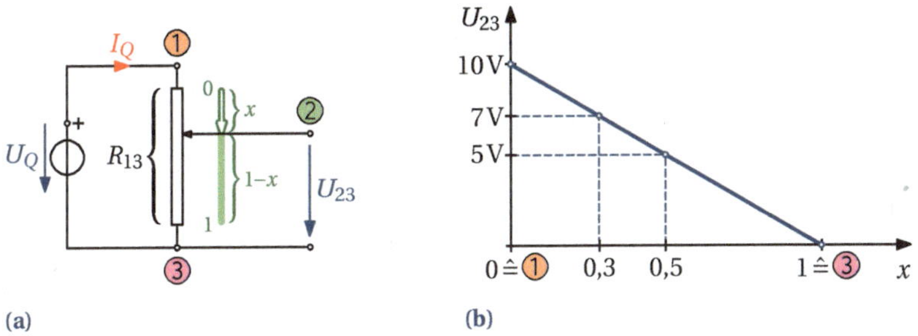

Bild 2.55 (a) Potenziometer als Spannungsteiler, (b) Spannungsverlauf als Funktion der relativen Position des Schleifkontakts

Schiebepotenziometer. Der Schleifkontakt wird manuell entlang einer geraden Bahn bewegt, wie das in Bild 2.51a und b gezeigt ist. Ein dazu passendes Ausführungsbeispiel ist in Bild 2.53 dargestellt.

Drehpotenziometer. Bei einem Drehpotenziometer, wie in Bild 2.54a, ist die Widerstandsbahn kreisbogenförmig angeordnet. Über eine Welle Ⓓ kann dabei der zugehörige Schleifkontakt Ⓢ bewegt werden. Bild 2.54b zeigt eine mögliche Ausführungsform.

Spindelpotenziometer. Ein Spindelpotenziometer ist im Wesentlichen ein Drehpotenziometer, dessen Position über eine Spindel sehr fein eingestellt werden kann. Das grundlegende Prinzip der Kombination aus Spindel und Zahnrad ist in Bild 2.54c und d schematisch dargestellt.

Potenziometer finden wir überall in Anwendungen, wo manuell bestimmte Größen eingestellt werden, beispielsweise die Lautstärke einer Stereoanlage. Dafür kann etwa die am Potenziometer in Bild 2.55a abgegriffene Spannung elektrisch weiterverarbeitet werden.

Zahlenwertbeispiel 2.28. Wir betrachten Bild 2.55a mit $U_Q = 10\,\text{V}$ und $R_{13} = 10\,\text{k}\Omega$, sowie der relativen Position des Schleifkontakts bei $x = 0{,}3$. Über den Schleifkontakt ② fließt kein Strom, da zwischen ② und ③ kein Widerstand angeschlossen ist. Damit kann das Potenziometer mit der Spannungsteilerregel analysiert werden:

$$\frac{U_{23}}{U_Q} = \frac{R_{23}}{R_{13}} = \frac{(1-x)\cdot \cancel{R_{13}}}{\cancel{R_{13}}} = 1 - x$$

Diese Gleichung zeigt, dass die Spannung U_{23} gemäß Bild 2.55b

- linear von der Position x des Schleifkontakts abhängig und
- unabhängig vom Widerstand R_{13} ist.

Wir erhalten $U_{23} = (1 - x) \cdot U_Q = (1 - 0{,}3) \cdot 10\,\text{V} = 0{,}7 \cdot 10\,\text{V} = 7\,\text{V}$, siehe Bild 2.55b. ■

2.9.4 E12-Reihe

Im Prinzip ist für einen Widerstandsbauteil jeder Widerstandswert (in Ohm) herstellbar. Für elektronische Anwendungen sind industriell jedoch nur ganz bestimmte Widerstandswerte verfügbar. Welche das sind, ist in den sogenannten E-Reihen festgelegt. Die Zahl nach dem Buchstaben E gibt dabei an, wie viele Widerstandswerte es pro Dekade[25] gibt.

Praktisch kommt oft die Reihe E12 zum Einsatz, mit der zwölf unterschiedliche Widerstandswerte je Dekade zur Verfügung stehen. In Tabelle 2.7 repräsentiert jede Zeile eine Dekade von Widerstandswerten. Insgesamt sind drei Dekaden ausgehend von $10^0\,\Omega$ (also $1\,\Omega$) bis hin zu Werten kleiner als $10^3\,\Omega$ (also $1\,000\,\Omega$) dargestellt. In gleicher Weise gibt es etwa auch die Widerstandswerte im Kilo- und im Megaohm-Bereich.

Neben der E12-Reihe gibt es außerdem noch die Reihen E3, E6, E24, E48, E96 und E192.

Tabelle 2.7 Widerstandswerte der E12-Reihe von $1\,\Omega$ bis $820\,\Omega$

Bereich	1	2	3	4	5	6	7	8	9	10	11	12
$1 \leq R/\Omega < 10$	1,0	1,2	1,5	1,8	2,2	2,7	3,3	3,9	4,7	5,6	6,8	8,2
$10 \leq R/\Omega < 100$	10	12	15	18	22	27	33	39	47	56	68	82
$100 \leq R/\Omega < 1000$	100	120	150	180	220	270	330	390	470	560	680	820

2.9.5 Farbcodes

Ohmsche Widerstände für elektronische Anwendungen, wie sie in Bild 2.56 dargestellt sind, verwenden oft einen Farbcode mit vier oder fünf Ringen, um den Widerstandswert anzugeben. Bei diesen Widerständen handelt es sich oft um Schichtwiderstände, bei denen Widerstandsmaterial einer bestimmen Schichtdicke auf einen Kern aufgebracht wird, der aus einem Isolationsmaterial besteht.

Widerstände mit vier Ringen können über Tabelle 2.8 ermittelt werden. Wir betrachten dazu beispielhaft den Widerstand, der in Bild 2.56a dargestellt ist:

Lesen des Farbcodes. Wir lesen den Farbcode

- ausgehend von Ringen mit gleichem Abstand und gleicher Breite
- bis zu jenem Ring, der
  - entweder einen etwas größeren Abstand zu den übrigen Ringen aufweist,
  - oder etwas breiter ist,

[25] Eine Dekade ist hier der Wertebereich ausgehend von einem Widerstandswert bis zu seinem (nicht inklusive) zehnfachen Wert.

(a) (b)

Bild 2.56 Schichtwiderstände mit Farbringen, (a) vier Farbringe Gelb, Violett, Orange, Gold, Widerstand $47 \cdot 10^3\,\Omega = 47\,\mathrm{k}\Omega$, Toleranz $\pm 5\,\%$ (Foto: © Evan-Amos, Public domain, via Wikimedia Commons), (b) fünf Farbringe Orange, Blau, Schwarz, Schwarz, Braun, Widerstand $360 \cdot 10^0\,\Omega = 360\,\Omega$, Toleranz $\pm 1\,\%$ (Foto: © Thomas Jäger)

Tabelle 2.8 Farbtabelle für Widerstände mit vier Ringen

Farbe	Ring 1	Ring 2	Ring 3 = Multiplikator		Ring 4 = Toleranz
Nicht vorhanden					±20 %
Silber			0,01	$= 10^{-2}$	±10 %
Gold			0,1	$= 10^{-1}$	±5 %
Schwarz		0	1	$= 10^{0}$	
Braun	1	1	10	$= 10^{1}$	±1 %
Rot	2	2	100	$= 10^{2}$	±2 %
Orange	3	3	1 000	$= 10^{3}$	
Gelb	4	4	10 000	$= 10^{4}$	
Grün	5	5	100 000	$= 10^{5}$	±0,5 %
Blau	6	6	1 000 000	$= 10^{6}$	±0,25 %
Violett	7	7	10 000 000	$= 10^{7}$	±0,1 %
Grau	8	8	100 000 000	$= 10^{8}$	
Weiß	9	9	1 000 000 000	$= 10^{9}$	

- oder die Farbe Silber oder Gold aufweist, da diese im ersten Ring nicht auftreten kann.

In Bild 2.56a lesen wir also von links nach rechts folgenden Farbcode unter Verwendung von Tabelle 2.8:

Ring 1. Die erste Ziffer 4 ist durch die Farbe Gelb bestimmt.

Ring 2. Die zweite Ziffer 7 ergibt sich aus der Farbe Violett.

Ring 3. Die Farbe Orange des dritten Rings kennzeichnet die Zehnpotenz 10^3.

Widerstandswert. Der Widerstand beträgt damit:

$$47 \cdot 10^3\,\Omega = 47\,000\,\Omega = 47\,\mathrm{k}\Omega$$

Taschenrechner. Wenn man die den Farbringen zugeordneten Ziffern 4, 7 und 3 als Widerstandswert mit einem Taschenrechner oder Computer verarbeiten möchte, so tippt man einfach `47E3`.

Ring 4. Der vierte Ring kennzeichnet die Toleranz, also die maximale Abweichung des Widerstands infolge von Unsicherheiten in der Herstellung. Da der vierte Ring die Farbe Gold aufweist, beträgt die Toleranz $\pm 5\,\%$, bezogen auf den Widerstandswert $47\,\mathrm{k}\Omega$.

Der Widerstandswert sollte 47 kΩ betragen, kann tatsächlich hier jedoch um 5 % abweichen, also um $0{,}05 \cdot 47\,\text{k}\Omega = 2{,}35\,\text{k}\Omega$ größer oder kleiner sein.

Mit **vier Farbringen** lassen sich Widerstandswerte mit …

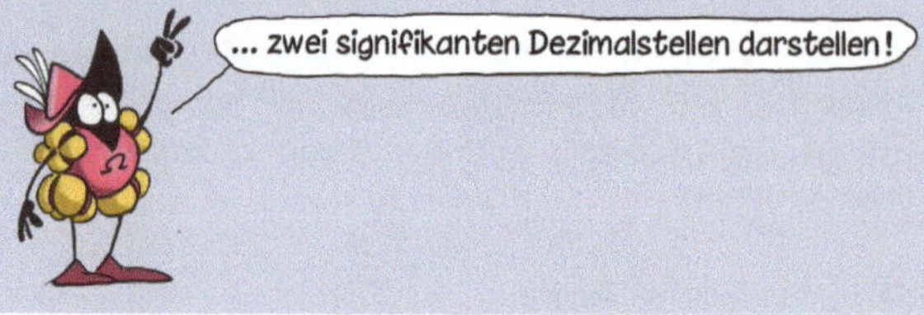

Zahlenwertbeispiel 2.29. Widerstandswerte mit fünf Farbringen ermöglichen die Darstellung eines Widerstandswerts auf drei signifikante Dezimalstellen genau. Am Beispiel des Widerstands in Bild 2.56b ergibt sich für die Farbringe Orange, Blau, Schwarz, Schwarz, Braun der Widerstandswert $360 \cdot 10^0\,\Omega = 360\,\Omega$ mit der Toleranz ±1 %.

Erweitertes Wissen. Der in Bild 2.17d dargestellte SMD-Widerstand (engl. *surface-mounted device*) hat die Zahl 101 aufgedruckt. Dieser Code kann in gleicher Weise wie drei Farbringe – ohne den vierten Ring für die Toleranz – als Widerstand $10 \cdot 10^1\,\Omega = 100\,\Omega$ interpretiert werden.

2.10 Leistung und Energie

Zeichen	Einheit	Größe	Quantity
c	J/(kg K)	Spezifische Wärmespeicherkapazität[26]	Specific heat capacity
E	J, Ws	Energie, Arbeit	Energy, work
g	m/s^2	Erdbeschleunigung	Acceleration of gravity
m	kg	Masse	Mass
P	W	Leistung	Power
v	m/s	Geschwindigkeit	Velocity
η	1	Wirkungsgrad	Efficiency

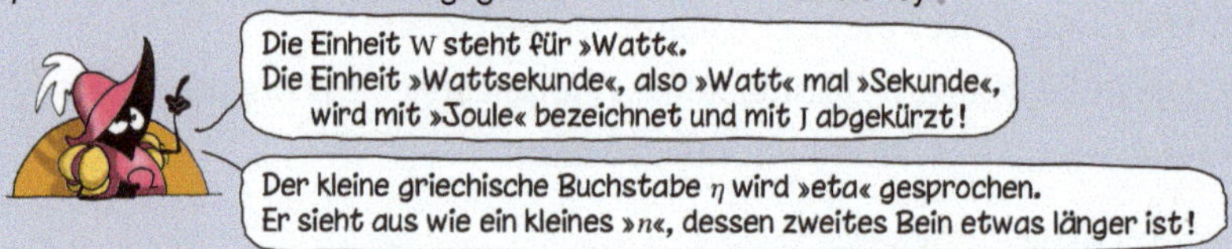

26 Die Schreibweise J/(kg K) steht für $\frac{\text{J}}{\text{kg K}}$.

2.10.1 Arbeit, Energie und Energiewandlung

Unter der Verrichtung von Arbeit verstehen wir im physikalischen Sinn die Verschiebung von Körpern im Raum. [Pre06, Abschnitt 4.1] Typische Beispiele dafür sind:

Mechanische Arbeit. Wenn wir einen Körper *gegen* die Richtung der wirkenden Schwerkraft verschieben, verrichten wir dabei mechanische Arbeit. Bei der Verschiebung *in* Richtung der wirkenden Schwerkraft gewinnen wir sogar Arbeit.

Elektrische Arbeit. Wenn elektrische Ladungsträger[27] entlang einer Strecke verschoben werden, die eine bestimmte Potenzialdifferenz bzw. Spannung aufweist, wird elektrische Arbeit verrichtet.

Mit **Energie** kann unter bestimmten Voraussetzungen **Arbeit** verrichtet werden:

Die Einheit der Energie E und der Arbeit wird mit Joule (J) oder Wattsekunden (W s), also Watt[28] (W) mal Sekunden (s), bezeichnet:

$$[E] = \mathrm{J} = \mathrm{W\,s} \tag{2.63}$$

Einheitenumrechnung. In der Praxis wird die Energie bzw. Arbeit mitunter auch in Kilowattstunden (kWh) angegeben:

$$1\,\mathrm{kWh} = 3{,}6 \cdot 10^6\,\mathrm{Ws} \qquad \frac{1}{3{,}6 \cdot 10^6}\,\mathrm{kWh} = 1\,\mathrm{Ws} \tag{2.64}$$

In der Elektrotechnik mitsamt ihren Anwendungen sind folgende Energieformen und Effekte relevant:

Elektrische Energie wird in elektrischen Systemen, Geräten und Maschinen umgesetzt.

Mechanische Energie hängt mit Kräften, Drehmomenten[29] und den damit einhergehenden Bewegungen zusammen.

Potenzielle Energie ist jene Arbeit, die beim Heben von Körpern um die Höhendifferenz[30] Δh gegen die Richtung der Schwerkraft (genauer: der Gewichtskraft $m \cdot g$) verrichtet wird:

$$\boxed{\Delta E_p = m \cdot g \cdot \Delta h} \tag{2.65}$$

27 Ladungsträger sind im physikalischen Sinn ebenfalls Körper.

28 Die Einheit Watt (W) steht für Volt (V) mal Ampere (A).

29 So wie Kräfte eine geradlinige Bewegung von Massen verursachen, sind Drehmomente die Ursache von Drehbewegungen bei rotierenden Körpern.

30 Wir schreiben Δ (»Delta«), um auf die *Änderung* der Energie und der Höhe hinzuweisen.

Kinetische Energie ist Bewegungsenergie eines in einer Richtung geradlinig bewegten Körpers und hängt von der Masse m des Körpers und seiner Geschwindigkeit v ab:

$$\boxed{E_k = m \cdot \frac{v^2}{2}} \tag{2.66}$$

Chemische Energie ist etwa in Batterien gespeichert. Sie ist aber auch in Wasserstoff und konventionellen Kraftstoffen gespeichert.

Wärmeenergie bzw. thermische Energie und Temperatur hängen beispielsweise in einem idealen Gas linear voneinander ab. Je höher die Temperatur ist, desto größer ist die Wärmeenergie.

Wärmespeicherung. Wenn wir beispielsweise die Wärmeenergie ΔE_w einem Körper mit einer bestimmten Masse m und der Wärmespeicherkapazität[31] c zuführen, dann erhöht sich dessen Temperatur um ΔT:

$$\boxed{\Delta E_w = m \cdot c \cdot \Delta T} \tag{2.67}$$

Der **erste Hauptsatz** der **Thermodynamik** besagt:

Energie kann also nur **umgewandelt**, aber nicht erzeugt oder vernichtet werden. ■

Zahlenwertbeispiel 2.30. Wir bestimmen, wie hoch wir 1 000 kg Wasser – das entspricht einem Volumen von 1000 Litern bzw. $1\,\text{m}^3$ – mit der Energiemenge $\Delta E_p = 1\,\text{kWh}$ heben können. Durch Umformung von Gl. (2.65) erhalten wir mit der Erdbeschleunigung $g = 9{,}81\,\text{m/s}^2$ und der Masse $m = 1\,000\,\text{kg}$:

$$\Delta h = \frac{\Delta E_p}{m \cdot g} = \frac{3{,}6 \cdot 10^6\,\text{J}}{1\,000\,\text{kg} \cdot 9{,}81\,\text{m/s}^2} = 367{,}0\,\text{m}$$ ■

Zahlenwertbeispiel 2.31. Wir ermitteln, um welche Temperatur man 1 000 kg Wasser mit der Energiemenge $\Delta E_w = 1\,\text{kWh}$ erwärmen kann. Wir benötigen dazu die Wärmespeicherkapazität $c = 4\,181\,\text{J/(kg} \cdot \text{K)}$ für Wasser und berechnen damit:

$$\Delta T = \frac{E_w}{m \cdot c} = \frac{3{,}6 \cdot 10^6\,\text{J}}{1\,000\,\text{kg} \cdot 4181\,\frac{\text{J}}{\text{kgK}}} = 0{,}8610\,\text{K}$$ ■

Einige Beispiele für die Umwandlung zwischen verschiedenen Energieformen sind:

Mechanischer Aufzug. In Bild 2.57a wird die mechanische Energie von Henry in potenzielle Energie von Farad umgewandelt.

[31] Die Wärmespeicherkapazität ist eine vom Material abhängige Kenngröße, die das Vermögen Wärme zu speichern angibt.

(a) (b) (c)

Bild 2.57 Umwandlung von (a) mechanischer Bewegungsenergie in potenzielle Energie, (b) elektrischer Energie in Wärme, (c) elektrischer Energie in mechanische Energie in einem Servomotor (Foto: © Siemens AG 2024, Alle Rechte vorbehalten)

Elektrische Maschine. Rotierende oder sich linear bewegende elektrische Maschinen können entweder als Motor oder als Generator betrieben werden.

- Im Motorbetrieb wandeln sie elektrische Energie in mechanische Energie um.
- Im Generatorbetrieb wird umgekehrt mechanische Energie in elektrische Energie umgewandelt.

Das ausgeführte Beispiel eines Servomotors ist in Bild 2.57c gezeigt.

Batterie. Ein Akkumulator bzw. eine wiederaufladbare Batterie wandelt beim Laden elektrische Energie in chemische Energie um. Nicht wiederaufladbare Batterien, sogenannte Primärbatterien, können die in ihnen gespeicherte chemische Energie nur einmalig in elektrische Energie umwandeln, siehe Abschnitt 2.1.4.

Elektrische Heizung. Heizwiderstände haben die Aufgabe, die zugeführte elektrische Energie möglichst vollständig als Wärme nutzbar zu machen, etwa in Form von Heizlüftern oder elektrisch geheizten Warmwasserspeichern. Ein Beispiel für die Aufheizung von Wasser über einen Heizwiderstand ist in Bild 2.57b dargestellt.

Verlustwärme. Da es keine ideale Energiewandlung gibt, wird ein Teil der eingesetzten Energie in Verlustwärme umgesetzt. Das Verhältnis aus genutzter zu eingesetzter Energie kann als Energiewirkungsgrad bezeichnet werden. Die Differenz aus eingesetzter und genutzter Energie ist die Verlustenergie, die meist zu einem großen Teil in Verlustwärme umgewandelt wird.

2.10.2 Elektrische Leistung

Die einer elektrischen Komponente **zugeführte Leistung** P lässt sich aus deren Spannung U und Strom I bestimmen:

$$\boxed{P = U \cdot I} \tag{2.68}$$

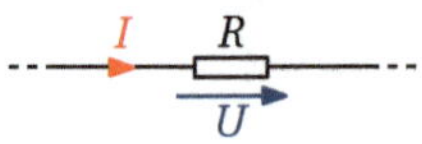

Bild 2.58 Spannungspfeil am und Strompfeil durch einen Ohmschen Widerstand zeigen in dieselbe Richtung

Für die Gültigkeit von Gl. (2.68) gemäß Bild 2.58 ist zu beachten, dass Spannungs- und Strompfeil in dieselbe Richtung zeigen müssen.

Die zur Leistung gehörige Einheit Watt ist gleich Volt mal Ampere:

$$[P] = [U] \cdot [I] = \mathrm{VA} = \mathrm{W} \tag{2.69}$$

Die Leistung P an einem Ohmschen Widerstand R kann auch dadurch formuliert werden, indem man das Ohmsche Gesetz in die Leistungsgleichung (2.68) einsetzt. Damit ergeben sich folgende Zusammenhänge:

Spannungsabhängigkeit. Durch Einsetzen des Ohmschen Gesetzes in der Form $I = U/R$ ergibt sich:

$$P = U \cdot I = U \cdot \underbrace{\frac{U}{R}}_{I} = \frac{U^2}{R} \qquad \boxed{P = \frac{U^2}{R}} \tag{2.70}$$

Stromabhängigkeit. Wenn wir das Ohmsche Gesetz in der Form $U = R \cdot I$ einsetzen, erhalten wir:

$$P = U \cdot I = \underbrace{R \cdot I}_{U} \cdot I = R \cdot I^2 \qquad \boxed{P = R \cdot I^2} \tag{2.71}$$

Wenn man beispielsweise nur die Leistung P und den Widerstand R kennt, lassen sich aus den Gln. (2.70) und (2.71) die Spannung und der Strom bestimmen.

Zahlenwertbeispiel 2.32. Für den $100\,\Omega$-Widerstand in Bild 2.17c, der für die maximale Leistung $P = 10\,\mathrm{W}$ bemessen ist, soll der maximal zulässige Strom I ermittelt werden: $I = \sqrt{P/R} = \sqrt{10\,\mathrm{W}/100\,\Omega} = 0{,}3162\,\mathrm{A}$ ■

2.10.3 Elektrische Energie

Wenn beispielsweise Leistung in einem elektrischen Verbraucher umgesetzt wird, so benötigen wir dafür elektrische Energie. Je größer diese Leistung ist und je länger sie umgesetzt wird, desto größer ist die erforderliche Energie. Diesen Sachverhalt können wir uns

Bild 2.59 Die elektrische Leistung können wir uns als zugeführten Volumenstrom (Volumen pro Zeit) des Wassers und die umgesetzte Energie als Volumen des Wassers im stehenden Glas vorstellen.

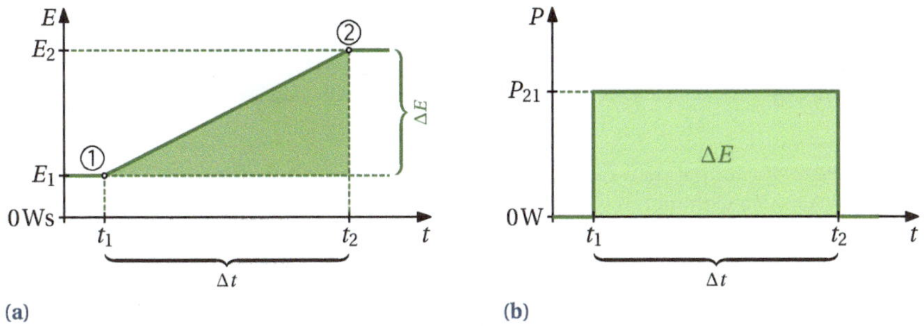

Bild 2.60 Verlauf der (a) Energie E als Funktion der Zeit t, (b) Leistung P als Funktion der Zeit t

anhand von Bild 2.59 vorstellen: Je mehr Wasservolumen pro Zeit in ein Glas gefüllt wird, desto mehr Wasservolumen befindet sich dann im Glas und umso schneller ändert sich das Volumen im Glas.

So wie die zeitliche Ladungsänderung in Gl. (2.9) gleich Strom mal Zeitintervall ist, ist auch die zeitliche Änderung der Energie ΔE gleich Leistung P mal Zeitintervall[32] Δt:

$$\boxed{\Delta E = P \cdot \Delta t} \tag{2.72}$$

Um die Energiedifferenz ΔE und die Zeitdifferenz Δt in Gl. (2.72) besser verstehen zu können, betrachten wir Bild 2.60. Wir stellen uns dazu vor, dass der in Bild 2.60a dargestellte Verlauf der Energieverbrauch eines Haushalts ist:

- Vor dem Zeitpunkt t_1 ist kein elektrischer Verbraucher eingeschaltet. Daher ist $P = 0\,\mathrm{W}$ für $t < t_1$ in Bild 2.60b.
- Zum Zeitpunkt t_1 wird ein Verbraucher mit der konstanten Leistung P_{21} eingeschaltet. Damit ist $P = P_{21}$ für $t_1 < t < t_2$ in Bild 2.60b.
- Die Einschaltdauer des Verbrauchers ist mit Δt bezeichnet. Der Verbraucher ist bis zum Zeitpunkt $t_2 = t_1 + \Delta t$ eingeschaltet.
- Nach dem Abschalten des Verbrauchers ist die verbrauchte Leistung wieder gleich null. Es gilt $P = 0\,\mathrm{W}$ für $t > t_2$ in Bild 2.60b.

[32] Die Einheit der Energie $[E]$ und der Energieänderung $[\Delta E]$ sind gleich. Das gleiche gilt für die Einheit der Zeit $[t]$ und der Zeitänderung $[\Delta t]$.

(a) (b)

Bild 2.61 Energiezähler (a) mit dem Zählerstand $E_1 = 168\,533{,}3\,\mathrm{kWh}$ (Foto: © Asurnipal, CC BY-SA 4.0, via Wikimedia Commons) und (b) mit dem Zählerstand $E_2 = 168\,536{,}3\,\mathrm{kWh}$ (Foto: © Asurnipal, CC BY-SA 4.0, via Wikimedia Commons)

- Zwischen den Zeitpunkten t_1 und t_2, also während der Zeitdauer Δt, steigt der gesamte Energieverbrauch in Bild 2.60a um ΔE von E_1 auf E_2 an. Es gilt:

$$\underbrace{E_2 - E_1}_{\Delta E} = P_{21} \cdot \underbrace{(t_2 - t_1)}_{\Delta t} \tag{2.73}$$

Alle **Differenzen** werden immer gerechnet als:

- Die während der Zeitdauer Δt umgesetzte Energiemenge ΔE ist gleich der Fläche unter der Leistungskurve in Bild 2.60b.
- Die Energie steigt für $t_1 < t < t_2$ linear an, wie das in Bild 2.60a dargestellt ist.
- Die Steigung der Energiekurve in Bild 2.60a ist daher gleich der Leistung P_{12}:

$$P_{21} = \frac{E_2 - E_1}{t_2 - t_1} = \frac{\Delta E}{\Delta t} \tag{2.74}$$

Zahlenwertbeispiel 2.33. Wir betrachten zum besseren Verständnis des Zusammenhangs zwischen Leistung und Energie den elektrischen Energiezähler in Bild 2.61. Zum Zeitpunkt $t_1 = 0\,\mathrm{s}$ lesen wir in Bild 2.61a den Zählerstand $E_1 = 168\,533{,}3\,\mathrm{kWh}$ ab. Zu diesem Zeitpunkt schalten wir einen einzelnen Verbraucher mit der Gesamtleistung $P_{21} = 0{,}5\,\mathrm{kW}$ für die Dauer von sechs Stunden ein, d. h. $\Delta t = 6\,\mathrm{h}$. Bis zum Zeitpunkt $t_2 = t_1 + \Delta t = 6\,\mathrm{h}$ wird die Energiemenge $\Delta E = P_{21} \cdot \Delta t = 0{,}5\,\mathrm{kW} \cdot 6\,\mathrm{h} = 3\,\mathrm{kWh}$ verbraucht. Der Zählerstand zum Zeitpunkt $t_2 = 6\,\mathrm{h}$ in Bild 2.61b beträgt daher $E_2 = E_1 + \Delta E = 168\,536{,}3\,\mathrm{kWh}$. ■

Wenn wir in die Gl. (2.72) die Ausdrücke aus den Gln. (2.68) und (2.9) einsetzen, sehen wir, dass die Energieänderung gleich Spannung mal Ladungsänderung ist.

$$\boxed{\Delta E = U \cdot \Delta Q} \tag{2.75}$$

Falls wir nur mit absolute Mengen von Energie und Ladung rechnen, können wir das Delta-Zeichen (Δ) weglassen und es gilt $E = U \cdot Q$. Diese Gleichung kommt beispielsweise bei Batterien zur Anwendung, wenn wir mit (näherungsweise) konstanter Spannung rechnen.

2.10.4 Wirkungsgrad und Verluste

Wir sagen, dass Strom fließt und erinnern uns dabei, dass damit die Bewegung von Ladungsträgern verbunden ist. Aus Abschnitt 2.10.1 wissen wir, dass Energie eine Erhaltungsgröße ist und nicht verloren gehen kann.

Wenn in einem System keine Energie gespeichert wird, gilt:

Die Summe der insgesamt **zugeführten Leistungen** ist **gleich** der Summe der insgesamt **abgegeben Leistungen**.

Wir sprechen in diesem Zusammenhang von einer …

Dieser Sachverhalt ist in Bild 2.62a über Leistungspfeile veranschaulicht, die die Vorstellung eines Leistungsflusses nahelegen. Wir betrachten zum Verständnis dazu das einfache, verlustbehaftete System einer maroden Wasserleitung in Bild 2.62b:

Bild 2.62 Links zugeführte Leistung P_{zu} wird größtenteils wieder als Leistung P_{ab} im Sinne der Anwendung abgegeben, die Differenz sind die Verluste P_v (a) als Leistungsflussdiagramm und (b) Illustration mit Henry, der Wasser durch eine etwas lecke Leitung pumpt

Zugeführte Leistung. Die einem System zugeführte Leistung P_{zu} wird in Bild 2.62a als Pfeil nach *innen* in das System dargestellt. In Bild 2.62b entspricht diese Größe dem Wasserstrom, der der Leitung über die Pumpe zugeführt wird.

Abgegebene Leistung. Der Pfeil in Bild 2.62a, der die im Sinne der Anwendung abgegebene Leistung P_{ab} repräsentiert, ist vom System nach *außen* gerichtet. Diese Leistung ist in Bild 2.62b jener Wasserstrom, der am Ende der Leitung ankommt.

Verlustleistung. Die Differenz aus der im Sinne der Anwendung zugeführten und abgegebenen Leistung wird als Verlustleistung P_v, oder kurz als *Verluste*, bezeichnet:

$$\boxed{P_v = P_{zu} - P_{ab}} \tag{2.76}$$

Verlustleistung ist ebenfalls eine abgegebene Leistung. Sie kann jedoch nicht im Sinne der Anwendung genutzt werden. In Bild 2.62b entspricht die Verlustleistung dem Wasserstrom, der durch das Leck in der Leitung verlorengeht. Die Verlustleistung verursacht in einem elektrischen System hauptsächlich einen Wärmestrom.

Der **Wirkungsgrad** ist das Verhältnis von abgegebener zu zugeführter Leistung:

$$\boxed{\eta = \frac{P_{ab}}{P_{zu}}} \tag{2.77}$$

Der Wirkungsgrad gibt also an, wie **effizient**[33] die eingesetzte Leistung genutzt wird.

Je größer der Wirkungsgrad eines Geräts, einer Anlage oder einer Maschine ist,

- desto größer ist der Anteil der abgegebenen Leistung, der im Verhältnis zur zugeführten Leistung genutzt werden kann, und
- desto geringer sind die Verluste, deren Leistung nicht im Sinne der Anwendung genutzt wird.

Einheitenumrechnung. Der Wirkungsgrad wird oft auch mit der Einheit Prozent (%) angegeben. Dabei entspricht der Bezugswert 100 % der zugeführten Leistung P_{zu}.

$$1\,\% = 0{,}01 \qquad 100\,\% = 1 \tag{2.78}$$

Zahlenwertbeispiel 2.34. Einem Gleichstrommotor, wie er beispielhaft in Bild 2.63 dargestellt ist, wird die Wirkleistung $P_{zu} = 60\,\text{kW}$ zugeführt. Dabei weist er den Wirkungsgrad $\eta = 90\,\%$ auf. Wir bestimmen über Gl. (2.77) die mechanisch abgegebene Leistung

[33] Dabei könnten wir beispielsweise argumentieren, dass ein Heizwiderstand einen Wirkungsgrad von genau 100 % aufweist, aber in anderen technischen Anwendungen ist der Wirkungsgrad tatsächlich kleiner als 100 %.

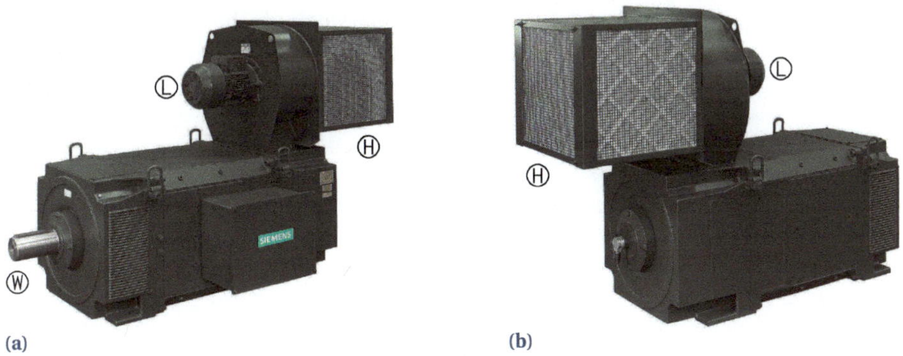

Bild 2.63 Gleichstrommaschine in Ansicht (a) von vorne und (b) von hinten (Fotos: © Siemens AG 2024, Alle Rechte vorbehalten); Ⓗ Lüfterhaube mit Filter, Ⓛ Lüftermotor, Ⓦ Antriebswelle

$P_{ab} = \eta \cdot P_{zu} = 0{,}9 \cdot 60\,\text{kW} = 54\,\text{kW}$. Die Verluste dieses Gleichstrommotors betragen $P_v = P_{zu} - P_{ab} = 60\,\text{kW} - 54\,\text{kW} = 6\,\text{kW}$. Das sind 10 % der zugeführten Leistung. ■

In der Technik haben wir es oft mit Anordnungen zu tun, bei denen mehrere Systeme miteinander gekoppelt bzw. verbunden sind. Betrachten wir dazu die Kombination aus einem Motor und einem Generator in Bild 2.64b. Wir bezeichnen dabei den Motor links als Teilsystem ① und den Generator rechts als Teilsystem ②. Wir sprechen in diesem Zusammenhang von einer *Wirkungsgradkette*. Was hier für einen Motor und einen Generator behandelt wird, gilt allgemein auch für andere Systeme, die aus zwei Teilsystemen bestehen:

Teilsystem ①. Der Motor nimmt die elektrisch zugeführte Leistung $P_{zu,1}$ auf und gibt unter Berücksichtigung eines bestimmten Wirkungsgrads η_1 die mechanische Leistung $P_{ab,1}$ über die Welle ab:

$$\eta_1 = \frac{P_{ab,1}}{P_{zu,1}} \qquad P_{v,1} = P_{zu,1} - P_{ab,1} \tag{2.79}$$

Die Verlustleistung $P_{v,1}$ des Motors ist die Differenz aus zugeführter und abgegebener Leistung.

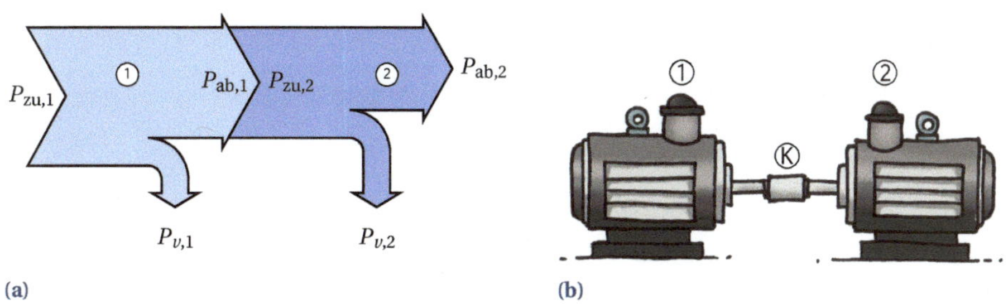

Bild 2.64 Wirkungsgradkette zweier Systeme ① und ② (a) Leistungsfluss, (b) zwei gekoppelte elektrische Maschinen, ① = Motor, ② = Generator, Ⓚ = mechanische Kupplung

Mechanische Kupplung Ⓚ. Der Generator ist mit dem Motor mechanisch gekoppelt. Die vom Motor mechanisch abgegebene Leistung $P_{ab,1}$ ist gleich der dem Generator mechanisch zugeführten Leistung $P_{zu,2}$:

$$P_{ab,1} = P_{zu,2} \tag{2.80}$$

Teilsystem ②. Die vom Generator elektrisch abgegebene Leistung $P_{ab,2}$ ist wiederum kleiner als die mechanisch zugeführte Leistung $P_{zu,2}$:

$$\eta_2 = \frac{P_{ab,2}}{P_{zu,2}} \qquad P_{v,2} = P_{zu,2} - P_{ab,2} \tag{2.81}$$

Die Differenz aus zugeführter und abgegebener Leistung ist die Verlustleistung $P_{v,2}$.

Gesamtwirkungsgrad. Das Verhältnis aus der abgegebenen elektrischen Leistung $P_{ab,2}$ des *Generators* und der zugeführten elektrischen Leistung $P_{zu,1}$ des Motors ist der Gesamtwirkungsgrad η_{Ges}:

$$\boxed{\eta_{Ges} = \frac{P_{ab,2}}{P_{zu,1}} = \underbrace{\frac{P_{ab,2}}{\cancel{P_{zu,2}}}}_{\eta_1} \cdot \underbrace{\frac{\cancel{P_{ab,1}}}{P_{zu,1}}}_{\eta_2} = \eta_1 \cdot \eta_2} \tag{2.82}$$

> Der **Gesamtwirkungsgrad** einer Wirkungsgradkette errechnet sich als **Produkt** der **einzelnen Wirkungsgrade**[34]. ■

Gesamtverluste. Die gesamten Verluste des Systems berechnen sich aus der Summe der Einzelverluste:

$$P_{v,Ges} = P_{v,1} + P_{v,2} \tag{2.83}$$

Leistungsbilanz. Die in den Gln. (2.79)–(2.81) formulierte Leistungsbilanz ist grafisch in Bild 2.64a dargestellt.

Zahlenwertbeispiel 2.35. Wir betrachten eine Anordnung wie in Bild 2.64b, die aus einem Motor ① und einem Generator ② besteht. Wir kennen die dem Motor zugeführte Leistung $P_{zu,1} = 40\,\text{kW}$ sowie die vom Generator abgegebene Leistung $P_{ab,2} = 32{,}4\,\text{kW}$. Der *Wirkungsgrad* des Motors und des Generators werden als *gleich angenommen*, d. h. $\eta = \eta_1 = \eta_2$. Die Größe η soll bestimmt werden.

Der gesamte Wirkungsgrad η_{Ges} wird mit Gl. (2.64) bestimmt:

$$\eta_{Ges} = \frac{P_{ab,2}}{P_{zu,1}} = \frac{32{,}4\,\cancel{\text{kW}}}{40\,\cancel{\text{kW}}} = 0{,}81$$

Aufgrund von $\eta_{Ges} = \eta \cdot \eta = \eta^2$ berechnen wir $\eta = \sqrt{\eta_{Ges}} = \sqrt{0{,}81} = 0{,}9 = 90\,\%$. ■

34 Die einzelnen Wirkungsgrade müssen dabei als Dezimalzahl und nicht in % eingesetzt werden.

Deutsch	English
Chemische Energie	Chemical energy
Elektrische Energie	Electrical energy
Mechanische Energie	Mechanical energy
Kinetische Energie	Kinetic energy
Verlustleistung	Loss power
Potenzielle Energie	Potential energy
Wärmeenergie	Heat energy
Wärmespeicherung	Heat storage

2.11 Richtungs- und Bezugssinn

Wir behandeln in diesem Abschnitt die Richtung der in einem Ersatzschaltbild eingezeichneten Spannungs- bzw. Strompfeile und die Vorzeichen der damit einhergehenden Gleichungen.

2.11.1 Richtungssinn

Zum besseren Verständnis untersuchen wir das Beispiel einer einfachen elektrischen Schaltung, in der eine Spannungsquelle mit 100 V einen Ohmschen Widerstand mit $R = 20\,\Omega$ versorgt. Wir betrachten dazu Bild 2.65a:

Spannungsquelle. Wir bezeichnen die Spannung der Spannungsquelle als *Quellenspannung*. Wir zeichnen den zugehörigen Spannungspfeil in Bild 2.65a bis e vom Pluspol ⊕ zum Minuspol ⊖ ein.

Quellenspannung. Es ist festgelegt, dass die von ⊕ nach ⊖ gerichtete Quellenspannung positiv ist. In den Beispielen aus Bild 2.65a bis e beträgt diese Spannung jeweils $U_Q = 100\,\text{V}$.

Der **Richtungssinn** einer **Quellenspannung** U_Q ist stets ...

Die Quellenspannung ist positiv, d. h. $U_Q > 0\,\text{V}$.

Richtungssinn. Der Richtungssinn wird auch als *Wirkrichtung* bezeichnet. Der Richtungssinn gibt also an, in welche Richtung eine Größe tatsächlich wirkt bzw. auftritt. Wir können uns dafür an Bild 2.65a orientieren:

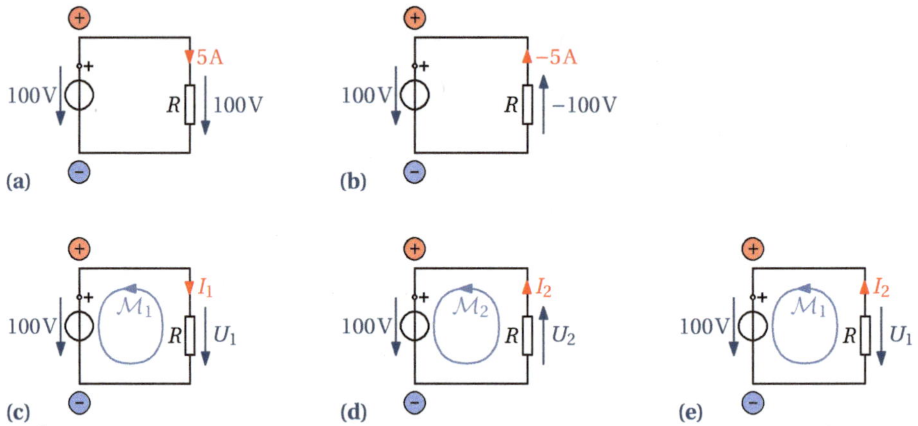

Bild 2.65 Spannungsquelle 100V mit Widerstand $R = 20\,\Omega$: Wirkpfeile von Spannung und Strom am Widerstand (a) positiv und (b) negativ eingezeichnet; Bezugspfeile von Spannung und Strom am Widerstand (c) U_1 und I_1, (d) U_2 und I_2, (e) U_1 und I_2

Spannung. Die Wirkrichtung einer Spannung ist durch einen Spannungspfeil gekennzeichnet, der vom größeren zum kleineren Potenzial gerichtet ist.

Strom. Die Wirkrichtung eines Stroms zeigt an, in welche Richtung der Strom tatsächlich fließt. Wenn positive Ladungsträger[35] am Stromfluss beteiligt sind, so stimmt deren Bewegungsrichtung mit der Stromrichtung überein.

2.11.2 Bezugssinn

Wir untersuchen die unterschiedlich eingezeichneten Spannungs- und Strompfeile am Ohmschen Widerstand $R = 20\,\Omega$ in Bild 2.65.

> Jeder **Spannungs-** bzw. **Strompfeil** in einem Ersatzschaltbild darf **beliebig** eingezeichnet werden: Diese Pfeile zeigen jeweils einen **Bezugssinn** an.
>
> 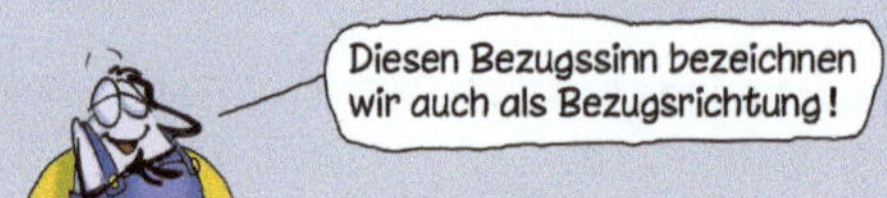
>

Wir untersuchen folgende unterschiedliche Fälle, die sich aufgrund der gewählten Bezugsrichtungen, repräsentiert durch *Bezugspfeile*, unterscheiden.

Bild 2.65c. Die Analyse der Masche $\mathcal{M}_1$ in der Form $100\text{V} - U_1 = 0\text{V}$ führt zum Ergebnis $U_1 = 100\text{V}$. Infolge des Ohmschen Gesetzes beträgt der von ⊕ nach ⊖ durch den Widerstand fließende Strom $I_1 = U_1/R = 100\text{V}/20\,\Omega = 5\text{A}$.

[35] Im Gegensatz dazu sind beispielsweise in metallischen Leitern die Wirkrichtung des Stroms und die Bewegungsrichtung der negativ geladenen Elektronen einander entgegengesetzt.

Bild 2.65d. Die Masche $\mathcal{M}_2$ führt infolge von $100\,\text{V} + U_2 = 0\,\text{V}$ auf $U_2 = -100\,\text{V}$. Dieses Ergebnis ist wenig verwunderlich, da die Spannung U_2 von ⊖ nach ⊕, also gegen die Richtung von U_1, eingezeichnet ist. Daraus folgt, dass $U_2 = -U_1$ ist. Für das Ohmsche Gesetz gilt $I_2 = U_2/R = -100\,\text{V}/20\,\Omega = -5\,\text{A}$. Das negative Vorzeichen in diesem Ergebnis ist ebenfalls eine Konsequenz der gegenüber Bild 2.65c geänderten Bezugsrichtung des Strompfeils.

Bild 2.65e. Kombiniert man nun die Spannung U_1 und den Strom I_2, so zeigt sich, dass die Spannung U_1 von ⊕ nach ⊖ gerichtet ist, während der Strom I_2 in die entgegengesetzte Richtung eingezeichnet ist. Die Konsequenz daraus ist, dass im Ohmschen Gesetz ebenfalls ein negatives Vorzeichen berücksichtigt werden muss. Es gilt also $I_2 = -U_1/R$.

Bild 2.65b. Spannungen und Strom am Widerstand weisen jeweils ein negatives Vorzeichen auf. Das bedeutet, dass die Wirkrichtung dieser Größen jeweils gegen die eingezeichnete Pfeilrichtung gerichtet ist.

Bild 2.65a. Da die Vorzeichen von Spannung und Strom am Widerstand jeweils ein positives Vorzeichen aufweisen, geben die eingezeichneten Pfeile die Wirkrichtung an.

Für die **Wirkrichtung** einer Spannung bzw. eines Strom gilt:

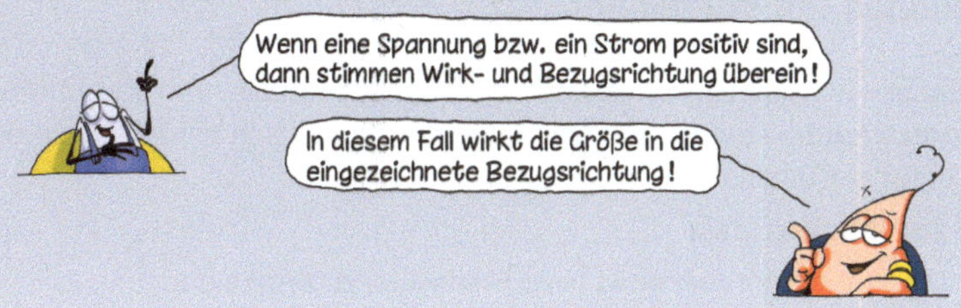

Wir veranschaulichen diesen Sachverhalt mit Illustrationen:

Positive Wirkrichtung. Wenn Henry in Bild 2.66a aufgefordert wird fünf Schritte in die von Ohm angegebene Pfeilrichtung zu gehen, dann stimmen Bezugs- und Wirkrichtung überein. Daher geht Henry in Bild 2.66b in die angezeigte Richtung.

Negative Wirkrichtung. In Bild 2.67a wird Henry aufgefordert, minus zwei Schritte in die von Ohm ausgewiesene Pfeilrichtung zu gehen. Minus zwei Schritte in der Bezugsrich-

(a) (b)

Bild 2.66 (a) Fünf Schritte in Pfeilrichtung, (b) die Bezugsrichtung (Pfeilrichtung) und die Wirkrichtung stimmen überein, Farad geht fünf Schritte in Pfeilrichtung

(a) (b)

Bild 2.67 (a) Minus zwei Schritte in Pfeilrichtung, (b) die Bezugsrichtung (Pfeilrichtung) ist gegen die Wirkrichtung gerichtet, Farad geht zwei Schritte gegen die Pfeilrichtung

tung (Pfeilrichtung) zu gehen bedeutet zwei Schritte gegen die Bezugsrichtung zu machen, wie das in Bild 2.67b von Henry ausgeführt wird.

2.11.3 Rechnen mit Vorzeichen

Welche Gleichungen in Abhängigkeit der verwendeten Spannungs- und Strombezugspfeile in einem Ersatzschaltbild gelten, soll nachfolgend systematisch behandelt werden. Wir beziehen uns dafür auf Tabelle 2.9.

Dadurch wird gewährleistet, dass

- alle Spannungen und Ströme korrekt berechnet werden können und
- die Leistungsbilanz in jedem elektrischen Ersatzschaltbild mathematisch immer erfüllt ist.

Wir untersuchen basierend auf Tabelle 2.9 die vier Fälle [A] bis [D]:

Richtungen der Bezugspfeile. In den Fällen [A] und [C] weisen die Spannungs- und Strombezugspfeile in die gleiche Richtung, von ② nach ①. Die Spannungs- und die Strombezugspfeile zeigen in den Fällen [B] und [D] in einander entgegengesetzte Richtungen.

Ohmsches Gesetz. Das Ohmsche Gesetz ist mit positivem Vorzeichen anzuwenden, wenn der Spannungs- und der Strombezugspfeil in die gleiche Richtung zeigen (Fall [A]). Zeigen die beiden Bezugspfeile in entgegengesetzte Richtungen (Fall [B]), so muss ein negatives Vorzeichen gewählt werden:

$$U = R \cdot I \qquad \text{für den Fall [A]} \tag{2.84}$$

$$U = -R \cdot I \qquad \text{für den Fall [B]} \tag{2.85}$$

Verbraucher und Erzeuger. Aus dem in Abschnitt 2.10.1 formulierten ersten Hauptsatz der Thermodynamik wissen wir, dass Energie nicht erzeugt oder verbraucht, sondern nur umgewandelt werden kann. Dennoch werden die Bezeichnungen »Verbraucher« und »Erzeuger« in der Elektrotechnik alltäglich verwendet. Damit meinen wir:

Elektrischer Verbraucher. Wir nennen eine Komponente einen elektrischen Verbraucher, wenn wir dieser Komponente elektrische Energie zuführen, die in eine andere Energieform – beispielsweise Wärme – umgewandelt wird.

Tabelle 2.9 Bezugspfeile für Verbraucher und Erzeuger

	Verbraucher		Verbraucher oder Erzeuger	
Fall	A	B	C	D
Bezugspfeile	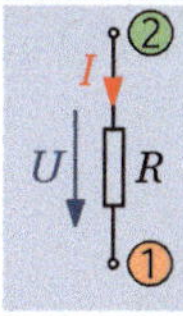	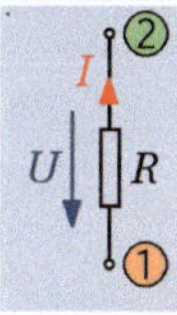	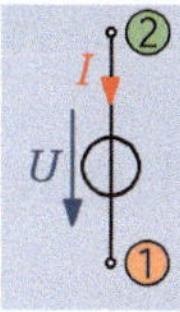	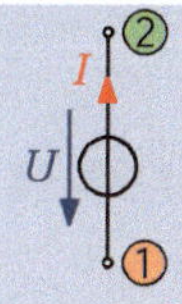
Eigenschaft	$U = R \cdot I$	$U = -R \cdot I$	U = konstant	U = konstant
Leistung	$P = U \cdot I$	$P = -U \cdot I$	$P = U \cdot I$	$P = -U \cdot I$

Elektrischer Erzeuger. Als einen elektrischen Erzeuger bezeichnen wir eine Komponente, in der elektrische Energie aus einer anderen Energieform gewonnen wird. Das ist beispielsweise bei einem Generator der Fall, der mechanische Energie in elektrische Energie umwandelt.

Vorzeichen der Leistung. Wir vereinbaren hier die Vorzeichen aller Leistungen so, dass elektrisch verbrauchte Leistungen positiv und erzeugte Leistungen negativ sind.

- Die Ohmschen Widerstände in den Fällen A und B sind eindeutig elektrische Verbraucher. Ihre elektrisch aufgenommenen Leistungen sind daher in jedem Fall positiv, d. h. $P > 0\,\text{W}$.
- Bei den elektrischen Quellen der Fälle C und D kann ohne genauere Analyse der angeschlossenen elektrischen Schaltung nicht festgestellt werden, ob sie als Verbraucher oder Erzeuger arbeiten. Falls eine Quelle als elektrischer Erzeuger wirkt, so ist ihre Leistung negativ, d. h. $P < 0\,\text{W}$.

Die Vorzeichen in den Berechnungsgleichungen der elektrischen Leistung hängen davon ab, wie die Spannungs- und Strompfeile zueinander gerichtet sind:

$$P = U \cdot I \qquad \text{für die Fälle A und C} \qquad (2.86)$$

$$P = -U \cdot I \qquad \text{für die Fälle B und D} \qquad (2.87)$$

Unabhängig von allen eingezeichneten Bezugspfeilen gilt für die **elektrische Leistung** einheitlich folgende **Vorzeichenregel**:

Spannungs- und Stromquellen. Was für die dargestellten Spannungsquellen in den Fällen C und D gilt, ist ebenso für Stromquellen in gleicher Weise gültig, nur dass der Strom anstelle der Spannung konstant ist.

Klemmenbezeichnung. Alle Aussagen gelten unverändert, wenn sowohl der Spannungs- als auch der Strombezugspfeil umgedreht werden – was gleichbedeutend mit dem Vertauschen der Anschlussbeschriftungen ② und ① ist.

2.12 Lineare Quellen

Spannungs- und Stromquellen, die einen linearen Zusammenhang zwischen Spannung und Strom an den Klemmen aufweisen, werden als *lineare Quellen* bezeichnet.

2.12.1 Lineare Spannungsquelle

Eine ideale Spannungsquelle, wie sie in Abschnitt 2.6.1 beschrieben ist, weist eine konstante Quellenspannung auf. Tatsächlich hängt die Klemmenspannung einer Spannungsquelle praktisch von der Belastung ab, die an die Quelle angeschlossen wird. Das einfache Ersatzschaltbild einer linearen Spannungsquelle ist in Bild 2.68a blau unterlegt dargestellt:

Ideale Spannungsquelle. Im Inneren der blau unterlegten linearen Spannungsquelle befindet sich eine ideale Spannungsquelle mit der Quellenspannung U_0.

Innenwiderstand. In Serie zur idealen Spannungsquelle befindet sich der Innenwiderstand bzw. innere Widerstand R_i. Dieser Widerstand ist bei einer Batterie beispielsweise eine Konsequenz der Leitfähigkeiten und des geometrischen Aufbaus der stromführenden Materialien im Inneren – in Anlehnung an Gl. (2.57).

Lineare Spannungsquelle. Die Serienschaltung aus idealer Spannungsquelle und Innenwiderstand bezeichnen wir als das Modell der linearen Spannungsquelle. Es ist in Bild 2.68a blau unterlegt.

Klemmen. Die lineare Spannungsquelle weist die Klemmen ⊕ und ⊖ auf.

Klemmenspannung. Die Spannung von ⊕ zu ⊖ nennen wir die Klemmenspannung bzw. äußere Spannung und bezeichnen sie mit U_a.

Lastwiderstand. An die lineare Spannungsquelle ist der einstellbare Lastwiderstand R_a angeschlossen.

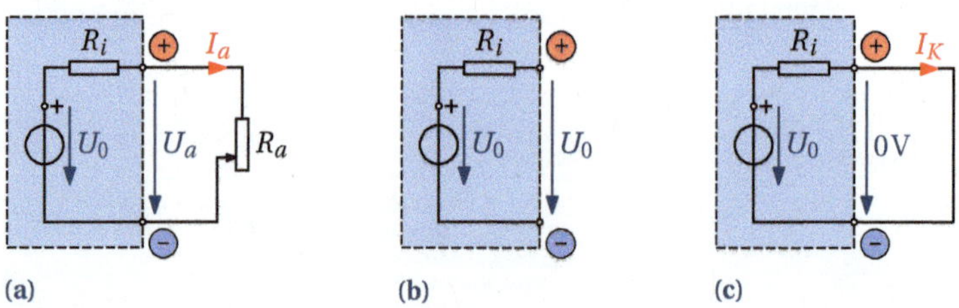

Bild 2.68 Lineare Spannungsquelle (blau unterlegt) mit den Klemmen ⊕ und ⊖, Klemmenspannung U_a und Laststrom I_a, (a) allgemeines Ersatzschaltbild mit einstellbarem äußeren Lastwiderstand R_a, (b) im Leerlauf ⓪ bei $R_a \to \infty$ mit $I_a = 0\,\mathrm{A}$, wobei die Klemmenspannung gleich der Leerlaufspannung U_0 ist, (c) im Kurzschluss Ⓚ bei $R_a = 0\,\Omega$ mit $U_a = 0\,\mathrm{V}$, wobei der Laststrom I_a gleich dem Kurzschlussstrom I_K ist

Laststrom. Der in Bild 2.68a eingezeichnete Strom I_a fließt durch die lineare Spannungsquelle und den angeschlossenen Lastwiderstand R_a. Er wird daher auch als Laststrom bezeichnet.

Bevor wir das allgemeine Verhalten der linearen Spannungsquelle untersuchen, betrachten wir noch zwei Sonderfälle des Betriebs:

Leerlauf. Darunter verstehen wir den Betrieb, wenn an den Klemmen ⊕ und ⊖ nichts angeschlossen ist, wie das in Bild 2.68b gezeigt ist. Bezogen auf Bild 2.68a ist das gleichwertig zu einem unendlich großen Lastwiderstand, d. h. $R_a \to \infty$. In diesem Fall ist die Klemmenspannung U_a gleich U_0 und der Laststrom I_a ist null:

$$U_a = U_0 \qquad I_a = 0\,\text{A} \qquad \text{im Leerlaufpunkt ⓪} \tag{2.88}$$

Die Spannung U_0 wird als **Leerlaufspannung** bezeichnet.

Kurzschluss. Wenn wir die Klemmen ⊕ und ⊖ mit einem idealen Leiter verbinden, so sind diese Klemmen *kurzgeschlossen* und wir sprechen von einem Kurzschluss. Dieser Betriebszustand entspricht $R_a = 0\,\Omega$ und ist in Bild 2.68c dargestellt. Infolge des Ohmschen Gesetzes ist die Klemmenspannung in diesem Fall gleich null. Der im Kurzschlussfall über die Klemmen fließende Strom I_a wird als *Kurzschlussstrom* I_K bezeichnet:

$$U_a = 0\,\text{V} \qquad I_a = I_K = \frac{U_0}{R_i} \qquad \text{im Kurzschlusspunkt Ⓚ} \tag{2.89}$$

Wir untersuchen nachfolgend den Einfluss des Laststroms I_a auf die Klemmenspannung U_a. Die aus Bild 2.68a resultierende Maschengleichung führt auf:

$$U_a = U_0 - R_i \cdot I_a \tag{2.90}$$

Dieser Zusammenhang zwischen der Spannung U_a und dem Strom I_a ist linear und in Bild 2.69a dargestellt. Diese Kennlinie lässt sich grafisch als Gerade durch folgende zwei Punkte konstruieren:

- Leerlaufpunkt ⓪ bei $U_a = U_0$ und $I_a = 0\,\text{A}$
- Kurzschlusspunkt Ⓚ bei $U_a = 0\,\text{V}$ und $I_a = I_K$

Zahlenwertbeispiel 2.36. Wir betrachten eine lineare Spannungsquelle mit $U_0 = 100\,\text{V}$ und $R_i = 5\,\Omega$. Der Kurzschlussstrom beträgt in diesem Fall $I_K = U_0 / R_i = 100\,\text{V}/5\,\Omega = 20\,\text{A}$. Die Kennlinie der linearen Spannungsquelle erhalten wir gemäß Bild 2.69b, wenn wir den Punkt ⓪ bei $U_a = U_0 = 100\,\text{V}$ (auf der Spannungsachse) mit dem Punkt Ⓚ beim Strom $I_a = I_K = 20\,\text{A}$ (auf der Stromachse) verbinden.

Zusätzlich untersuchen wir noch den Lastpunkt bzw. Arbeitspunkt ① mit $R_a = 20\,\Omega$. Wir berechnen den Laststrom und die Klemmenspannung:

$$I_a = \frac{U_0}{R_i + R_a} = \frac{100\,\text{V}}{5\,\Omega + 20\,\Omega} = 4\,\text{A} \qquad U_a = R_a \cdot I_a = 20\,\Omega \cdot 4\,\text{A} = 80\,\text{V}$$

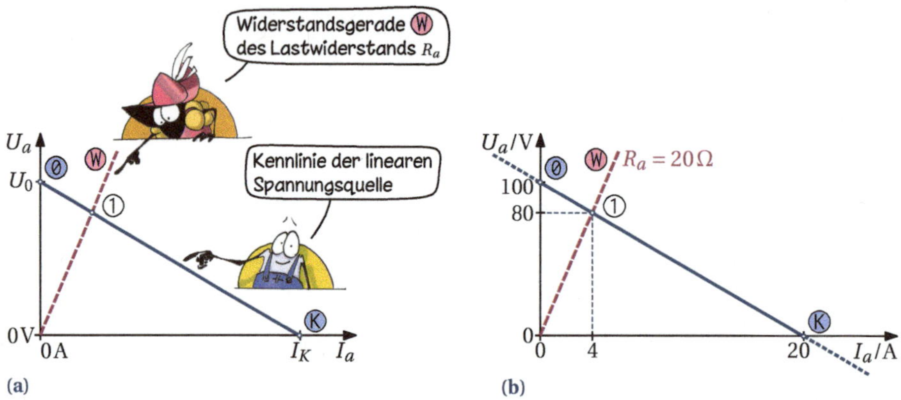

Bild 2.69 Klemmenspannung U_a als Funktion des Stroms I_a einer linearen Quelle (a) allgemein, (b) mit $U_0 = 100\,\text{V}$ und $I_K = 20\,\text{A}$: ⓪ Leerlaufpunkt, Ⓚ Kurzschlusspunkt, Ⓦ Widerstandsgerade für $R_a = 20\,\Omega$, ① Lastpunkt bei $R_a = 20\,\Omega$

Aus Bild 2.69b ist ersichtlich, dass sich der Lastpunkt ① als Schnittpunkt der Kennlinie der linearen Spannungsquelle mit der Widerstandsgerade Ⓦ für $R_a = 20\,\Omega$ ergibt. ■

Mit Bezug auf Bild 2.68 und 2.69 formulieren wir allgemein:

> **!** Wenn man einen **Lastwiderstand** an einer **linearen Spannungsquelle** betreibt, so stellen sich die **Spannung** am und der **Strom** durch den Lastwiderstand im **Schnittpunkt** ①
>
> - der linearen Kennlinie der **linearen Spannungsquelle** – durch den Leerlaufpunkt ⓪ und den Kurzschlusspunkt Ⓚ – mit
> - der **Widerstandsgerade** Ⓦ des Lastwiderstands R_a ein.
>
> Den **Schnittpunkt** ① bezeichnen wir als ...
>
> 
>
>
> ■

Erweitertes Wissen. Wir können an eine lineare Spannungsquelle anstelle des Widerstands in Bild 2.68a auch eine weitere Spannungs- oder Stromquelle anschließen. In diesem Fall kann der jeweilige Betriebspunkt auch auf den blau gepunktet dargestellten Ästen in Bild 2.69b zu liegen kommen.

2.12.2 Lineare Stromquelle

Eine ideale Stromquelle, wie sie in Abschnitt 2.6.2 behandelt wurde, weist unabhängig von der Belastung einen konstanten Strom auf. Derartige Quellen existieren in der Realität je-

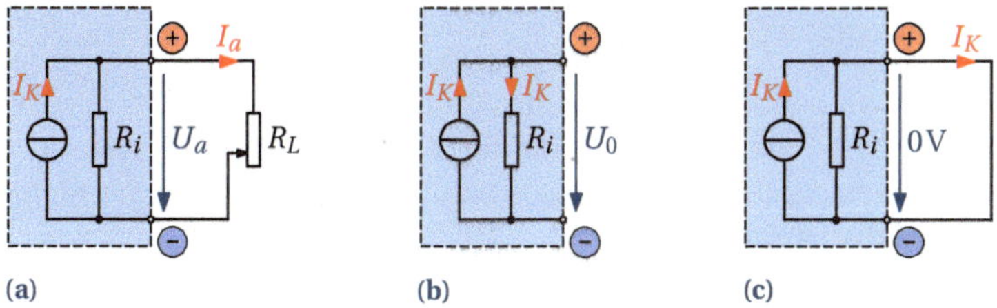

Bild 2.70 Lineare Stromquelle (blau unterlegt) mit den Klemmen ⊕ und ⊖ mit Klemmenspannung U_a und Laststrom I_a, (a) allgemeines Ersatzschaltbild mit einstellbarem äußeren Lastwiderstand R_a, (b) im Leerlauf ⓞ bei $R_a \to \infty$ mit $I_a = 0\,\mathrm{A}$ und $U_a = U_0$, (c) im Kurzschluss Ⓚ bei $R_a = 0\,\Omega$ mit $U_a = 0\,\mathrm{V}$ und $I_a = I_K$

doch nicht. Eine lineare Stromquelle, wie sie in Bild 2.70a blau unterlegt dargestellt ist, liefert ein besseres Abbild der Realität:

Ideale Stromquelle. Das Modell der linearen Stromquelle verwendet eine ideale Stromquelle mit dem Quellenstrom I_K.

Innenwiderstand. Parallel zur idealen Stromquelle befindet sich der Innenwiderstand R_i.

Lineare Stromquelle. Die Parallelschaltung aus idealer Stromquelle und Innenwiderstand ergibt die in Bild 2.70a blau gekennzeichnete lineare Stromquelle.

Lastwiderstand. Der einstellbare äußere Lastwiderstand R_a ist an die lineare Stromquelle angeschlossen.

Besondere Betriebszustände stellen wiederum der Leerlauf und der Kurzschluss dar:

Leerlauf. Im Leerlauf gemäß Bild 2.70b ist an die lineare Stromquelle außen nichts angeschlossen und daher fließt über die Klemmen kein Strom. An den Klemmen tritt die Leerlaufspannung $U_0 = R_i \cdot I_K$ auf, identisch mit Gl.(2.89), die wir für die lineare Spannungsquelle abgeleitet haben.

Kurzschluss. Durch die Verbindung der beiden Klemmen ⊕ und ⊖ über eine ideal leitfähige Verbindung ist die Klemmenspannung im Kurzschluss gleich null. Damit fließt über den Innenwiderstand infolge des Ohmschen Gesetzes kein Strom. Der Quellenstrom I_K der idealen Stromquelle fließt vollständig über die äußere Kurzschlussverbindung als *Kurzschlussstrom*.

> **!** Lineare **Spannungs- und Stromquellen** mit identischer Leerlaufspannung U_0 und identischem Kurzschlussstrom I_K
>
> - weisen **denselben Innenwiderstand** R_i und
> - **dieselbe lineare Kennlinie** auf.
>
> Sie verhalten sich unabhängig von der angeschlossenen Last gleich. Dabei gilt:
>
> $$\boxed{U_0 = R_i \cdot I_K} \tag{2.91}$$

Der allgemeine Zusammenhang zwischen der Klemmenspannung U_a und dem Laststrom I_a lautet:

$$I_a = I_K - \frac{U_a}{R_i} \tag{2.92}$$

Dieser Ausdruck ist gleichwertig zu Gl. (2.90).

Zahlenwertbeispiel 2.37. Wir betrachten eine lineare Stromquelle mit $I_K = 20\,\text{A}$, $R_i = 5\,\Omega$ und $R_a = 20\,\Omega$ gemäß Bild 2.70. Damit ergibt sich für die Leerlaufspannung $U_0 = R_i \cdot I_K = 5\,\Omega \cdot 20\,\text{A} = 100\,\text{V}$ und der in Bild 2.69b angegebene Zusammenhang zwischen der Klemmenspannung U_a und dem Laststrom I_a.

Für den Lastpunkt ① in Bild 2.69b errechnen wir:

$$U_a = \frac{R_i \cdot R_a}{R_i + R_a} \cdot I_K = \frac{5\,\Omega \cdot 20\,\Omega}{5\,\Omega + 20\,\Omega} \cdot 20\,\text{A} = 80\,\text{V} \qquad I_a = \frac{U_a}{R_a} = \frac{80\,\text{V}}{20\,\Omega} = 4\,\text{A}$$ ■

Erweitertes Wissen. Im Gegensatz zur linearen Spannungsquelle fließt bei der linearen Stromquelle auch im Leerlauf Strom durch den Innenwiderstand. Folglich muss die Stromquelle auch im Leerlauf Leistung für die Deckung der Wärmeverluste im Innenwiderstand bereitstellen. Umgekehrt muss die lineare Stromquelle im Kurzschluss – aus theoretischer Sicht – keine Leistung bereitstellen, während dies bei der linearen Spannungsquelle sehr wohl der Fall ist.

2.12.3 Ersatzspannungsquelle

> Unter einem linearen elektrischen **Netzwerk** verstehen wir eine beliebige Verschaltung von Ohmschen Widerständen, sowie Spannungs- und Stromquellen. ■

Dazugehörige Begriffe sind:

Originalnetzwerk. Das Netzwerk, von dem wir bezüglich zweier Klemmen ② und ① ausgehen und das wir vereinfachen wollen, nennen wir *Originalnetzwerk*. Ein Beispiel dafür ist Bild 2.71a angegeben.

Ersatzspannungsquelle. Das Originalnetzwerk kann bezüglich dieser Klemmen ② und ① durch eine aus Spannungsquelle mit Innenwiderstand bestehende Ersatzspannungsquelle ersetzt werden, wie das in Bild 2.71b bzw. Bild 2.72 gezeigt ist.

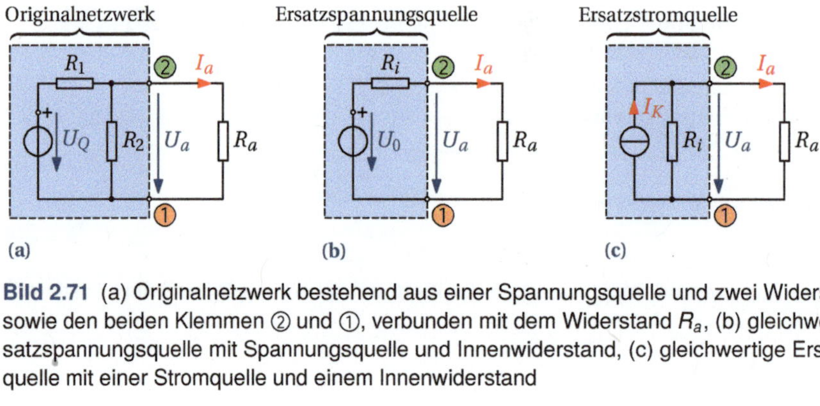

Bild 2.71 (a) Originalnetzwerk bestehend aus einer Spannungsquelle und zwei Widerständen, sowie den beiden Klemmen ② und ①, verbunden mit dem Widerstand R_a, (b) gleichwertige Ersatzspannungsquelle mit Spannungsquelle und Innenwiderstand, (c) gleichwertige Ersatzstromquelle mit einer Stromquelle und einem Innenwiderstand

(a) (b)

Bild 2.72 (a) Ein lineares Originalnetzwerk wird (b) durch eine gleichwertige Ersatzspannungsquelle mit Innenwiderstand ersetzt

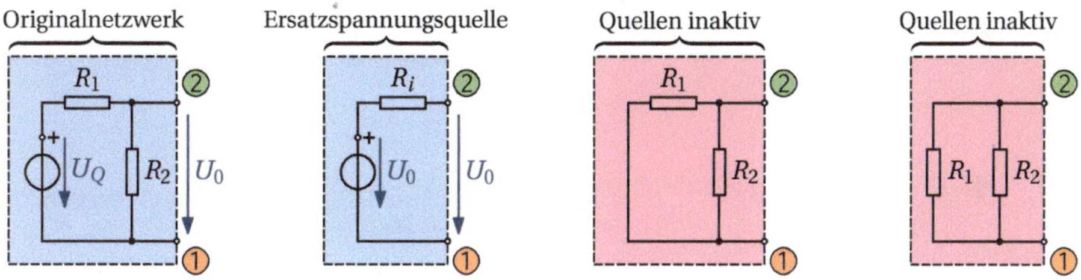

(a) (b) (c) (d)

Bild 2.73 (a) Originalnetzwerk bezüglich der Klemmen ② und ①, (b) vereinfachte Ersatzspannungsquelle bezüglich der Klemmen ② und ①, (c) und (d) Netzwerk für die Bestimmung des Innenwiderstands

Wir behandeln beispielhaft das blau unterlegte Originalnetzwerk in Bild 2.71a, bestehend aus einer idealen Spannungsquelle mit $U_Q = 100\,\text{V}$, sowie den Widerständen $R_1 = 20\,\Omega$ und $R_2 = 80\,\Omega$. Dieses Netzwerk weist die Klemmen ② und ① auf, die mit dem Widerstand $R_a = 34\,\Omega$ verbunden sind.

Ziel ist es nun, die Spannung U_a am Widerstand R_a zu bestimmen. Dafür soll eine Ersatzspannungsquelle verwendet werden, wie sie in Bild 2.71b gezeigt ist. Konkret müssen dafür

- die Spannung U_0 und
- der Widerstand R_i

aus Bild 2.71b ermittelt werden.

> **!** Die Methode der **Ersatzspannungsquelle reduziert** die Anzahl der **Rechenschritte** bei der Schaltungsanalyse, wenn nur die Spannung U_a ermittelt werden soll. ■

Gleichwertige Ersatzspannungsquelle. Das in Bild 2.71a dargestellte Originalnetzwerk soll in eine *gleichwertige* Ersatzspannungsquelle gemäß Bild 2.71b umgewandelt werden. Gleichwertig bedeutet, dass sich die in Bild 2.71a und b dargestellten Ersatzschaltbilder vollständig gleich verhalten, unabhängig vom angeschlossenen Widerstand R_a.

Leerlaufspannung. Wenn sich das Originalnetzwerk und die Ersatzspannungsquelle gleich verhalten, dann weisen sie im Leerlauf auch die gleiche Leerlaufspannung U_0 von ② nach ① auf. Die Leerlaufspannung ist die Klemmenspannung in Bild 2.73a bzw. b, wenn der Widerstand R_a nicht angeschlossen ist. Im vorliegenden Beispiel kann diese Größe direkt aus der Spannungsteilerregel ermittelt werden:

$$U_0 = \frac{R_2}{R_1 + R_2} \cdot U_Q = \frac{80\,\Omega}{20\,\Omega + 80\,\Omega} \cdot 100\,\text{V} = 80\,\text{V}$$

Inaktivierung der Quellen. Für die Berechnung des Innenwiderstands ist es erforderlich, alle Quellen zu *inaktivieren* bzw. zu deaktivieren.

> **!** Unter der **Inaktivierung** der Quellen verstehen wir:
>
> - Alle **Spannungsquellen** werden durch eine **leitende Verbindung** ersetzt – ihr Spannungsabfall ist danach gleich null.
> - Alle **Stromquellen** werden durch eine **Unterbrechung** ersetzt – durch sie fließt danach kein Strom mehr.

> **!** Ein **inaktives Netzwerk** kann man sich wie ein aktives Netzwerk vorstellen, bei dem die **Kreise** der Strom- und Spannungsquellen **entfernt** werden.

Innenwiderstand. Der Innenwiderstand R_i ist jener Widerstand, der zwischen den Klemmen ② und ① auftritt, wenn alle Quellen inaktiviert sind. Auf das untersuchte Beispiel bezogen bedeutet das, dass die Spannungsquelle aus Bild 2.73a einfach durch eine ideal leitfähige Verbindung (einen Kurzschluss) ersetzt wird. Wir erhalten Bild 2.73c. Wenn wir die Anordnung der beiden Widerstände umzeichnen, erhalten wir Bild 2.73d. Es ist offensichtlich, dass es sich beim Innenwiderstand um eine Parallelschaltung der Widerstände R_1 und R_2 handelt. Der Innenwiderstand ist im vorliegenden Fall also:

$$R_i = R_1 || R_2 = \frac{R_1 \cdot R_2}{R_1 + R_2} = \frac{20\,\Omega \cdot 80\,\Omega}{20\,\Omega + 80\,\Omega} = 16\,\Omega$$

Gesamtnetzwerk. Nachdem wir die Leerlaufspannung und den Innenwiderstand bestimmt haben, können wir die Ersatzspannungsquelle mit dem Lastwiderstand R_a

verbinden, wie das in Bild 2.71b gezeigt ist. Die Spannung U_a lässt sich nun wieder über die Spannungsteilerregel ermitteln:

$$U_a = \frac{R_a}{R_i + R_a} \cdot U_0 = \frac{34\,\Omega}{16\,\Omega + 34\,\Omega} \cdot 100\,\mathrm{V} = 68\,\mathrm{V}$$

Wir fassen die Vorgehensweise für die Bestimmung der Leerlaufspannung und des Innenwiderstands für eine Ersatzspannungsquelle allgemeingültig zusammen:

Ein lineares Netzwerk (das Originalnetzwerk) wird bezüglich zweier Klemmen ② und ① wie folgt in eine **gleichwertige Ersatzspannungsquelle** umgewandelt:

Bild 2.74a. Bestimmung der Leerlaufspannung U_0 des Originalnetzwerks bezüglich der beiden Klemmen ② und ①, wenn diese Klemmen offen sind oder an diesen Klemmen ein ideales Voltmeter angeschlossen ist.

Bild 2.74b. Nachdem alle Quellen inaktiviert sind, kann der Innenwiderstand R_i zwischen den Klemmen ② und ① als (gleichwertiger) Gesamtwiderstand ermittelt[36] werden.

Alternative Rechnung. Der Innenwiderstand R_i kann alternativ auch aus der Leerlaufspannung U_0 und dem Kurzschlussstrom I_K bestimmt werden:

$$\boxed{R_i = \frac{U_0}{I_K}} \tag{2.93}$$

Bild 2.74c. Der Kurzschlussstrom I_K fließt über die Klemmen ② und ① des Originalnetzwerks, wenn dessen Klemmen über eine ideale Verbindung oder über ein ideales Amperemeter kurzgeschlossen werden. Dieser Kurzschlussstrom ist nur dann zu berechnen, wenn die **alternative Rechnung** angewandt wird.

Erweitertes Wissen. Die mögliche Umwandlung eines beliebigen linearen Netzwerks bezüglich zweier Klemmen in eine Ersatzspannungsquelle wird auch als *Thévenin-Theorem* bezeichnet.

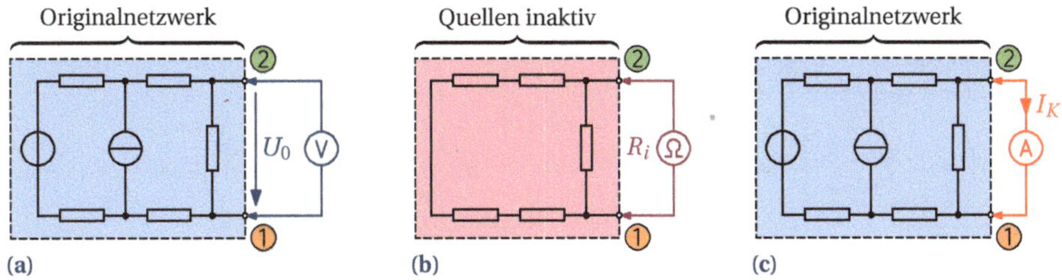

Bild 2.74 Zur Bestimmung (a) der Leerlaufspannung U_0, (b) des Innenwiderstands R_i mit inaktiven Quellen, (c) des Kurzschlussstroms I_K

[36] Genau diesen Innenwiderstand könnte man beispielsweise nach Inaktivierung der Quellen mit einem Ohmmeter zwischen den Klemmen messen.

2.12.4 Ersatzstromquelle

Wir können jede lineare Spannungsquelle mit der Quellenspannung U_0 und dem Innenwiderstand R_i in eine gleichwertige Stromquelle mit dem Quellenstrom I_K und dem Innenwiderstand R_i gemäß Gl. (2.93) umrechnen. Damit können wir auch jede Ersatzspannungsquelle durch eine Ersatzstromquelle ersetzen, wie das in Bild 2.71c angegeben ist.

Erweitertes Wissen. Dass ein beliebiges lineares Netzwerk bezüglich zweier Klemmen in eine gleichwertige Stromquelle mit parallel geschalteten Innenwiderstand umgerechnet werden kann, wird auch als *Norton-Theorem* bezeichnet.

2.12.5 Brückenschaltung

Eine Brückenschaltung ist in Bild 2.75a dargestellt:

Brückenzweig. Die Brückenschaltung besteht aus jeweils zwei in Serie geschalteten Widerständen, die als *Brückenzweige* [1] und [2] bezeichnet werden. Die beiden Brückenzweige werden an derselben Spannung betrieben. In der Mitte der Brückenzweige befinden sich die Klemmen ① und ②.

Brückenspannung. Die sogenannte *Brückenspannung* U_b ist von der Klemme ② zur Klemme ① eingezeichnet.

Unbelastete Brücke. Bei der unbelasteten Brücke aus Bild 2.75a wird die Brückenspannung U_b – beispielsweise mit einem idealen Voltmeter – gemessen. Über die Klemmen ② und ① fließt kein Strom, daher ist die Brücke unbelastet.

Belastete Brücke. Wenn wir den Ohmschen Widerstand – beispielsweise eines Messgerätes – zwischen den Klemmen ② und ① berücksichtigen, so erhalten wir die belastete Brücke aus Bild 2.75b. Die Ohmsche Verbindung zwischen den Klemmen ② und ① wird als *Brückenquerzweig*[37] bezeichnet.

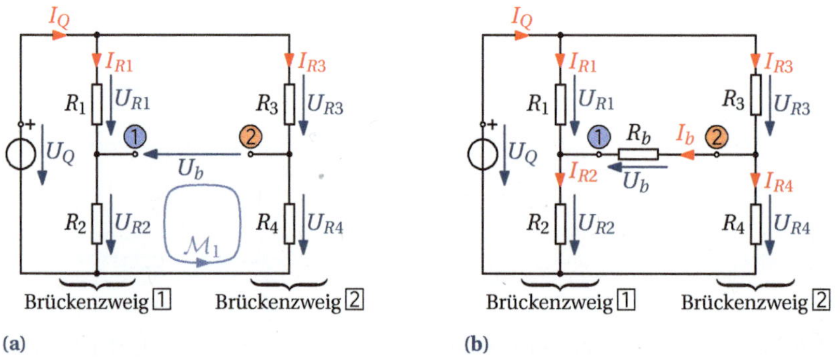

Bild 2.75 (a) Unbelastete Messbrücke, (b) belastete Messbrücke; Brückenzweige [1] und [2], Klemmen ① und ②

[37] Der Name Brücke rührt daher, dass dieser Querzweig die beiden Brückenzweige über eine »Brücke« verbindet.

Brückenschaltungen werden in der Messtechnik zur Messung von elektrischen und nicht elektrischen physikalischen Größen verwendet.

Unbelastete Brücke

Wir betrachten Bild 2.75a. Die Brückenspannung U_b soll aus der gegebenen Quellenspannung U_Q sowie aus den Widerstandswerten R_1 bis R_4 ermittelt werden. Da sowohl die Widerstände R_1 und R_2 als auch R_3 und R_4 in einer Serienschaltung an derselben Spannung betrieben werden, können wir in einem ersten Schritt die Spannungen an den Widerständen R_2 und R_4 über die Spannungsteilerregel ermitteln:

$$U_{R2} = \frac{R_2}{R_1 + R_2} \cdot U_Q \qquad U_{R4} = \frac{R_4}{R_3 + R_4} \cdot U_Q \tag{2.94}$$

Im nächsten Schritt wenden wir die Kirchhoffsche Maschengleichung auf die Masche $\mathcal{M}_1$ an. Damit ergibt sich für die Brückenspannung:

$$U_b = U_{R4} - U_{R2} = \left(\frac{R_4}{R_3 + R_4} - \frac{R_2}{R_1 + R_2} \right) \cdot U_Q \tag{2.95}$$

Zahlenwertbeispiel 2.38. Wir untersuchen eine unbelastete Brücke mit $U_Q = 100\,\text{V}$, sowie $R_1 = R_4 = 102\,\Omega$ und $R_2 = R_3 = 98\,\Omega$. Die Anwendung von Gl. (2.95) ergibt:

$$U_b = \left(\frac{R_4}{R_3 + R_4} - \frac{R_2}{R_1 + R_2} \right) \cdot U_Q = \left(\frac{102\,\Omega}{102\,\Omega + 98\,\Omega} - \frac{98\,\Omega}{98\,\Omega + 102\,\Omega} \right) \cdot 100\,\text{V} = 2\,\text{V}$$ ■

Eine **Brücke** heißt **abgeglichen**, wenn folgende **Abgleichbedingung** erfüllt ist:

$$\frac{R_1}{R_2} = \frac{R_3}{R_4} \tag{2.96}$$

■

In Abhängigkeit der konkreten Widerstandsverhältnisse kann die Brückenspannung positiv, negativ oder null sein. Wenn beispielsweise drei Widerstände der Brückenschaltung bekannt sind, so kann der vierte Widerstand aus der Abgleichbedingung ermittelt werden.

Belastete Brücke

Der zwischen den Klemmen ② und ① befindliche Widerstand R_b in Bild 2.75b führt zu einer Abweichung der Brückenspannung gegenüber Gl (2.95). Die zugehörige Analyse ist deutlich aufwendiger, kann aber mit der Methode der Ersatzspannungsquelle[38] verhältnismäßig elegant gelöst werden.

Aufteilung. Die Funktion der in Bild 2.75b dargestellten Messbrücke ist unbeeinflusst, wenn wir den linken und den rechten Brückenzweig jeweils mit einer separaten Quelle

[38] Alternativ kann man für die Analyse auch die Methode der Stern-Dreieck-Transformation aus Abschnitt 2.8.3 anwenden.

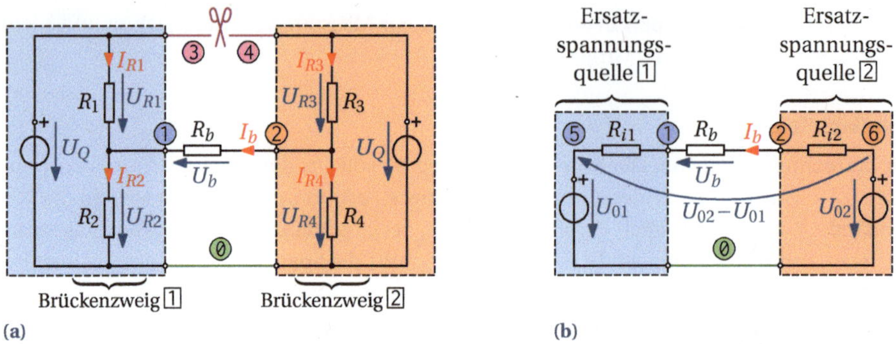

Bild 2.76 Belastete Messbrücke, (a) alternative Darstellung mit zwei Spannungsquellen, (b) mit zwei Ersatzspannungsquellen, zwischen deren Klemmen ① und ② der Widerstand R_b geschaltet ist

versorgen. Beide Quellen müssen jedoch dieselbe Quellenspannung U_Q aufweisen, wie das in Bild 2.76a gezeigt ist. Die Potenziale ③ und ④ sind folglich gleich und daher können wir die Verbindung zwischen ③ und ④ (symbolisch mit einer Schere) trennen und damit letztlich fortlassen. Die Anwendung der Kirchhoffschen Maschenregel führt auf:

$$U_Q = U_{R1} + U_{R2} = U_{R3} + U_{R4} \tag{2.97}$$

Ersatzspannungsquelle 1. Der mit der Quellenspannung U_Q versorgte Brückenzweig 1 aus Bild 2.76a wird durch eine Ersatzspannungsquelle 1 ersetzt, wie das in Bild 2.76b gezeigt ist. Die Spannung U_{01} ist die Leerlaufspannung des Brückenzweigs 1, die zwischen den Klemmen ① und ⓪ (am Widerstand R_2) ermittelt wird.

$$U_{01} = \frac{R_2}{R_1 + R_2} \cdot U_Q \tag{2.98}$$

Der zugehörige Innenwiderstand R_{i1} berechnet sich nach Inaktivierung der linken Quelle in Bild 2.76a als Parallelschaltung der Widerstände R_1 und R_2:

$$R_{i1} = R_1 || R_2 = \frac{R_1 \cdot R_2}{R_1 + R_2} \tag{2.99}$$

Ersatzspannungsquelle 2. Der Brückenzweig 2 in Bild 2.76b wird gemeinsam mit seiner Spannungsquelle in gleicher Weise behandelt wie Brückenzweig 1:

$$U_{02} = \frac{R_4}{R_3 + R_4} \cdot U_Q \qquad R_{i2} = R_3 || R_4 = \frac{R_3 \cdot R_4}{R_3 + R_4} \tag{2.100}$$

Brückenspannung. Die Brückenspannung kann nun basierend auf dem Ersatzschaltbild in Bild 2.76b mit den beiden Ersatzspannungsquellen 1 und 2 über die Spannungsteilerregel ermittelt werden. Wir haben dabei eine Serienschaltung aus drei Widerständen und zwei Spannungsquellen vorliegen:

$$U_b = \frac{R_b}{R_{i1} + R_b + R_{i2}} \cdot \underbrace{(U_{02} - U_{01})}_{\text{Spannung von ⑥ nach ⑤}} \tag{2.101}$$

Dieser Ausdruck entspricht der Anwendung von Gl. (2.29) mit $U_{R,\text{Ges}} = U_{02} - U_{01}$, $R_{\text{Ges}} = R_{i1} + R_b + R_{i2}$, sowie $U_{Rk} = U_b$ und $R_k = R_b$.

Zahlenwertbeispiel 2.39. Wir berechnen die Brückenspannung einer belasteten Brücke mit $U_0 = 100\,\text{V}$, $R_1 = R_4 = 102\,\Omega$, $R_2 = R_3 = 98\,\Omega$ und $R_b = 2000\,\Omega$. Dafür ermitteln wir zunächst die Leerlaufspannung und den Innenwiderstand der Ersatzspannungsquelle $\boxed{1}$:

$$U_{01} = \frac{R_2}{R_1 + R_2} \cdot U_Q = \frac{98\,\Omega}{98\,\Omega + 102\,\Omega} \cdot 100\,\text{V} = 49\,\text{V}$$
$$R_{i1} = \frac{R_1 \cdot R_2}{R_1 + R_2} = \frac{98\,\Omega \cdot 102\,\Omega}{98\,\Omega + 102\,\Omega} = 49{,}98\,\Omega$$

Für die Ersatzspannungsquelle $\boxed{2}$ gilt:

$$U_{02} = \frac{R_4}{R_3 + R_4} \cdot U_Q = \frac{102\,\Omega}{102\,\Omega + 98\,\Omega} \cdot 100\,\text{V} = 51\,\text{V}$$
$$R_{i1} = \frac{R_3 \cdot R_4}{R_3 + R_4} = \frac{102\,\Omega \cdot 98\,\Omega}{102\,\Omega + 98\,\Omega} = 49{,}98\,\Omega$$

Damit können wir die gesuchte Brückenspannung bestimmen:

$$U_b = \underbrace{\frac{R_b}{R_{i1} + R_b + R_{i2}}}_{b} \cdot (U_{02} - U_{01}) = \underbrace{\frac{2000\,\Omega}{49{,}98\,\Omega + 2000\,\Omega + 49{,}98\,\Omega}}_{b=0{,}9524} \cdot \underbrace{(51\,\text{V} - 49\,\text{V})}_{2\,\text{V}} = 1{,}905\,\text{V}$$

Diese Brückenspannung ist um den gekennzeichneten Faktor $b = 0{,}9524$ geringer als die im Zahlenwertbeispiel 2.38 ermittelte Brückenspannung von 2V. Je größer der Widerstand R_b ist, desto stärker nähert sich der Ausdruck b dem Grenzwert 1 an und desto geringer ist die Abweichung der Brückenspannung im Vergleich zu jener Brückenspannung, wenn die Messbrücke unbelastet ist. ∎

Erweitertes Wissen. Eine aus vier Ohmschen Widerständen R_1 bis R_4 bestehende Messbrücke gemäß Bild 2.75a bzw. b wird als *Wheatstone-Brücke* [SRZ22, Abschnitt 3.3.1] bezeichnet.

2.12.6 Leistungsanpassung

Für eine Batterie mit Innenwiderstand heißt jener Betriebspunkt, bei dem die größtmögliche (maximale) Leistung aus der Batterie entnommen wird, *Leistungsanpassung*.

Betrachten wir dazu das Beispiel eines Elektromopeds, vergleichbar mit dem in Bild 2.77a illustrierten Fahrzeug. Wir untersuchen das Ersatzschaltbild einer Batterie mit der Leerlaufspannung $U_0 = 48\,\text{V}$ und dem Innenwiderstand $R_i = 0{,}1\,\Omega$, wie es in Bild 2.77b angegeben ist. Vereinfacht können wir die Leistung der elektrische Antriebsmaschine in Bild 2.77b über den einstellbaren äußeren Ohmschen Widerstand R_a berücksichtigen. Wenn wir nachfolgend den Begriff *Last* verwenden, meinen wir damit den Lastwiderstand R_a, der die elektrische Antriebsmaschine repräsentiert.

Strom. Wir können den Strom I_a direkt aus dem Ohmschen Gesetz der in Serie geschalteten Widerstände R_i und R_a ermitteln:

$$I_a = \frac{U_0}{R_i + R_a} \qquad (2.102)$$

(a)

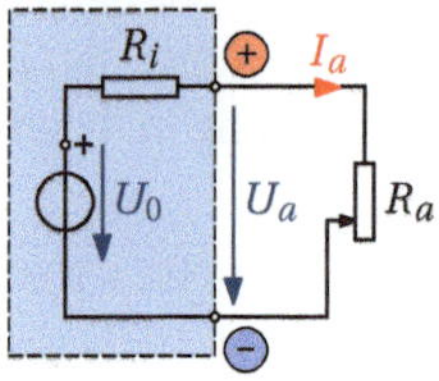

(b)

Bild 2.77 (a) Moped (Kleinkraftrad) mit Elektroantrieb, (b) Elektrisches Ersatzschaltbild einer Batterie mit Innenwiderstand (blau unterlegt) und Lastwiderstand, der den elektrischen Antrieb vereinfacht repräsentiert

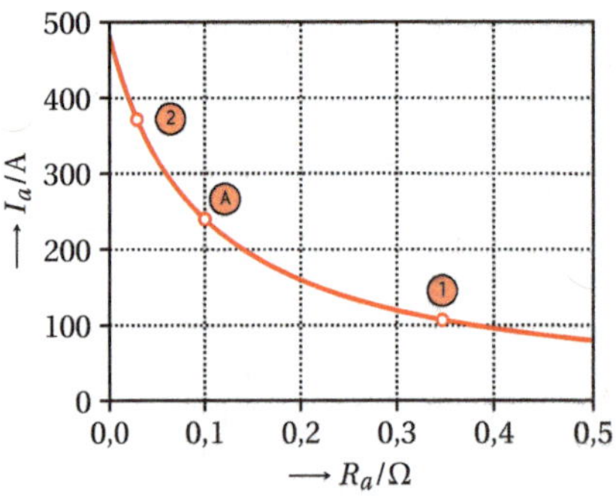

(a)

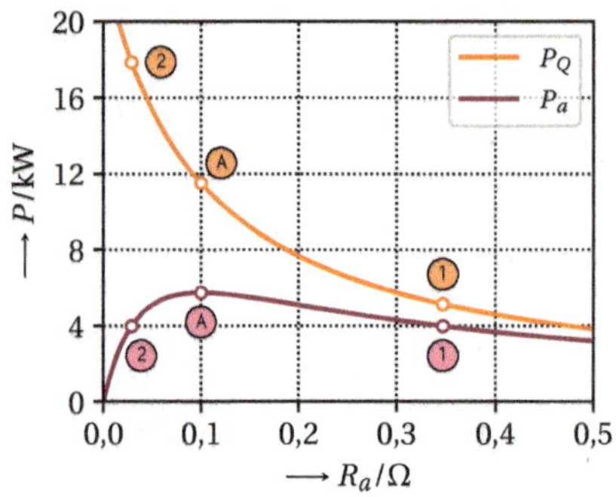

(b)

Bild 2.78 Kennlinien als Funktion des äußeren Lastwiderstands R_a, (a) Strom I_a, (b) elektrische Leistung P_a des Lastwiderstands, Leistung P_Q des Innen- und Lastwiderstands gemeinsam (bzw. von der Quelle zur Verfügung gestellt); Arbeitspunkte ① und ② bei jeweils $P_a = P_N = 4\,\text{kW}$ abgegebener Leistung (am Lastwiderstand), Betriebspunkt Ⓐ Leistungsanpassung

Der zugehörige Stromverlauf ist für den im Bereich zwischen $0\,\Omega$ und $0{,}5\,\Omega$ variierten Widerstand R_a in Bild 2.78a angegeben. Je größer der Lastwiderstand R_a ist, desto geringer ist der Laststrom I_a.

Leistung der Last. Die am Lastwiderstand umgesetzte Leistung kann gemäß Gl. (2.71) berechnet werden:

$$P_a = R_a \cdot I_a = \frac{R_a}{(R_i + R_a)^2} \cdot U_0^2 \qquad (2.103)$$

Der zugehörige Kurvenverlauf ist in Bild 2.78b dargestellt.

Leistungsanpassung. Die Leistungskurve P_a der Last aus Bild 2.78b weist ein eindeutiges Maximum im Punkt Ⓐ bei $R_a = 0{,}1\,\Omega$ und $P_a = 5{,}76\,\text{kW}$ auf. Wir nennen diesen Betriebspunkt *Leistungsanpassung*. Eine höhere Leistung kann die spezifizierte Batterie an den Klemmen nicht liefern.

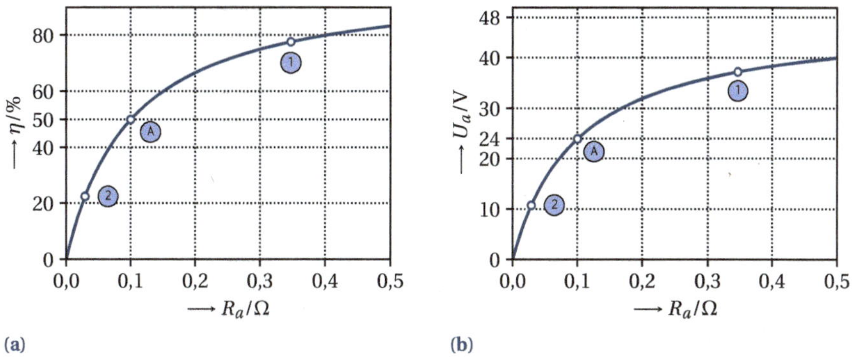

Bild 2.79 Kennlinien als Funktion des Lastwiderstands R_a, (a) Wirkungsgrad η, (b) Klemmenspannung U_a; Arbeitspunkte ① und ② bei jeweils $P_a = P_N = 4\,\text{kW}$ abgegebener Leistung (am Lastwiderstand), Betriebspunkt Ⓐ Leistungsanpassung

> **Leistungsanpassung** tritt auf, wenn der Lastwiderstand gleich groß wie der Innenwiderstand der Batterie ist:
>
> $$R_a = R_i \tag{2.104}$$

Leistung der Batterie. Die von der Batterie an den Innenwiderstand R_i und Lastwiderstand R_a gemeinsam abgegebene Leistung[39]

$$P_Q = U_0 \cdot I_a = \frac{U_0^2}{R_i + R_a} \tag{2.105}$$

ist als Funktion des Lastwiderstands in Bild 2.78b dargestellt. Das Maximum dieser Leistung tritt bei $R_a = 0\,\Omega$ auf, da in diesem Betriebspunkt der aus R_i und R_a bestehende Serienwiderstand am geringsten ist. Dieser Betriebspunkt stimmt nicht mit der Leistungsanpassung überein.

Wirkungsgrad. Der Wirkungsgrad ist das Verhältnis aus der Leistung der Last zur Leistung der Batterie:

$$\eta = \frac{P_a}{P_Q} = \frac{R_a \cdot I_a^2}{(R_i + R_a) \cdot I_a^2} = \frac{R_a}{R_i + R_a} \tag{2.106}$$

Im Punkt Ⓐ der Leistungsanpassung ist die Leistung P_Q aufgrund von Gl. (2.104) doppelt so groß wie die Leistung P_a am Lastwiderstand.

> Bei **Leistungsanpassung** beträgt der **Wirkungsgrad 50 %**.

Spannung. Bei Leistungsanpassung Ⓐ ist die Klemmenspannung in Bild 2.79b halb so groß wie die Leerlaufspannung U_0.

39 Die von der Batterie umgesetzte Leistung beträgt $P_0 = -U_Q \cdot I_Q$ und ergibt gemeinsam mit P_Q null.

Wir untersuchen nachfolgend noch den Betrieb des Elektromopeds bei der elektrischen Bemessungsleistung (früher Nennleistung) $P_a = P_N = 4\,\text{kW}$, für die das Fahrzeug bemessen ist. Es stellt sich also die Frage, wie im elektrischen Ersatzschaltbild der Lastwiderstand R_a gewählt werden muss, damit sich diese Leistung am Lastwiderstand einstellt:

Zwei mögliche Betriebspunkte. Betrachten wir zunächst Bild 2.78b. Die Leistungskurve P_a bei variablem Lastwiderstand weist für 4 kW die beiden Schnittpunkte[40] ① und ② auf. Doch welcher der beiden Punkte ist der technisch »bessere« bzw. sinnvollere Betriebspunkt?

Wirkungsgrad. In der Wirkungskurve von Bild 2.79a sind die Betriebspunkte ① und ② ebenfalls eingezeichnet. Daraus ist ersichtlich, dass der Wirkungsgrad im Betriebspunkt ① deutlich höher ist als jener des Betriebspunkts ②. Folglich stellt der Betriebspunkt ① gegenüber ② jenen Betriebspunkt dar, den wir im Betrieb anstreben.

Strom. Der Punkt ① in Bild 2.102 weist außerdem einen geringeren Strom als der Punkt ② auf. Je kleiner der Strom im elektrischen System ist, desto geringer können bei einer bestimmten Stromdichte die Leiterquerschnitte ausfallen. Die geringeren Leiterquerschnitte führen infolge der Materialersparnis im Betriebspunkt ① auch zu einer Kostenersparnis.

Spannung. Bei dem in Bild 2.79b dargestellten Betriebspunkt ① ist die Betriebsspannung U_a um ca. 20 % geringer als die Leerlaufspannung U_0, im Betriebspunkt ② ist sie um beinahe 80 % geringer.

2.13 Schaltungsanalyse

Für die Analyse von Schaltungen mit nur einer Spannungs- oder Stromquelle haben wir bislang folgende Methoden kennengelernt, um alle Spannungen und Ströme zu bestimmen:

Vereinfachte Serien- und Parallelschaltungen. Serien- und Parallelschaltungen von Widerständen werden jeweils durch Ersatzwiderstände ersetzt, bis nur noch ein einzelner Gesamtwiderstand übrig ist, siehe Abschnitt 2.8.2. Danach können die Spannungen an jedem und alle Ströme durch jeden einzelnen Widerstand ermittelt werden.

Stern-Dreieck-Transformation. Manche Widerstandsnetzwerke lassen sich nicht durch Serien- bzw. Parallelschaltungen vereinfachen. In diesem Fall können Teile des Widerstandsnetzwerks von einer Stern- in eine Dreieckschaltung oder umgekehrt umgewandelt werden, siehe Abschnitt 2.8.3. Nach derartigen Umwandlungen können wieder Vereinfachungen durch Serien- und Parallelschaltungen angewandt werden.

Ersatzspannungsquelle. Ein komplexes Originalnetzwerk kann bezüglich zweier Klemmen durch eine Spannungsquelle mit Innenwiderstand ersetzt werden, siehe Abschnitt 2.12.3.

[40] Mathematisch gesehen weist die Leistung eine Abhängigkeit vom Quadrat des Lastwiderstands im Nenner von Gl. (2.103) auf und jede quadratische Gleichung weist zwei Lösungen auf.

Ersatzstromquelle. Anstelle einer Ersatzspannungsquelle kann gleichwertig eine Ersatzstromquelle verwendet werden, die aus einer Stromquelle und einem dazu parallel geschalteten Innenwiderstand besteht, siehe Abschnitt 2.12.4.

Für die Untersuchung von elektrischen Netzwerken mit mehr als einer Spannungs- bzw. Stromquelle gibt es mehrere unterschiedliche Methoden. Wir werden nachfolgend das

- Überlagerungsprinzip und
- die Methode der Maschen- und Knotengleichungen

behandeln. Es gibt zwar noch weitere Verfahren zur Analyse von elektrischen Netzwerken, aber in einem Zeitalter, in dem wir große Gleichungssysteme mit Taschenrechnern bzw. Computern einfach und unkompliziert lösen können, sind die genannten elementaren Verfahren ausreichend.

2.13.1 Begriffe

Bei elektrischen Netzwerken müssen wir einige Begriffe unterscheiden:

Knoten. Ein Knoten ist ein Verzweigungspunkt für Ströme. Zu dem in Bild 2.80a dargestellten Netzwerk gehören etwa die Knoten $\mathcal{K}_1$ und $\mathcal{K}_2$. Den Sonderfall eines Knotens stellt beispielsweise die in sich geschlossene Kurve $\mathcal{K}_6$ in Bild 2.37a dar. Für alle Knoten gilt immer die Kirchhoffsche Knotenregel.

Zweig. Ein Zweig ist eine – über Leitungen, Quellen und Verbraucher bestehende – elektrische Verbindung. Wir setzen vereinfachend voraus, dass ein Zweig immer zwei un-

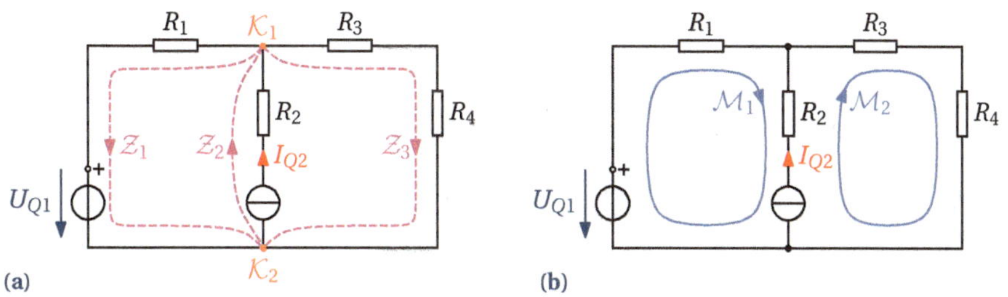

Bild 2.80 Begriffe elektrischer Netzwerke (a) Knoten $\mathcal{K}_1$ und $\mathcal{K}_2$, Zweige $\mathcal{Z}_1$, $\mathcal{Z}_2$ und $\mathcal{Z}_3$, (b) Maschen $\mathcal{M}_1$ und $\mathcal{M}_2$

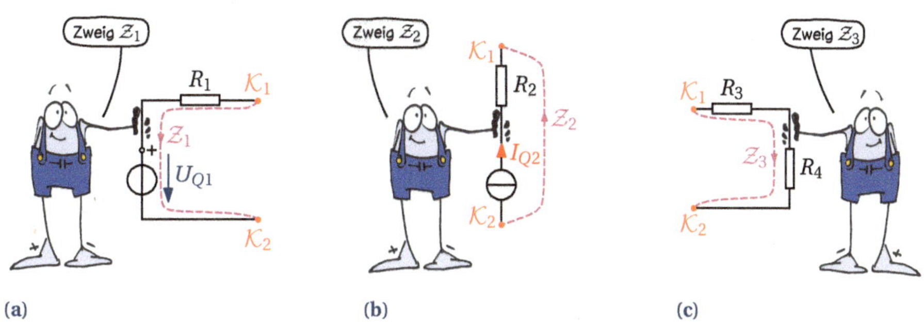

Bild 2.81 Farad hält die Zweige (a) $\mathcal{Z}_1$, (b) $\mathcal{Z}_2$ und (c) $\mathcal{Z}_3$ aus Bild 2.80

terschiedliche Knoten[41] miteinander verbindet. In jedem Zweig fließt ein Strom – der *Zweigstrom.* In Bild 2.80a bzw. 2.81 sind das die drei Zweige $\mathcal{Z}_1$, $\mathcal{Z}_2$ und $\mathcal{Z}_3$ mit folgenden Richtungen:

- Die Zweige $\mathcal{Z}_1$ und $\mathcal{Z}_3$ sind von $\mathcal{K}_1$ nach $\mathcal{K}_2$ gerichtet.
- Der Zweig $\mathcal{Z}_2$ ist von $\mathcal{K}_2$ nach $\mathcal{K}_1$ gerichtet.

Masche. Eine Masche ist ein geschlossener Umlauf, der entlang von Zweigen eines elektrischen Ersatzschaltbilds verläuft. Vorteilhaft wählen wir die Maschen immer so einfach wie möglich, wie das in Bild 2.80b für die Maschen $\mathcal{M}_1$ und $\mathcal{M}_2$ gezeigt ist. Den Umlaufsinn einer Masche können wir frei wählen.

2.13.2 Überlagerungsprinzip

Das Überlagerungsprinzip ist ein elementares Prinzip für lineare Systeme und wird auch als Superpositionsprinzip bezeichnet.

> Beim Überlagerungsprinzip wird die **Gesamtlösung** durch **Addition** mehrerer, einzelner Lösungen erreicht.

Wir können uns die Überlagerung von Lösungen in der Elektrotechnik anhand der beiden »halben« Farads in Bild 2.82a vorstellen. Erst durch die Überlagerung, bei der in Bild 2.82b die beiden Farads hintereinander stehen, ergibt sich die Gesamtheit von zwei Beinen und Armen.

Für die Lösung eines Netzwerks mit insgesamt n Spannungs- bzw. Stromquellen müssen beim Überlagerungsprinzip insgesamt n Lösungen überlagert werden. Die Vorgehensweise wird anhand des in Bild 2.83a dargestellten Netzwerks mit einer Spannungs- und einer Stromquelle erläutert. Dieses Netzwerk ist der Ausgangspunkt für unsere Analyse und wird damit als »Originalnetzwerk« bezeichnet. Auf die Verallgemeinerung für Netzwerke mit beliebig vielen Quellen wird gesondert hingewiesen. Wir untersuchen Bild 2.83a mit $U_{Q1} = 100\,\text{V}$, $I_{Q2} = 0{,}2\,\text{A}$, $R_1 = R_3 = 70\,\Omega$ und $R_2 = R_4 = 50\,\Omega$:

(a) (b)

Bild 2.82 (a) Zwei Farads zeigen (b) erst nach ihrer Überlagerung ein Gesamtbild

[41] Streng genommen nennen wir derartige Zweige *inzident* mit den jeweiligen Knoten. Außerdem setzen wir voraus, dass ein Zweig keine Schlinge aufweist, sodass der Anfangs- und Endknoten nicht gleich sind.

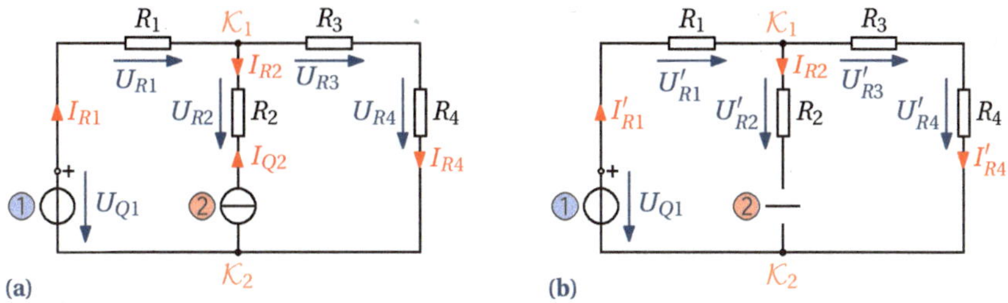

Bild 2.83 Überlagerungsprinzip: (a) Originalnetzwerk, (b) Netzwerk für die erste Teillösung mit aktiver Quelle 1 und inaktiver Quelle 2

Inaktivierung. Für die Anwendung des Überlagerungsprinzips müssen wir der Reihe nach immer eine Quelle aktiv betreiben und alle anderen Quellen inaktivieren. Was genau wir unter Inaktivierung verstehen, ist in Abschnitt 2.12.3 erläutert.

Erste Teillösung. Wir ermitteln die erste von insgesamt zwei (allgemein n) Teillösungen. Zur eindeutigen Unterscheidung von allen weiteren Teillösungen werden alle Rechenergebnisse mit einem *einfachen* Strich $'$ bezeichnet – da Quelle ① aktiv ist.

Spannungsquelle ① aktiv. Quelle ① ist aktiv, alle anderen Quellen sind inaktiv.

Stromquelle ② inaktiv. Bei der inaktiven Stromquelle ② lassen wir in Bild 2.83b symbolisch den Kreis weg und damit wirkt die inaktive Stromquelle als Unterbrechung in diesem Zweig.

Rechnung. Wir ermitteln zunächst nur die Ströme[42] und berechnen die Spannungen später. Aus Bild 2.83b ermitteln wir die Ströme I'_{R1} und I'_{R4} aus der Serienschaltung der Widerstände R_1, R_3 und R_4 an der Quellenspannung U_{Q1}:

$$I'_{R1} = I'_{R4} = \frac{U_{Q1}}{R_1 + R_3 + R_4} = \frac{100\,\text{V}}{70\,\Omega + 70\,\Omega + 50\,\Omega} = 0{,}5263\,\text{A} \qquad I'_{R2} = 0\,\text{A}$$

Zweite Teillösung. Die Ströme der zweiten Teillösung (von allgemein insgesamt n Teillösungen) wird mit zwei Strichen $''$ gekennzeichnet.

Stromquelle ② aktiv. Im zweiten Schritt ist die Quelle ② aktiv, während alle anderen Quellen inaktiv sind.

Spannungsquelle ① inaktiv. In Bild 2.84a lassen wir bei der inaktiven Spannungsquelle ① ebenfalls den Kreis symbolisch weg. Von der inaktiven Spannungsquelle bleibt nur eine (ideal leitfähige) Verbindung übrig.

Rechnung. Wir bestimmen wieder nur die unbekannten Ströme aus Bild 2.84a. Die links und rechts von der Stromquelle befindlichen Zweige sind parallel geschaltet. In Bild 2.84b sind der linke und mittlere Zweig einfach nur vertauscht, um die Parallelschaltung in einer vertrauteren Form darzustellen.

Für die Bestimmung der unbekannten Ströme in der Schaltung ist es wichtig, dass die eingezeichneten Spannungs- und Strompfeile gegenüber der Originalschaltung in Bild 2.83a *nicht verändert* werden. Eine einfache Möglichkeit, dieser Bedingung zu

42 Alternativ könnten wir auch nur die Spannungen oder jeweils alle Spannungen und Ströme einer Teillösung gemeinsam bestimmen.

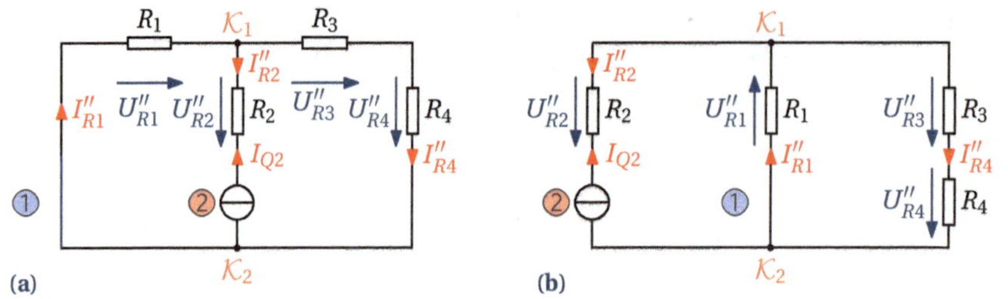

Bild 2.84 Überlagerungsprinzip: Netzwerk für die zweite Teillösung mit aktiver Quelle 2 und inaktiver Quelle 1, (a) abgeleitet aus Originalnetzwerk und (b) in umgezeichneter Darstellung, wobei der linke und mittlere Zweig vertauscht gezeichnet sind

entsprechen, ermöglicht folgende Überlegung. Wir beschriften die Knoten $\mathcal{K}_1$ und $\mathcal{K}_2$ in der Schaltung. Die Ströme in der Schaltung haben nun bezogen auf die Knoten in Bild 2.83 und 2.84 stets folgende Richtungen:

- Der Strom I_{R1} fließt von $\mathcal{K}_2$ nach $\mathcal{K}_1$.
- Die Ströme I_{R2} und I_{R4} fließen jeweils von $\mathcal{K}_1$ nach $\mathcal{K}_2$.

Damit ergibt sich für diese Ströme unter Anwendung der Stromteilerregel[43] gemäß Gl. (2.43) mit dem korrekten Vorzeichen:

$$I''_{R1} = -\frac{R_3 + R_4}{R_1 + R_3 + R_4} \cdot I_{Q2} = -\frac{70\,\Omega + 50\,\Omega}{70\,\Omega + 70\,\Omega + 50\,\Omega} \cdot 0{,}2\,\text{A} = -0{,}1263\,\text{A}$$

Das Ergebnis für den Strom I''_{R2} ist trivial, da sein Strompfeil gegen den Strom der Stromquelle ② gerichtet ist. Zusätzlich wenden wir die Kirchhoffsche Knotenregel an:

$$I''_{R2} = -0{,}2\,\text{A} \qquad I''_{R4} = I_{Q2} + I''_{R1} = 0{,}2\,\text{A} - 0{,}1263\,\text{A} = 0{,}07370\,\text{A}$$

Überlagerung bzw. Superposition. Nun werden alle Teillösungen überlagert bzw. superponiert. Das entspricht einer Addition aller Teillösungen:

$$I_{R1} = I'_{R1} + I''_{R1} = 0{,}5263\,\text{A} - 0{,}1263\,\text{A} = 0{,}4\,\text{A}$$
$$I_{R2} = I'_{R2} + I''_{R2} = 0\,\text{A} - 0{,}2\,\text{A} = -0{,}2\,\text{A}$$
$$I_{R4} = I'_{R4} + I''_{R4} = 0{,}5263\,\text{A} + 0{,}07370\,\text{A} = 0{,}6\,\text{A}$$

Ohmsches Gesetz. Die Anwendung des Ohmschen Gesetzes auf Bild 2.83a ermöglicht die Berechnung der zugehörigen Spannungen:

$$U_{R1} = R_1 \cdot I_{R1} = 70\,\Omega \cdot 0{,}4\,\text{A} = 28\,\text{V}$$
$$U_{R2} = R_2 \cdot I_{R2} = 50\,\Omega \cdot (-0{,}2\,\text{A}) = -10\,\text{V}$$
$$U_{R3} = R_3 \cdot I_{R4} = 70\,\Omega \cdot 0{,}6\,\text{A} = 42\,\text{V}$$
$$U_{R4} = R_4 \cdot I_{R4} = 50\,\Omega \cdot 0{,}6\,\text{A} = 30\,\text{V}$$

[43] Die Widerstände R_3 und R_4 treten dabei in einer Serienschaltung auf.

Wir fassen allgemeingültig zusammen:

Für das **Überlagerungs-** bzw. **Superpositionsprinzip** wenden wir folgende Schritte an:

Aktivierung bzw. Inaktivierung. Für n Quellen wird der Reihe nach jeweils **eine Quelle** einmal **aktiv** geschaltet, während allen **übrigen Quellen inaktiv** sind.

Pfeile. Die Richtungen der eingezeichneten **Pfeile** der Spannungen und Ströme dürfen während der gesamten Analyse **nicht verändert** werden.

Teillösungen. Es werden n **Teillösungen** berechnet und mit entsprechend vielen Strichen zur eindeutigen Unterscheidung gekennzeichnet.

Überlagerung. Bei der **Überlagerung** zur **Gesamtlösung** werden die Ströme bzw. Spannungen jeweils durch **Addition der Teillösungen** gebildet.

Ohmsches Gesetz. Fehlende Spannungen bzw. Ströme können bei Bedarf über das **Ohmsche Gesetz** ermittelt werden. ■

2.13.3 Knoten- und Maschengleichungen

Die Analyse eines Netzwerks über Knoten- und Maschengleichungen führt auf ein System linearer Gleichungen. Wir bezeichnen diese Methode mitunter auch als *Zweigstromverfahren.*

Betrachten wir dazu beispielhaft das Netzwerk in Bild 2.85 mit $U_{Q1} = 100\,\text{V}$, $I_{Q2} = 0{,}2\,\text{A}$, $R_1 = R_3 = 70\,\Omega$ und $R_2 = R_4 = 50\,\Omega$, das wir in Abschnitt 2.13.2 mit dem Überlagerungsprinzip gelöst haben. Wir gehen wie folgt vor:

Zweigströme. In jedem der drei Zweige muss es eine Bezeichnung für einen Strom – den Zweigstrom – geben. Konkret sind das in Bild 2.85 die Ströme I_{R1}, I_{Q2} und I_{R4}.

Knotengleichungen. Wir haben zwei Knoten, die zur identischen Kirchhoffschen Knotengleichung führen:

$$I_{R1} + I_{Q2} = I_{R4}$$

Maschengleichungen. Wir formulieren die zu den Elementarmaschen $\mathcal{M}_1$ und $\mathcal{M}_2$ gehörigen Kirchhoffschen Maschengleichungen. Dabei schreiben wir für die Spannungsabfälle an den Ohmschen Widerständen direkt jeweils – mit dem korrekten Vorzeichen – das Produkt aus Widerstand und Strom:

$$R_1 \cdot I_{R1} - R_2 \cdot I_{Q2} + U_{Q2} - U_{Q1} = 0\,\text{V} \qquad \text{Masche } \mathcal{M}_1$$

$$R_3 \cdot I_{R4} + R_4 \cdot I_{R4} - U_{Q2} + R_2 \cdot I_{Q2} = 0\,\text{V} \qquad \text{Masche } \mathcal{M}_2$$

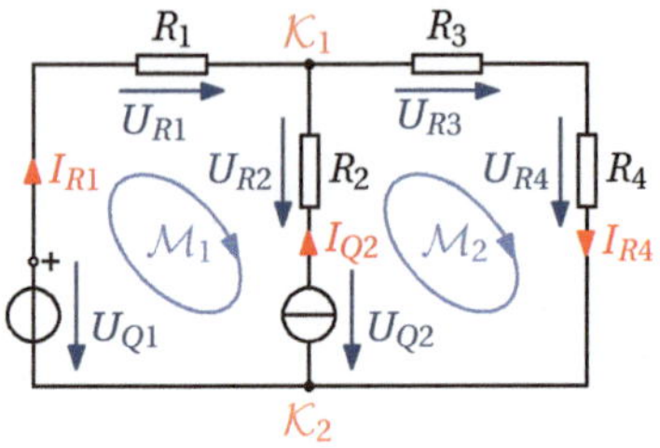

Bild 2.85 Netzwerk mit einer Spannungs- und Stromquelle für die Analyse mit Maschen- und Knotengleichungen

Stromquelle. Von der in Bild 2.85 dargestellten Stromquelle kennen wir den Quellenstrom I_{Q2}, aber nicht deren Spannung U_{Q2}.

Spannungsquelle. Wir kennen die Quellenspannung U_{Q1} der Spannungsquelle, aber nicht deren Strom I_{R1}.

Unbekannte Größen. Die Spannung U_{Q2}, sowie die Ströme I_{R1} und I_{R4} stellen in Bild 2.85 die unbekannten Größen dar.

Die **unbekannten Größen** im Zweigstromverfahren sind allgemein:

Gleichungssystem. In den Knoten- und Maschengleichungen schreiben wir alle Ausdrücke, die die drei unbekannten Größen I_{R1}, I_{R4} und U_{Q2} enthalten, auf die linke und alle bekannten Größen auf die rechte Seite:

$$\begin{aligned} I_{R1} - I_{R4} &= -I_{Q2} \\ R_1 \cdot I_{R1} + U_{Q2} &= U_{Q1} + R_2 \cdot I_{Q2} \\ (R_3 + R_4) \cdot I_{R4} - U_{Q2} &= -R_2 \cdot I_{Q2} \end{aligned}$$

Danach ordnen wir die unbekannten Größen – ebenso wie deren Vorfaktoren – systematisch untereinander an:

$$\begin{array}{rrrcr} 1 \cdot I_{R1} & -1 \cdot I_{R4} & & = & -I_{Q2} \\ R_1 \cdot I_{R1} & & +1 \cdot U_{Q2} & = & U_{Q1} + R_2 \cdot I_{Q2} \\ & (R_3 + R_4) \cdot I_{R4} & -1 \cdot U_{Q2} & = & -R_2 \cdot I_{Q2} \end{array}$$

Wenn in einer Zeile eine unbekannte Variable nicht auftritt, so ergänzen wir diese mit dem Faktor null – und aus Gründen der Einfachheit ausnahmsweise ohne Einheiten:

$$\begin{array}{rrrcr} 1 \cdot I_{R1} & -1 \cdot I_{R4} & 0 \cdot U_{Q2} & = & -I_{Q2} \\ R_1 \cdot I_{R1} & 0 \cdot I_{R4} & +1 \cdot U_{Q2} & = & U_{Q1} + R_2 \cdot I_{Q2} \\ 0 \cdot I_{R1} & (R_3 + R_4) \cdot I_{R4} & -1 \cdot U_{Q2} & = & -R_2 \cdot I_{Q2} \end{array}$$

Lösung des Gleichungssystems. Für Bild 2.85 erhalten wir beispielhaft drei Gleichungen für die drei unbekannten Variablen I_{R1}, I_{R4} und U_{Q2}. Diese Größen lassen sich mit Standardverfahren der Mathematik lösen. Anstelle einer händischen Lösung bieten sich auch wissenschaftliche Taschenrechner bzw. Computer für die Lösung derartiger Probleme an. Wir verwenden dafür vorteilhaft die Matrix-Schreibweise.

Matrix-Schreibweise. Wenn wir nun die Faktoren zu den unbekannten Größen auf der linken Seite schematisch zusammenfassen, erhalten wir die sogenannte Matrix-Schreibweise:

$$\underbrace{\begin{bmatrix} 1 & -1 & 0 \\ R_1 & 0 & 1 \\ 0 & (R_3+R_4) & -1 \end{bmatrix}}_{\mathbf{A}} \cdot \underbrace{\begin{bmatrix} I_{R1} \\ I_{R4} \\ U_{Q2} \end{bmatrix}}_{\mathbf{x}} = \underbrace{\begin{bmatrix} -I_{Q2} \\ U_{Q1}+R_2 \cdot I_{Q2} \\ -R_2 \cdot I_{Q2} \end{bmatrix}}_{\mathbf{B}}$$

In dieser Matrixgleichung haben wir drei Zeilen untereinander stehen, wobei jede Zeile einer der drei Gleichungen entspricht. In dieser Matrixgleichung bezeichnet

A eine quadratische[44] Matrix bestehend aus drei Zeilen und drei Spalten,

x eine Matrix bestehend aus drei Zeilen und einer Spalte[45], in der alle unbekannten Variablen stehen – diese Matrix wollen wir bestimmen,

B eine Matrix bestehend aus drei Zeilen und einer Spalte, die jeweils die rechte Seite der drei Gleichungen enthält.

Wir setzen alle bekannten Zahlenwerte in diese Matrixgleichung ein:

$$\underbrace{\begin{bmatrix} 1 & -1 & 0 \\ 70\,\Omega & 0 & 1 \\ 0 & 120\,\Omega & -1 \end{bmatrix}}_{\mathbf{A}} \cdot \underbrace{\begin{bmatrix} I_{R1} \\ I_{R4} \\ U_{Q2} \end{bmatrix}}_{\mathbf{x}} = \underbrace{\begin{bmatrix} -0{,}2\,\mathrm{A} \\ 110\,\mathrm{V} \\ -10\,\mathrm{V} \end{bmatrix}}_{\mathbf{B}}$$

Um diese Matrixgleichung $\mathbf{A} \cdot \mathbf{x} = \mathbf{B}$ zu lösen, multipliziert man die Gleichung (von links) mit $\mathbf{A}^{-1}$, womit wir folgende Gleichung erhalten:

$$\underbrace{\mathbf{A}^{-1} \cdot \mathbf{A}}_{\text{fällt weg}} \cdot \mathbf{x} = \mathbf{A}^{-1} \cdot \mathbf{B} \tag{2.107}$$

$$\mathbf{x} = \mathbf{A}^{-1} \cdot \mathbf{B} \tag{2.108}$$

Für die konkrete Lösung mit Taschenrechner bzw. Computer verweisen wir auf Anhang A.

Wir erhalten als Lösung des linearen Gleichungssystems:

$$\mathbf{x} = \begin{bmatrix} 0{,}4\,\mathrm{A} \\ 0{,}6\,\mathrm{A} \\ 82\,\mathrm{V} \end{bmatrix}$$

Wir fassen zusammen:

$$I_{R1} = 0{,}4\,\mathrm{A}$$

$$I_{R4} = 0{,}6\,\mathrm{A}$$

$$U_{Q2} = 82\,\mathrm{V}$$

---

44 Eine quadratische Matrix weist gleich viele Spalten wie Zeilen auf.

45 Eine Matrix bestehend aus nur einer Spalte bezeichnen wir als Vektor – oder präziser – als Spaltenvektor.

Deutsch	English
Überlagerung	Superposition
Knoten	Node
Lineares Gleichungssystem	System of linear equations
Lösen	Solve
Lösung	Solution
Masche	Loop
Matrix	Matrix
Spalte	Column
Stern-Dreieck-Transformation	Wye-delta transformation
Zeile	Row
Zweig	Branch

3 Elektrisches Feld

Wir unterscheiden die Begriffe *elektrisches* Feld und *magnetisches* Feld. Gemeinsam bilden diese beiden Felder das *elektromagnetische* Feld:

Elektrisches Feld. Ursache eines elektrischen Felds sind elektrische Ladungen. Wenn wir ruhende elektrische Ladungen vorliegen haben, so sprechen wir von einem *elektrostatischem Feld.*

Magnetisches Feld. Ein magnetisches Feld wird durch bewegte Ladungen – also Ströme – und Permanentmagnete[1] hervorgerufen.

Elektromagnetisches Feld. Die Wechselwirkung zwischen den elektrischen und magnetischen Aspekten des Felds zeigt sich beispielsweise in der Ausbreitung von elektromagnetischen Wellen, etwa bei der Datenübertragung über Mobilfunk.

3.1 Feldbegriff

Zeichen	Einheit	Größe	Quantity
E	V/m	Elektrische Feldstärke	Electric field strength
F	N	Kraft	Force
g	$\mathrm{m/s^2}$	Erdbeschleunigung, Gravitationsfeldstärke	Acceleration of gravity, gravitational field strength

Das Einheitenzeichen N steht für »Newton«.

Unter dem physikalischen Begriff *Feld* verstehen wir einen Raumzustand. So weist jeder Punkt im Raum beispielsweise eine eindeutige Temperatur auf. Wir sprechen in diesem Zusammenhang von einem Temperaturfeld, wie es beispielhaft für die Lufttemperaturen

[1] Ein Permanentmagnet bzw. Dauermagnet behält seinen »magnetisierten« Zustand permanent, d. h. andauernd.

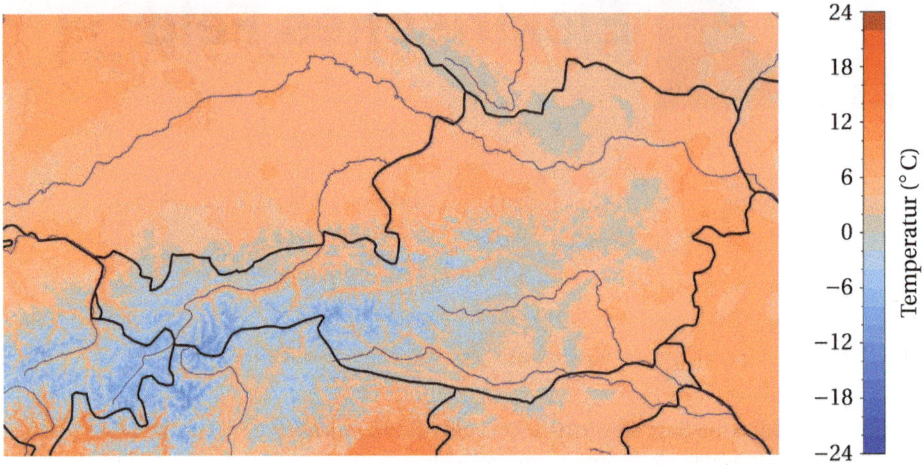

Bild 3.1 Temperaturfeld von Österreich und Umgebung, 21.11.2023, 09:00 Uhr MEZ (Datenquelle: GeoSphere Austria, modifiziert)

an der Bodenoberfläche von Österreich in Bild 3.1 dargestellt ist. Jeder Temperatur ist dabei ein eindeutiger Farbwert zugeordnet.

3.1.1 Gravitationsfeld

Da wir auf der Erde ein Gravitationsfeld haben, kommt es zu einer Kraftwirkung auf einen beliebigen Körper, der die Masse m aufweist. Diese Kraft nennen wir die Gewichtskraft bzw. Schwerkraft. Wenn ein Körper also eine Masse aufweist und wir die Gewichtskraft messen können, so wissen wir, dass wir ein Gravitationsfeld[2] vorliegen haben.

Ein Gravitationsfeld hat folgende Eigenschaften:

Benennung. Wir beschreiben das Gravitationsfeld über die Gravitationsbeschleunigung g. Diese Größe nennen wir auch *Gravitationsfeldstärke.*

Auf der Erdoberfläche rechnen wir oft mit $g \approx 9{,}81\,\mathrm{m/s^2}$. Mit zunehmender Entfernung von der Erde nimmt die Gravitationsfeldstärke ab.

Ursache. Die Ursache des Gravitationsfelds auf der Erde ist in erster Linie[3] die Masse der Erde. Davon wollen wir nachfolgend in einer vereinfachten Betrachtungsweise ausgehen und die Einflüsse aller anderen Himmelskörper in unserer Umgebung vernachlässigen.

Vektor. Die Gravitationsfeldstärke weist sowohl eine Richtung als auch eine Stärke bzw. einen Betrag[4] auf. Ein derartige physikalische Größe bezeichnen wir als Vektor:

---

[2] Tatsächlich könnte es jedoch auch sein, dass auf diesen Körper auch eine Beschleunigung wirkt. Die enge Verwandtschaft zwischen Gravitationsfeld und Beschleunigung zeigt sich im Begriff Erdbeschleunigung und der zugehörigen Einheit $\mathrm{m/s^2}$.

[3] Auch der Mond beeinflusst beispielsweise das Gravitationsfeld auf der Erde, etwa in Form der Gezeiten.

[4] Im Gegensatz dazu nennen wir physikalische Größen, die keine Richtung aufweisen, Skalare. Die Temperatur ist eine derartige skalare Größe.

Richtung. Die Gravitationsfeldstärke g ist stets zum Erdmittelpunkt hin gerichtet. Wir verwenden symbolisch einen Pfeil ($\vec{}$), den wir über die Gravitationsfeldstärke g schreiben, also $\vec{g}$.

Betrag. Der Betrag – wir sagen auch die Größe – des Gravitationsfelds der Erde

- ist umso geringer, je größer der Abstand von der Erde ist und
- nimmt quadratisch[5] mit dem Abstand zum Erdmittelpunkt ab.

Vektorfeld. Wir können uns vorstellen, dass in jedem Punkt des Raums um die Erde die Gravitationsfeldstärke $\vec{g}$ wirkt. Ihre jeweilige Richtung und Größe ist abhängig vom betrachteten Punkt.

Der **Vektor** einer physikalischen Größe weist ...

Feldlinien und Feldbild. Wir betrachten die blau eingezeichneten Feldlinien der Erde in Bild 3.2a. Diese Feldlinien ergeben ein *Feldbild.* Die Vorstellung des Gravitationsfelds in seiner Gesamtheit soll durch ein derartiges Feldbild unterstützt werden.

Dichte. Sowohl im Punkt $\mathcal{P}_1$ als auch im Punkt $\mathcal{P}_2$ weisen die Feldlinien einen geringeren Abstand zueinander auf als im Punkt $\mathcal{P}_3$, der von der Erde Ⓔ weiter entfernt ist. Je dichter die Feldlinien sind, also je enger sie beieinander liegen, desto größer ist der Betrag der Gravitationsfeldstärke.

Richtung. Die Feldlinien sind mit Pfeilen versehen, die die Richtung der Gravitationsfeldstärke $\vec{g}$ in jedem Punkt des Raums kennzeichnen. Alle Feldlinien sind zum Erdmittelpunkt gerichtet. Die Feldlinie, die beispielsweise durch den Punkt $\mathcal{P}_1$ geht, zeigt in der ebenen Darstellung von Bild 3.2a nach unten, jene durch den Punkt $\mathcal{P}_3$ zeigt nach rechts.

Kraftwirkung. Infolge der Gravitationsfeldstärke $\vec{g}$ wirkt auf eine Masse m folgende Gewichtskraft[6]:

$$\boxed{\vec{F} = m \cdot \vec{g}} \qquad F = m \cdot g \tag{3.1}$$

Diese Darstellung bedeutet:

- Die Richtungen der Gewichtskraft $\vec{F}$ und der Gravitationsfeldstärke $\vec{g}$ sind gleich.
- Je größer die Masse m ist, desto größer ist auch die Gewichtskraft.

Wir schreiben hier eine Kraft $\vec{F}$ ohne Vektorpfeil, wenn wir nur ihren Betrag F meinen, aber nicht ihre Richtung berücksichtigen.

---

[5] Bei doppeltem Abstand vom Erdmittelpunkt beträgt die Gravitationsfeldstärke nur ein Viertel.

[6] Wir setzen dabei voraus, dass die Masse m deutlich kleiner als die Erdmasse ist.

Ein **Gravitationsfeld**

- wird von einer oder mehreren Massen hervorgerufen,
- verursacht eine Kraftwirkung auf die Masse eines betrachteten Körpers und
- beschreibt daher ...

Um die Wirkungsweise eines Gravitationsfelds besser zu verstehen, begleiten wir Henry mit seiner fliegenden Untertasse bei einem Ausflug in den Weltraum. Die Punkte $\mathcal{P}_1$ und $\mathcal{P}_2$ sind in Bild 3.2a gleich weit von der Erde Ⓔ entfernt. Punkt $\mathcal{P}_3$ ist im Vergleich dazu weiter entfernt.

Kraftpfeile. Für die Darstellung der Kraftvektoren $\vec{F}_1$ bis $\vec{F}_3$ verwenden wir in Bild 3.2a Pfeile, sogenannte Kraftpfeile bzw. Vektorpfeile:

- Je länger ein Pfeil gezeichnet ist, desto größer ist der Betrag dieser Kraft.
- Die Pfeilspitze zeigt in jene Richtung, in die die Kraft wirkt.

Punkt $\mathcal{P}_1$. Im Punkt $\mathcal{P}_1$ der ebenen Darstellung von Bild 3.2a wirkt auf die fliegende Untertasse einschließlich Henry die Kraft $\vec{F}_1$ nach unten.

Punkt $\mathcal{P}_2$. Die Gravitationsfeldstärke $\vec{g}$ ist in den Punkten $\mathcal{P}_1$ und $\mathcal{P}_2$ betraglich gleich groß. Folglich sind Beträge der Kräfte F_1 und F_2 gleich groß. Die Kraft $\vec{F}_2$ ist jedoch nach rechts gerichtet.

Punkt $\mathcal{P}_3$. Da der Punkt $\mathcal{P}_3$ von der Erde Ⓔ weiter entfernt ist als die Punkte $\mathcal{P}_1$ und $\mathcal{P}_2$, ist die Gravitationsfeldstärke im Punkt $\mathcal{P}_3$ geringer als in den Punkten $\mathcal{P}_1$ und $\mathcal{P}_2$. Der Betrag der auf das Raumschiff einschließlich Henry wirkenden Kraft F_3 ist daher kleiner als F_1 und F_2. Die Kraftvektoren $\vec{F}_3$ und $\vec{F}_2$ weisen jedoch die selbe Richtung auf.

Äquipotenziallinien. Wir betrachten das Gravitationsfeld in Bild 3.2a zweidimensional. Die Äquipotenziallinien sind dabei als gestrichelte Kreise[7] eingezeichnet, die immer senkrecht auf die Feldlinien stehen. Äquipotenziallinien sind Linien gleicher potenzieller Energie pro Masse.[8]

Wir nehmen an, dass sich Henry mit seiner fliegenden Untertasse von einer Potenziallinie zur nächsten außerhalb liegenden Potenziallinie bewegt. Die dafür erforderliche potenzielle Energie zwischen zwei solchen nebeneinanderliegenden Äquipotenziallinien ist jeweils gleich.

---

[7] In einer dreidimensionalen Betrachtung hätten wir Äquipotenzialflächen anstelle der Äquipotenziallinien. Diese sind dreidimensionale Kugeloberflächen anstelle von zweidimensionalen Kreisen.

[8] Es ist nicht weiter verwunderlich, dass in diesem Zusammenhang die Energie auf die Masse bezogen wird, da man für die doppelte Masse auch die doppelte Energie benötigt.

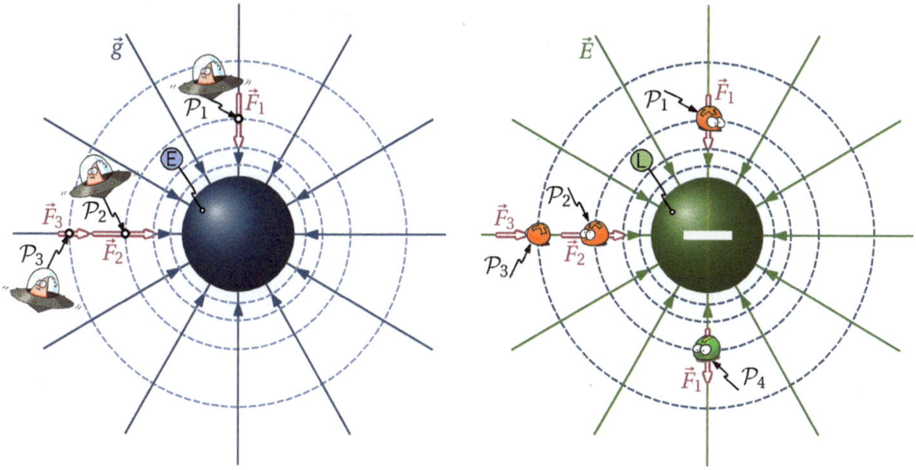

(a) (b)

Bild 3.2 (a) Gravitationsfeld: Henry befindet sich mit seiner fliegenden Untertasse in den Punkten $\mathcal{P}_1$, $\mathcal{P}_2$ und $\mathcal{P}_3$ im Gravitationsfeld der Erde Ⓔ, (b) elektrisches Feld einer Ⓛ (großen) negativen Ladung; ⊕ (kleine) positive Ladung Q_1 in den Punkten $\mathcal{P}_1$, $\mathcal{P}_2$ und $\mathcal{P}_3$, ⊖ (kleine) negative Ladung $Q_2 = -Q_1$ im Punkt $\mathcal{P}_4$

3.1.2 Elektrisches Feld

Das elektrische Feld kann durch die elektrische Feldstärke $\vec{E}$ beschrieben werden. Sie ist eine Vektorgröße, ebenso wie die Gravitationsfeldstärke $\vec{g}$. Das elektrische Feld weist folgende Eigenschaften auf:

Einheit. Die Einheit der elektrischen Feldstärke beträgt Volt (V) pro Meter (m):

$$[E] = \frac{\mathrm{V}}{\mathrm{m}} \tag{3.2}$$

Ursache. Elektrische Felder werden von elektrischen Ladungen verursacht. In Bild 3.2b nehmen wir als Ursache des elektrischen Felds eine (große) negative, elektrische Ladung an, die als (große) grüne Kugel Ⓛ dargestellt und mit einem Minuszeichen gekennzeichnet ist.

Feldlinien und Feldbild. Ein elektrisches Feld kann wie ein Gravitationsfeld als Feldbild mit Feldlinien dargestellt werden, wie das in Bild 3.2b gezeigt ist. Die Feldlinien sind mit grünen Pfeilen versehen, die die jeweilige Richtung der elektrischen Feldstärke $\vec{E}$ kennzeichnen.

Kraftwirkung. Auf jede Ladung Q in einem elektrischen Feld wirkt infolge der elektrischen Feldstärke $\vec{E}$ eine Kraft[9]:

$$\boxed{\vec{F} = Q \cdot \vec{E}} \qquad F = Q \cdot E \tag{3.3}$$

[9] Dabei setzen wir voraus, dass die Ladung Q so gering ist, dass sie das ursprüngliche elektrische Feld nicht beeinflusst.

Tabelle 3.1 Vergleich von Gravitationsfeld und elektrischem Feld

Eigenschaft	Gravitationsfeld	Elektrisches Feld
Feldstärke	Gravitationsfeldstärke $\vec{g}$	Elektrische Feldstärke $\vec{E}$
Einheit Feldstärke	$[g] = \mathrm{m/s^2}$	$[E] = \mathrm{V/m}$
Ursache	Masse	Elektrische Ladung
Auswirkung	Kraftwirkung auf Masse	Kraftwirkung auf elektrische Ladung
Wechselwirkung	Zwischen Massen	Zwischen elektrischen Ladungen
Kraftvektor	$\vec{F} = m \cdot \vec{g}$	$\vec{F} = Q \cdot \vec{E}$
Betrag der Kraft	$F = m \cdot g$	$F = Q \cdot E$

Diese Kraft weist folgende Eigenschaften auf:

- Die Richtungen der Kraft $\vec{F}$ und der elektrischen Feldstärke $\vec{E}$ sind gleich, wenn die Ladung Q positiv ist.
- Für eine negative Ladung Q sind die Kraft und die elektrische Feldstärke einander entgegengesetzt.
- Die Kraft ist umso größer, je größer der Betrag der Ladung Q ist.

Die Kraft F bzw. die Feldstärke E schreiben wir hier ohne Vektorpfeil, wenn wir nur den Betrag der Kraft bzw. der Feldstärke meinen.

In einem **Feldbild**

- gibt die **Dichte** der Feldlinien den **Betrag** (die Größe) der elektrischen Feldstärke und
- die **Tangente** an eine Feldlinie[10] in einem Punkt $\mathcal{P}$ ermöglicht die Bestimmung …

Wir können uns das elektrisches Feld der negativen elektrischen Ladung Ⓛ in Bild 3.2b wie das Gravitationsfeld infolge einer (großen) Masse vorstellen. In Tabelle 3.1 sind die wesentlichen Eigenschaften dieser beiden Felder einander gegenübergestellt.

Nach dem Ausflug von Henry mit seiner fliegenden Untertasse in Bild 3.2a betrachten wir im Vergleich dazu Bild 3.2b. Wir bringen an drei unterschiedlichen Punkten $\mathcal{P}_1$, $\mathcal{P}_2$ und $\mathcal{P}_3$ jeweils eine kleine positive Ladung Q_1 (⊕, rot) an. Im Punkt $\mathcal{P}_4$ platzieren wir die ne-

10 Wenn die Feldlinie gerade ist, fällt die Tangente mit der Feldlinie zusammen.

gative Ladung $Q_2 = -Q_1$ (⊖, grün). Diese sogenannten *Testladungen*[11] dienen dazu, die Kraftwirkungen im elektrischen Feld zu untersuchen:

Punkt $\mathcal{P}_1$. Die Kraft $\vec{F}_1$ auf die positive Ladung ⊕ im Punkt $\mathcal{P}_1$ wirkt in der ebenen Darstellung von Bild 3.2a nach unten.

Punkt $\mathcal{P}_2$. Im Punkt $\mathcal{P}_2$ ist die Kraft $\vec{F}_2$ auf die positive Ladung ⊕ betraglich gleich groß wie die Kraft $\vec{F}_1$ im Punkt $\mathcal{P}_1$, aber sie wirkt nach rechts. Der Betrag E der elektrischen Feldstärke ist in den Punkten $\mathcal{P}_1$ und $\mathcal{P}_2$ gleich groß.

Punkt $\mathcal{P}_3$. Da der Punkt $\mathcal{P}_3$ von Ⓛ weiter entfernt ist als der Punkt $\mathcal{P}_2$, ist die Kraft F_3 (betraglich) kleiner als F_2. Die beiden Kraftvektoren $\vec{F}_3$ und $\vec{F}_2$ weisen die selbe Richtung auf.

Punkt $\mathcal{P}_4$. Die Ladung ⊖ im Punkte $\mathcal{P}_4$ ist negativ. Da sich die beiden negativen Ladungen ⊖ und Ⓛ abstoßen, ist die Kraft auf ⊖ nach unten gerichtet. Nachdem die Punkte $\mathcal{P}_1$ und $\mathcal{P}_4$ gleich weit von Ⓛ entfernt sind, ist die Kraft[12] auf ⊖ gleich $\vec{F}_1$.

Äquipotenziallinien. Das sind Linien gleichen elektrischen Potenzials:

- Die Äquipotenziallinien in Bild 3.2b sind konzentrische Kreise, die gestrichelt dargestellt sind.
- Äquipotenziallinien und Feldlinien stehen grundsätzlich immer senkrecht aufeinander und
- sind stets in sich geschlossen.
- Die Differenz zwischen den Potenzialen zweier solcher Äquipotenziallinien ist gleich einer Spannung, wie das in Gl. (2.15) angegeben ist.

Zahlenwertbeispiel 3.1. Wir bringen in ein elektrisches Feld $E = 160\,\mathrm{V/mm}$ die Ladung $Q = 10^{-6}\,\mathrm{C}$ ein. Wir bestimmen die auf die Ladung wirkende Kraft:

$$F = Q \cdot E = 10^{-6}\,\mathrm{C} \cdot 160 \cdot 10^{3}\,\mathrm{V/m} = 0{,}16\,\mathrm{N}$$ ■

Deutsch	English
Äquipotenziallinie	Equipotential line
Dichte	Density
Elektrisches Feld	Electric field
Feldlinie	Field line
Richtung	Direction
Vektorfeld	Vector field

■

[11] Wir untersuchen das Verhalten von Testladungen, deren Betrag der Ladung deutlich kleiner als der Betrag der (großen) negativen Ladung Ⓛ in Bild 3.2b ist. Aufgrund dieses Größenunterschieds beeinflussen die Testladungen das ursprüngliche elektrische Feld von Ⓛ praktisch nicht. Zusätzlich nehmen wir an, dass die Testladungen untereinander keine signifikanten Wechselwirkungen hervorrufen.

[12] Wäre die Ladung im Punkt $\mathcal{P}_4$ gleich Q_1, also positiv, dann wäre die Kraft in diesem Punkt nach innen gerichtet, also gleich $-\vec{F}_1$.

3.2 Plattenkondensator

Zeichen	Einheit	Größe	Quantity
A	m^2	Plattenfläche	Plate area of cross section
d	m	Plattenabstand	Plate separation
i	A	Momentanwert des Stroms	Instantaneous value of current

Wir lernen nachfolgend physikalische Kenngrößen und Begriffe des elektrischen Felds kennen. Dazu betrachten wir eine einfache Anordnung, bestehend aus zwei parallelen Metallplatten, wie sie in Bild 3.3a dargestellt ist:

Elektroden. Die Metallplatten Ⓟ und Ⓝ nennen wir Elektroden. Sie sind in Bild 3.3a über elektrische Anschlüsse mit einem Schalter und einer Spannungsquelle verbunden.

Plattenabstand. Die beiden Platten sind parallel und weisen den Abstand d auf.

Dielektrikum. Zwischen den beiden Platten befindet sich ein elektrisch praktisch nicht leitfähiges Material, das als Dielektrikum Ⓓ bezeichnet wird. Beispiele für Dielektrika[13] sind Luft, verschiedene Kunststoffe und Keramik.

Fläche. Die beiden sich gegenüberstehenden Platten weisen jeweils die Fläche A auf.

Plattenkondensator. Die aus den Elektroden Ⓟ und Ⓝ, dem Dielektrikum Ⓓ und den elektrischen Anschlüssen bestehende Anordnung nennen wir Plattenkondensator.

3.2.1 Elektrische Feldstärke

Für die Untersuchung des elektrischen Felds eines Plattenkondensators betrachten wir in Bild 3.3b und c die beiden Kondensatorplatten zunächst perspektivisch, sodass man in das »Innere« des Plattenkondensators blicken kann, wo sich das Dielektrikum Ⓓ befindet.

Ungeladener Zustand. Zunächst ist der Schalter in Bild 3.3b geöffnet und beide Metallplatten Ⓟ und Ⓝ befinden sich in einem elektrisch neutralen bzw. ungeladenen Zustand. Der Kondensator ist ungeladen bzw. *leer*.

Schalter schließen. Zum Zeitpunkt $t = 0\,\mathrm{s}$ wird der Schalter in Bild 3.3c geschlossen. Unmittelbar nach dem Schließen des Schalters fließt für (sehr kurze) Zeit der Ladestrom i, dessen Zeitverlauf beispielhaft in Bild 3.3d dargestellt ist. Der höchste Stromwert ist dabei durch die Quellenspannung U und die ohmschen Widerstände[14] der Leitungen und der Quelle bestimmt. Der Strom i ist nicht konstant und daher wurde der Kleinbuchstabe i als Bezeichnung für diesen zeitabhängigen Strom gewählt.

Der Ladestrom i führt zu einem Transport von freien Elektronen von der linken zur rechten Kondensatorplatte über die Spannungsquelle. Die Bewegung der Elektronen ist gegen die eingezeichnete technische Stromrichtung von i gerichtet. Auf der rechten Elektrode Ⓝ sammeln sich die Elektronen. Dadurch verbleiben auf der linken Elektrode Ⓟ Atome ohne Elektronen – also Ionen – übrig, die wie positive Ladungen wirken.

[13] Plural von Dielektrikum

[14] Um die Stromspitze zu begrenzen, ist es praktisch erforderlich, einen definierten Vorwiderstand für das Laden eines Kondensators an einer Spannungsquelle zu verwenden.

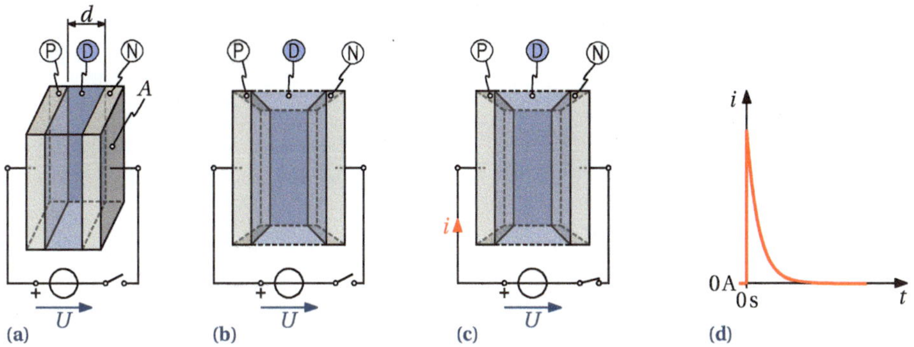

Bild 3.3 Plattenkondensator mit zwei parallelen Platten (Elektroden): (a) axonometrische Darstellung, ungeladen, (b) perspektivische Darstellung, ungeladen, (c) perspektivische Darstellung zum Zeitpunkt $t = 0\,\mathrm{s}$, wenn der Schalter geschlossen wird, (d) Ladestrom i als Funktion der Zeit t; Ⓓ Dielektrikum, Ⓟ und Ⓝ Elektroden

Ladungstrennung. Nachdem der Ladestrom i in Bild 3.3d abgeklungen und damit praktisch null ist, stellt sich im Kondensator ein Gleichgewichtszustand ein, der in Bild 3.4a und b dargestellt ist. In diesem Zustand ist die Innenseite der Elektrode Ⓟ positiv geladen. Die Innenseite der gegenüberliegenden Elektrode Ⓝ ist im Gegensatz dazu negativ geladen. Wir sprechen in diesem Zusammenhang von einem geladenen oder aufgeladenen Kondensator.

Die **negativen Ladungen** der einen Elektrode sind **Elektronen**.

Die **positiven Ladungen** der anderen Elektrode sind **Atome ohne Elektronen**, die positiv geladen wirken.

Schalter öffnen. Wenn wir ausgehend von diesem Zustand den Schalter öffnen, wie das in Bild 3.4c gezeigt ist, bleibt der Ladungszustand der Elektroden erhalten. Wenn wir nun den Plattenkondensator gemäß Bild 3.4d gänzlich vom äußeren Stromkreis trennen, so messen wir mit einem Voltmeter an den Klemmen des Kondensators die Spannung U. Diese Spannung ist gleich der Quellenspannung U aus Bild 3.4b.

Elektrische Feldstärke. Infolge der Ladungstrennung kommt es im Dielektrikum Ⓓ zu einem elektrischen Feld. Das elektrische Feld ist in Form von Feldlinien in der zweidimensionalen Darstellung von Bild 3.4b eingezeichnet.

Homogenes Feld. Alle Feldlinien sind in Bild 3.4b zwischen den Kondensatorplatten parallel und weisen den gleichen Abstand auf. In jedem Punkt dieses Bereichs ist die Feldstär-

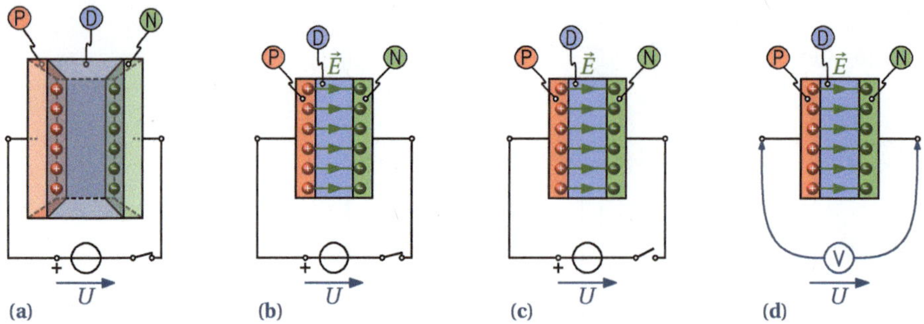

Bild 3.4 Plattenkondensator mit zwei parallelen Platten (Elektroden): (a) perspektivische Darstellung, Kondensator geladen, (b) zweidimensionale Darstellung mit elektrischen Feldlinien, (c) Schalter offen, (d) Spannung am Kondensator; Ⓓ Dielektrikum, Ⓟ positiv geladene Elektrode, Ⓝ negativ geladene Elektrode

ke daher gleich groß und gleich gerichtet. Wir nennen ein derartiges Feld homogen.[15] In diesem Fall gilt für die elektrische Feldstärke:

$$\boxed{E = \frac{U}{d}} \tag{3.4}$$

Die elektrische Feldstärke E ist umso größer,

- je größer die Spannung U und
- je geringer der Plattenabstand d ist.

Feldlinien des elektrischen Felds …

Die Feldlinien haben daher **Quellen** in Form der positiven Ladungen, ebenso wie **Senken** in Form von negativen Ladungen.

Wir nennen das elektrische Feld daher ein **Quellenfeld**.

[15] Um ein möglichst homogenes Feld im Plattenkondensator zu erreichen, ist es erforderlich, dass der Plattenabstand deutlich kleiner als eine Längenabmessung – etwa die Seitenlänge – der Elektroden ist.

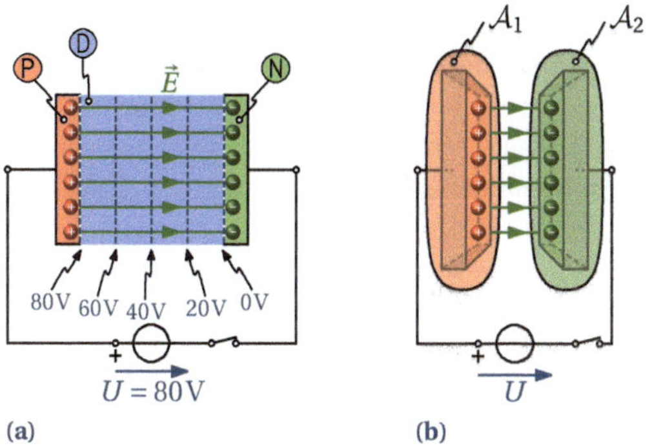

Bild 3.5 (a) Feld- und Äquipotenziallinien eines Plattenkondensators, dargestellt nur innerhalb der Platten (b) Hüllflächen $\mathcal{A}_1$ bzw. $\mathcal{A}_2$ über die positive bzw. negative geladene Kondensatorplatte, dargestellt ohne Dielektrikum; Ⓓ Dielektrikum, Ⓟ positiv geladene Elektrode, Ⓝ negativ geladene Elektrode

Außenbereich. Unter dem Außenbereich des Kondensators verstehen wir den gesamten Raum, der sich nicht zwischen den beiden Kondensatorplatten befindet. Der Außenbereich ist im Wesentlichen feldfrei.

> Für einen **idealen Plattenkondensator** gilt:
> - Im **Innenbereich** stellt sich ein **homogenes Magnetfeld** ein.
> - Der **Außenbereich** des Kondensators ist praktisch **feldfrei**. ■

Äquipotenziallinien. In Bild 3.5a sind Äquipotenziallinien gestrichelt eingezeichnet. Dabei sind die Platten mit einem etwas größerem Abstand dargestellt, damit die dazwischen befindlichen Äquipotenziallinien übersichtlicher dargestellt werden können. Die gestrichelt eingezeichneten Äquipotenziallinien

- sind stets in sich geschlossen[16],
- stehen senkrecht zu den Feldlinien und
- weisen im homogenen Feld des Plattenkondensators gleiche Abstände zueinander auf.

Zahlenwertbeispiel 3.2. Ein Plattenkondensator weist den Plattenabstand $d = 0{,}5\,\text{mm}$ bei der Spannung $U = 80\,\text{V}$ auf. Wir bestimmen die elektrische Feldstärke:

$$E = \frac{U}{d} = \frac{80\,\text{V}}{0{,}5\,\text{mm}} = 160\,\frac{\text{V}}{\text{mm}} = 160 \cdot 10^3\,\frac{\text{V}}{\text{m}}$$ ■

Zahlenwertbeispiel 3.3. Ein Plattenkondensator wird an der Spannung $U = 80\,\text{V}$ betrieben. Die Potenziale von insgesamt fünf Äquipotenziallinien sollen bestimmt und gezeichnet werden, wobei das Potenzial an der negativ geladenen Elektrode mit 0 V festgelegt wird. Damit beträgt das Potenzial der positiv geladenen Elektrode 80 V.

[16] Die Äquipotenziallinien sind in Bild 3.5a nur im Innen-, aber nicht im Außenbereich des Plattenkondensators dargestellt.

Im homogenen elektrischen Feld eines Plattenkondensators weisen alle Äquipotenziallinien gleiche Abstände auf. Bei fünf Äquipotenziallinien sind deren $n = 4$ Abstände jeweils gleich groß, wie das in Bild 3.5a dargestellt ist. Damit beträgt die Potenzialdifferenz zwischen zwei benachbarten Äquipotenziallinien jeweils $U/n = 80\,\text{V}/4 = 20\,\text{V}$. Von rechts nach links betragen daher die Potenziale der eingezeichneten Äquipotenziallinien 0V, 20V, 40V, 60V und 80V. ■

3.2.2 Elektrischer Fluss

Zeichen	**Einheit**	**Größe**	**Quantity**
Ψ	C, As	Elektrischer Fluss	Electric flux

■

Wir betrachten die Hüllfläche $\mathcal{A}_1$ in Bild 3.5b. Diese Hüllfläche umgibt bzw. umhüllt die positiv geladene Kondensatorplatte Ⓟ.

Eine **Hüllfläche** können wir uns wie die Oberfläche einer **Seifenblase** vorstellen.

■

Der **elektrische Fluss** Ψ, der durch eine Hüllfläche tritt, ist gleich der elektrischen **Ladung**, die sich innerhalb dieser Hüllfläche befindet:

$$\boxed{\Psi = Q} \tag{3.5}$$

■

Der elektrische Fluss weist folgende Eigenschaften und Aspekte auf:

Einheit. Die Einheit des elektrischen Flusses ist gleich der Einheit der Ladung, also Coulomb (C) oder Amperesekunde (As):

$$[\Psi] = \text{C} = \text{As} \tag{3.6}$$

Begriff Fluss. Während bewegte elektrische Ladungen als elektrischer Strom bezeichnet werden, gibt es beim elektrischen Fluss nichts, das sich bewegt oder fließt.

Wechselwirkung. Die Wechselwirkung zwischen elektrischen Ladungen über ein elektrisches Feld werden durch Feldlinien dargestellt. Bezogen auf Bild 3.4b und c können wir uns vorstellen, dass ein elektrischer Fluss bei den positiven Ladungen innerhalb der Hüllfläche $\mathcal{A}_1$ entspringt und bei den negativen Ladungen der Hüllfläche $\mathcal{A}_2$ wieder verschwindet. Die eingezeichneten Pfeile kennzeichnen dabei die Richtung[17] des elektrischen Flusses.

Flussröhre. Wir können uns die Feldlinien in Bild 3.2b und Bild 3.4b wie die Begrenzungen von Flussröhren [Pre06, Abschnitt 9.2] vorstellen. Das wäre vergleichbar mit Röhren, in denen der elektrische Fluss – der nicht materiell ist – fließt.

3.2.3 Elektrische Flussdichte

Zeichen	Einheit	Größe	Quantity
D	$\mathrm{As/m^2}$	Elektrische Flussdichte	Electric displacement field

Die elektrische **Flussdichte** D ist der elektrische **Fluss** Ψ **pro Fläche** A:

$$\boxed{D = \frac{\Psi}{A}} \qquad (3.7)$$

Für die elektrische Flussdichte gilt:

Fluss pro Fläche. So wie die Stromdichte mit dem Strom über die Querschnittsfläche eines Leiters zusammenhängt, hängt beim Plattenkondensator in Bild 3.4c die Flussdichte mit dem Fluss über die Querschnittsfläche A der Kondensatorplatte zusammen.

Da der elektrische Fluss von der positiven Elektrode Ⓟ praktisch nur in den Innenraum Ⓓ des Kondensators austritt, ist in Gl. (3.7) mit der Plattenfläche A der Elektrode zu rechnen. Die Flussdichte im Außenbereich des Kondensators ist im Wesentlichen gleich null. Das stimmt auch mit der Vorstellung überein, dass der Außenbereich praktisch feldfrei ist.

Einheit. Die Einheit der Flussdichte ist die Einheit der Ladung (C oder As) gebrochen durch die Einheit der Fläche ($\mathrm{m^2}$):

$$[D] = \frac{\mathrm{C}}{\mathrm{m^2}} = \frac{\mathrm{As}}{\mathrm{m^2}} \qquad (3.8)$$

Zahlenwertbeispiel 3.4. Ein Plattenkondensator mit der Fläche $A = 1\,000\,\mathrm{mm^2}$ trägt die Ladung $Q = 10^{-6}\,\mathrm{C}$. Daraus bestimmen wir die elektrische Flussdichte D.

Der elektrische Fluss, der im Inneren des Kondensators aus der positiven Elektrode austritt, ist gleich der Ladung, also $\Psi = Q = 10^{-6}\,\mathrm{C}$. Für die elektrische Flussdichte im Inneren des

[17] Der elektrische Fluss weist eine Richtung auf, ist jedoch keine vektorielle Größe. In diesem Sinne ist er mit dem Stromfluss vergleichbar.

Kondensators gilt damit:

$$D = \frac{\Psi}{A} = \frac{10^{-6}\,\mathrm{C}}{1\,000 \cdot 10^{-6}\,\mathrm{m}^2}) = 10^{-3}\,\frac{\mathrm{C}}{\mathrm{m}^2}$$

Je größer die Flussdichte ist, ...

3.2.4 Permittivität

Zeichen	Einheit	Größe	Quantity
ε	As/(Vm)	Permittivitiät[18]	Permittivity
ε_0	As/(Vm)	Permittivitiät des leeren Raums	Vacuum permittivity
ε_r	1	Relative Permittivitiät	Relative permittivity

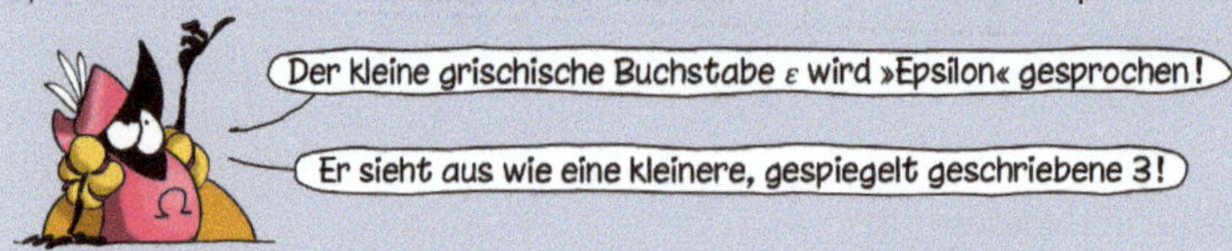

Die elektrische **Feldstärke** E und die elektrische **Flussdichte** D hängen über die **Permittivität** ε zusammen:

$$\boxed{D = \varepsilon \cdot E} \tag{3.9}$$

Die Permittivität ist eine Materialeigenschaft:

Einheit. Die Einheit der Permittivität beträgt:

$$[\varepsilon] = \frac{\mathrm{C}}{\mathrm{Vm}} = \frac{\mathrm{As}}{\mathrm{Vm}} \tag{3.10}$$

Leitfähigkeit. Die Permittivität kann man sich wie die Leitfähigkeit des elektrischen Felds vorstellen. So wie es Materialien gibt, die den elektrischen Strom unterschiedlich gut leiten, gibt es auch Materialien bzw. Dielektria, die das elektrische Feld unterschiedlich gut leiten.

Je größer die Permittivität ε ist, desto größer ist die elektrische Flussdichte D bei einer bestimmten elektrischen Feldstärke E gemäß Gl. (3.9).

[18] Die Schreibweise As/(Vm) steht für $\frac{\mathrm{As}}{\mathrm{Vm}}$.

Tabelle 3.2 Relative Permittivität ε_r [BBD+20, Abschnitt 4.3.1]

Material	Relative Permittivität ε_r
Luft	1
Isolieröl	2 … 2,4
Polyester	3,3
Glas	4 … 8
Porzellan	5 … 6
Keramik	10 … 10 000

Permittivität des leeren Raums. Vakuum weist folgende Permittivität auf:

$$\varepsilon_0 = 8{,}854 \cdot 10^{-12}\,\frac{\mathrm{As}}{\mathrm{Vm}} \tag{3.11}$$

Diese Größe wird auch als *elektrische Feldkonstante* bezeichnet.

Relative Permittivität. Feste, flüssige und gasförmige Stoffe weisen gegenüber ε_0 eine höhere Permittivität auf. Um welchen Faktor die tatsächliche Permittivität höher als ε_0 ist, wird durch die relative Permittivität beschrieben:

$$\varepsilon = \varepsilon_r \cdot \varepsilon_0 \tag{3.12}$$

Die Einheit der relativen Permittivität beträgt daher:

$$[\varepsilon_r] = 1 \tag{3.13}$$

Typische relative Permittivitätswerte fester Stoffe sind in Tabelle 3.2 zusammengestellt.

Für die **Einheiten** von absoluten und relativen Permittivitäten gilt:

Permittivität von Luft. Die Permittivität von Luft liegt nur geringfügig über der Permittivität des leeren Raums. Folglich gilt für Luft mit sehr guter Näherung:

$$\varepsilon_r = 1 \qquad \varepsilon = \varepsilon_0 \qquad \text{für Luft} \tag{3.14}$$

Zahlenwertbeispiel 3.5. In einem Plattenkondensator tritt die elektrische Flussdichte $D = 10^{-3}\,\frac{\mathrm{As}}{\mathrm{m}^2}$ auf. Die relative Permittivität des verwendeten Dielektrikums beträgt $\varepsilon_r = 706$. Es soll die elektrische Feldstärke E bestimmt werden.

Wir berechnen zunächst die absolute Permittivität, also $\varepsilon = \varepsilon_r \cdot \varepsilon_0 = 706 \cdot 8{,}854 \cdot 10^{-12}\,\frac{\mathrm{As}}{\mathrm{Vm}} = 6{,}250 \cdot 10^{-9}\,\frac{\mathrm{As}}{\mathrm{Vm}}$. Damit ergibt sich für die elektrische Feldstärke:

$$E = \frac{D}{\varepsilon} = \frac{10^{-3}\,\frac{\cancel{\mathrm{As}}}{\mathrm{m}\cdot\cancel{\mathrm{m}}}}{6{,}250 \cdot 10^{-9}\,\frac{\cancel{\mathrm{As}}}{\mathrm{V}\cancel{\mathrm{m}}}} = 1{,}6 \cdot 10^{5}\,\frac{\mathrm{V}}{\mathrm{m}}$$ ■

3.2.5 Kapazität

Zeichen	Einheit	Größe	Quantity
C	F	Kapazität	Capacity

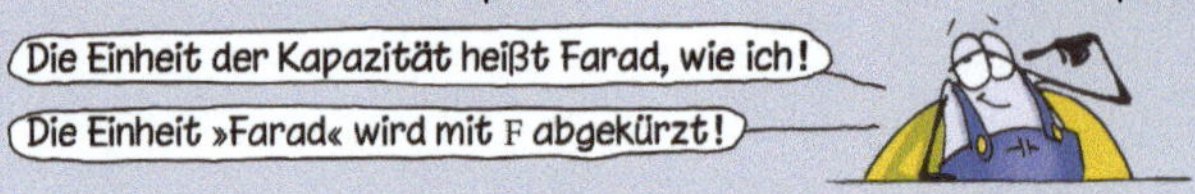

Eine wichtige Kenngröße für einen Kondensator ist die Kapazität, die mit dem Formelzeichen C gekennzeichnet wird. Die Kapazität ist Maß dafür, wie viel Energie in einem Kondensator gespeichert werden kann.

Die **Kapazität** C ist das Verhältnis von **Ladung**[19] **zu Spannung** U:

$$C = \frac{Q}{U} = \frac{\Psi}{U} \tag{3.15}$$

Die Einheit der Kapazität wird mit Farad bezeichnet und mit F abgekürzt. Infolge von Gl. (3.15) ist die Einheit Farad außerdem gleich Coulomb pro Volt bzw. Amperesekunde pro Volt:

$$[C] = \mathrm{F} = \frac{\mathrm{C}}{\mathrm{V}} = \frac{\mathrm{As}}{\mathrm{V}} \tag{3.16}$$

Wir setzen nun für den elektrischen Fluss Ψ die Flussdichte D aus Gl. (3.7) und für die Spannung U die Feldstärke E aus Gl. (3.4) ein. Damit erhalten wir unter Berücksichtigung von Gl. (3.9) für die Kapazität des Plattenkondensators eine Gleichung, die nur von Material- und Geometriedaten abhängig ist.

Für die **Kapazität** eines **Plattenkondensators** gilt:

$$C = \frac{\varepsilon \cdot A}{d} \tag{3.17}$$

Zahlenwertbeispiel 3.6. Wir bestimmen für einen Plattenkondensator mit $Q = 10^{-6}\,\mathrm{C}$ und $U = 80\,\mathrm{V}$ die Kapazität:

$$C = \frac{Q}{U} = \frac{10^{-6}\,\mathrm{C}}{80\,\mathrm{V}} = 1{,}25 \cdot 10^{-8}\,\mathrm{F} = 12{,}5\,\mathrm{nF}$$

Erweitertes Wissen. Gleichung (3.17) für die Kapazität C eines Plattenkondensators und Gl. (2.58) für den elektrischen Leitwert G eines elektrischen Leiters weisen Gemeinsamkeiten auf, die in Tabelle 3.3 einander gegenübergestellt sind.

---

[19] Die Ladung Q ist in diesem Fall gleich dem elektrischen Fluss Ψ.

Tabelle 3.3 Vergleich der Berechnung von elektrischem Leitwert und Kapazität einschließlich Einheiten (EH)

	Elektrischer Leitwert	EH	Kapazität	EH
Berechnungsgleichung	$G=\frac{\gamma \cdot A}{l}$	S	$C=\frac{\varepsilon \cdot A}{d}$	A s/V
Länge	Leiterlänge l	m	Plattenabstand d	m
Querschnitt	Leiterquerschnitt A	m^2	Plattenfläche A	m^2
Leitfähigkeit	Elektrische Leitfähigkeit γ	S/m	Permittivität ε	A s/(V m)

Deutsch	English
Plattenkondensator	Parallel plate capacitor
Dielektrikum	Dielectric
Elektrode	Electrode
Ladungstrennung	Charge separation

3.3 Bauelement Kondensator

3.3.1 Bauformen

Ausgehend vom Plattenkondensator leiten wir weitere, typische Kondensatorbauformen ab:

Plattenkondensator. Der Plattenkondensator in Bild 3.6a ist die einfachste Bauform eines Kondensators. Er besteht aus den Platten bzw. Elektroden Ⓟ und Ⓝ, sowie dem Dielektrikum Ⓓ. Seine Funktionsweise ist in Abschnitt 3.2 beschrieben. Um hohe Kapazitätswerte gemäß Gl. (3.17) zu erreichen, benötigen wir

- eine große Plattenfläche A
- einen geringen Plattenabstand d bzw.
- eine hohe Permittivität ε.

Schichtkondensator. Um die wirksame Plattengröße zu erhöhen, kann man den Kondensator in Schichten aufbauen, wie das Bild 3.6b gezeigt ist. Wenn der Kondensator n Dielektrikumsschichten aufweist, berechnet sich die Kapazität gemäß:

$$C_S = n \cdot \frac{\varepsilon \cdot A}{d} \tag{3.18}$$

Wickelkondensator. Die Kapazität eines Kondensators kann auch dadurch erhöht werden, indem man die Elektroden ① und ② und das Dielektrikum ③

- aus einem flexiblen Material ausführt, wie das in Bild 3.6c angedeutet ist und
- aufwickelt wie in Bild 3.6d.

Platten-Drehkondensator. Eine besondere Bauform des Schichtkondensators ist der Drehkondensator, wie er beispielhaft in Bild 3.7a dargestellt ist. Bei derartigen Kondensatoren kommt häufig Luft als Dielektrikum zur Anwendung.

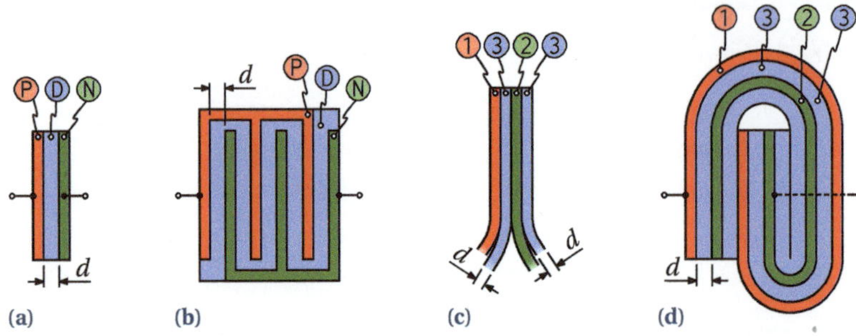

Bild 3.6 Bauformen: (a) Plattenkondensator, (b) Schichtkondensator mit $n = 5$ Dielektrikumsschichten, (c) Folienaufbau für Wickelkondensator, (d) Wickelkondensator; Ⓓ Dielektrikum, Ⓟ und Ⓝ Metallplatte (Elektrode), ① und ② Metallfolie (Elektrode), ③ Dielektrikumsfolie

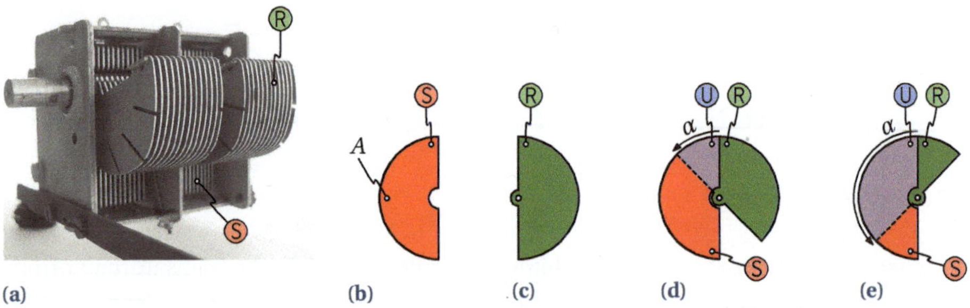

Bild 3.7 Drehkondensator: (a) Ausführung als Doppeldrehkondensator mit Dielektrikum Luft (Foto: © Wojciech Pysz, CC BY-SA 3.0, via Wikimedia Commons), (b) Stator mit Plattenfläche A, (c) Rotor, (d) Rotor mit Eindrehwinkel $\alpha = 45°$, (e) Rotor mit Eindrehwinkel $\alpha = 135°$; Ⓢ Stator (stillstehender Teil), Ⓡ Rotor (drehbarer Teil), Ⓤ Überlappungsbereich von Stator und Rotor

Vom Aufbau her handelt es sich um einen Schichtkondensator mit n Dielektrikumsschichten, wie er in Bild 3.6b gezeigt ist. Die Plattenflächen weisen in Bild 3.7b und c eine etwa halbkreisförmige Form auf. Stillstehende Elektroden (Stator Ⓢ) und bewegliche Elektroden (Rotor Ⓡ) denken wir uns in Bild 3.7d bzw. e abwechselnd angeordnet und jeweils durch ein Dielektrikum Ⓓ voneinander getrennt. Durch das Eindrehen des Rotors Ⓡ in den Stator Ⓢ um den Winkel α in Bild 3.7d und e kann

- der Überlappungsbereich Ⓤ zwischen Stator und Rotor verändert werden,
- wodurch sich die wirksame Fläche zwischen Stator und Rotor, in der sich ein elektrisches Feld ausbilden kann, verändert.

Die Kapazität eines Drehkondensators wie in Bild 3.7b bis e kann wie folgt über den Verdrehwinkel α eingestellt werden, wobei die Plattenfläche des Stators hier mit A bezeichnet ist:

$$C_D = n \cdot \frac{\varepsilon \cdot A}{d} \cdot \frac{\alpha}{\pi} \tag{3.19}$$

Zahlenwertbeispiel 3.7. Ein Drehkondensator mit Luft als Dielektrikum weist insgesamt $n = 10$ Dielektrikumsschichten auf. Die Statorfläche beträgt $A = 1\,000\,\text{mm}^2$. Der Abstand zwischen zwei Elektroden beträgt $d = 0{,}5\,\text{mm}$. Da wir einen Luftkondensator haben, rechnen wir mit $\varepsilon = \varepsilon_0$:

Wir bestimmen die Kapazität bei $\alpha = \frac{\pi}{4} = 45°$ und mit $\pi = 180°$, wie in Bild 3.7d:

$$C_{D,45} = n \cdot \frac{\varepsilon \cdot A}{d} \cdot \frac{\alpha}{\pi} = 10 \cdot \frac{8{,}854 \cdot 10^{-12}\,\frac{\text{As}}{\text{Vm}} \cdot 1\,000 \cdot 10^{-6}\,\text{m}^2}{0{,}5 \cdot 10^{-3}\,\text{m}} \cdot \frac{45°}{180°} = 4{,}427\,\text{pF}$$

Für den Winkel $\alpha = \frac{3 \cdot \pi}{4} = 135°$ in Bild 3.7e beträgt die Kapazität:

$$C_{D,135} = n \cdot \frac{\varepsilon \cdot A}{d} \cdot \frac{\alpha}{\pi} = 10 \cdot \frac{8{,}854 \cdot 10^{-12}\,\frac{\text{As}}{\text{Vm}} \cdot 1\,000 \cdot 10^{-6}\,\text{m}^2}{0{,}5 \cdot 10^{-3}\,\text{m}} \cdot \frac{135°}{180°} = 13{,}28\,\text{pF}$$ ■

3.3.2 Bauarten

Es gibt eine Vielzahl von unterschiedlichen Bauarten von Kondensatoren, abhängig von Hersteller und Anwendungsgebiet. Einige ausgewählte Bauarten werden nachfolgend aufgezählt:

Folienkondensator. Wickelkondensatoren, wie sie in Abschnitt 3.3.1 beschrieben sind, werden oft als Folienkondensatoren ausgeführt. Als Dielektrikum kommt dabei eine Kunststofffolie zum Einsatz und die Elektroden werden als Metallfolie ausgeführt. In Bild 3.8a ist ein solcher Folienkondensator mit Kunststoffgehäuse dargestellt.

Keramikkondensator. Mit Keramik lassen sich sehr hohe Permittivitätswerte erzielen, wie Tabelle 3.2 zeigt. Infolgedessen lassen sich bei einer bestimmten Baugröße auch hohe Kapazitätswerte erzielen. Ein Keramikkondensator mit Drahtanschlüssen ist in Bild 3.8b gezeigt. Die Ausführungsform als SMD-Bauteil (engl. *surface-mounted device*) für die direkte Verlötung ist in Bild 3.8c dargestellt.

Elektrolytkondensator. Eine Besonderheit unter den Kondensatoren stellt der Elektrolytkondensator dar. Er wird auch kurz als Elko bezeichnet und darf nur mit korrekt gepolter Spannung betrieben werden. Aufgrund des zugrundeliegenden Herstellungsprozesses, führt eine falsche Polung der Spannung zur Zerstörung von Elektrolytkondensatoren. Daher sind entweder der Pluspol oder wie in Bild 3.8d der Minuspol eindeutig gekennzeichnet.

Elektrolytkondensatoren erreichen **hohe Kapazitätswerte**, sind aber nur für den Betrieb mit **Gleichspannung** geeignet.

■

(a) (b) (c) (d)

Bild 3.8 (a) Folienkondensator (Foto: © Retired electrician, CC0, via Wikimedia Commons), (b) Keramikkondensator (Foto: © Evan-Amos, Public domain, via Wikimedia Commons), (c) SMD-Kondensator (Foto: © oomlout, CC BY-SA 2.0, via Wikimedia Commons), (d) Elektrolytkondensator, Minuspol gekennzeichnet durch <-<- und kürzeren Anschlussdraht (Foto: © oomlout, CC BY-SA 2.0, via Wikimedia Commons)

3.3.3 Kennzeichnung und Kenndaten

Um große Kapazitätswerte gemäß Gl. (3.17) erlangen zu können[20], benötigt man unter anderem auch kleine Abstände d zwischen den Elektroden. Infolge von Gl. (3.4) ergeben sich für eine bestimme Spannung U damit mitunter hohe elektrische Feldstärken E. Damit sind folgende Aspekte verbunden:

Durchschlag. Wenn die elektrischen Feldstärke einen bestimmten materialabhängigen Maximalwert überschreitet, kann es zu einem elektrischen Durchschlag[21] und damit in aller Regel zur Zerstörung[22] eines Kondensators kommen.

Bemessungsspannung. Auf jedem Kondensator ist die Spannung angegeben, für die er bemessen – also ausgelegt – ist. Diese Bemessungsspannung ist jene Spannung, an der der Kondensator andauernd betrieben werden darf.

Kapazität. Zusätzlich zur Spannungsgrenze ist auf jedem Kondensator auch die Kapazität angegeben. Das kann typisch

- entweder ein Kapazitätswert mit Einheit sein, wie das in Bild 3.8d dargestellt ist, oder
- der Kapazitätswert in Pikofarad, wie in Bild 3.8b. Die Kennzeichnung 473 bedeutet dabei, vergleichbar mit Abschnitt 2.9.5, dass die Kapazität $47 \cdot 10^3\,\text{pF} = 47\,\text{nF}$ beträgt.

3.3.4 Schaltzeichen

Übliche Schaltzeichen für Kondensatoren sind in Bild 3.9a dargestellt:

Kondensator. Ein fester Kondensator wird, wie in Bild 3.9a, durch zwei parallele Striche symbolisiert.

---

[20] Je größer die Kapazität ist, desto mehr Energie kann ein Kondensator speichern.

[21] Bei einem Durchschlag kommt es zum Verlust der Isolationsfähigkeit des Dielektrikums. Dadurch bildet sich ein elektrisch leitfähiger Kanal aus, der beispielsweise in Form eines Lichtbogens Strom leitet.

[22] Wenn als Dielektrikum beispielsweise Luft verwendet wird, führt ein Durchschlag nicht notwendigerweise zur Zerstörung eines Kondensators.

Einstellbarer Kondensator. Wie bei einem einstellbaren Widerstand wird bei einem einstellbaren Kondensator das Schaltzeichen durch einen Schrägstrich mit Pfeil ergänzt, wie das in Bild 3.9b gezeigt ist.

Elektrolytkondensator. Bei einem Elektrolytkondensator (Elko) ist auf die Polarität der Spannung zu achten. Daher ist der Pluspol in Bild 3.9c und d gekennzeichnet. Das in Bild 3.9e dargestellte ältere Schaltzeichen findet man immer noch in älteren Schaltplänen. Der Pluspol ist dabei durch ein leeres, der Minuspol als ausgefülltes Rechteck symbolisiert.

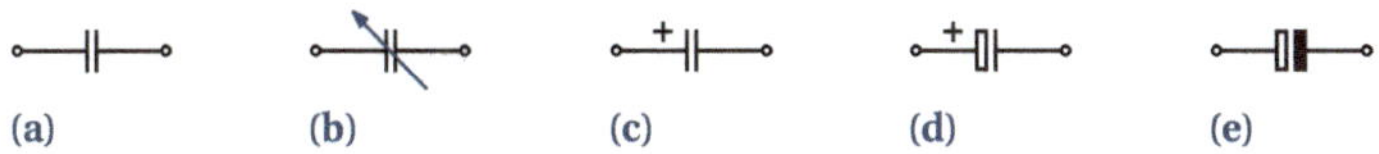

Bild 3.9 Schaltzeichen (a) Kondensator, (b) einstellbarer Kondensator, (c) und (d) Elektrolytkondensator mit gekennzeichnetem Pluspol, (e) Elektrolytkondensator, altes Schaltzeichen (links Plus-, rechts Minuspol)

3.4 Serien- und Parallelschaltung

Wenn wir Kondensatoren mit Gleichspannung betreiben, dann setzen wir dabei voraus, dass sich diese Kondensatoren in einem geladenen Zustand befinden, sodass die Spannung und die Ladung eines jeden Kondensators der Gl. (3.15) genügen. Wir wollen nachfolgend untersuchen, wie wir Serien- und Parallelschaltungen von Kondensatoren durch einen gleichwertigen Ersatzkondensator ersetzen können.

3.4.1 Serienschaltung

Wir untersuchen die Serienschaltungen von insgesamt n Kondensatoren mit $C_1, C_2, \ldots, C_n$, wie sie in Bild 3.10a dargestellt sind. Wir setzen voraus, dass die in Serie geschalteten Kondensatoren infolge desselben Ladestroms dieselbe Ladung Q aufweisen. Der zur Serienschaltung gleichwertige Ersatzkondensator in Bild 3.10b soll dieselbe Gesamtspannung

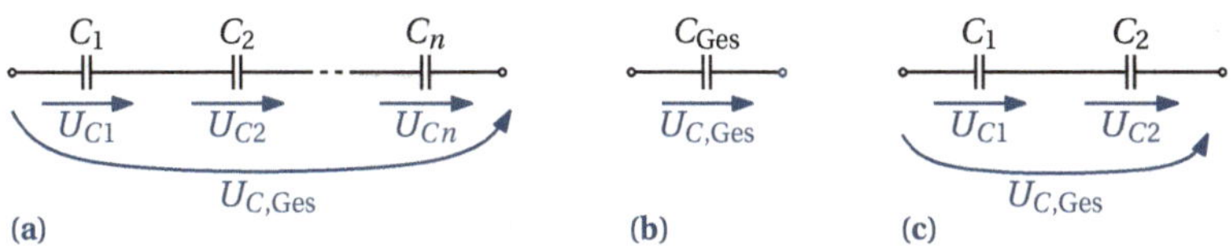

Bild 3.10 (a) Serienschaltung von n Kondensatoren mit $C_1, C_2, \ldots, C_n$ und (b) dazu gleichwertiger Ersatzkondensator mit C_{Ges}, (c) Serienschaltung von zwei Kondensatoren C_1 und C_2

$U_{C,\mathrm{Ges}}$ und auch dieselbe Ladung Q aufweisen:

$$U_{C,\mathrm{Ges}} = U_{C1} + U_{C2} + \ldots + U_{Cn} = \frac{Q}{C_1} + \frac{Q}{C_2} + \ldots \frac{Q}{C_n} \tag{3.20}$$

$$= \underbrace{\left(\frac{1}{C_1} + \frac{1}{C_2} + \ldots \frac{1}{C_n}\right)}_{\frac{1}{C_{\mathrm{Ges}}}} \cdot Q = \frac{1}{C_{\mathrm{Ges}}} \cdot Q \tag{3.21}$$

Aus dieser Rechnung leiten wir ab:

Für die **Serienschaltung** von n Kondensatoren mit $C_1, C_2, \ldots, C_n$ gilt:
Der Kehrwert der Gesamtkapazität C_{Ges} ist gleich der Summe der Kehrwerte der in Serie geschalteten Kapazitäten:

$$\boxed{\frac{1}{C_{\mathrm{Ges}}} = \frac{1}{C_1} + \frac{1}{C_2} + \ldots + \frac{1}{C_n}} \tag{3.22}$$

Bei der Ermittlung der gleichwertigen Ersatzkapazität einer Serienschaltung wenden wir eine Rechnung an, die vergleichbar mit der Parallelschaltung von Widerständen in Abschnitt 2.7.7 ist.

Die Gesamtkapazität C_{Ges} einer **Serienschaltung** von **zwei** Kondensatoren mit C_1 und C_2 ist gleich dem Produkt der Einzelkapazitäten, dividiert durch deren Summe:

$$\boxed{C_{\mathrm{Ges}} = \frac{C_1 \cdot C_2}{C_1 + C_2}} \tag{3.23}$$

Zahlenwertbeispiel 3.8. Wir untersuchen die Serienschaltung zweier Kondensatoren mit $C_1 = 20\,\mathrm{nF}$ und $C_2 = 5\,\mathrm{nF}$ aus Bild 3.10c. Die Spannung des ersten Kondensators beträgt $U_{C1} = 10\,\mathrm{V}$.

Wir bestimmen die Gesamtkapazität C_{Ges} der Serienschaltung:

$$C_{\mathrm{Ges}} = \frac{C_1 \cdot C_2}{C_1 + C_2} = \frac{20 \cdot 10^{-9}\,\mathrm{F} \cdot 5 \cdot 10^{-9}\,\mathrm{F}}{20 \cdot 10^{-9}\,\mathrm{F} + 5 \cdot 10^{-9}\,\mathrm{F}} = 4 \cdot 10^{-9}\,\mathrm{F} = 4\,\mathrm{nF}$$

Die Spannungen U_{C2} und $U_{C,\mathrm{Ges}}$ sind ebenfalls zu ermitteln. Wir setzen dafür voraus, dass die beiden Kondensatoren gemeinsam aufgeladen wurden. In diesem Fall ist die Ladung $Q = C_1 \cdot U_{C1} = 20 \cdot 10^{-9}\,\mathrm{F} \cdot 10\,\mathrm{V} = 2 \cdot 10^{-7}\,\mathrm{C}$ an beiden Kondensatoren gleich:

$$U_{C2} = \frac{Q}{C_2} = \frac{2 \cdot 10^{-7}\,\mathrm{C}}{5 \cdot 10^{-9}\,\mathrm{F}} = 40\,\mathrm{V}$$

Damit beträgt die Gesamtspannung $U_{C,\text{Ges}} = U_{C1} + U_{C2} = 10\,\text{V} + 40\,\text{V} = 50\,\text{V}$. Alternativ kann diese Spannung über die Ladung Q und die Gesamtkapazität C_{Ges} ermittelt werden:

$$U_{C,\text{Ges}} = \frac{Q}{C_{\text{Ges}}} = \frac{2 \cdot 10^{-7}\,\text{C}}{4 \cdot 10^{-9}\,\text{F}} = 50\,\text{V}$$ ■

3.4.2 Parallelschaltung

Wir betrachten die Parallelschaltung von n Kondensatoren mit $C_1, C_2, \ldots, C_n$ in Bild 3.11a. Diese Parallelschaltung soll durch den gleichwertigen Ersatzkondensator mit C_{Ges} aus Bild 3.11b ersetzt werden. Für die Berechnung der Ersatzkapazität müssen wir folgende Bedingungen berücksichtigen:

- Die Spannung am Ersatzkondensator ist gleich $U_{C,\text{Ges}}$.
- Die Summe der in den einzelnen Kondensatoren von Bild 3.11a gespeicherten Ladungen $Q_1 + Q_2 + \ldots + Q_n$ ist gleich der Gesamtladung Q_{Ges} des Ersatzkondensators in Bild 3.11b:

$$Q_{\text{Ges}} = Q_1 + Q_2 + \ldots + Q_n = \overbrace{C_1 \cdot U_{C,\text{Ges}}}^{Q_1} + \overbrace{C_2 \cdot U_{C,\text{Ges}}}^{Q_2} + \ldots + \overbrace{C_n \cdot U_{C,\text{Ges}}}^{Q_n} \tag{3.24}$$

$$= \underbrace{(C_1 + C_2 + \ldots + C_n)}_{C_{\text{Ges}}} \cdot U_{C,\text{Ges}} = C_{\text{Ges}} \cdot U_{C,\text{Ges}} \tag{3.25}$$

Die Gesamtkapazität C_{Ges} der **Parallelschaltung** von n Kondensatoren mit $C_1, C_2, \ldots, C_n$ ist gleich der Summe der parallel geschalteten Kapazitäten:

$$\boxed{C_{\text{Ges}} = C_1 + C_2 + \ldots + C_n} \tag{3.26}$$ ■

Bei einer Parallelschaltung werden die einzelnen Kapazitäten addiert. Diese Rechenvorschrift ist vergleichbar mit der Serienschaltung von Widerständen, wie wir sie in Abschnitt 2.7.2 kennengelernt haben.

Zahlenwertbeispiel 3.9. Für die Parallelschaltung zweier Kondensatoren mit $C_1 = 20\,\text{nF}$ und $C_2 = 5\,\text{nF}$ gemäß Bild 3.11c soll die gleichwertige Gesamtkapazität ermittelt werden: $C_{\text{Ges}} = C_1 + C_2 = 20\,\text{nF} + 5\,\text{nF} = 25\,\text{nF}$ ■

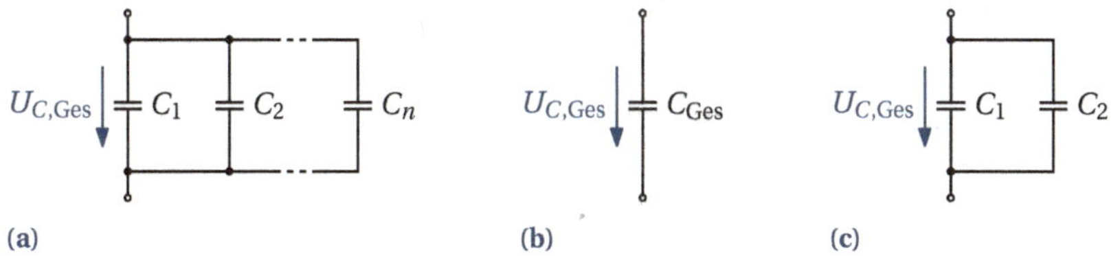

Bild 3.11 (a) Parallelschaltung von n Kondensatoren $C_1, C_2, \ldots, C_n$ und (b) dazu gleichwertiger Ersatzkondensator mit C_{Ges}, (c) Parallelschaltung von zwei Kondensatoren

3.4.3 Gemischte Serien- und Parallelschaltungen

Bei gemischten Serien- und Parallelschaltungen gehen wir wie in Abschnitt 2.8.2 vor:

- Für vorhandene Serienschaltungen von Kondensatoren ersetzen wir jede Serienschaltung durch je einen Ersatzkondensator. Danach zeichnen wir ein vereinfachtes Ersatzschaltbild mit diesen Ersatzkondensatoren.
- Für alle Parallelschaltungen von Kondensatoren ersetzen wir diese durch je einen Ersatzkondensator. Wieder zeichnen wir ein vereinfachtes Ersatzschaltbild mit diesen Ersatzkondensatoren.
- Wir führen die obigen Schritte so lange durch, bis nur noch eine einzelne Gesamtkapazität C_{Ges} übrig ist.

Zahlenwertbeispiel 3.10. Für die gemischte Serien- und Parallelschaltung aus Bild 3.12a mit $C_1 = 30\,\text{pF}$, $C_2 = 14\,\text{pF}$ und $C_3 = 77\,\text{pF}$ soll die Gesamtkapazität ermittelt werden.

Zunächst kann die aus C_1 und C_2 bestehende Parallelschaltung durch eine Ersatzkapazität ersetzt werden, die wir mit C_{12} bezeichnen: $C_{12} = C_1 + C_2 = 30\,\text{pF} + 14\,\text{pF} = 44\,\text{pF}$

Mit der Kapazität C_{12} können wir das vereinfachte Ersatzschaltbild in Bild 3.12b zeichnen. Es verbleibt nun eine Serienschaltung, bestehend aus C_3 und C_{12}, die die Gesamtkapazität C_{Ges} aus Bild 3.12c ergibt:

$$C_{Ges} = \frac{C_{12} \cdot C_3}{C_{12} + C_3} = \frac{44 \cdot 10^{-12}\,\text{F} \cdot 77 \cdot 10^{-12}\,\text{F}}{44 \cdot 10^{-12}\,\text{F} + 77 \cdot 10^{-12}\,\text{F}} = 28 \cdot 10^{-12}\,\text{F} = 28\,\text{pF}$$ ■

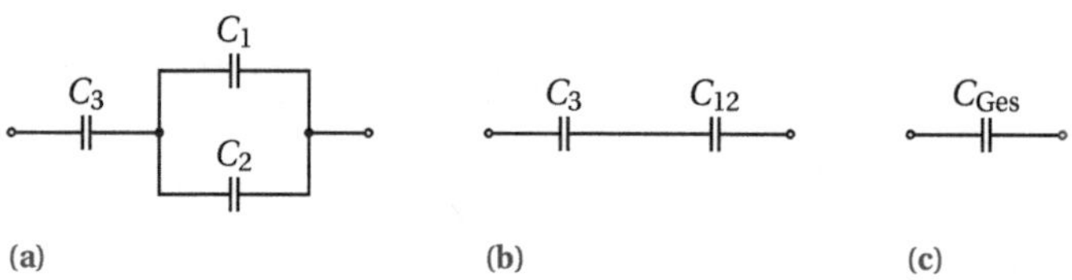

Bild 3.12 (a) Gemischte Serien- und Parallelschaltung, (b) Serienschaltung aus C_3 und Ersatzkapazität C_{12}, (c) Gesamtkapazität

■ 3.5 Energie

Zeichen	Einheit	Größe	Quantity
E_E	J, Ws	Energie	Energy
E'_E	J/m^3, Ws/m^3	Energiedichte	Energy density

In einem elektrischen **Feld** wird **Energie** gespeichert.

3.5.1 Energiedichte und Energie

Unter der Energiedichte eines Felds verstehen wir die Feldenergie, die pro Volumen auftritt. Je mehr Feldenergie in einem bestimmten Volumen vorhanden ist, desto kompakter kann beispielsweise ein Kondensator gebaut werden.

Die Energiedichte E'_E des elektrischen Felds lässt sich aus der elektrischen Flussdichte D und der elektrischen Feldstärke E berechnen:

$$\boxed{E'_E = \frac{D \cdot E}{2} = \varepsilon \cdot \frac{E^2}{2}} \tag{3.27}$$

Wir bezeichnen Energien ebenfalls mit dem Großbuchstaben E. Der zusätzliche Index E weist auf das elektrische Feld hin und der Strich $'$ kennzeichnet diese Größe als *Energiedichte* und nicht als Energie. Die Energiedichte hat folgende Eigenschaften:

Einheit. Die Einheit der Energiedichte beträgt Joule (J) pro Kubikmeter (m^3) bzw. Wattsekunde (W s) pro Kubikmeter (m^3):

$$[E'_E] = \frac{\mathrm{J}}{\mathrm{m}^3} = \frac{\mathrm{Ws}}{\mathrm{m}^3} \tag{3.28}$$

Die **Energiedichte** ist die **Energie pro Volumen**. ■

Homogenes Feld. Wir setzen voraus, dass wir ein homogenes Feld in einem bestimmen Volumen V vorliegen haben. In diesem Fall können wir die gesamte Feldenergie E_E berechnen, indem wir die Energiedichte E'_E mit dem Volumen V multiplizieren:

$$E_E = E'_E \cdot V \tag{3.29}$$

Plattenkondensator. Für einen Plattenkondensator beträgt das Volumen des homogenen Feldbereichs:

$$V = A \cdot d \tag{3.30}$$

Zahlenwertbeispiel 3.11. Wir bestimmen aus den im Zahlenwertbeispiel 3.5 angegebenen Feldgrößen $D = 10^{-3}\,\frac{\mathrm{As}}{\mathrm{m}^2}$ und $E = 1{,}6 \cdot 10^5\,\frac{\mathrm{V}}{\mathrm{m}}$ die Energiedichte:

$$E'_E = \frac{D \cdot E}{2} = \frac{10^{-3}\,\frac{\mathrm{As}}{\mathrm{m}^2} \cdot 1{,}6 \cdot 10^5\,\frac{\mathrm{V}}{\mathrm{m}}}{2} = 80\,\frac{\mathrm{J}}{\mathrm{m}^3}$$

Diese Energiedichte gehört zu einem Kondensator mit der Plattenfläche $A = 1000\,\mathrm{mm}^2$ und dem Plattenabstand $d = 0{,}5\,\mathrm{mm}$. Wir bestimmen dafür die im elektrischen Feld des Kondensators gespeicherte Energie.

Im ersten Schritt ermitteln wir das Volumen des Dielektrikums:

$$V = A \cdot d = 1000\,\mathrm{mm}^2 \cdot 0{,}5\,\mathrm{mm} = 5 \cdot 10^{-7}\,\mathrm{m}^3$$

Der zweite Schritt ermöglicht die Bestimmung der gespeicherten Energie:

$$E_E = E'_E \cdot V = 80\,\frac{\mathrm{J}}{\mathrm{m}^3} \cdot 5 \cdot 10^{-7}\,\mathrm{m}^3 = 4 \cdot 10^{-5}\,\mathrm{J} = 40\,\mu\mathrm{J}$$ ■

3.5.2 Energie des Kondensators

Wenn wir in Gl. (3.29) die Ausdrücke aus den Gln. (3.4) und (3.15) einsetzen, erhalten wir die in einem Kondensator mit der Kapazität C gespeicherte Energie:

$$\boxed{E_E = C \cdot \frac{U^2}{2}}$$

Dabei ist U die Spannung am Kondensator, die seinem Lade- bzw. Energiezustand entspricht.

Zwei Anwendungsbeispiele für Kondensatoren als Energiespeicher sind:

Supercaps sind Kondensatoren mit hoher Leistungsdichte, die als kurzzeitige Energiespeicher in der Elektromobilität eingesetzt werden.

Glättungskondensatoren werden zur Glättung der Spannung von Gleichrichtern verwendet. Gleichrichter wandeln Wechselspannung in eine Gleichspannung um.

Zahlenwertbeispiel 3.12. Ein Kondensator mit $C = 12{,}5\,\text{nF}$ wird an der Spannung $U = 80\,\text{V}$ betrieben. Wir bestimmen die im Kondensator gespeicherte Energie:

$$E_E = C \cdot \frac{U^2}{2} = 12{,}5 \cdot 10^{-9}\,\frac{\text{As}}{\text{V}} \cdot \frac{(80\,\text{V})^2}{2} = 4 \cdot 10^{-5}\,\text{J} = 40\,\mu\text{J}$$ ■

■ 3.6 Besonderheiten

3.6.1 Kraftwirkung auf Grenzflächen

In Bild 3.13a sind die beiden Elektroden Ⓟ und Ⓝ eines geladenen Plattenkondensators dargestellt. Im Dielektrikum Ⓓ zwischen den Elektroden tritt die elektrische Feldstärke E auf. Wir halten dazu fest:

Grenzfläche. Die innere Oberfläche einer Platte bezeichnen wir als Grenzfläche – zwischen Elektrode und Dielektrikum. In Bild 3.13a sind diese Grenzflächen mit ① und ② bezeichnet.

Kraftwirkung. Auf die beiden Grenzflächen ① und ② gibt es infolge der Ladungen, die sich auf diesen Elektroden befinden, jeweils eine Kraftwirkung, deren Betrag wir mit F bezeichnen.

Betrag. Die beiden eingezeichneten Kräfte $\vec{F}_1$ und $\vec{F}_2$ sind betraglich – also bezüglich ihrer Größe – gleich groß. Daher sind die beiden Pfeile in Bild 3.13 gleich lang eingezeichnet. Die Beträge dieser Kräfte sind:

$$\boxed{F_1 = F_2 = F = \frac{Q^2}{2 \cdot A \cdot \varepsilon} = \frac{D^2}{2 \cdot \varepsilon} \cdot A} \tag{3.31}$$

Richtung. Die beiden Kräfte $\vec{F}_1$ und $\vec{F}_2$ wirken in entgegengesetzte Richtungen. Die positiven Ladungsträger auf der Elektrode Ⓟ und die negativen Ladungsträger auf der

Elektrode Ⓝ ziehen einander an. Die beiden Kräfte wirken daher so, dass sie den Abstand d der beiden Elektroden zu verringern versuchen. Eine damit einhergehende Bewegung kann durch eine mechanische Fixierung der Elektroden – etwa über ein Festkörper-Dielektrikum Ⓓ – verhindert werden.

Bild 3.13 Kraftwirkung auf geladene Kondensatorplatten, (a) technische Skizze, (b) Illustration; ① Grenzfläche der positiven Elektrode, ② Grenzfläche der negativen Elektrode, Ⓟ positiv geladene Elektrode, Ⓝ negativ geladene Elektrode, Ⓓ Dielektrikum

Zahlenwertbeispiel 3.13. Wir berechnen die Kraft auf eine Grenzfläche mit $Q = 10^{-6}\,\mathrm{C}$ und $A = 1000\,\mathrm{mm}^2$. Die Permittivität beträgt $\varepsilon = \varepsilon_0$:

$$F = \frac{Q^2}{2 \cdot A \cdot \varepsilon} = \frac{(10^{-6}\,\mathrm{C})^2}{2 \cdot 1000 \cdot 10^{-6}\,\mathrm{m}^2 \cdot 8{,}854 \cdot 10^{-12}\,\frac{\mathrm{As}}{\mathrm{Vm}}} = 56{,}47\,\mathrm{N}$$ ∎

3.6.2 Coulombsches Gesetz

Das Coulombsche Gesetz beschreibt die Kraftwirkung zwischen zwei Ladungen Q_1 und Q_2, wie das in Bild 3.14 dargestellt ist. Dabei gilt:

Ungleichnamige Ladungen ziehen einander an.

Gleichnamige Ladungen stoßen einander ab.

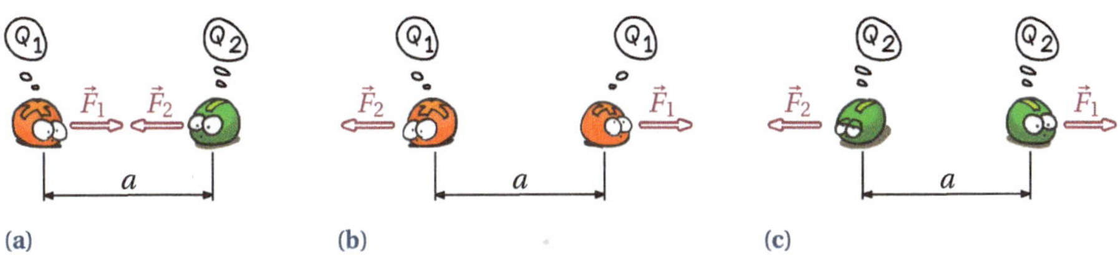

Bild 3.14 Kraftwirkung (a) von ungleichnamigen Ladungen, (b) und (c) von gleichnamigen Ladungen; Ladungsträger ⊕ mit der positiven Ladung Q_1, Ladungsträger ⊖ mit der negativen Ladung $Q_2 = -Q_1$

Für die Berechnung der Kräfte stellen wir folgende Überlegungen an:

Einzelfelder. Wir betrachten das Feldbild der positiven Ladung Q_1 in Bild 3.15a. Das elektrische Feld ist symmetrisch. Das bedeutet, dass die Feldlinien in einem regelmäßigen Abstand aus der positiven Ladung austreten. Ebenso ist das Feldbild der negativen Ladung Q_2 in Bild 3.15b symmetrisch.

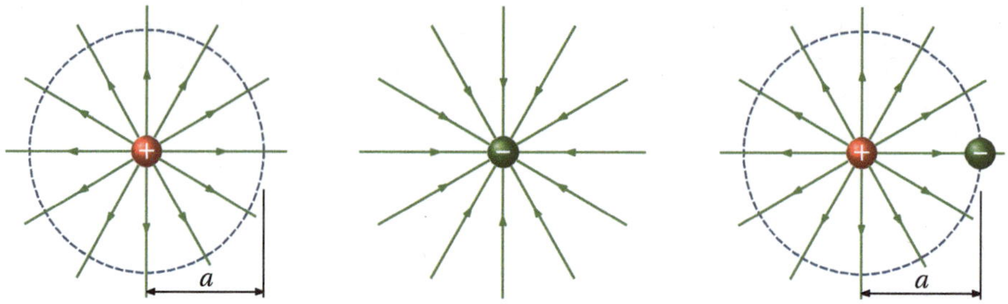

Bild 3.15 (a) Feldlinien der positiven Ladung, Kugeloberfläche gestrichelt, (b) Feldlinien der negativen Ladung, (c) negative Ladung sitzt im Abstand a auf der Kugeloberfläche rund um die positive Ladung; ⊕ positive Ladung Q_1, ⊖ negative Ladung Q_2

Punktladung. Wir stellen uns die einzelnen Ladungen in Bild 3.15a und b als punktförmige Ladungen geringer Ausdehnung vor.

Superposition. Wenn wir nun die positive und negative Ladung aus Bild 3.13b in einem bestimmten Abstand a voneinander anordnen, dann überlagern sich die einzelnen Felder zu jenem Feldbild, das in Bild 3.16 dargestellt ist. Die Überlagerung bzw. Superposition ist möglich, wenn das die Ladungen umgebende Material eine konstante Permittivität ε aufweist.

Kraftrichtung. Die positive Ladung Q_1 und die negative Ladung Q_2 wirken aufeinander anziehend, wie das in Bild 3.14a dargestellt ist. Auf jede der beiden Ladungen wirkt eine Kraft gleicher Größe bzw. gleichen Betrags, aber unterschiedlicher Richtung.

Kraftwirkung. Um die Kraftwirkung der beiden Ladungen aufeinander zu berechnen, betrachten wir die ebene Darstellung des elektrischen Felds in Bild 3.15a. Tatsächlich haben wir hier eine räumliche Anordnung, die in der Ebene dargestellt ist. Wir stellen uns nun eine Kugeloberfläche im Abstand a rund um die positive Ladung vor, die in Bild 3.15c gestrichelt in der Ebene als Kreis gezeichnet ist. Auf diese Kugeloberfläche setzen wir die Ladung Q_2. Da die Ladung Q_2 auf sich selbst keine Kraft ausüben kann, müssen wir nur die Kraft auf Q_2 infolge von Q_1 berechnen.

Kraftberechnung. Die erforderlichen Rechenschritte sind:

- Wir bestimmen die Kugeloberfläche mit dem Radius a, die in Tabelle 1.6 als Mantelfläche bezeichnet ist:

$$M_K = 4 \cdot a^2 \cdot \pi \tag{3.32}$$

- Mit dieser Mantelfläche berechnen wir die Feldstärke E_1 auf der Kugeloberfläche von Bild 3.15c infolge der Ladung Q_1 und unter Berücksichtigung von Gl. (3.9):

$$E_1 = \frac{D_1}{\varepsilon} = \frac{Q_1}{\varepsilon \cdot M_K} = \frac{Q_1}{\varepsilon \cdot 4 \cdot a^2 \cdot \pi} \tag{3.33}$$

- Damit erhalten wir für den Betrag der Kraft mit Gl. (3.3):

$$\boxed{F_1 = F_2 = F = \frac{|Q_1 \cdot Q_2|}{\varepsilon \cdot 4 \cdot a^2 \cdot \pi}} \tag{3.34}$$

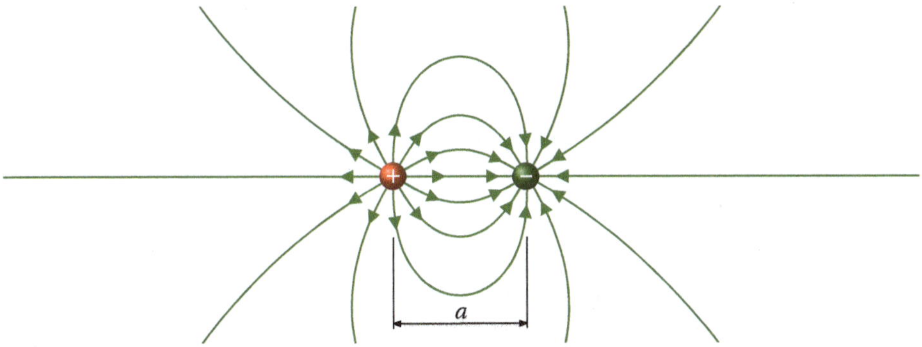

Bild 3.16 Elektrisches Feldbild zweier Ladungen im Abstand a unter der Bedingung $Q_1 + Q_2 = 0\,\mathrm{C}$; ⊕ positive Ladung Q_1, ⊖ negative Ladung Q_2

Zahlenwertbeispiel 3.14. Wir berechnen die Coulombsche Kraft zwischen den beiden Ladungen $Q_1 = 10^{-6}\,\mathrm{C}$ und $Q_2 = -10^{-6}\,\mathrm{C}$ mit dem Abstand $a = 5\,\mathrm{mm}$. Die Permittivität beträgt $\varepsilon = \varepsilon_0$:

$$F = \frac{|Q_1 \cdot Q_2|}{\varepsilon \cdot 4 \cdot a^2 \cdot \pi} = \frac{|10^{-6}\,\mathrm{C} \cdot (-10^{-6}\,\mathrm{C})|}{8{,}854 \cdot 10^{-12}\,\frac{\mathrm{As}}{\mathrm{Vm}} \cdot 4 \cdot (5 \cdot 10^{-3}\,\mathrm{m})^2 \cdot \pi} = 359{,}5\,\mathrm{N}$$ ■

Erweitertes Wissen. Das Coulombsche Gesetz beschreibt die Kraftwirkung zwischen zwei Ladungen. In vergleichbarer Weise beschreibt das Gravitationsgesetz die Kraftwirkung zwischen zwei Massen m_1 und m_2:

$$F = G \cdot \frac{m_1 \cdot m_2}{r^2} \tag{3.35}$$

In dieser Gleichung bezeichnet die Größe $G \approx 6{,}674 \cdot 10^{-11}\,\frac{\mathrm{m}^3}{\mathrm{kg \cdot s^2}}$ die Gravitationskonstante.

Zahlenwertbeispiel 3.15. Der Erdradius beträgt im Mittel $r = 6371\,\mathrm{km}$ und die Masse der Erde ist etwa $m_2 = 5{,}972 \cdot 10^{24}\,\mathrm{kg}$. Wir bestimmen die Kraft, die auf den Körper mit der Masse $m_1 = 1\,\mathrm{kg}$ auf der Erdoberfläche wirkt:

$$F = G \cdot \frac{m_1 \cdot m_2}{r^2} = 6{,}674 \cdot 10^{-11}\,\frac{\mathrm{m}^3}{\mathrm{kg \cdot s^2}} \cdot \frac{1\,\mathrm{kg} \cdot 5{,}972 \cdot 10^{24}\,\mathrm{kg}}{(6371 \cdot 10^3\,\mathrm{m})^2} = 9{,}820\,\mathrm{N}$$

Zum Vergleich beträgt die Gewichtskraft auf den Körper mit der Masse $m_1 = 1\,\mathrm{kg}$, wenn wir typisch mit $g \approx 9{,}81\,\mathrm{m/s^2}$ rechnen: $F_{G1} = 1\,\mathrm{kg} \cdot 9{,}81\,\mathrm{m/s^2} = 9{,}810\,\mathrm{N}$ ■

3.6.3 Influenz

Wir erläutern den Effekt der Influenz anhand des nachfolgenden Gedankenexperiments:

Homogenes Magnetfeld. Wir betrachten die beiden Metallplättchen ① und ② in Bild 3.17a. Diese Plättchen befinden sich in einem homogenen elektrischen Feld $\vec{E}$, das von links nach rechts gerichtet ist. Wir nennen dieses elektrische Feld das *äußere Feld*.

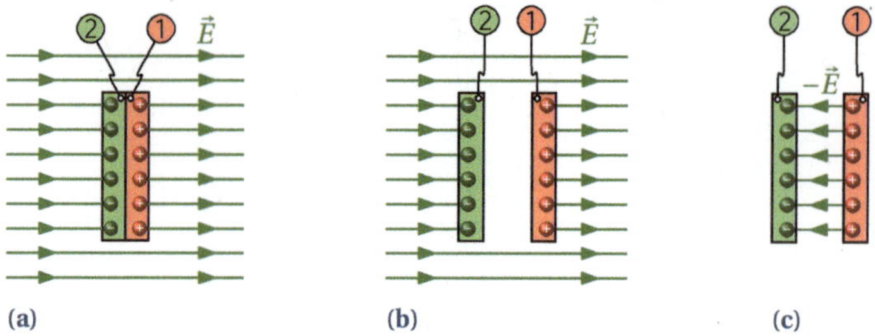

Bild 3.17 (a) Zwei Metallplättchen in einem homogenen Magnetfeld $\vec{E}$, (b) Metallplättchen getrennt, (c) Metallplättchen aus dem homogenen Magnetfeld entnommen; ① und ② Metallplättchen

Ladungsverschiebung. Aufgrund der beweglichen Ladungsträger in den Metallplättchen kommt es zur Ladungstrennung bzw. Ladungsverschiebung, sodass sich in Bild 3.17a die Elektronen auf der linken Seite von ② sammeln. Zusätzlich bleiben Atome ohne Elektronen in ① auf der rechten Seite zurück, die positiv geladen wirken.

Wenn wir dem homogenen elektrischen Feld $\vec{E}$ eine Anordnung wie in Bild 3.4 zugrundelegen, können wir uns in Bild 3.17a am Beginn der Feldlinien links eine positiv und am Ende der Feldlinien rechts eine negativ geladene Elektrode vorstellen. Positive und negative Ladungen ziehen einander an. Das erklärt, warum sich die Elektronen auf jenem Metallplättchen befinden, das zur positiv geladenen Elektrode (links) hin gerichtet ist. Die positiv geladenen Atome befinden sich folglich gegenüber (rechts).

Influenz. Die getrennten Ladungen sammeln sich in Bild 3.17a aufgrund des elektrischen Felds an den Oberflächen der Metallplättchen. Diesen Effekt der Ladungsverschiebung auf metallischen Oberflächen nennen wir Influenz.

Würden sich die Ladungen nicht an der Oberfläche sammeln, würde auf sie je eine Kraft gemäß $\vec{F} = Q \cdot \vec{E}$ wirken, die im Metall die

- positiven Ladungen nach rechts in die Richtung von $\vec{E}$ und die
- negativen Ladungen nach links gegen die Richtung von $\vec{E}$ bewegen würde.

Innenraum. Der Innenraum der beiden Metallplättchen in Bild 3.17a bleibt infolge der Ladungstrennung feldfrei.

> Ladungsträger sammeln sich in **metallischen Leitern**, die einem elektrischen Feld ausgesetzt sind, immer an dessen **Oberfläche**.
>
> Das **Innere** dieser metallischen Leiter bleibt **feldfrei**.

Trennung der Plättchen. Wir trennen nun die beiden Metallplättchen räumlich geringfügig voneinander, wie das in Bild 3.17b dargestellt ist. Das Metallplättchen ① erscheint weiterhin positiv geladen. Die negativen Ladungen bleiben im Metallplättchen ②. Infolge der räumlichen Trennung können sich die Ladungen nicht mehr ausgleichen.

Feld zwischen den Plättchen. Die getrennten Ladungen in den Plättchen erzeugen wie bei einem Plattenkondensator ein elektrisches Feld, das wir hier als *inneres Feld* bezeichnen:

- Das innere Feld ist gleich groß wie das äußere Feld, aber entgegengesetzt, von rechts nach links, gerichtet.
- Durch die Überlagerung des inneren und des äußeren Felds im Raum zwischen den Metallplättchen wird der Raum zwischen den Metallplättchen in Bild 3.17b feldfrei.[23]
- Das innere Feld können wir betrachten, indem wir die beiden Metallplättchen aus dem äußeren homogenen elektrischen Feld $\vec{E}$ herausnehmen und isoliert betrachten, wie das in Bild 3.17c gezeigt ist. Das damit verbleibende innere Feld ist von rechts nach links gerichtet und mit $-\vec{E}$ bezeichnet.[24]

3.6.4 Spitzenwirkung

Metallische Spitzen haben in einem elektrischen Feld besondere Eigenschaften:

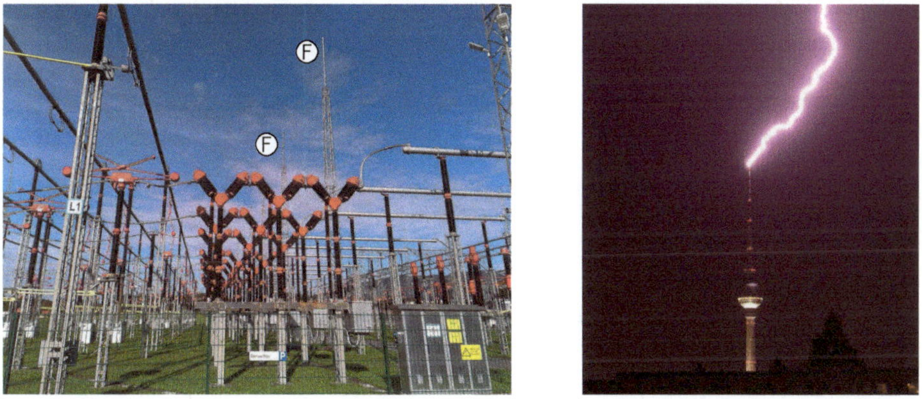

(a) (b)

Bild 3.18 (a) Blitzfangeinrichtung Ⓕ in einem Umspannwerk (Foto: © christiankral, CC BY 4.0, via Wikimedia Commons), (b) Blitzeinschlag in die Spitze des Berliner Fernsehturms (Foto: Ausschnitt von© Matt Biddulph from UK, CC BY-SA 2.0, via Wikimedia Commons)

Feldstärke und Durchschlag. An metallischen Spitzen treten in einem elektrischen Feld besonders hohe elektrische Feldstärken auf. Diese Eigenschaft kann anhand des Feldlinienbilds von Bild 3.2b erklärt werden. Dazu stellen wir uns die Ladung Ⓛ in einfacher Näherung wie eine elektrisch geladene Metallspitze in Form einer Metallkugel[25] vor:

- Eine ausgeprägtere Spitze entspricht einer kleineren Oberfläche der Ladung Ⓛ.

[23] Dieses Prinzip wird zur Abschirmung von elektrischen Feldern im Innenraum eines Faradayschen Käfigs angewandt. So ist man beispielsweise im Innenraum eines Autos gegen äußere Blitzeinschläge geschützt, da die metallische Fahrzeughülle wie ein Faradayscher Käfig wirkt.

[24] Das äußere Feld $\vec{E}$ und das innere Feld $-\vec{E}$ in Bild 3.17b heben sich daher zwischen den Metallplättchen auf.

[25] Dort wo die Metallspitze beispielsweise mit einer Metallstange verbunden ist, stimmt diese Näherung nicht. In dem der Spitze gegenüberliegenden Bereich liefert diese Betrachtungsweise jedoch eine physikalisch korrekte Aussage.

- Je kleiner die Oberfläche der Ladung Ⓛ ist, desto dichter werden die Feldlinien und desto höher ist daher die elektrische Feldstärke im Bereich dieser Oberfläche.
- Je höher die elektrische Feldstärke ist, desto höher ist an einer Spitze die Wahrscheinlichkeit, dass es zu einem Durchschlag, etwa in Form eines Lichtbogens, kommt.

Gewitter. Bei einem Gewitter kommt es zu einem elektrischen Feld infolge von Ladungstrennung zwischen Wolken und Boden. Während eines Gewitters steigt die Wahrscheinlichkeit für einen Blitzeinschlag an einer Metallspitze stark an.

Blitzfangeinrichtung. Die erhöhte Wahrscheinlichkeit für einen Blitzeinschlag ist ein Effekt, den man in Blitzfangeinrichtungen ausnutzt, wie das in Bild 3.18a für ein Umspannwerk gezeigt ist. Die hohen freistehenden Masten Ⓕ mit ihren Metallspitzen haben ausschließlich die Aufgabe, die darunter befindliche Anlage vor Blitzeinschlägen zu schützen. Sie leiten bei einem Blitzeinschlag den Blitzstrom direkt in das Erdreich.

In Bild 3.18b sieht man einen Blitzeinschlag in den Berliner Fernsehturm. Blitzschutzeinrichtungen leiten derartige Blitze sicher in das Erdreich ab.

Hochspannung. In für Hochspannung ausgelegten Geräten und Anlagen versucht man metallische Spitzen zu vermeiden. Dafür werden praktisch möglichst glatte Oberflächen ohne scharfe Kanten und Ecken ausgeführt. Je gleichmäßiger bzw. homogener das elektrische Feld ausgeprägt ist, desto geringer ist das Risiko für einen ungewollten Überschlag während des Betriebs.

Deutsch	English
Blitz	Lightning
Durchschlag	Electric breakdown
Gewitter	Thunderstorm
Hochspannung	High voltage
Kugeloberfläche	Surface of a sphere
Punktladung	Point charge

4 Trigonometrie

Zeichen	Einheit	Größe	Quantity
α, β, γ	1	Winkel	Angle

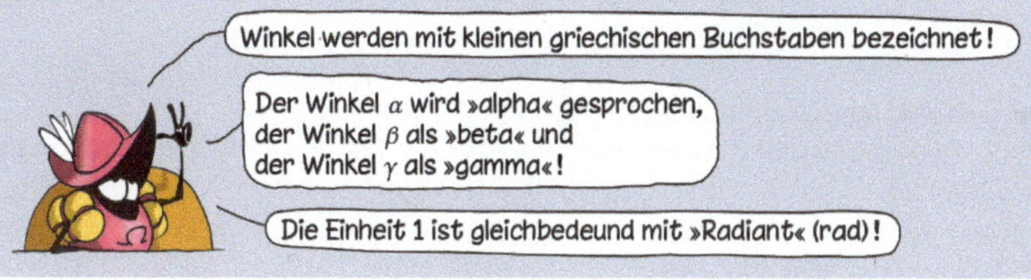

In der Trigonometrie werden Zusammenhänge zwischen Längen und Winkeln in Dreiecken hergestellt. Bild 4.1 soll uns dazu als Inspiration dienen. Wir betrachten nachfolgend geometrische Darstellungen, die jeweils in einem x-y-Koordinatensystem, wie beispielsweise in Bild 4.2a, angegeben sind. Als Folge dessen behandeln wir in diesem Abschnitt ausschließlich Winkel in der zweidimensionalen x-y-Ebene.

Bild 4.1 Trigonometrie

4.1 Winkel

Der Winkel β zwischen zwei Schenkeln a und c, wie er in Bild 4.2b dargestellt ist, lässt sich beispielsweise mit einem Geodreieck bestimmen. Den Schnittpunkt der beiden Schenkel kann man auch als Drehpunkt ansehen, ähnlich wie bei der Schere in Bild 4.2c. Wenn man ausgehend von zwei parallelen, horizontal ausgerichteten Scherenhebeln, den einen Scherenhebel um den Winkel β *gegen den Uhrzeigersinn* um den Drehpunkt dreht, erhalten wir eine Konfiguration wie in Bild 4.2b.

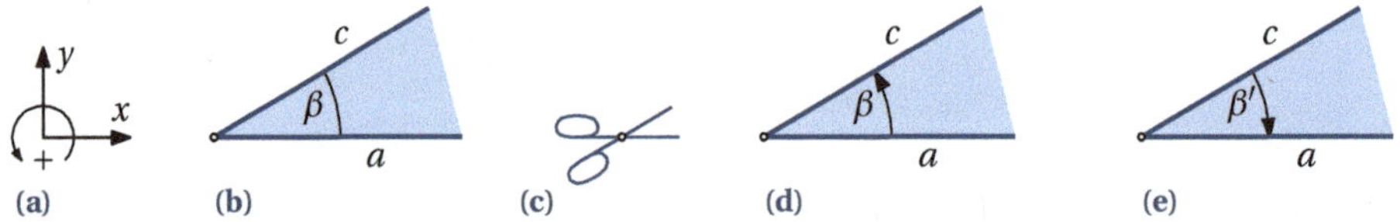

Bild 4.2 (a) x-y-Koordinatensystem, (b) Schenkel und Winkel β, (c) Schere mit zwei Scherenhebeln, (d) positiver Winkel β, (e) negativer Winkel β'

> Eine Drehung **gegen den Uhrzeigersinn** (↺) entspricht in einem ebenen x-y-Koordinatensystem dem **mathematisch positiven Bezugssinn**. Eine Drehung in Richtung dieses Bezugssinns entspricht daher einem positiven Winkel. Eine Drehung entgegen dem mathematisch positiven Bezugssinn (im Uhrzeigersinn) entspricht hingegen einem negativen Winkel.

Der mathematisch positive Drehsinn (↺) in Bild 4.2a ist mit einem kreisbogenförmigen Pfeil um das Pluszeichen herum angezeigt. Der Winkel β in Bild 4.2d, der vom Schenkel a zum Schenkel c gerichtet ist, ist größer als null[1], da er im mathematisch positiven Bezugssinn gezeichnet ist. In Bild 4.2e betrachten wir den Winkel β', welcher vom Schenkel c zum Schenkel a hin gerichtet ist. Der Winkel β' ist daher kleiner als null[2], da er gegen den mathematisch positiven Bezugssinn gerichtet ist.

> - Ein **positiver** Winkel wird mit einem Kreisbogen samt Pfeil gekennzeichnet, dessen Richtung mit dem mathematisch positiven Bezugssinn übereinstimmt (↺).
> - Ein **negativer** Winkel wird mit einem Kreisbogen samt Pfeil gekennzeichnet, dessen Richtung mit dem mathematisch positiven Bezugssinn nicht übereinstimmt (↻).
> - Als Kreisbogen gekennzeichnete Winkel ohne Pfeil meinen in der Regel einen positiven Winkel.

Der Winkel eines vollen Kreises beträgt:

$$360^\circ = 2 \cdot \pi \tag{4.1}$$

1 Genauer: $0^\circ < \beta < 180^\circ$
2 Genauer: $-180^\circ < \beta' < 0^\circ$

Der im Bogenmaß dargestellte Winkel $2 \cdot \pi$ wird mitunter auch mit der Einheit Radiant (rad) versehen. Letztlich ist die Einheit rad jedoch gleichbedeutend mit 1.

4.2 Rechtwinkeliges Dreieck und Winkelfunktionen

Um die Winkelfunktionen mathematisch beschreiben zu können, betrachten wir das rechtwinkelige Dreieck in Bild 4.3a. Die beiden Winkel α und β bezeichnen wir als *Komplementwinkel*, da sie zusammen 90° ergeben:

$$\alpha + \beta = 90° \tag{4.2}$$

Dabei benennen wir die beiden in einem rechten Winkel zueinander stehenden Seiten als Katheten und die dritte Seite als Hypotenuse. Bezüglich des Winkels α nennen wir die Seite b die *Ankathete* – da sie an den Winkel angrenzt – und die Seite a die *Gegenkathete* – da sie dem Winkel gegenüberliegt. Da die Kathete a an den Winkel β angrenzt, heißt sie bezüglich des Winkels β *Ankathete* und b heißt *Gegenkathete*; siehe Tabelle 4.1.

Wir definieren folgende Winkelfunktionen:

Sinus. Der Sinus (Funktionsname sin) von einem der beiden Komplementwinkel ist die Gegenkathete dividiert durch die Hypotenuse:

$$\sin(\alpha) = \frac{a}{c} \qquad \sin(\beta) = \frac{b}{c} \tag{4.3}$$

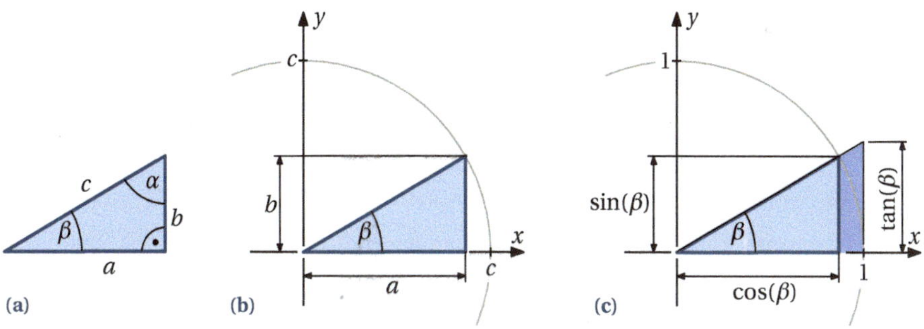

Bild 4.3 Rechtwinkeliges Dreieck mit Winkeln und Winkelfunktionen

Tabelle 4.1 Bezeichnungen im rechtwinkeligen Dreieck

	Seite a	Seite b	Seite c
Bezüglich α	Gegenkathete	Ankathete	Hypotenuse
Bezüglich β	Ankathete	Gegenkathete	Hypotenuse

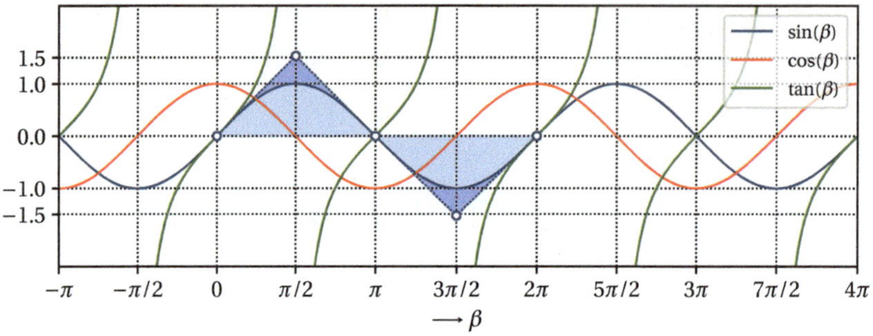

Bild 4.4 Funktionen sin(β), cos(β) und tan(β), Hilfspunkte für die näherungsweise Konstruktion einer Sinuskurve per Handskizze

Kosinus. Der Kosinus (Funktionsname cos) ist jeweils gleich dem Verhältnis aus Ankathete zu Hypotenuse:

$$\cos(\alpha) = \frac{b}{c} \qquad \cos(\beta) = \frac{a}{c} \tag{4.4}$$

Tangens. Der Tangens (Funktionsname tan) berechnet sich aus Gegenkathete zu Ankathete:

$$\tan(\alpha) = \frac{a}{b} = \frac{\sin(\alpha)}{\cos(\alpha)} \qquad \tan(\beta) = \frac{b}{a} = \frac{\sin(\beta)}{\cos(\beta)} \tag{4.5}$$

Zwischen den Seiten a, b und c gilt der Satz von Pythagoras:

$$c^2 = a^2 + b^2 \tag{4.6}$$

Aus den Winkelfunktionen lassen sich noch folgende Eigenschaften ableiten:

Steigung. Bezüglich des Winkels β sind die Winkelfunktionen in Bild 4.3b und c veranschaulicht. Dass man neben dem Sinus und dem Kosinus des Winkels β auch den Tangens einzeichnen kann, ist eine Folge der Betrachtung der Steigung k der Hypotenuse im x-y-Koordinatensystem; sie beträgt

$$k = \tan(\beta) \tag{4.7}$$

und stimmt mit Gl. (4.5) überein.

Satz von Pythagoras. Der Satz von Pythagoras angewandt auf die Winkelfunktionen aus Bild 4.3c zeigt:

$$\cos^2(\beta) + \sin^2(\beta) = 1 \tag{4.8}$$

Die Schreibweise $\cos^2(\beta)$ bedeutet dabei $(\cos(\beta))^2$, also das Quadrat von $\cos(\beta)$. In vergleichbarer Weise ist $\sin^2(\beta)$ zu verstehen.

Handskizze. Die wesentlichen Merkmale einer Sinus-Funktion – für die Erstellung mittels Handskizze – sind in Bild 4.4 gezeigt. Dazu zeichnet man jeweils eine horizontale Linie bei der positiven und negativen Amplitude sowie dem jeweils etwa 1,5-fachen Wert der positiven und negativen Amplitude. Die in Bild 4.4 markierten Punkte werden über einen Linienzug miteinander verbunden. Dieser Linienzug, ebenso wie die horizontalen Linien bei der positiven und negativen Amplitude, sind die Tangenten für das Zeichnen der Sinuskurve: Das lässt sich mit freier Hand gut bewerkstelligen.

Verschiebung. Die Sinus- und Kosinuskurve in Bild 4.4 sind horizontal gegeneinander verschoben:

$$\cos(\beta) = \sin\left(\beta + \frac{\pi}{2}\right) \qquad \sin(\beta) = \cos\left(\beta - \frac{\pi}{2}\right) \tag{4.9}$$

Diese beiden Winkelfunktionen weisen zusätzlich folgende Eigenschaften auf:

$$\sin(-\beta) = -\sin(\beta) \qquad \cos(-\beta) = \cos(\beta) \tag{4.10}$$

Periode. Die Winkelfunktionen $\sin(\beta)$, $\cos(\beta)$ und $\tan(\beta)$ sind in Bild 4.4 dargestellt. Die sin- und cos-Funktionen sind $2\cdot\pi$-periodisch, die tan-Funktion ist π-periodisch. Die Periode gibt hier an, nach welchem kleinstmöglichen Winkel sich die Funktion (nach links und rechts) wiederholt. Dies schreiben wir mathematisch in folgender Form:

$$\sin(\beta) = \sin(\beta + z\cdot 2\cdot\pi) \quad \cos(\beta) = \cos(\beta + z\cdot 2\cdot\pi) \quad \tan(\beta) = \tan(\beta + z\cdot\pi) \tag{4.11}$$

Dabei ist $z \in \mathbb{Z}$ eine ganze Zahl. Dieser Zusammenhang lässt sich mit einem Taschenrechner im Radiant-Modus einfach nachvollziehen. Die Funktion $\tan(\beta)$ weist immer dann eine Unstetigkeitsstelle auf, wenn die Funktion $\cos(\beta)$ gleich null ist.

Für jede der drei Funktionen aus Bild 4.4 gibt es jeweils eine Umkehrfunktion:

Arkussinus. In Bild 4.5a können wir jedem beliebigen Winkel β eindeutig einen Funktionswert

$$y = \sin(\beta) \tag{4.12}$$

zuordnen, wobei $-1 \le y \le 1$ ist. Wenn wir umgekehrt y kennen und den Winkel β bestimmen wollen, so gibt es dazu meist zwei Lösungen im Intervall $-\pi < \beta \le \pi$. Um die in Bild 4.5a im blau unterlegten Bereich liegende Lösung zu bestimmen, verwenden wir die Umkehrfunktion Arkussinus, mathematisch geschrieben als arcsin:

$$\beta = \arcsin(y) \tag{4.13}$$

Die Funktion $\arcsin(y)$ liefert in Bild 4.5b, im ebenfalls blau unterlegten Bereich, einen eindeutigen Funktionswert β, der im Intervall $-\frac{\pi}{2} \le \beta \le \frac{\pi}{2}$ liegt.[3] Die gesuchte Lösung

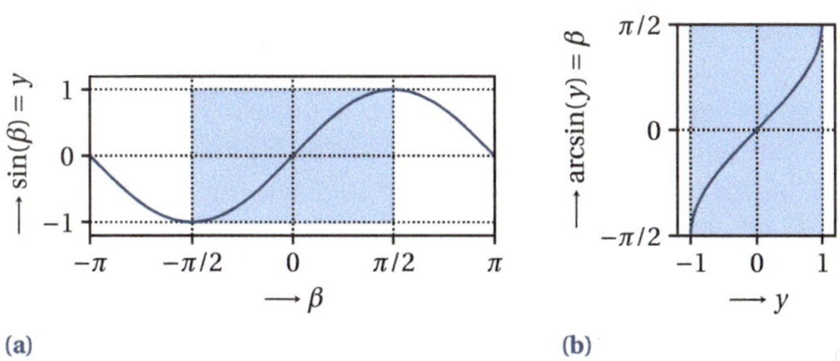

Bild 4.5 (a) Funktion $y = \sin(\beta)$, (b) Umkehrfunktion $\beta = \arcsin(y)$

[3] Der Funktionsverlauf aus Bild 4.5b ergibt sich aus Bild 4.5a durch Vertauschen der beiden Achsen

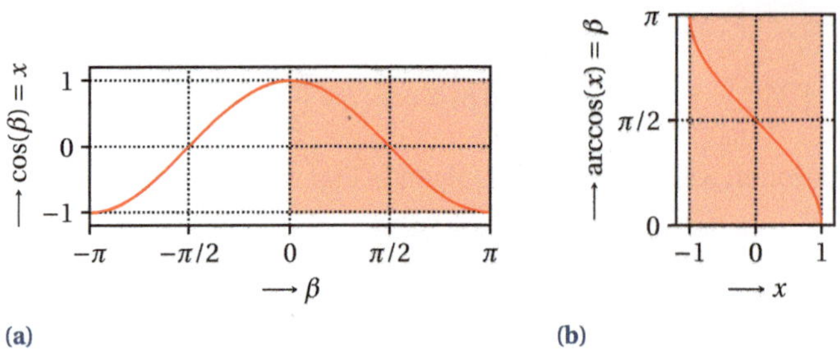

Bild 4.6 (a) Funktion $x = \cos(\beta)$, (b) Umkehrfunktion $\beta = \arccos(y)$

von $y = \sin(\beta)$ könnte auch außerhalb des blauen Bereichs liegen. So liefert beispielsweise arcsin(0) in den Taschenrechner eingetippt als Ergebnis den Winkel $\beta = 0$. Aus Bild 4.5a ist allerdings ersichtlich, dass auch beispielsweise $\beta = \pi$ eine gültige Lösung von $y = \sin(\beta)$ für $y = 0$ ist. Welcher Winkel tatsächlich die korrekte Lösung von $y = \sin(\beta)$ ist, hängt von den zu berücksichtigenden Bedingungen in einer technischen Aufgabe ab, ohne die die Lösung nicht eindeutig bestimmbar ist. Die zweite Lösung von $y = \sin(\beta)$, zusätzlich zu $\arcsin(y)$ im Bereich $-\pi < \beta \le \pi$, beträgt:

$$\beta = \begin{cases} \pi - \arcsin(y) & \text{wenn } y \ge 0 \\ \arcsin(y) - \pi & \text{wenn } y < 0 \end{cases} \tag{4.14}$$

Mathematisch gesehen haben wir in der Regel zwei mögliche Lösungen. Die Gln. (4.13) und (4.14) liefern nur für $y = \pm 1$ das jeweils selbe Ergebnis, womit wir in diesen beiden Sonderfällen eine eindeutige Lösung haben.

Arkuskosinus. In gleicher Weise wie beim Arkussinus gibt es für jeden beliebigen Winkel β einen eindeutigen Funktionswert

$$x = \cos(\beta) \tag{4.15}$$

mit $-1 \le x \le 1$ in Bild 4.6a. Mit der Umkehrfunktion Arkuskosinus, mathematisch geschrieben als arccos, lässt sich wiederum nur ein Lösungswinkel β passend zu $x = \cos(\beta)$ bei gegebenem x finden:

$$\beta = \arccos(x) \tag{4.16}$$

Die Umkehrfunktion $\arccos(x)$ liefert als Resultat einen eindeutigen Winkel β im Bereich $0 \le \beta \le \pi$, ist jedoch keine eindeutige Lösung von $x = \cos(\beta)$. Eine mögliche zweite Lösung könnte außerhalb des rot unterlegten Bereichs von Bild 4.6a und b liegen. Zum Beispiel liefert arccos(0) als Lösung $\beta = \frac{\pi}{2}$. Bild 4.6a zeigt jedoch, dass für $x = \cos(\beta)$ auch $\beta = -\frac{\pi}{2}$ denselben Funktionswert $x = 0$ aufweist. Für den Bereich $-\pi < \beta \le \pi$ gibt es zusätzlich zu $\arccos(x)$ als mögliche zweite Lösung von $x = \cos(\beta)$:

$$\beta = -\arccos(x) \tag{4.17}$$

Für den Sonderfall $x = 1$ sind die beiden Lösungen $\beta = \pm\arccos(x) = 0$ identisch.

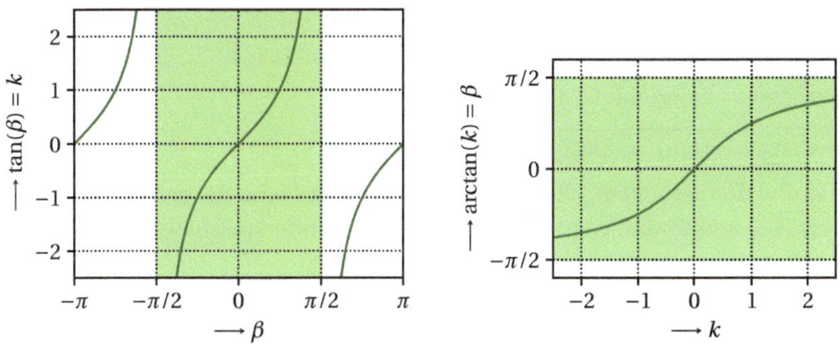

(a) (b)

Bild 4.7 (a) Funktion $k = \tan(\beta)$, (b) Umkehrfunktion $\beta = \arctan(k)$

Arkustangens. Einem Winkel β wird über

$$k = \tan(\beta) \tag{4.18}$$

ein eindeutiger Funktionswert k zugeordnet, der jeden beliebigen reellen Funktionswert annehmen kann. Um umgekehrt den Winkel β im grün unterlegten Bereich von Bild 4.7a aus k zu bestimmen, verwendet man die Umkehrfunktion Arkustanges, mathematisch geschrieben als arctan:

$$\beta = \arctan(k) \tag{4.19}$$

Die Funktion $\arctan(k)$ in Bild 4.7b liefert den Winkel β im Bereich $-\frac{\pi}{2} < \beta < \frac{\pi}{2}$ als Ergebnis. Der Winkel β als Lösung von $k = \tan(\beta)$ könnte jedoch auch außerhalb des grün unterlegten Bereichs von Bild 4.7a liegen. So liefert etwa $\arctan(0)$ als Lösung $\beta = 0$, aber eine zweite Lösung ist $\beta = \pi$, wo ebenfalls $\tan(\beta) = 0$ ist. Neben der Umkehrfunktion $\arctan(k)$ ist eine zweite Lösung von $k = \tan(\beta)$:

$$\beta = \begin{cases} \arctan(k) - \pi & \text{wenn } k > 0 \\ \pi + \arctan(k) & \text{wenn } k \leq 0 \end{cases} \tag{4.20}$$

Eine Ausnahme bilden die Winkel $\beta = \pm\frac{\pi}{2}$, wo die Tangensfunktion eine Unstetigkeitsstelle aufweist.

> Die **Umkehrfunktionen** $\arcsin(y)$, $\arccos(x)$ und $\arctan(k)$ sind eindeutige Funktionen, liefern aber jeweils nicht notwendigerweise eine eindeutige Lösung für den Winkel β in folgenden Gleichungen:
>
> $y = \sin(\beta)$ $\qquad$ $x = \cos(\beta)$ $\qquad$ $k = \tan(\beta)$
>
> Ausgenommen von Sonderfällen gibt es immer auch einen zweiten Lösungswinkel, wie er jeweils in den Gln. (4.14), (4.17) und (4.20) angegeben ist.

Zahlenwertbeispiel 4.1. Wir bestimmen die Hypotenuse c, sowie Winkel α und β in einem rechtwinkeligen Dreieck mit $a = 4\,\text{cm}$ und $b = 3\,\text{cm}$ gemäß Bild 4.3.

Der Satz von Pythagoras liefert mit Gl. (4.6) die Hypotenuse:

$$c = \sqrt{a^2 + b^2} = \sqrt{(4\,\text{cm})^2 + (3\,\text{cm})^2} = 5\,\text{cm}$$

Für die Bestimmung der gesuchten Winkel gibt es unterschiedliche Rechenwege, die aus den Gln. (4.3) bis (4.5) ausgewählt werden können. Wir verwenden beispielsweise:

$$\alpha = \arctan\left(\frac{b}{a}\right) = \arctan\left(\frac{3\,\text{cm}}{4\,\text{cm}}\right) = 0{,}6435 = 36{,}87^\circ$$

$$\beta = \arccos\left(\frac{b}{c}\right) = \arctan\left(\frac{3\,\text{cm}}{5\,\text{cm}}\right) = 0{,}5404 = 53{,}13^\circ$$

Die Ergebnisse sind im Bogenmaß und in Grad angegeben. ■

4.3 Allgemeines Dreieck

Bei einem allgemeinen Dreieck wie in Bild 4.8a ergibt die Summe der drei Winkel:

$$\alpha + \beta + \gamma = 180^\circ \tag{4.21}$$

Sinussatz

Der Sinussatz besagt, dass die Verhältnisse der Seiten zum jeweils gegenüberliegenden Winkel in einem Dreieck konstant sind:

$$\frac{a}{\sin(\alpha)} = \frac{b}{\sin(\beta)} = \frac{c}{\sin(\gamma)} \tag{4.22}$$

Kosinussatz

Der Kosinussatz kann als Verallgemeinerung des Satzes von Pythagoras gemäß $c^2 = a^2 + b^2$ angesehen werden:

$$c^2 = a^2 + b^2 - 2 \cdot a \cdot b \cdot \cos(\gamma) \tag{4.23}$$

In gleicher Form gilt:

$$a^2 = b^2 + c^2 - 2 \cdot b \cdot c \cdot \cos(\alpha) \qquad b^2 = c^2 + a^2 - 2 \cdot c \cdot a \cdot \cos(\beta) \tag{4.24}$$

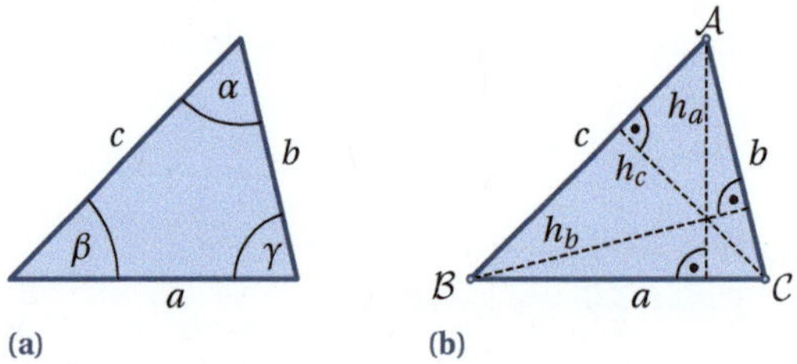

Bild 4.8 Allgemeines Dreieck (a) mit Seiten a, b , c und Winkeln α, β, γ, (b) zusätzlich mit Höhen h_a, h_b, h_c und den Eckpunkten $\mathcal{A}$, $\mathcal{B}$, $\mathcal{C}$

Höhen

Die drei Höhen h_a, h_b und h_c eines allgemeinen Dreiecks sind in Bild 4.8b eingezeichnet. Dabei geht

- die Höhe h_a durch den Punkt $\mathcal{A}$ und steht normal auf die Seite a,
- die Höhe h_b durch den Punkt $\mathcal{B}$ und steht normal auf die Seite b,
- die Höhe h_c durch den Punkt $\mathcal{C}$ und steht normal auf die Seite c.

Da jede Höhe das allgemeine Dreieck in jeweils zwei rechtwinkelige Dreiecke teilt, gilt:

$$\begin{aligned} h_a &= b \cdot \sin(\gamma) & \qquad h_b &= c \cdot \sin(\alpha) & \qquad h_c &= a \cdot \sin(\beta) \\ &= c \cdot \sin(\beta) & &= a \cdot \sin(\gamma) & &= b \cdot \sin(\alpha) \end{aligned} \tag{4.25}$$

Zahlenwertbeispiel 4.2. Für ein allgemeines Dreieck mit $a = 3\,\text{cm}$, $b = 4\,\text{cm}$ und $c = 6\,\text{cm}$ sollen die Winkel α, β und γ gemäß Bild 4.8 bestimmt werden.

Im ersten Schritt bestimmen wir den Winkel γ aus Gl. (4.23):

$$\gamma = \arccos\left(\frac{a^2 + b^2 - c^2}{2 \cdot a \cdot b}\right) = \arccos\left(\frac{(3\,\text{cm})^2 + (4\,\text{cm})^2 - (6\,\text{cm})^2}{2 \cdot 3\,\text{cm} \cdot 4\,\text{cm}}\right) = 1{,}445 = 82{,}82^\circ$$

Die verbleibenden Winkel α und β lassen sich in gleicher Weise aus Gl. (4.24) ermitteln. Wir verwenden hier jedoch für die Bestimmung des Winkels α den Sinussatz gemäß Gl. (4.22). Durch Umformung erhalten wir:

$$\alpha = \arcsin\left(\frac{b \cdot \sin(\gamma)}{c}\right) = \arcsin\left(\frac{4\,\text{cm} \cdot \sin(82{,}82^\circ)}{6\,\text{cm}}\right) = 0{,}7227 = 41{,}41^\circ$$

Für den dritten Winkel ergibt sich gemäß Gl. (4.21):

$$\beta = 180^\circ - \alpha - \gamma = 180^\circ - 41{,}41^\circ - 82{,}82^\circ = 55{,}77^\circ$$

■

Deutsch	English
Rechtwinkeliges Dreieck	Right triangle
Allgemeines Dreieck	General triangle
Umkehrfunktion	Inverse function
Winkel	Angle

■

5 Vektorrechnung

Wir haben in Abschnitt 3.1 die Vektoren der Gravitationsfeldstärke und der elektrischen Feldstärke kennengelernt. Während eine skalare Größe – wie etwa die Temperatur – nur eine Größe aufweist, besitzt eine Vektorgröße zusätzlich eine Richtungseigenschaft. Mathematisch haben wir Vektoren bislang noch nicht behandelt. Das holen wir an dieser Stelle nach.

Wir werden nachfolgend zunächst die zweidimensionalen und danach die dreidimensionalen Vektoren behandeln. Dabei werden wir die wichtigsten mathematischen Eigenschaften und Rechenregeln zusammenfassen.

5.1 Zweidimensionale Vektoren

Um einen Punkt auf der Erdoberfläche zu finden, ist es ausreichend, seine GPS-Koordinaten zu kennen. In ähnlicher Weise kann man einen beliebigen Punkt in der x-y-Ebene dadurch kennzeichnen, dass man seine x- und y-Koordinate angibt, wie das in Bild 5.1a dargestellt ist.

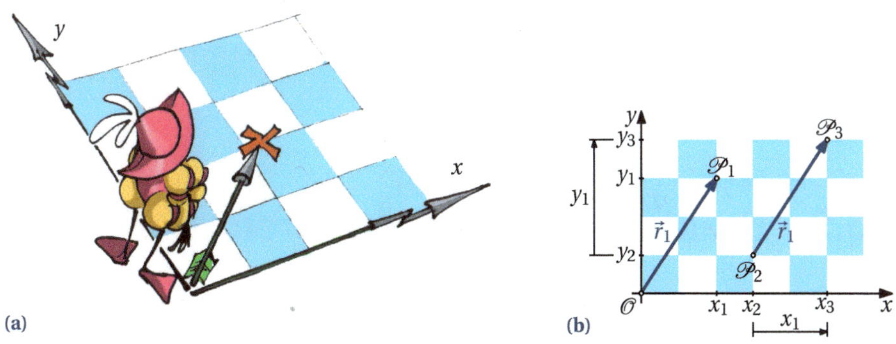

Bild 5.1 (a) Zweidimensionaler Vektor, (b) Ortsvektor $\vec{r}_1$ von $\mathcal{O}$ nach $\mathcal{P}_1$ sowie Vektor $\vec{r}_1$ von $\mathcal{P}_2$ nach $\mathcal{P}_3$,

Ortsvektor

Wenn wir in Bild 5.1b in der x-y-Ebene einen Pfeil vom Ursprung $\mathcal{O}$ zu einem Punkt $\mathcal{P}_1$ mit den Koordinaten x_1 und y_1 zeichnen, so bezeichnen wir diesen Pfeil als *Ortsvektor* $\vec{r}_1$. Wir schreiben die beiden Koordinaten in der Vektorschreibweise übereinander in einer runden Klammer:

$$\vec{r}_1 = \begin{pmatrix} x_1 \\ y_1 \end{pmatrix} \tag{5.1}$$

Ortsvektor nennen wir einen Vektor dann, wenn er vom Ursprung $\mathcal{O}$ weg gezeichnet wird. Ein Vektor wird in der Mathematik über einen kleinen Vektorpfeil oberhalb des Formelzeichens gekennzeichnet, wie bei $\vec{r}_1$.

Vektor

Wenn wir nun den Ortsvektor $\vec{r}$ aus Bild 5.1b derart parallel verschieben, dass sein Ursprungspunkt in $\mathcal{P}_2$ mit den Koordinaten x_2 und y_2 zu liegen kommt, dieser Pfeil jedoch dieselbe Länge aufweist und in dieselbe Richtung zeigt, so sprechen wir einfach nur von einem Vektor $\vec{r}$. Der Ortsvektor ist also ein Sonderfall des Vektors, der im Ursprung $\mathcal{O}$ beginnt. In unserem Beispiel ist der Vektor $\vec{r}_1$ von $\mathcal{P}_2$ nach $\mathcal{P}_3$ gerichtet. Seine Abmessungen in x- und y-Richtung sind gleich wie der ursprünglich gezeichnete Ortsvektor, d. h. $x_1 = x_3 - x_2$ und $y_1 = y_3 - y_2$. Die x- und y-Koordinaten (d. h. x- und y-Abmessungen) des Vektors sind gleich wie jene des Ortsvektors. Damit weist auch der von $\mathcal{P}_2$ nach $\mathcal{P}_3$ gerichtete Vektor dieselben Koordinaten wie in Gl. (5.1) auf.

Der Endpunkt eines gezeichneten Vektors – wie in Bild 5.1b – wird über eine Pfeilspitze gekennzeichnet. Der gerade Bereich vom Ausgangspunkt des Vektorpfeils bis zur Spitze wird als *Schaft* bezeichnet.

Begrifflich unterscheiden wir zweidimensionale Vektoren in der Form (5.1) und skalare Größen, kurz Skalare.

- Ein **Skalar** ist eine gewöhnliche Zahl oder physikalische Größe mit Einheit.
- Ein zweidimensionaler **Vektor** besteht aus einem Paar gewöhnlicher Zahlen oder physikalischen Größen: den Koordinaten. Die Koordinaten eines zweidimensionalen Vektors können wir uns in einem Koordinatensystem vorstellen, wie in Bild 5.1.

5.2 Dreidimensionale Vektoren

Wenn wir unsere Vorstellung von den zwei- zu den dreidimensionalen Vektoren hin erweitern, fügen wir die z-Koordinate als dritte Koordinate der Vektorschreibweise hinzu:

$$\vec{r}_1 = \begin{pmatrix} x_1 \\ y_1 \\ z_1 \end{pmatrix} \tag{5.2}$$

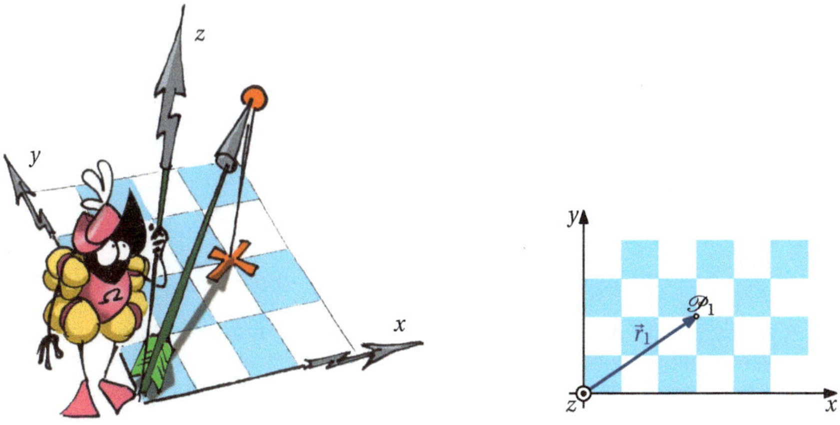

(a) (b)

Bild 5.2 Dreidimensionaler Vektor, (a) perspektivisch dargestellt und mit Schattenprojektion auf die *x*-*y*-Ebene, (b) in einem dreidimensionalen Koordinatensystem mit *x*- und *y*-Achse in der Ebene und *z*-Achse aus der Ebene

Dreidimensional können wir uns das wie in Bild 5.2a perspektivisch vorstellen. Wenn man die x- und die y-Achse eines Koordinatensystems gezeichnet hat, zeichnet man die z-Achse jeweils normal auf die beiden anderen Achsen, wie in Bild 5.3a. Die Richtung der z-Achse ist in die Richtung des Daumens der rechten Hand gerichtet, wenn die x-Achse über den kürzeren der beiden möglichen Winkel in die y-Achse gedreht wird. Die vier Finger der rechten Hand in Bild 5.3b geben die Drehrichtung an.

Alternativ kann man sich die x-, y- und z-Achse als Dreibein vorstellen, dessen Beine über Daumen, Zeigefinger und Mittelfinger der rechten Hand gebildet werden. Die Finger weisen jeweils einen Winkel von $90°$ zueinander auf, wie das in Bild 5.3c gezeichnet ist. Dabei zeigt

- der Daumen in die Richtung der x-Achse,
- der Zeigefinger in Richtung der y-Achse und
- der Mittelfinger in Richtung der z-Achse.

> **!** Die x-, y- und z-Achse des Koordinatensystems dürfen wir in Bild 5.3a nicht irgendwelchen Fingern zuordnen. Stattdessen müssen wir uns an eine feste Reihenfolge der Koordinatenachsen halten. Anstelle der Reihenfolge $x \rightarrow y \rightarrow z$ können allerdings auch die Reihenfolgen $y \rightarrow z \rightarrow x$ oder $z \rightarrow x \rightarrow y$ verwendet werden. Wir sprechen in diesem Zusammenhang von einem **zyklischen Vertauschen** der Koordinatenachsen. ■

Damit wir ein dreidimensionales Koordinatensystem auf einem Blatt Papier zeichnen können, greifen wir anstelle einer perspektivischen Darstellung wie in Bild 5.2a auf eine Projektion zurück. Konkret werden wir in der angewandten Vektorrechnung die Projektion auf die x-y-Ebene betrachten, wie sie auch in Bild 5.2a mit dem Schatten des Vektorpfeils illustriert ist.

(a) (b) (c) (d) (e)

Bild 5.3 (a) Achsen x, y und z eines dreidimensionalen Koordinatensystems, (b) die Richtung der z-Achse entspricht der Richtung des Daumens der rechten Hand, wenn die vier Finger die Drehrichtung der x-Achse über den kleineren der beiden Winkel in die y-Achse anzeigt, (c) Koordinatensystem, aus drei rechtwinkelig aufeinander stehenden Fingern gebildet, (d) Pfeilspitze von vorne gesehen ($\odot$), (e) Pfeil von hinten gesehen ($\otimes$)

Wenn wir in diesem Fall die x-Achse nach rechts und die y-Achse nach oben zeichnen, dann ist die z-Achse aus der Zeichenebene heraus gerichtet, wie in Bild 5.2b. Die Richtung aus der Zeichenebene symbolisieren wir durch den Kreis mit dem Punkt ($\odot$), wie in Bild 5.3d. Wir können uns das wie den Blick auf eine Pfeilspitze vorstellen.

Umkehrt symbolisieren wir einen Richtungspfeil in die Zeichenebene über einen Kreis, in dessen Innerem zwei gekreuzte Linien gezeichnet sind ($\otimes$). Wir können uns dazu vorstellen, dass dies der Blick auf das Ende eines Pfeils in Bild 5.3e ist, der mit einer x-förmigen Einkerbung versehen ist.

Ein zweidimensionaler Vektor in der x-y-Ebene kann daher als Sonderfall von Gl. (5.2) mit $z_1 = 0$ betrachtet werden:

$$\vec{r}_1 = \begin{pmatrix} x_1 \\ y_1 \\ 0 \end{pmatrix} \tag{5.3}$$

> **!** Die einzelnen **Koordinaten** eines Vektors sind bei Additionen und Subtraktionen wie auch in Vektorgleichungen immer **voneinander unabhängig**. In allen nachfolgenden Vektorgleichungen müssen wir daher jede Zeile jeweils als separate Gleichung behandeln. ■

Addition

Die Addition des Vektors $\vec{r}_1$ aus Gl. (5.2) und des Vektors

$$\vec{r}_2 = \begin{pmatrix} x_2 \\ y_2 \\ z_2 \end{pmatrix} \tag{5.4}$$

erfolgt koordinatenweise, d. h.:

$$\vec{r}_1 + \vec{r}_2 = \begin{pmatrix} x_1 \\ y_1 \\ z_1 \end{pmatrix} + \begin{pmatrix} x_2 \\ y_2 \\ z_2 \end{pmatrix} = \begin{pmatrix} x_1 + x_2 \\ y_1 + y_2 \\ z_1 + z_2 \end{pmatrix} \tag{5.5}$$

Grafisch erhält man den Vektor $\vec{r}_3 = \vec{r}_1 + \vec{r}_2$ in Bild 5.4a, indem man den Anfangspunkt des Vektors $\vec{r}_2$ an die Spitze des Vektor $\vec{r}_1$ anfügt. Der Summenvektor wird dann vom Anfangspunkt des Vektors $\vec{r}_1$ zur Spitze des Vektor $\vec{r}_2$ gezeichnet.

Zahlenwertbeispiel 5.1. Wir bestimmen die Summe $\vec{r}_3 = \vec{r}_1 + \vec{r}_2$ für die Vektoren in Anlehnung an Bild 5.4a:

$$\vec{r}_1 = \begin{pmatrix} 2\,\text{m} \\ 3\,\text{m} \\ 0\,\text{m} \end{pmatrix} \qquad \vec{r}_2 = \begin{pmatrix} 3\,\text{m} \\ -0{,}5\,\text{m} \\ 0\,\text{m} \end{pmatrix}$$

Es gilt:

$$\vec{r}_3 = \vec{r}_1 + \vec{r}_2 = \begin{pmatrix} 2\,\text{m} \\ 3\,\text{m} \\ 0\,\text{m} \end{pmatrix} + \begin{pmatrix} 3\,\text{m} \\ -0{,}5\,\text{m} \\ 0\,\text{m} \end{pmatrix} = \begin{pmatrix} 5\,\text{m} \\ 2{,}5\,\text{m} \\ 0\,\text{m} \end{pmatrix}$$ ■

Nullvektor

Alle Koordinaten des Nullvektors sind gleich null:

$$\vec{0} = \begin{pmatrix} 0 \\ 0 \\ 0 \end{pmatrix} \tag{5.6}$$

Negativer Vektor

Der negative Vektor $-\vec{r}_2$ weist die gleiche Länge, aber die entgegengesetzte Richtung wie $\vec{r}_2$ auf, wie das in Bild 5.4b dargestellt ist:

$$-\vec{r}_2 = \begin{pmatrix} -x_2 \\ -y_2 \\ -z_2 \end{pmatrix} \tag{5.7}$$

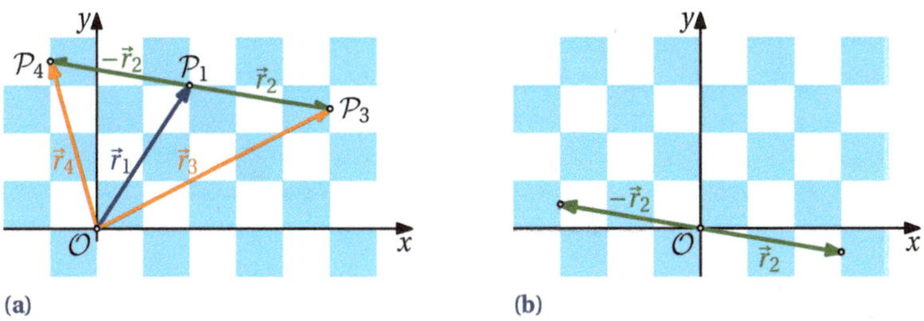

Bild 5.4 (a) Addition $\vec{r}_3 = \vec{r}_1 + \vec{r}_2$ und Subtraktion $\vec{r}_4 = \vec{r}_1 - \vec{r}_2$ von Vektoren, (b) Vektoren $\vec{r}_2$ und $-\vec{r}_2$,

Subtraktion

Subtrahieren wir den Vektor $\vec{r}_2$ vom Vektor $\vec{r}_1$, wie in Bild 5.4a, so entspricht das der Addition der Vektoren $\vec{r}_1$ und $(-\vec{r}_2)$:

$$\vec{r}_1 - \vec{r}_2 = \vec{r}_1 + (-\vec{r}_2) = \begin{pmatrix} x_1 \\ y_1 \\ z_1 \end{pmatrix} + \begin{pmatrix} -x_2 \\ -y_2 \\ -z_2 \end{pmatrix} = \begin{pmatrix} x_1 - x_2 \\ y_1 - y_2 \\ z_1 - z_2 \end{pmatrix} \tag{5.8}$$

Zahlenwertbeispiel 5.2. Wir bestimmen die Differenz $\vec{r}_4 = \vec{r}_1 - \vec{r}_2$ für die im Zahlenwertbeispiel 5.1 angegebenen Vektoren:

$$\vec{r}_4 = \vec{r}_1 - \vec{r}_2 = \begin{pmatrix} 2\,\text{m} \\ 3\,\text{m} \\ 0\,\text{m} \end{pmatrix} - \begin{pmatrix} 3\,\text{m} \\ -0{,}5\,\text{m} \\ 0\,\text{m} \end{pmatrix} = \begin{pmatrix} -1\,\text{m} \\ 3{,}5\,\text{m} \\ 0\,\text{m} \end{pmatrix}$$ ■

Länge eines Vektors

Die *Länge* des Vektors $\vec{r}_1$ nennen wir auch den *Betrag* des Vektors $\vec{r}_1$. Diese Größe berechnen wir über:

$$|\vec{r}_1| = \sqrt{x_1^2 + y_1^2 + z_1^2} \tag{5.9}$$

Die Länge des Vektors $\vec{r}_1$ kennzeichnen wir dadurch, dass wir vor und hinter dem Vektor einen Betragsstrich schreiben. Wenn wir hingegen r_1 ohne Vektorpfeil schreiben, dann meinen wir in der Regel einfach nur eine skalare Größe, aber nicht unbedingt den Betrag des Vektors; stattdessen könnten auch beispielsweise nur eine Koordinate oder ein Radius gemeint sein. Daher ist es fortan wichtig, einen Vektor immer mit einem Vektorpfeil zu kennzeichnen, um ihn von einer ähnlich bezeichneten, skalaren Größe unterscheiden zu können.

Im Falle eines ebenen Vektors, der mit $z_1 = 0$ in der x-y-Ebene liegt, können wir die Länge des Vektors $\vec{r}_1$ mit Hilfe des Satzes von Pythagoras berechnen:

$$|\vec{r}_1| = \sqrt{x_1^2 + y_1^2} \tag{5.10}$$

Zahlenwertbeispiel 5.3. Wir bestimmen die Länge des Vektors $\vec{r}_1$ aus dem Zahlenwertbeispiel 5.1:

$$|\vec{r}_1| = \sqrt{x_1^2 + y_1^2 + z_1^2} = \sqrt{(2\,\text{m})^2 + (3\,\text{m})^2 + (0\,\text{m})^2} = 3{,}606\,\text{m}$$ ■

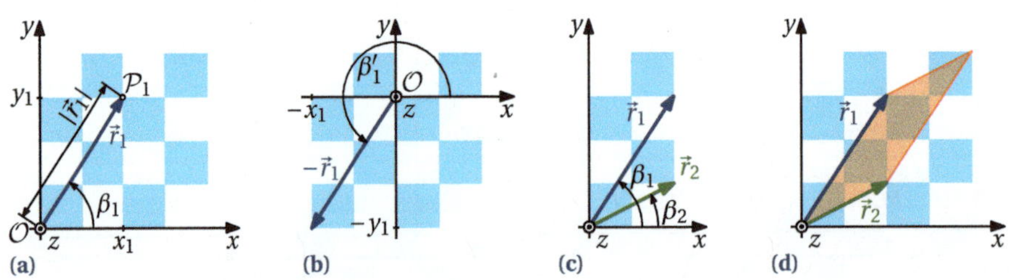

Bild 5.5 (a) Betrag und Winkel des Vektors $\vec{r}_1$, (b) Betrag und Winkel des Vektors $-\vec{r}_1$, (c) Vektoren $\vec{r}_1$ und $\vec{r}_2$, (d) Betrag des äußeren Produkts $\vec{r}_1 \times \vec{r}_2$ ist gleich der Fläche des aus $\vec{r}_1$ und $\vec{r}_2$ gebildeten Parallelogramms

Winkel ebener Vektoren

Unter dem Winkel des sich in der x-y-Ebene befindlichen Vektors $\vec{r}_1$ verstehen wir jenen Winkel, der von der Richtung der positiven x-Achse weggezählt zum betrachteten *Ortsvektor* $\vec{r}_1$ (der im Ursprung $\mathcal{O}$ beginnt) gerichtet ist. In Bild 5.5a ist dieser Winkel als β_1 bezeichnet. Den Winkel β_1 des Vektors $\vec{r}_1$ bestimmen wir mit der Funktion arg (vom Begriff *Argument* stammend) in folgender Form:

$$\arg(\vec{r}_1) = \beta_1 \tag{5.11}$$

Für Berechnung dieses Winkels ist die Gleichung

$$\tan(\beta_1) = \frac{y_1}{x_1} \tag{5.12}$$

unter der Berücksichtigung von $x_1 = \cos(\beta_1)$ und $y_1 = \sin(\beta_1)$ zu lösen.

Wenn wir den Vektor $\vec{r}_1$ in Bild 5.5a und den Vektor $-\vec{r}_1$ in Bild 5.5b miteinander vergleichen, so stellen wir folgende Zusammenhänge fest:

- Die Beträge sind gleich, d. h. $|\vec{r}_1| = |-\vec{r}_1|$.
- Den Winkel β_1 in Bild 5.5a können wir wegen $x_1 > 0$ und $y_1 > 0$ aus $\beta = \arctan(k)$ berechnen.
- Der Winkel $\beta_1' = \arg(-\vec{r}_1)$ muss aus Gl. (4.20) bestimmt werden, da der Lösungswinkel β_1' aufgrund von $-x_1 < 0$ und $-y_1 < 0$ im Bereich $-180° < \beta_1' < -90°$ liegen muss; dies führt zu $\beta_1' = \beta_1 + 180°$.

Wenn wir den Winkel zwischen den beiden ebenen Vektoren $\vec{r}_1$ und $\vec{r}_2$ in Bild 5.5c bestimmen wollen, so schreiben wir die Funktion arg mit zwei Vektoren als Funktionsargumenten an und meinen damit:

$$\arg(\vec{r}_1, \vec{r}_2) = \arg(\vec{r}_1) - \arg(\vec{r}_2) = \beta_1 - \beta_2 \tag{5.13}$$

Der Winkel zwischen $\vec{r}_1$ und $\vec{r}_2$ ist bis auf das Vorzeichen gleich dem Winkel zwischen $\vec{r}_2$ und $\vec{r}_1$:

$$\arg(\vec{r}_2, \vec{r}_1) = \arg(\vec{r}_2) - \arg(\vec{r}_1) = -\arg(\vec{r}_1, \vec{r}_2) = \beta_2 - \beta_1 \tag{5.14}$$

Zahlenwertbeispiel 5.4. Wir bestimmen den Winkel zwischen den Vektoren

$$\vec{r}_1 = \begin{pmatrix} 2\,\text{m} \\ 3\,\text{m} \\ 0\,\text{m} \end{pmatrix} \qquad \vec{r}_2 = \begin{pmatrix} 2\,\text{m} \\ 1\,\text{m} \\ 0\,\text{m} \end{pmatrix}$$

in Anlehnung an Bild 5.5c:

Die einzelnen Winkel können aufgrund der positiven x-Koordinaten der beiden Vektoren direkt über die Funktion arctan ermittelt werden:

$$\arg(\vec{r}_1) = \beta_1 = \arctan\left(\frac{y_1}{x_1}\right) = \arctan\left(\frac{3\,\text{m}}{2\,\text{m}}\right) = 56{,}31°$$

$$\arg(\vec{r}_2) = \beta_2 = \arctan\left(\frac{y_2}{x_2}\right) = \arctan\left(\frac{1\,\text{m}}{2\,\text{m}}\right) = 26{,}57°$$

Damit erhalten wir für den Winkel zwischen $\vec{r}_1$ und $\vec{r}_2$:

$$\arg(\vec{r}_1, \vec{r}_2) = \arg(\vec{r}_1) - \arg(\vec{r}_2) = \beta_1 - \beta_2 = 56{,}31° - 26{,}57° = 29{,}74°$$ ■

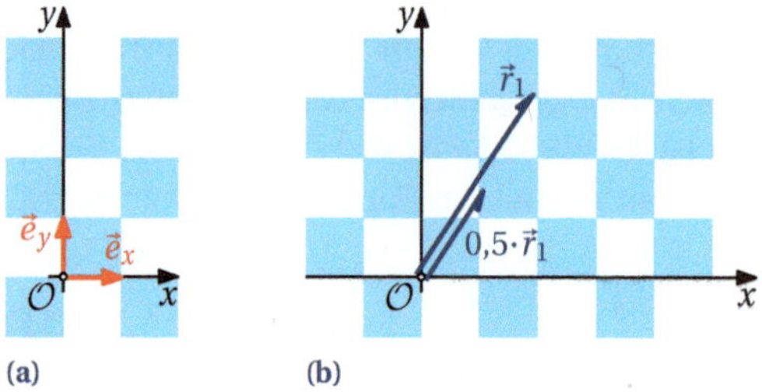

Bild 5.6 (a) Einsvektoren $\vec{e}_x$ und $\vec{e}_y$, (b) Multiplikation von $\vec{r}_1$ mit Skalar 0,5

Einsvektor

Einen besonderen Fall der Vektoren stellen die Einsvektoren dar, die mitunter auch als Einheitsvektoren bezeichnet werden. Ihre Länge beträgt jeweils eins. Die Einsvektoren, die in die x-, y- und z-Richtung zeigen, sind:

$$\vec{e}_x = \begin{pmatrix} 1 \\ 0 \\ 0 \end{pmatrix} \qquad \vec{e}_y = \begin{pmatrix} 0 \\ 1 \\ 0 \end{pmatrix} \qquad \vec{e}_z = \begin{pmatrix} 0 \\ 0 \\ 1 \end{pmatrix} \tag{5.15}$$

Zwei dieser Einsvektoren sind in Bild 5.6a dargestellt.

Den Einsvektor $\vec{e}_{r_1}$ eines beliebigen Vektors $\vec{r}_1$ können wir aus

$$\vec{e}_{r_1} = \frac{\vec{r}_1}{|\vec{r}_1|} \tag{5.16}$$

berechnen. Die Länge des *Richtungsvektors* $\vec{e}_{r_1}$ beträgt eins und er weist dieselbe Richtung wie $\vec{r}_1$ auf.

Orthogonalität

Zwei Vektoren sind zueinander **orthogonal**, ...

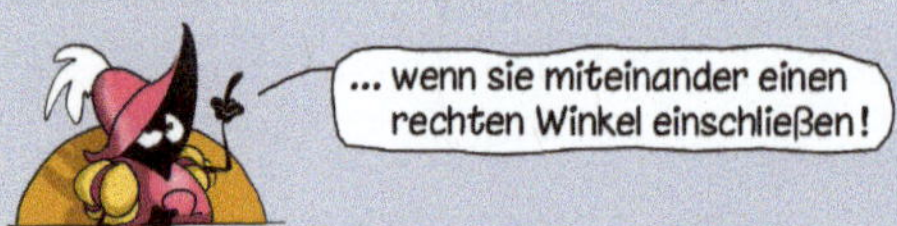

Diese Orthogonalität ist gleichbedeutend mit der Formulierung, dass diese Vektoren aufeinander senkrecht oder zueinander im rechten Winkel stehen.

Zwei beliebige Einsvektoren aus Gl. (5.15) sind jeweils zueinander orthogonal.

Multiplikation mit Skalar

Wenn wir einen Vektor $\vec{r}_1$ mit einem Skalar a multiplizieren, so müssen wir jede Koordinate mit dem Skalar multiplizieren, wie das in Bild 5.6b dargestellt ist:

$$a \cdot \vec{r}_1 = \begin{pmatrix} a \cdot x_1 \\ a \cdot y_1 \\ a \cdot z_1 \end{pmatrix} \tag{5.17}$$

Als Besonderheit dieser Eigenschaft können wir den Vektor $\vec{r}_1$ auch als Summe der Einsvektoren aus Gl. (5.15) – jeweils multipliziert mit den Koordinatenwerten – konstruieren:

$$\vec{r}_1 = x_1 \cdot \vec{e}_x + y_1 \cdot \vec{e}_y + z_1 \cdot \vec{e}_z \tag{5.18}$$

Zahlenwertbeispiel 5.5. Wir bestimmen die Hälfte, also das 0,5-fache des Vektors $\vec{r}_1$, der im Zahlenwertbeispiel 5.4 angegeben und in Bild 5.6b gezeigt ist:

$$0{,}5 \cdot \vec{r}_1 = 0{,}5 \cdot \begin{pmatrix} 2\,\text{m} \\ 3\,\text{m} \\ 0\,\text{m} \end{pmatrix} = \begin{pmatrix} 1\,\text{m} \\ 1{,}5\,\text{m} \\ 0\,\text{m} \end{pmatrix}$$

■

Inneres Produkt

Wir unterscheiden in der Physik bei Vektoren das innere und das äußere Produkt. Das *innere Produkt* oder *Skalarprodukt* ist das Produkt zweier Vektoren $\vec{r}_1$ und $\vec{r}_2$, dessen Resultat eine skalare Größe ist. Das Multiplikationszeichen ist der Punkt im Ausdruck $\vec{r}_1 \cdot \vec{r}_2$. Die Berechnungsvorschrift lautet:

$$\vec{r}_1 \cdot \vec{r}_2 = x_1 \cdot x_2 + y_1 \cdot y_2 + z_1 \cdot z_2 \tag{5.19}$$

Alternativ können wir das innere Produkt auch über folgende Gleichung bestimmen:

$$\vec{r}_1 \cdot \vec{r}_2 = |\vec{r}_1| \cdot |\vec{r}_2| \cdot \cos(\arg(\vec{r}_1, \vec{r}_2)) \tag{5.20}$$

Das Resultat des inneren Produkts kann positiv, negativ oder null sein. Das Skalarprodukt ist *kommutativ*; dies bedeutet:

$$\vec{r}_1 \cdot \vec{r}_2 = \vec{r}_2 \cdot \vec{r}_1 \tag{5.21}$$

Das **innere Produkt** $\vec{r}_1 \cdot \vec{r}_2$ **ergibt** eine **skalare Größe** und hat folgende Eigenschaften:

- Das innere Produkt zweier Vektoren, die **orthogonal** zueinander sind, ist stets **null**.
- Für das innere Produkt zweier Vektoren, die in dieselbe Richtung gerichtet sind, gilt $\vec{r}_1 \cdot \vec{r}_2 = |\vec{r}_1| \cdot |\vec{r}_2|$.
- Für das innere Produkt zweier Vektoren, die in entgegengesetzte Richtungen zeigen, gilt $\vec{r}_1 \cdot \vec{r}_2 = -|\vec{r}_1| \cdot |\vec{r}_2|$.
- Das innere Produkt eines Vektors mit sich selbst ($\vec{r}_2 = \vec{r}_1$) liefert das Quadrat seiner Länge: $\vec{r}_1 \cdot \vec{r}_1 = |\vec{r}|^2$

■

Wenn wir das innere Produkt eines Vektors $\vec{r}_1$ mit einem Einsvektor bestimmen, dann erhalten wir den Längenanteil dieses Vektors, der in der Richtung des verwendeten Einsvektors auftritt. Das bedeutet konkret mit den Einsvektoren aus Gl. (5.15), dass wir die Koordinaten des Vektors $\vec{r}_1 = x_1 \cdot \vec{e}_x + y_1 \cdot \vec{e}_y + z_1 \cdot \vec{e}_z$ bestimmen können:

$$x_1 = \vec{r}_1 \cdot \vec{e}_x \qquad y_1 = \vec{r}_1 \cdot \vec{e}_y \qquad z_1 = \vec{r}_1 \cdot \vec{e}_z \tag{5.22}$$

> **!** Ergibt das innere Produkt eines Vektors mit einem Einsvektor null, so ist der Längenanteil in Richtung des verwendeten Einsvektors ebenso null. Als Konsequenz davon müssen der Vektor und der Einsvektor zueinander **orthogonal** sein. ■

Zahlenwertbeispiel 5.6. Für die im Zahlenwertbeispiel 5.4 angegebenen Vektoren $\vec{r}_1$ und $\vec{r}_2$ ermitteln wir den Betrag des Winkels zwischen den beiden Vektoren, alternativ aus Gl. (5.20). Die für die zugehörige Berechnung erforderlichen Größen sind:

$$\vec{r}_1 \cdot \vec{r}_2 = x_1 \cdot y_1 + x_2 \cdot y_2 + x_3 \cdot y_3 = 2\,\mathrm{m} \cdot 2\,\mathrm{m} + 3\,\mathrm{m} \cdot 1\,\mathrm{m} + 0\,\mathrm{m} \cdot 0\,\mathrm{m} = 7\,\mathrm{m}^2$$

$$|\vec{r}_1| = \sqrt{x_1^2 + y_1^2 + z_1^2} = \sqrt{(2\,\mathrm{m})^2 + (3\,\mathrm{m})^2 + (0\,\mathrm{m})^2} = 3{,}606\,\mathrm{m}$$

$$|\vec{r}_2| = \sqrt{x_2^2 + y_2^2 + z_2^2} = \sqrt{(2\,\mathrm{m})^2 + (1\,\mathrm{m})^2 + (0\,\mathrm{m})^2} = 2{,}236\,\mathrm{m}$$

Wir formen Gl. (5.20) derart um, dass wir den Kosinus des gesuchten Winkels ermitteln können:

$$\cos(\arg(\vec{r}_1,\vec{r}_2)) = \frac{\vec{r}_1 \cdot \vec{r}_2}{|\vec{r}_1| \cdot |\vec{r}_2|} = \frac{7\,\mathrm{m}^2}{3{,}606\,\mathrm{m} \cdot 2{,}236\,\mathrm{m}} = 0{,}8682$$

Damit erhalten wir:

$$\arg(\vec{r}_1.\vec{r}_2) = \arccos(0{,}8682) = 0{,}5192 = 29{,}74^\circ$$ ■

Äußeres Produkt

Das *äußere Produkt* oder *Vektorprodukt* oder *Exprodukt* ist das Produkt zweier Vektoren $\vec{r}_1$ und $\vec{r}_2$, dessen Ergebnis wiederum ein Vektor ist. Als Multiplikationszeichen wird das Zeichen × verwendet, das »ex« gesprochen wird. Ganz allgemein gilt, dass der Ergebnisvektor von $\vec{r}_1 \times \vec{r}_2$ sowohl zu $\vec{r}_1$ als auch zu $\vec{r}_2$ *orthogonal* ist. Konkret erhält man die Richtung des Ergebnisvektors, wenn man $\vec{r}_1$ über den kleineren der beiden Winkel in $\vec{r}_2$ dreht, wie das in Bild 5.7 dargestellt ist. Wenn die Finger der rechten Hand die Drehrichtung angeben, so zeigt der Daumen in Richtung des Ergebnisvektors.

Die Berechnungsvorschrift für das äußere Produkt lautet:

$$\vec{r}_1 \times \vec{r}_2 = \det\begin{pmatrix} \vec{e}_x & x_1 & x_2 \\ \vec{e}_y & y_1 & y_2 \\ \vec{e}_z & z_1 & z_2 \end{pmatrix} = \begin{pmatrix} y_1 \cdot z_2 - y_2 \cdot z_1 \\ z_1 \cdot x_2 - z_2 \cdot x_1 \\ x_1 \cdot y_2 - x_2 \cdot y_1 \end{pmatrix} \tag{5.23}$$

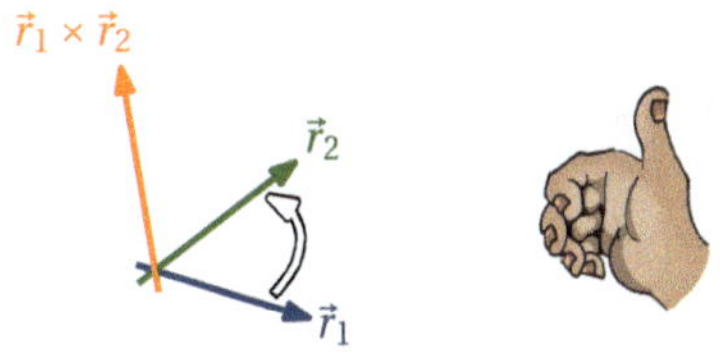

(a) (b)

Bild 5.7 Äußeres Produkt: (a) Dreht man $\vec{r}_1$ über den kleineren der beiden Winkel in $\vec{r}_2$ in Richtung (b) der Finger der rechten Hand, dann zeigt der Daumen in Richtung des Ergebnisvektors $\vec{r}_1 \times \vec{r}_2$

> Das **Vektorprodukt** wird **aus** der **Determinante** einer Matrix berechnet, in deren drei Spalten der Reihe nach
> - die drei Einsvektoren in der Reihenfolge $\vec{e}_x$, $\vec{e}_y$ und $\vec{e}_z$,
> - der Vektor $\vec{r}_1$ und danach
> - der Vektor $\vec{r}_2$ stehen.

Den Betrag des Vektorprodukts $\vec{r}_1 \times \vec{r}_2$ können wir alternativ auch aus den Längen und Winkeln der beiden Vektoren $\vec{r}_1$ und $\vec{r}_2$ berechnen:[1]

$$|\vec{r}_1 \times \vec{r}_2| = |\vec{r}_1| \cdot |\vec{r}_2| \cdot |\sin(\arg(\vec{r}_1, \vec{r}_2))| \tag{5.24}$$

Dieser Betrag hat auch eine grafische Interpretation in der Mathematik: Er ist gleich der Fläche des von den beiden Vektoren $\vec{r}_1$ und $\vec{r}_2$ aufgespannten Parallelogramms, das in Bild 5.5d für zwei ebene Vektoren dargestellt ist. Wenn der Winkel zwischen den beiden Vektoren gleich 90° ist, dann wird aus dem Parallelogramm ein Rechteck mit der Fläche $|\vec{r}_1| \cdot |\vec{r}_2|$.

Das äußere Produkt ist nicht kommutativ. Stattdessen gilt allgemein:

$$\vec{r}_1 \times \vec{r}_2 = -\vec{r}_2 \times \vec{r}_1 \tag{5.25}$$

> Das **äußere Produkt** $\vec{r}_1 \times \vec{r}_2$ hat als Ergebnis eine **vektorielle Größe** und folgende Eigenschaften:
> - Das äußere Produkt zweier **paralleler Vektoren** ist stets der **Nullvektor**.
> - Der Betrag des äußeren Produkts zweier Vektoren, die zueinander **orthogonal** sind, beträgt $|\vec{r}_1 \times \vec{r}_2| = |\vec{r}_1| \cdot |\vec{r}_2|$.

Wenn die Vektoren $\vec{r}_1$ und $\vec{r}_2$ beispielsweise in der x-y-Ebene liegen und damit keine z-Koordinate enthalten, dann weist das äußere Produkt ausschließlich eine z-Koordinate auf:

$$\boxed{\vec{r}_1 \times \vec{r}_2 = (x_1 \cdot y_2 - x_2 \cdot y_1) \cdot \vec{e}_z} \tag{5.26}$$

[1] Kennen wir umgekehrt die Beträge des Ergebnisvektors sowie der Vektoren $\vec{r}_1$ und $\vec{r}_2$, so können wir daraus den Winkel zwischen $\vec{r}_1$ und $\vec{r}_2$ bestimmen. Dies funktioniert ganz allgemein auch für dreidimensionale Vektoren, nicht nur für zweidimensionale Vektoren in der x-y-Ebene.

> Ob wir das innere oder das äußere **Produkt** auf zwei Vektoren anwenden müssen, ist eine Folge der zugrundeliegenden physikalischen Zusammenhänge. Anders gesagt: die **Naturgesetze** geben uns vor, welches Produkt wir in welchem Zusammenhang anzuwenden haben. Einen unmittelbaren Hinweis gibt dabei immer, ob das behandelte Ergebnis eine skalare Größe oder ein Vektor ist.

Zahlenwertbeispiel 5.7. Wir bestimmen das äußere Produkt $\vec{M}_1 = \vec{r}_1 \times \vec{F}_1$ für die folgenden Vektoren:

$$\vec{r}_1 = \begin{pmatrix} 2\,\text{m} \\ 3\,\text{m} \\ 0\,\text{m} \end{pmatrix} \qquad \vec{F}_1 = \begin{pmatrix} 40\,\text{N} \\ -10\,\text{N} \\ 0\,\text{N} \end{pmatrix}$$

Wir wenden dafür Gl. (5.26) an:

$$\begin{aligned} \vec{M}_1 = \vec{r}_1 \times \vec{F}_1 &= \det\begin{pmatrix} \vec{e}_x & 2\,\text{m} & 40\,\text{N} \\ \vec{e}_y & 3\,\text{m} & -10\,\text{N} \\ \vec{e}_z & 0\,\text{m} & 0\,\text{N} \end{pmatrix} \\ &= (2\,\text{m}\cdot(-10\,\text{N}) - (3\,\text{m})\cdot 40\,\text{N})\cdot\vec{e}_z \\ &= -140\,\text{Nm}\cdot\vec{e}_z = \begin{pmatrix} 0\,\text{Nm} \\ 0\,\text{Nm} \\ -140\,\text{Nm} \end{pmatrix} \end{aligned}$$

■

Äußeres Produkt der Einsvektoren

Wenn wir das äußere Produkt zweier Einsvektoren aus Gl. (5.15) unter Berücksichtigung von Bild 5.7 bilden, dann erhalten wir:

$$\vec{e}_x \times \vec{e}_y = \vec{e}_z \qquad \vec{e}_y \times \vec{e}_x = -\vec{e}_z \tag{5.27}$$

$$\vec{e}_y \times \vec{e}_z = \vec{e}_x \qquad \vec{e}_z \times \vec{e}_y = -\vec{e}_x \tag{5.28}$$

$$\vec{e}_z \times \vec{e}_x = \vec{e}_y \qquad \vec{e}_x \times \vec{e}_z = -\vec{e}_y \tag{5.29}$$

> Unter der **zyklischen Abfolge** der Indizes x, y, z verstehen wir:
> - Index y folgt auf Index x.
> - Index z folgt auf Index y.
> - Index x folgt auf Index z.

Das äußere Produkt zweier unterschiedlicher Einsvektoren, deren Indizes zyklisch nacheinander abfolgen (z. B. $\vec{e}_y$ folgt auf $\vec{e}_x$ in $\vec{e}_x \times \vec{e}_y$), ergibt den dritten Einsvektor mit positivem Vorzeichen. Folgen die Indizes hingegen nicht zyklisch aufeinander (z. B. $\vec{e}_x$ folgt nicht auf $\vec{e}_y$ in $\vec{e}_y \times \vec{e}_x$), so ist das Vorzeichen des Ergebnisvektors negativ.

Division

Die Division zweier Vektoren ist nicht definiert.

Relation

Zwei Vektoren $\vec{r}_1$ und $\vec{r}_2$ sind dann gleich, wenn jeweils ihre x-, y- und z-Koordinaten gleich sind. Ein Vektor $\vec{r}_1$ kann aber nicht größer oder kleiner als ein Vektor $\vec{r}_2$ sein. Die Relationen größer oder kleiner können wir nur auf skalare Kenngrößen von Vektoren – wie etwa deren Länge oder Koordinaten – anwenden.

Deutsch	English
Äußeres Produkt	Outer product
Allgemeines Dreieck	General triangle
Einsvektor	Unity vector
Länge eines Vektors	Magnitude of a vector
Inneres Produkt	Inner product
Senkrecht auf	Perpendicular to
Vektor	Vector

6 Magnetisches Feld

In technischen Anwendungen benötigen wir magnetische Felder beispielsweise

- für die Datenspeicherung in rotierenden Festplatten,
- in Transformatoren für die Übertragung von elektrischer Leistung auf unterschiedliche Spannungsebenen und
- in rotierenden elektrischen Maschinen, wo das magnetische Feld für Umwandlung zwischen elektrischen und mechanischen Größen erforderlich ist.

6.1 Feldbegriff

Zeichen	Einheit	Größe	Quantity
D	m	Durchmesser	Diameter
H	A/m	Magnetische Feldstärke	Magnetic field strength
l	m	Länge	Length
N	1	Windungszahl	Number of turns

Während ein elektrostatisches Feld von ruhenden elektrischen Ladungen hervorgerufen wird, wird ein magnetisches Feld bzw. Magnetfeld durch *bewegte* Ladungen, also Ströme, hervorgerufen. Genau genommen muss man diese Aussage etwas allgemeiner formulieren:

Magnetische Felder werden von elektrischen **Strömen** oder **Permanentmagneten** hervorgerufen.

Ein Permanentmagnet wird auch als Dauermagnet bezeichnet, da er seinen magnetisierten Zustand permanent – also andauernd – behält.

6.1.1 Magnetische Erscheinungen

Wenn wir ungeordnet ausgebrachte Eisenfeilspäne auf einem Blatt Papier in die Umgebung eines Permanentmagneten bringen, so ordnen sich diese in einem bestimmen Muster an, wie das beispielhaft in Bild 6.1a dargestellt ist. Wir halten folgende magnetische Erscheinungen dazu fest:

Bild 6.1 (a) Anordnung von Eisenfeilspänen auf einem Blatt Papier in der Umgebung eines Permanentmagneten (Foto: © Maciej J. Mrowinski, CC BY-SA 4.0, via Wikimedia Commons), (b) Kompass (Foto: © Evan-Amos, Public Domain, via Wikimedia Commons), (c) Kompassnadel im Erdmagnetfeld; Ⓝ magnetischer Nordpol, Ⓢ magnetischer Südpol, ① bis ⑦ Positionen von Magnetnadeln

Pole. Jene Bereiche in Bild 6.1a, in denen sich die Eisenfeilspäne besonders dicht anordnen, bezeichnen wir als Pole des Permanentmagneten. Wir haben zwei Pole des Permanentmagneten, die wir mit Nord- und Südpol bezeichnen:

Nordpol. Wir nehmen für Bild 6.1a an, dass sich der Nordpol Ⓝ auf der rechten Seite des Permanentmagneten befindet.

Südpol. Dem Nordpol gegenüberliegend befindet sich der Südpol Ⓢ.

> Nord- und Südpol treten stets gemeinsam auf.
> Daher gibt es **keine** voneinander **getrennten Nord-** oder **Südpole**.

Teilung. Wenn wir den Permanentmagneten ① in Bild 6.2 beispielsweise in der Mitte in zwei Teile zerbrechen, so entstehen daraus die beiden Permanentmagnete ② und ③, die jeweils wieder einen Nord- und Südpol aufweisen. In gleicher Weise entstehen bei weiterer Teilung die Permanentmagnete ④ bis ⑦, die wiederum jeweils zwei ungleichnamige Pole aufweisen.

Vektorfeld. Das magnetische Feld ist ebenso wie das elektrische Feld ein Vektorfeld.

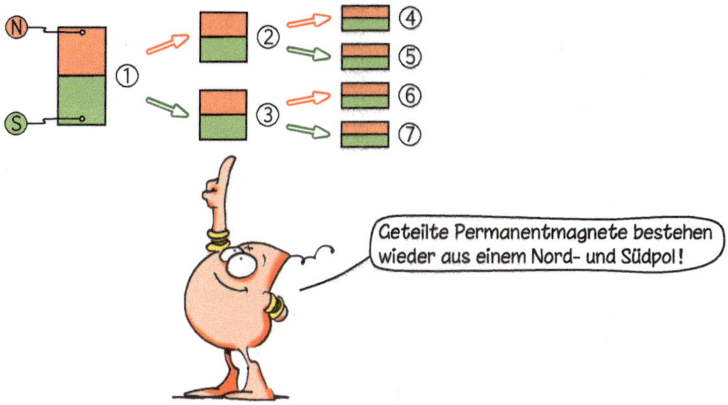

Bild 6.2 Nach der Teilung von Permanentmagneten besteht jeder Teil wieder jeweils aus einem Nordpol Ⓝ und einem Südpol Ⓢ

Kraftwirkung. Wir nehmen an, dass die Eisenfeilspäne in Bild 6.1a auf einem Blatt Papier ursprünglich ungeordnet ausgebracht wurden. Durch die Einbringung des Permanentmagneten kommt es zu einer magnetischen Kraftwirkung auf die Eisenfeilspäne.[1]

Zwischen Permanentmagneten gibt es ebenfalls Kraftwirkungen:

Abstoßende Kraftwirkung. Die Nordpole zweier Permanentmagnete stoßen sich gegenseitig ab, ebenso wie ihre Südpole.

Anziehende Kraftwirkung. Ein Nord- und ein Südpol ziehen einander an.

Kompass. Um die Richtung eines Magnetfelds bestimmen zu können, kann man einen Kompass verwenden, wie er in Bild 6.1b dargestellt ist. Die drehbar gelagerte Nadel kann dabei ebenfalls als kleiner Permanentmagnet angesehen werden. Die rot gekennzeichnete Hälfte der Magnetnadel ist der Nordpol.

Erdmagnetfeld. Der Nordpol eines Kompasses zeigt im Erdmagnetfeld zum geografischen Nordpol, wie das in Bild 6.1c dargestellt ist. Wenn wir uns mit einem symbolisch dargestellten Kompass auf einem Längengrad Ⓛ bewegen, zeigt die rote Kompassnadel über weite Bereiche mit guter Näherung immer in Richtung dieses Längengrads nach Norden.

Nachdem sich nur ein Nord- und Südpol anziehen, muss sich im geografischen Norden der Erde der magnetische Südpol[2] befinden, der in Bild 6.1c mit Ⓢ bezeichnet ist. Umgekehrt befindet sich der magnetische Nordpol Ⓝ im geografischen Süden.

Feldrichtung. Die Eisenfeilspäne ordnen sich in Bild 6.1a im Wesentlichen so an, dass sie jeweils in die Richtung des magnetischen Felds zeigen. Diese Eigenschaft können wir mit einer gedachten, idealen Kompassnadel an den Positionen ① bis ④ besser sichtbar machen.

---

1 Nach einer allfälligen Bewegung der Eisenfeilspäne verbleiben danach die Eisenfeilspäne auf dem Papier infolge der Reibung in einer derartigen Position, dass sich die magnetischen Kräfte und die Reibungskräfte genau aufheben.

2 Der magnetische Südpol und der geografische Nordpol sind nicht exakt identisch. Außerdem verändern die magnetischen Pole ihre Position über die Zeit.

Position ①. Der grüne Südpol der Kompassnadel zeigt zum Nordpol Ⓝ des Permanentmagneten, da ein Nord- und ein Südpol einander anziehen.

Positionen ② **und** ③. Der rote Nordpol der Kompassnadel zeigt jeweils zum Südpol Ⓢ des Permanentmagneten.

Position ④. Die Kompassnadel befindet sich in der Position ④ genau zwischen Nord- und Südpol. Sie ist aufgrund der vorherrschenden Symmetrie parallel zum Permanentmagnet ausgerichtet, sodass

- der rote Nordpol der Magnetnadel und der Südpol Ⓢ sowie
- der Südpol der Magnetnadel und der Nordpol Ⓝ des Permanenten möglichst nahe beisammen stehen.

6.1.2 Feldbilder von Permanentmagneten

Magnetische Felder können mittels Feldlinien veranschaulicht werden, wie wir das beim elektrischen Feld in Abschnitt 3.1.2 kennengelernt haben. Wir betrachten dazu Bild 6.3a:

Wirbelfeld. Das magnetische Feld ist ein Wirbelfeld.[3]

Die magnetischen **Feldlinien** sind stets **geschlossen**. Daher sagen wir:

Feldlinien und Umlaufsinn. Die Feldlinien des Permanentmagneten in Bild 6.3a verlaufen außerhalb des Magneten vom Nordpol Ⓝ zum Südpol Ⓢ und innerhalb des Magneten vom Südpol zum Nordpol. Da die Feldlinien geschlossen[4] sind, ist damit auch die Richtung des Umlaufs – der Umlaufsinn – jeder Feldlinie festgelegt.

Magnetische Feldstärke. Wir können das Magnetfeld durch die magnetische Feldstärke H beschreiben. Genau genommen handelt es sich dabei um die Vektorgröße $\vec{H}$, die wir mit einem Vektorpfeil versehen.

Einheit der magnetischen Feldstärke. Die Einheit der magnetischen Feldstärke beträgt Ampere (A) pro Meter (m):

$$[H] = \frac{\text{A}}{\text{m}} \tag{6.1}$$

Betrag. Der Betrag der magnetischen Feldstärke, also deren Größe, ist um so höher, je dichter die Feldlinien zueinander stehen. In Bild 6.3a ist das insbesondere der Bereich im Inneren des Permanentmagneten.

---

[3] Das elektrische Feld ist im Gegensatz dazu ein Quellenfeld.

[4] Wenn Feldlinien in einem Feldbild nicht geschlossen erscheinen, so liegt das daran, dass sie sich außerhalb des dargestellten Bildbereichs schließen.

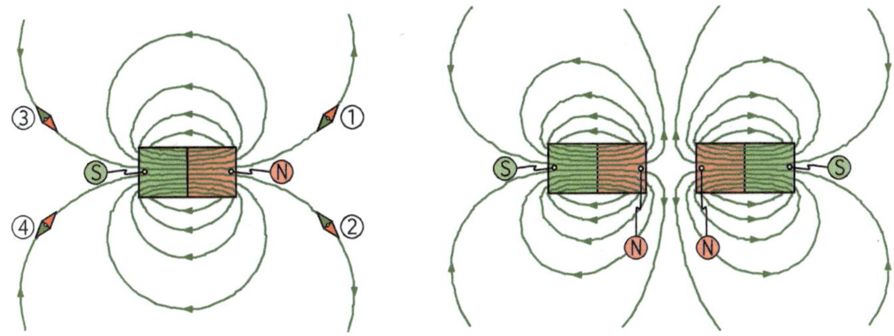

(a) (b)

Bild 6.3 Feldlinien (a) eines Permanentmagneten und (b) zweier einander abstoßende Permanentmagnete; Ⓝ Nordpol, Ⓢ Südpol, ① bis ④ Positionen einer Magnetnadel

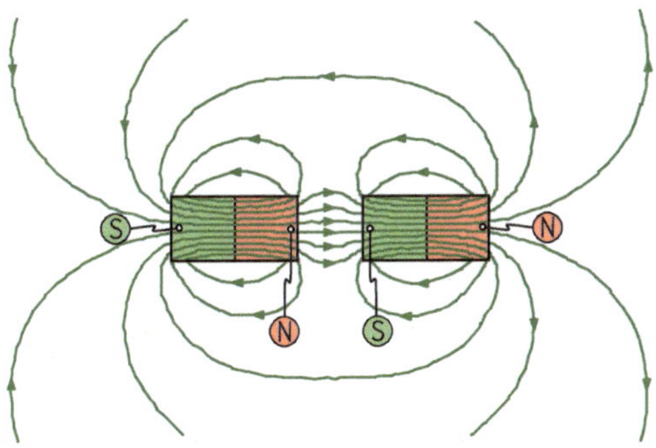

Bild 6.4 Feldbild zweier Permanentmagnete, die einander anziehen; Ⓝ Nordpol, Ⓢ Südpol

Richtung. Die Richtung der magnetischen Feldstärken an den Positionen ① bis ④ stimmt mit der Richtung der Feldlinie an diesen Positionen überein. Die roten Nordpole der in Bild 6.3a eingezeichneten Kompassnadeln zeigen diese Richtungen konkret an.

Feldbilder zweier Permanentmagnete. Die abstoßende bzw. anziehende Kraftwirkung zweier Permanentmagnete kann auch über ein Feldbild veranschaulicht werden.

Abstoßende Kraftwirkung. Die Feldlinien des einen Permanentmagneten in Bild 6.3b durchdringen den anderen Permanentmagneten nicht. Die Feldbilder der beiden Permanentmagnete bleiben voneinander vollständig getrennt: Das ist ein Merkmal für die abstoßende Kraftwirkung zwischen den beiden Magneten.

Anziehende Kraftwirkung. Die Feldlinien des einen Permanentmagneten in Bild 6.4 durchdringen den jeweils anderen Permanentmagneten: Fügt man die beiden Permanentmagnete ganz zusammen, dann entspricht das der Umkehrung der Teilung von Permanentmagneten, wie sie in Bild 6.2 gezeigt ist.

Ein Vergleich zwischen elektrischem und magnetischem Feld ist in Tabelle 6.1 zusammengestellt.

Tabelle 6.1 Vergleich von elektrischem und magnetischem Feld

Eigenschaft	Elektrisches Feld	Magnetisches Feld
Feldstärke	Elektrische Feldstärke $\vec{E}$	Magnetische Feldstärke $\vec{H}$
Einheit Feldstärke	$[E] = \text{V/m}$	$[H] = \text{A/m}$
Ursache	Ladung	Strom oder Permanentmagnet
Auswirkung	Kraftwirkung auf Ladung	Kraftwirkung auf stromdurchflossenen Leiter, Permanentmagnet oder magnetisierbaren Körper
Pole	Positive und negative Ladungen	Nord- und Südpol treten immer gemeinsam auf
Feldtyp	Quellenfeld	Wirbelfeld
Feldlinien	Verlaufen von positiver zu negativer Ladung	Verlaufen außerhalb eines Permanentmagneten vom Nord- zum Südpol und innerhalb des Permanentmagneten vom Süd- zum Nordpol

6.1.3 Feldbilder stromdurchflossener Leiter und Spulen

Magnetische Felder werden neben Permanentmagneten auch von stromdurchflossenen Leitern hervorgerufen.

Linienleiter

Wir untersuchen in einem ersten Schritt das von einem einzelnen Leiter hervorgerufene Magnetfeld:

Linienleiter. Wir betrachten einen unendlich langen Linienleiter, von dem in Bild 6.5a ein Abschnitt dargestellt ist. Der eingezeichnete Strom I fließt nach oben.

Feldlinie. Die Feldlinien eines Linienleiters sind konzentrische Kreise[5] um den stromführenden Leiter. Eine einzelne Feldlinie ist in Bild 6.5a beispielhaft dargestellt. Mehrere konzentrische Feldlinien sind in der ebenen Ansicht von Bild 6.5c eingezeichnet.

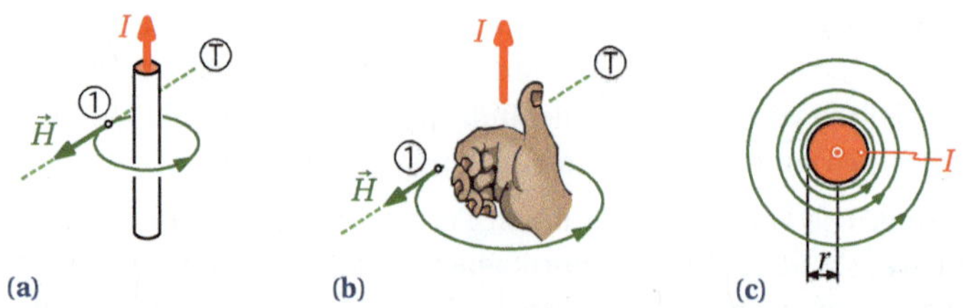

Bild 6.5 Vom Strom I durchflossener Leiter (a) perspektivisch mit Feldlinie und Feldstärke $\vec{H}$ im Punkt ①, Tangente Ⓣ, (b) rechtswendige Zuordnung der magnetischen Feldstärke $\vec{H}$ zum Strom I, (c) konzentrische Feldlinien um einen stromdurchflossenen Leiter mit dem Radius r in ebener Darstellung

---

[5] Konzentrische Kreise weisen alle den selben Mittelpunkt auf.

Zwischen dem **Strom** eines **Leiters** und dessen **Magnetfeld** gilt:

- Der **Daumen** der rechten Hand zeigt in Richtung des **Stroms**.
- Die gekrümmten **Finger** der rechten Hand geben den **Umlaufsinn** der **Feldlinie** an.

Feldstärkevektor. Der in Bild 6.5a im Punkt ① dargestellte Feldstärkevektor $\vec{H}$ liegt auf jener gestrichelt eingezeichneten Tangente Ⓣ, die die Feldlinie im Punkt ① berührt.

Der **Feldstärkevektor** in einem Punkt, der sich auf einer Feldlinie befindet,

- liegt auf der **Tangente** der **Feldlinie** durch diesen Punkt
- und zeigt in die **Richtung** des **Umlaufsinns** der Feldlinie.

Kompassnadel. Die Richtung des Magnetfelds bzw. des magnetischen Feldstärkevektors können wir mit einer Magnetnadel nachweisen. Dafür setzen wir in Bild 6.6a in die vier Punkte ② bis ⑤ jeweils eine Magnetnadel:

- Der Strom im Leiter fließt aus der Ebene (⊙).
- Die Umlaufrichtung der beispielhaft dargestellten Feldlinie ist gegen den Uhrzeigersinn gerichtet (↺).
- Der rot gekennzeichnete Nordpol der Magnetnadel zeigt in den vier Punkten ② bis ⑤ in die Umlaufrichtung der Feldlinie.

Wir ändern nun die Richtung des Stroms in Bild 6.6b:

- Der Strom fließt in die Ebene (⊗).
- Die Umlaufrichtung der Feldlinie verläuft im Uhrzeigersinn (↻).
- Die Magnetnadeln haben in den vier Punkten ② bis ⑤ gegenüber Bild 6.6a ihre Richtung um jeweils 180° verändert.

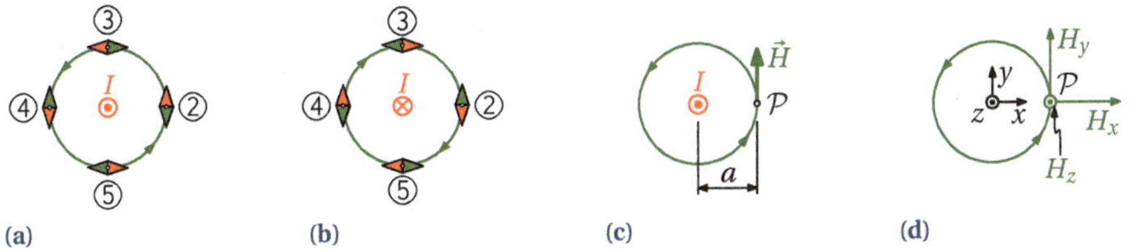

Bild 6.6 Für die Punkte ② bis ⑤ bzw. $\mathcal{P}$ im Abstand *a* vom Leiter: (a) Magnetnadeln mit Strom *I* aus der Ebene (⊙), (b) Magnetnadeln mit Strom *I* in die Ebene (⊗), (c) Stromrichtung aus der Ebene (⊙) und Feldstärke $\vec{H}$ im Punkt $\mathcal{P}$, (d) Koordinatensystem der Raumkoordinaten im Leiterursprung und Koordinatensystem der Feldstärke im Punkt $\mathcal{P}$

Für die Berechnung des Feldstärkevektors $\vec{H}$ im Punkt $\mathcal{P}$ gemäß Bild 6.6c führen wir folgende Schritte durch:

Abstand. Wir bezeichnen den Abstand des Punkts $\mathcal{P}$ vom Linienleiter in Bild 6.6c mit a. Diese Größe ist positiv.

Betrag der Feldstärke. Der Betrag der magnetischen Feldstärke $|\vec{H}|$ lässt sich aus dem Betrag des Stroms $|I|$ und dem Abstand a wie folgt berechnen:

$$\boxed{|\vec{H}| = \frac{|I|}{2\cdot\pi\cdot a}} \qquad \text{außerhalb eines Linienleiters} \tag{6.2}$$

Koordinatensysteme. Wenn wir den magnetischen Feldstärkevektor für einen Linienleiter einzeichnen, müssen wir zwei Koordinatensysteme unterscheiden:

Räumliches Koordinatensystem. Wir haben in Bild 6.6d das x-y-z-Koordinatensystem an der Stelle des stromführenden Leiters eingezeichnet. In diesem Koordinatensystem bestimmen wir den Abstand zwischen dem stromführenden Leiter und dem Punkt $\mathcal{P}$, für den wir den Feldstärkevektor bestimmen. Alle zugehörigen Raumkoordinaten weisen die Einheit Meter auf.

Koordinatensystem der Feldstärke. Um den Feldstärkevektor $\vec{H}$ in Bild 6.6c zeichnen zu können, benötigen wir auch ein entsprechendes Koordinatensystem der magnetischen Feldstärke, das in Bild 6.6d mit den Koordinaten H_x, H_y und H_z bezeichnet ist. Den Ursprung dieses Koordinatensystems setzen wir in den Punkt $\mathcal{P}$, sodass $\vec{H}$ einen Ortsvektor repräsentiert:

$$\vec{H} = \begin{pmatrix} H_x \\ H_y \\ H_z \end{pmatrix} = H_x\cdot\vec{e}_x + H_y\cdot\vec{e}_y + \vec{H}_z\cdot\vec{e}_z \tag{6.3}$$

Richtung der Feldstärke. Die Richtung der Feldstärke ist durch die rechtswendige Zuordnung des Umlaufsinns der Feldlinie durch den Punkt $\mathcal{P}$ bestimmt. In Bild 6.6c zeigt der Feldstärkevektor nach oben. Er weist damit nur eine positive H_y-Koordinate auf, während die anderen beiden Koordinaten H_x und H_z gleich null sind.

Zahlenwertbeispiel 6.1. Wir bestimmen die Feldstärkevektoren $\vec{H}_2$ bis $\vec{H}_5$ in Bild 6.7a und b für die Punkte ② bis ⑤ für $I = 15\,\text{A}$ und $a = 8\,\text{mm}$. Da alle vier Feldstärkevektoren

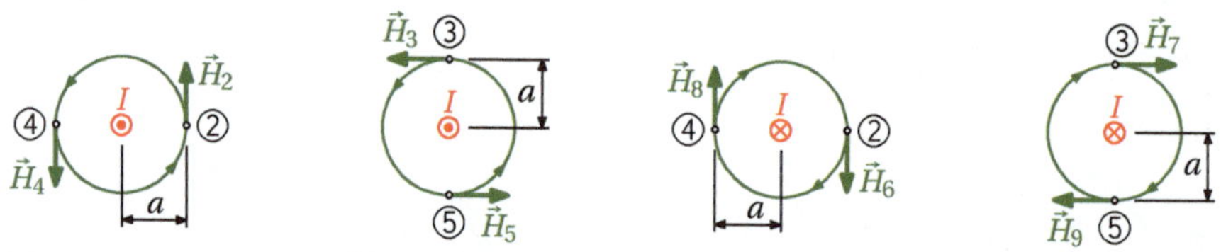

(a) (b) (c) (d)

Bild 6.7 Für die Punkte ② bis ⑤ bzw. $\mathcal{P}$ im Abstand a vom Leiter: (a) Feldstärkevektoren $\vec{H}_2$ und $\vec{H}_4$, Stromrichtung aus der Ebene (⊙), (b) Feldstärkevektoren $\vec{H}_3$ und $\vec{H}_5$, Stromrichtung aus der Ebene (⊙), (c Feldstärkevektoren $\vec{H}_6$ und $\vec{H}_8$, Stromrichtung in die Ebene (⊗), (d) Feldstärkevektoren $\vec{H}_7$ und $\vec{H}_9$, Stromrichtung in die Ebene (⊗)

den selben Abstand a vom stromführenden Leiter aufweisen, sind auch die vier Beträge der Feldstärken gleich groß:

$$|\vec{H}_2| = |\vec{H}_3| = |\vec{H}_4| = |\vec{H}_5| = \frac{|I|}{2\cdot\pi\cdot a} = \frac{15\,\mathrm{A}}{2\cdot\pi\cdot 0{,}008\,\mathrm{m}} = 298{,}4\,\frac{\mathrm{A}}{\mathrm{m}}$$

Für die vier Feldstärkevektoren gilt daher:

$$\vec{H}_2 = 298{,}4\,\mathrm{A/m}\cdot\vec{e}_y \qquad \vec{H}_3 = 298{,}4\,\mathrm{A/m}\cdot(-\vec{e}_x)$$

$$\vec{H}_4 = 298{,}4\,\mathrm{A/m}\cdot(-\vec{e}_y) \qquad \vec{H}_5 = 298{,}4\,\mathrm{A/m}\cdot\vec{e}_x$$

■

Zahlenwertbeispiel 6.2. Die Feldstärkevektoren $\vec{H}_6$ bis $\vec{H}_9$ sollen für Bild 6.7c und d mit $I = 15\,\mathrm{A}$ und $a = 8\,\mathrm{mm}$ ermittelt werden. Gegenüber Bild 6.7a und b wurde nur die Stromrichtung geändert, wodurch sich die Richtungen der Feldstärkevektoren in den Punkten ② bis ⑤ umdrehen, während die Beträge direkt aus Zahlenwertbeispiel 6.1 übernommen werden können:

$$\vec{H}_6 = 298{,}4\,\mathrm{A/m}\cdot(-\vec{e}_y) \qquad \vec{H}_7 = 298{,}4\,\mathrm{A/m}\cdot\vec{e}_x$$

$$\vec{H}_8 = 298{,}4\,\mathrm{A/m}\cdot\vec{e}_y \qquad \vec{H}_9 = 298{,}4\,\mathrm{A/m}\cdot(-\vec{e}_x)$$

■

Überlagerung von Magnetfeldern

> **!** Bei der **Überlagerung** bzw. **Superposition** der Magnetfelder von mehreren Linienleitern müssen die einzelnen **Feldstärkevektoren** addiert werden, nicht deren Beträge. ■

Zahlenwertbeispiel 6.3. Wir betrachten die Anordnung in Bild 6.8a bestehend aus zwei Leitern mit $I_1 = I_2 = 15\,\mathrm{A}$, die gleichsinnig stromdurchflossen sind. Die von den beiden Leitern im Punkt $\mathcal{P}$ hervorgerufene magnetische Feldstärke $\vec{H}_{\mathrm{Ges}}$ soll für $a_1 = 8\,\mathrm{mm}$ und $a_2 = 16\,\mathrm{mm}$ ermittelt werden.

Dafür bestimmen wir

- die nur vom Strom I_1 im Punkt $\mathcal{P}$ hervorgerufene Feldstärke $\vec{H}_1$ gemäß Bild 6.8b und
- die nur vom Strom I_2 im Punkt $\mathcal{P}$ verursachte Feldstärke $\vec{H}_2$ gemäß Bild 6.8c.

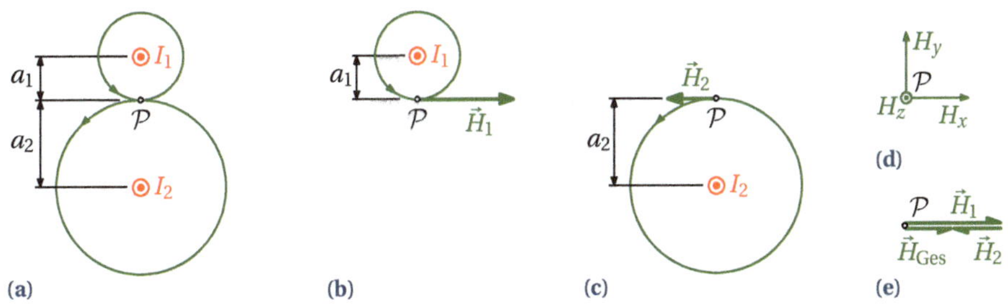

Bild 6.8 (a) Zwei gleichsinnig stromdurchflossene Leiter mit je einer Feldlinie durch den Punkt $\mathcal{P}$, (b) erste Teillösung infolge von I_1 in $\mathcal{P}$, (c) zweite Teillösung infolge von I_2 in $\mathcal{P}$, (d) Koordinatensystem der Feldstärken im Punkt $\mathcal{P}$, (e) vektorielle Addition $\vec{H}_{\mathrm{Ges}} = \vec{H}_1 + \vec{H}_2$ im Punkt $\mathcal{P}$

Für die Beträge der Feldstärke gilt:

$$|\vec{H}_1| = \frac{|I_1|}{2 \cdot \pi \cdot a_1} = \frac{15\,\text{A}}{2 \cdot \pi \cdot 0{,}008\,\text{m}} = 298{,}4\,\frac{\text{A}}{\text{m}}$$

$$|\vec{H}_2| = \frac{|I_2|}{2 \cdot \pi \cdot a_2} = \frac{15\,\text{A}}{2 \cdot \pi \cdot 0{,}016\,\text{m}} = 149{,}2\,\frac{\text{A}}{\text{m}}$$

Beide Feldstärkevektoren sind jeweils rechtswendig den gleichsinnig fließenden Strömen I_1 und I_2 zugeordnet. Bezogen auf das Koordinatensystem der magnetischen Feldstärke in Bild 6.8d für Punkt $\mathcal{P}$ ergibt sich damit:

$$\vec{H}_1 = 298{,}4\,\frac{\text{A}}{\text{m}} \cdot \vec{e}_x \qquad\qquad \vec{H}_2 = 149{,}2\,\frac{\text{A}}{\text{m}} \cdot (-\vec{e}_x)$$

Die gesamte Feldstärke $\vec{H}_{\text{Ges}}$ errechnet sich damit, wie in Bild 6.8e grafisch dargestellt:

$$\vec{H}_{\text{Ges}} = \vec{H}_1 + \vec{H}_2 = 298{,}4\,\frac{\text{A}}{\text{m}} \cdot \vec{e}_x + 149{,}2\,\frac{\text{A}}{\text{m}} \cdot (-\vec{e}_x) = 149{,}2\,\frac{\text{A}}{\text{m}} \cdot \vec{e}_x$$ ■

Zylinderspule

Wenn wir einen Leiter in sich geschlossen und kreisrund ausbilden, so bezeichnen wir ihn als Ringleiter.[6] Die Eisenfeilspäne, die sich in der Umgebung eines derartigen Ringleiters anordnen können, sind beispielhaft in Bild 6.9a dargestellt. Ausgehend von einem Ringleiter untersuchen wir die allgemeinen Eigenschaften von Zylinderspulen:

Ringleiter. In Bild 6.9b sind die Feldlinien eines Ringleiters dargestellt. Die höhere Dichte der Feldlinien im Innenbereich des Ringleiters ist dabei ein Zeichen für die verhältnismäßig höhere magnetische Feldstärke in diesem Bereich als außerhalb des Ringleiters.

Zylinderspule. Wenn wir einen Leiter auf einen kreiszylindrischen Körper – einen sogenannten *Spulenkörper* – aufwickeln, erhalten wir eine Zylinderspule. Eine solche Zylinderspule ohne Spulenkörper zeigt beispielhaft Bild 6.10a. Ein möglicher Spulenkörper Ⓚ ist schematisch in Bild 6.10b und c dargestellt.

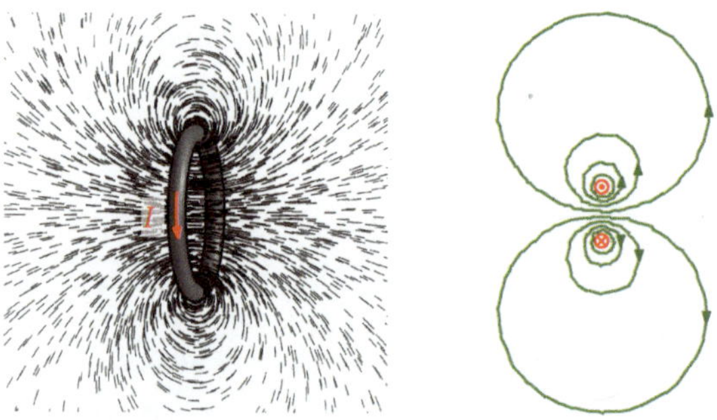

(a) (b)

Bild 6.9 (a) Eisenfeilspäne in der Umgebung eines Ringleiters (© Geek3, CC BY-SA 4.0, via Wikimedia Commons, um Strom ergänzt), (b) Feldlinienbild eines Ringleiters

[6] Die für einen Ringleiter erforderliche Stromversorgung ist hier gedanklich nicht mitberücksichtigt.

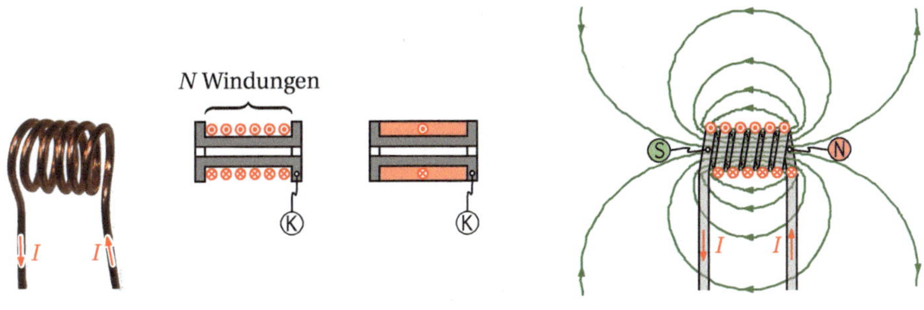

Bild 6.10 Zylinderspule mit sechs Windungen: (a) ausgeführt mit Kupferleiter (© christiankral, CC BY 4.0, via Wikimedia Commons), (b) schematische Darstellung mit einzelnen Leitern auf einem Spulenkörper, (c) schematische, flächige Darstellung auf einem Spulenkörper, (d) Feldbild; Ⓝ Nordpol, Ⓢ Südpol, Ⓚ Spulenkörper

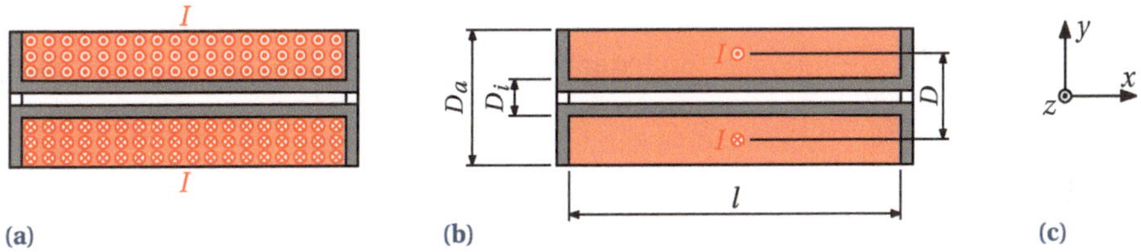

Bild 6.11 Spulengeometrie: (a) mehrlagige Zylinderspule, (b) schematisch dargestellte mehrlagige Zylinderspule, (c) Koordinatensystem

In Bild 6.10d ist das Feldbild einer Zylinderspule gezeigt. Wir können mit dieser Spule das Magnetfeld im Inneren dieser Spule gegenüber dem einfachen Ringleiter in Bild 6.9b verstärken.

Windungszahl. Den vollständigen Umlauf des Drahtes um den Winkel 360°, wie bei einem Ringleiter, bezeichnen wir als Windung. Die in Bild 6.10a gezeigte Zylinderspule weist $N = 6$ Windungen auf. Eine vereinfachte, schematische Darstellung einer Spule mit sechs Windungen ist in Bild 6.10b angegeben. Wenn man bei einer Spule die Windungszahl nicht abzählbar darstellen möchte, kann man jenen Bereich, in dem Strom fließt, gemäß Bild 6.10c flächig darstellen und die Stromrichtung symbolisch einzeichnen.

Feldbild. Das Feldbild einer Zylinderspule ist in Bild 6.10d dargestellt. Der Vergleich mit dem Feldbild eines Permanentmagneten in Bild 6.3a zeigt dabei eine sehr hohe Ähnlichkeit.

> **!** Aus dem Bild der **Feldlinien** kann nicht ermittelt werden, ob die Quelle des Magnetfelds ein **Permanentmagnet oder** eine stromdurchflossene **Spule** ist. ■

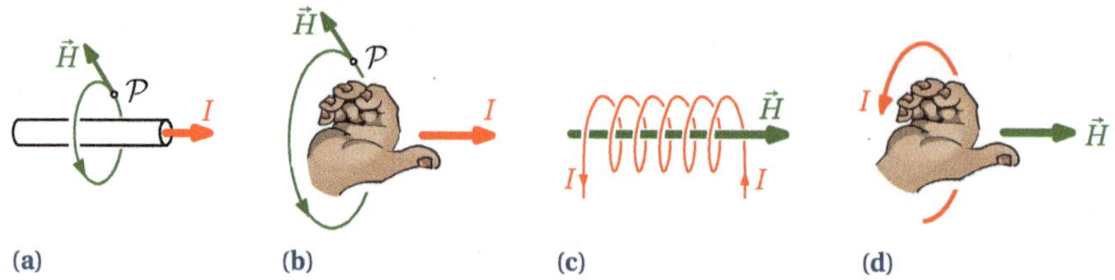

Bild 6.12 (a) Kreisförmige Feldlinie eines Linienleiters, (b) rechtswendige Zuordnung zwischen Strom und Magnetfeld eines Linienleiters, (c) stromdurchflossene Spule und Teil einer Feldlinie im Inneren der Spule, (d) rechtswendige Zuordnung zwischen Stromrichtung in der Spule und Magnetfeld im Inneren der Spule

Betrag der Feldstärke. Der Betrag der magnetischen Feldstärke $|\vec{H}|$ im Inneren einer schlanken[7] Zylinderspule mit der Windungszahl N und der Spulenlänge l, wie sie in Bild 6.11 dargestellt ist, kann wie folgt berechnet werden:

$$|\vec{H}| = \frac{N \cdot |I|}{l} \qquad \text{im Innenbereich einer Zylinderspule} \qquad (6.4)$$

Im Außenbereich einer Zylinderspule kann im Vergleich zum Innenbereich die magnetische Feldstärke vernachlässigt werden.

Richtung der Feldstärke. Der magnetische Feldstärkevektor ist dem Leiterstrom rechtswendig zugeordnet, wie das in Bild 6.12a und b dargestellt ist. Wendet man diese Eigenschaft auf den Leitungsdraht einer Zylinderspule an, so kann man die Richtung der magnetischen Feldstärke im Inneren der Spule bestimmen.

Alternativ kann man die Finger der rechten Hand, wie in Bild 6.12c und d, in Richtung des Spulenstroms I krümmen. In diesem Fall zeigt der Daumen der rechten Hand in die Richtung des magnetischen Feldstärkevektors $\vec{H}$.

Mehrlagige Spule. Wenn der Leiterdraht einer Spule wie der Faden einer Zwirnspule in mehreren Lagen aufgewickelt wird, dann sprechen wir von einer mehrlagigen Spule. In Bild 6.11a ist eine derartige Spule schematisch dargestellt:

Windungszahl. Die Anzahl aller Windungen, die insgesamt aufgebracht werden, ist mit N bezeichnet.

Mittlerer Durchmesser. Die innen aufgewickelte Lage des Spulendrahts weist gemäß Bild 6.11b etwa den Innendurchmesser D_i auf, die äußerste Lage etwa den Außendurchmesser D_a. Daher können wir durchschnittlich mit dem mittleren Durchmesser

$$D = \frac{D_a + D_i}{2} \qquad (6.5)$$

rechnen.

Leiterlänge. Wenn wir von den Anschlussleitungen absehen, beträgt die gesamte Leiterlänge l_L des aufgewickelten Spulendrahts mit guter Näherung:

$$l_L = N \cdot D \cdot \pi \qquad (6.6)$$

[7] Eine Zylinderspule wird als schlank angesehen, wenn ihre axiale Länge l deutlich größer als ihr mittlerer Durchmesser D ist.

Zahlenwertbeispiel 6.4. Eine mehrlagige Zylinderspule gemäß Bild 6.11 weist den mittleren Windungsdurchmesser $D = 12\,\text{mm}$, die Spulenlänge $l = 100\,\text{mm}$ und die Windungszahl $N = 200$ auf. Die Spule ist vom Strom $I = 5\,\text{A}$ durchflossen und ist aus einem Kupferdraht mit der spezifischen elektrische Leitfähigkeit $\gamma = 58\,\text{S}\,\text{m}/\text{mm}^2$ und dem Querschnitt $A = 1{,}25\,\text{mm}^2$ gefertigt.

Wir bestimmen in einem ersten Schritt den Betrag der magnetischen Feldstärke im Inneren der Zylinderspule:

$$|\vec{H}| = \frac{N \cdot |I|}{l} = \frac{200 \cdot 5\,\text{A}}{0{,}1\,\text{m}} = 10\,\frac{\text{kA}}{\text{m}}$$

Der magnetische Feldstärkevektor ist dem Spulenstrom I rechtswendig zugeordnet. Mit Bezugnahme auf das Koordinatensystem in Bild 6.11c gilt:

$$\vec{H} = |\vec{H}| \cdot \vec{e}_x = 10\,\frac{\text{kA}}{\text{m}} \cdot \vec{e}_x$$

In einem zweiten Schritt bestimmen wir den Ohmschen Widerstand des Spulendrahts. Dafür benötigen wir die Leiterlänge l_L der Spule, ohne die Zuleitungen zu berücksichtigen:

$$l_L = N \cdot D \cdot \pi = 200 \cdot 0{,}012\,\text{m} \cdot \pi = 7{,}540\,\text{m}$$

Für die Berechnung des Ohmschen Widerstands wenden wir Gl. (2.57) an.

$$R = \frac{l_L}{\gamma \cdot A} = \frac{7{,}540\,\text{m}}{58\,\frac{\text{S}\,\text{m}}{\text{mm}^2} \cdot 1{,}25\,\text{mm}^2} = 0{,}1040\,\Omega$$ ■

Ringspule

Eine besonders symmetrische Ausführungsform stellt die Ringspule dar, wie sie beispielhaft in Bild 6.13a gezeigt ist:

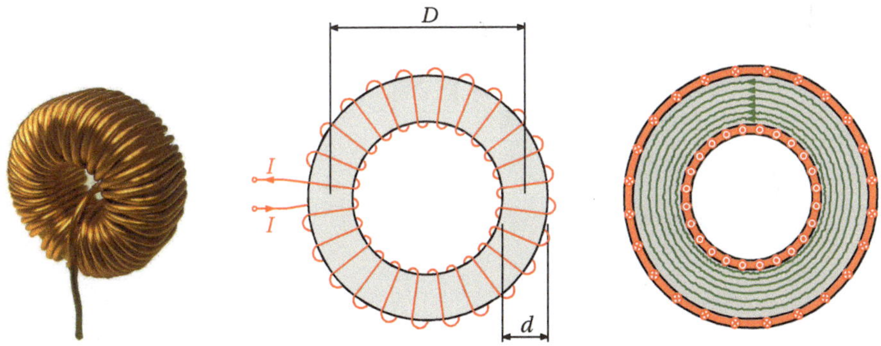

(a) (b) (c)

Bild 6.13 Ringspule (a) ausgeführt, auf Spulenkörper gewickelt (© Peripitus, CC BY-SA 4.0, via Wikimedia Commons), (b) schematisch mit Spulenkörper, vom Strom *I* durchflossen, (c) Feldlinienbild

(a) (b) (c)

Bild 6.14 (a) Eine Zylinderspule wird (b) zusammengebogen bis (c) eine Ringspule entsteht.

Torus. Der in Bild 6.13b dargestellte Spulenkörper ist ein Torus[8] mit kreisrundem Querschnitt. Auf diesen Spulenkörper ist ein Leiterdraht aufgewickelt. Wir können uns alternativ eine Ringspule auch als eine lange Zylinderspule vorstellen, deren Nord- und Südpol zusammengebogen werden, wie das in Bild 6.14 illustriert ist.

Magnetisches Feld. Das magnetische Feld verläuft praktisch vollständig im Inneren der Spule. Der Bereich außerhalb der Ringspule ist vergleichsweise feldfrei.

Betrag der Feldstärke. Wenn wir für die mittlere Feldlinienlänge in Gl. (6.4) den mittleren Umfang $D \cdot \pi$ einsetzen, erhalten wir mit guter Näherung den Betrag der magnetischen Feldstärke:

$$|\vec{H}| = \frac{N \cdot |I|}{D \cdot \pi} \qquad \text{im Innenbereich einer Ringspule} \qquad (6.7)$$

Für die Gültigkeit dieser Gleichung setzen wir $d \ll D$ gemäß Bild 6.11c voraus. Tatsächlich können wir aus Bild 6.13c entnehmen, dass die Feldlinien am inneren Rand des Torus enger beisammen stehen als die Feldlinien am äußeren Rand des Torus.

Richtung der Feldstärke. Die Richtung aller Feldlinien ist in Bild 6.13c stets in Umfangsrichtung des Torus gerichtet. Die Richtung des Feldstärkevektors $\vec{H}$ ist der Stromrichtung jeweils rechtswendig zugeordnet, wie das in Bild 6.13c illustriert ist.

Zahlenwertbeispiel 6.5. Wir bestimmen den Betrag der magnetischen Feldstärke für eine Ringspule, wie sie in Bild 6.13 angegeben ist, für $D = 30\,\text{mm}$, $N = 200$ und $I = 5\,\text{A}$. Der Betrag der mittleren Feldstärke wird gemäß Gl. (6.7) berechnet:

$$|\vec{H}| = \frac{N \cdot |I|}{D \cdot \pi} = \frac{200 \cdot 5\,\text{A}}{0{,}03\,\text{m} \cdot \pi} = 10{,}61\,\frac{\text{kA}}{\text{m}}$$ ■

Deutsch	English
Pol	Pole
Sich gegenseitig abstoßen	Repel each other
Sich gegenseitig anziehen	Attract each other
Spule	Coil

■

[8] Einen Torus können wir uns im Wesentlichen wie einen Donut vorstellen.

6.2 Magnetische Werkstoffe

Zeichen	Einheit	Größe	Quantity
B	T, Vs/m^2	Magnetische Flussdichte	Magnetic flux density
μ	Vs/(Am)	Absolute Permeabilität[9]	Absolute permeability
μ_0	Vs/(Am)	Permeabilität des leeren Raums	Vacuum permeability
μ_r	1	Relative Permeabilität	Relative permeability

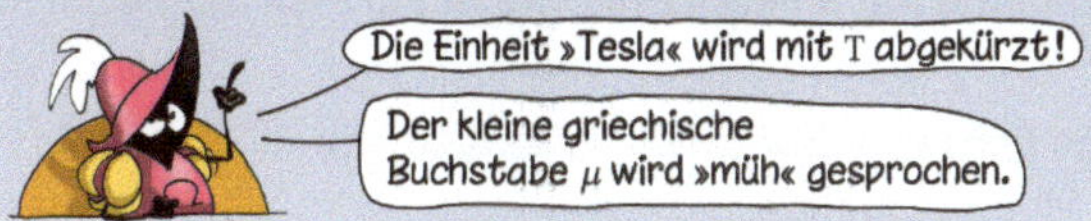

6.2.1 Permeabilität

Unterschiedliche Materialien leiten das magnetische Feld unterschiedlich gut. Dazu führen wir folgende Überlegungen durch:

Luft und leerer Raum. Wir betrachten das in Bild 6.15a dargestellte Feldbild eines Permanentmagneten. Die Umgebung des Permanentmagneten lässt sich gleich magnetisieren, unabhängig davon, ob es sich um Luft oder leeren Raum handelt.

Ferromagnetische Materialien. Wenn wir beispielsweise einen vorher nicht magnetisierten Eisennagel in die Nähe eines Permanentmagneten bringen, so ziehen sich der Magnet und der Eisennagel gegenseitig an. Wir können bei eisenhaltigen Materialien also eine Kraftwirkung beobachten, wenn diese einem magnetischen Feld ausgesetzt werden. Eisen gehört zu den ferromagnetischen Materialien.

Magnetische Leitfähigkeit. Wir ordnen in Bild 6.15b einen aus Eisen bestehenden U-förmigen Körper Ⓕ um den Permanentmagneten an. Da in dieser Konfiguration prak-

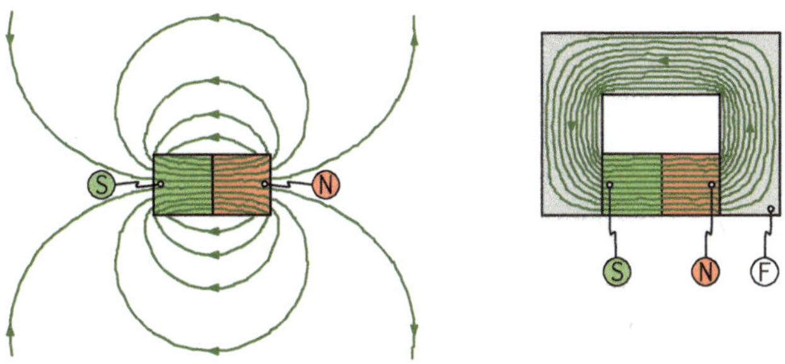

(a) (b)

Bild 6.15 (a) Permanentmagnet in Luft oder im luftleeren Raum, (b) ein U-förmiger Eisenkörper umschließt einen Permanentmagneten; Ⓝ Nordpol, Ⓢ Südpol, Ⓕ U-förmiger Eisenkörper

9 Die Schreibweise Vs/(Am) steht für $\frac{Vs}{Am}$.

tisch alle Feldlinien im Inneren des Permanentmagneten und des U-förmigen Körpers Ⓕ verlaufen, schreiben wir diesem Eisenkörper eine hohe magnetische Leitfähigkeit zu.

> **Ferromagnetische Materialien** leiten das Magnetfeld besonders gut. ■

Permeabilität. Wie gut ein Körper ein magnetisches Feld leitet, wird durch die Permeabilität ausgedrückt: Diese Größe wird mit μ bezeichnet. Sie ist ein Maß für die magnetische Leitfähigkeit.

Einheit der Permeabilität. Die Permeabilität weist die Einheit Volt mal Sekunde (V s), dividiert durch Ampere und Meter (A m) auf:

$$[\mu] = \frac{\mathrm{V\,s}}{\mathrm{A\,m}} \tag{6.8}$$

Permeabilität des leeren Raums. Die Permeabilität von Vakuum bzw. des leeren Raums wird mit μ_0 bezeichnet. Diese Größe beträgt mit praktisch guter Näherung[10]:

$$\mu_0 = 4 \cdot \pi \cdot 10^{-7}\,\frac{\mathrm{V\,s}}{\mathrm{A\,m}} = 1{,}257 \cdot 10^{-6}\,\frac{\mathrm{V\,s}}{\mathrm{A\,m}} \tag{6.9}$$

Diese Größe wird auch als *magnetische Feldkonstante* bezeichnet.

Relative Permeabilität. Die relative Permeabilität μ_r gibt an, um welchen Faktor ein Material das magnetische Feld stärker und damit besser leitet als Luft bzw. leerer Raum.

Einheit der relativen Permeabilität. Da die relative Permeabilität ein Faktor ist, ist ihre Einheit gleich eins:

$$[\mu_r] = 1 \tag{6.10}$$

Absolute Permeabilität. Die absolute Permeabilität ist das Produkt aus relativer Permeabilität und der Permeabilität des leeren Raums:

$$\boxed{\mu = \mu_r \cdot \mu_0} \tag{6.11}$$

Damit hat Größe μ auch die gleiche Einheit wie die Permeabilität des leeren Raums.

> Die **Permeabilität** μ gibt an, wie gut ein Material das magnetisches Feld leitet:
>
> 
> ■

> Wenn die **Permeabilität konstant** ist, dann sprechen wir von einem **linearen** magnetischen Material. ■

---

10 Nach der Neudefinition der Basis-SI-Einheiten im Jahr 2019 [Bur22, Abschnitt 2.3.1] gilt dieser Zusammenhang nicht mehr exakt.

6.2.2 Magnetische Flussdichte

Zwischen der Feldstärke $\vec{H}$ und der Flussdichte $\vec{B}$ gilt in homogenen und isotropen Materialien[11] folgender Zusammenhang:

$$\boxed{\vec{B} = \mu \cdot \vec{H}} \qquad |\vec{B}| = \mu \cdot |\vec{H}| \tag{6.12}$$

Die magnetische Flussdichte und Feldstärke zeigen in dieselbe Richtung.

Die Einheit der magnetischen Flussdichte beträgt Voltsekunde (Vs) pro Quadratmeter (m^2). Diese Größe wird auch als Tesla bezeichnet und mit T abgekürzt:

$$[B] = \frac{\mathrm{Vs}}{\mathrm{m}^2} = \mathrm{T} \tag{6.13}$$

Die **Stärke** eines **Magnetfelds** wird durch die **Flussdichte** B beschrieben.

Ein Vergleich zwischen den Größen des elektrischen und des magnetischen Felds ist in Tabelle 6.2 zusammengefasst.

Tabelle 6.2 Vergleich zwischen elektrischem und magnetischem Feld

Eigenschaft	Elektrisches Feld	Magnetisches Feld
Feldstärke	Elektrische Feldstärke E	Magnetische Feldstärke H
Einheit Feldstärke	$[E]$ = V/m	$[H]$ = A/m
Flussdichte	Elektrische Flussdichte D	Magnetische Flussdichte B
Einheit Flussdichte	$[D]$ = A s/m^2	$[B]$ = V s/m^2
Leitfähigkeit des leeren Raum	Permittivität $\varepsilon_0 = 8{,}854 \cdot 10^{-12}\,\frac{\mathrm{As}}{\mathrm{Vm}}$	Permeabilität $\mu_0 = 4 \cdot \pi \cdot 10^{-7}\,\frac{\mathrm{Vs}}{\mathrm{Am}}$
Relative Leitfähigkeit	Relative Permittivität ε_r	Relative Permeabilität μ_r
Einheit relative Leitfähigkeit	$[\varepsilon_r] = 1$	$[\mu_r] = 1$
Materialabhängige Leitfähigkeit	Absolute Permittivität $\varepsilon = \varepsilon_r \cdot \varepsilon_0$	Absolute Permeabilität $\mu = \mu_r \cdot \mu_0$
Zusammenhang	$D = \varepsilon \cdot E$	$B = \mu \cdot H$

[11] Ein homogenes Material weist gleiche Eigenschaften in allen Punkten auf. Ein isotropes Material weist gleiche Eigenschaften in allen Richtungen auf.

6.2.3 Klassifikation von Materialien

Je nach relativer Permeabilität μ_r klassifizieren wir magnetische Materialien:

Leerer Raum ($\mu_r = 1$). Im leeren Raum und in Luft rechnen wir mit $\mu_r = 1$.

Diamagnetisches Material ($\mu_r < 1$). In einem diamagnetischen Material kommt es zu einer leichten Abschwächung der magnetischen Flussdichte im Vergleich zum leeren Raum. Ein Beispiel für ein diamagnetisches Material ist Kupfer ($\mu_r = 0{,}999\,990$).

Paramagnetisches Material ($\mu_r > 1$). Derartige Materialien verstärken die magnetische Flussdichte geringfügig im Vergleich zum leeren Raum. Ein Beispiel für ein paramagnetisches Material ist Aluminium ($\mu_r = 1{,}000\,021$).

Wir können uns bei einem paramagnetischen Material eine innere Struktur vorstellen, deren Wirkung vereinfacht mit kleinen Magnetnadeln vergleichbar ist, wie das in Bild 6.16a gezeigt ist. Ausgehend von einem ungeordneten Zustand ohne Magnetfeld führt der Einfluss eines äußeren Magnetfelds zunehmend zur Ausrichtung einiger Magnetnadeln in Richtung des Magnetfelds $\vec{H}_1$, was feldverstärkend auf die Flussdichte wirkt. Die nach dem äußeren Magnetfeld ausgerichteten Bereiche sind in Bild 6.16b rotgrün unterlegt dargestellt, um die feldverstärkende Wirkung hervorzuheben. Wenn das Magnetfeld, wie in Bild 6.16c, ausreichend weiter gesteigert wird, richten sich irgendwann so gut wie alle Magnetnadeln in Richtung des Magnetfelds $\vec{H}_2$ aus.

Ferromagnetisches Material ($\mu_r \gg 1$). Während paramagnetische Materialien eine relative Permeabilität aufweisen, die nur geringfügig größer als eins ist, ist die relative Permeabilität von ferromagnetischen Materialien deutlich größer als eins.

Zu den ferromagnetischen Materialien gehören:

- Eisen (Fe)
- Nickel (Ni)
- Kobalt (Co)

Anders als bei paramagnetischen Materialien weisen die Kristallgitter von ferromagnetischen Materialien Bereiche auf, die jeweils in gleicher Richtung magnetisiert sind.

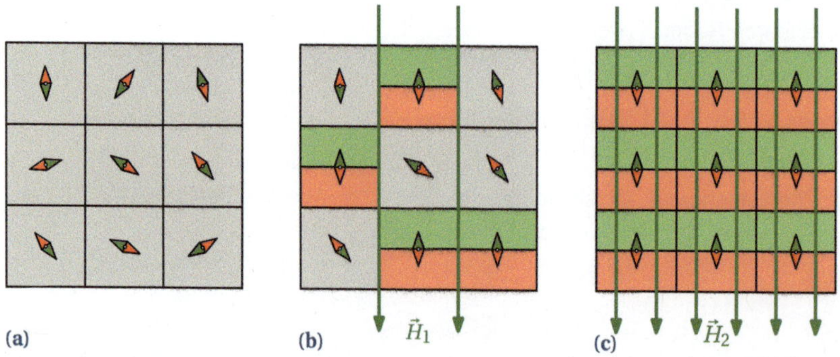

Bild 6.16 Paramagnetisches Material, dessen innere Struktur vereinfacht mit schwachen Magnetnadeln erklärt werden kann: (a) Ungeordnete Magnetnadeln ohne äußeres Magnetfeld, (b) durch äußeres Magnetfeld $\vec{H}_1$ teilweise und (c) durch durch äußeres Magnetfeld $\vec{H}_2$ vollständig ausgerichtete Magnetnadeln

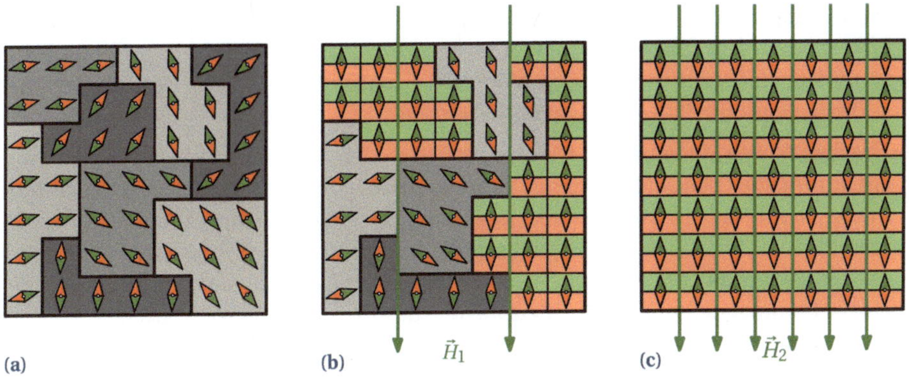

Bild 6.17 Ferromagnetisches Material mit Weiss-Bezirken: (a) Ungeordnete Magnetnadeln ohne Magnetfeld, (b) durch äußeres Magnetfeld $\vec{H}_1$ teilweise und (c) durch durch äußeres Magnetfeld $\vec{H}_2$ vollständig geordnete Weiss-Bezirke

Diese Bereiche werden als Weiss-Bezirke bezeichnet. Wir untersuchen nachfolgend den Ferromagnetismus stark vereinfacht:

Feldfreier Zustand. In Bild 6.17a sind Weiss-Bezirke[12] schematisch durch unterschiedliche Graustufen gekennzeichnet. Wenn das ferromagnetische Material vorher keinem äußeren Magnetfeld ausgesetzt war, weisen die einzelnen Weiss-Bezirke zufällige, aber einheitlich magnetisierte Richtungen auf. Diese einheitliche Richtung der Magnetisierung innerhalb der Weiss-Bezirke ist jeweils durch mehrere gleich ausgerichtete Magnetnadeln symbolisiert. Diese Magnetnadeln repräsentieren *magnetische Momente*, deren Eigenschaften eng mit der Kristallstruktur des ferromagnetischen Materials verbunden sind. Das Material erscheint ohne äußeres Feld dennoch feldfrei, da sich die vielen unterschiedlich magnetisierten Weiss-Bezirke insgesamt aufheben.

Steigendes Magnetfeld. Wenn wir ein äußeres Magnetfeld anlegen, dann wechseln einige Weiss-Bezirke sprunghaft mit zunehmendem Magnetfeld ihre Magnetisierungsrichtung, sodass diese mit dem äußeren Magnetfeld übereinstimmt. Die betroffenen Weiss-Bezirke sind für eine bestimmte magnetische Feldstärke $\vec{H}_1$ in Bild 6.17b Rot-Grün unterlegt, vergleichbar mit kleinen Permanentmagneten. Die sprunghafte Ausrichtung der Weiss-Bezirke in Richtung der magnetischen Feldstärke $\vec{H}_1$ wirkt feldverstärkend auf die magnetische Flussdichte.

Sättigung. Durch eine weitere Steigerung der Größe des äußeren Magnetfelds kommt das ferromagnetische Material irgendwann einmal in einen Zustand, in dem praktisch alle magnetische Momente der Weiss-Bezirke gleich wie das äußere Magnetfeld ausgerichtet sind. Dieser Zustand ist in Bild 6.17c für die Feldstärke $\vec{H}_2$ dargestellt und wird als Sättigung bezeichnet. Durch eine weitere Steigerung des äußeren Magnetfelds werden infolge der Materialeigenschaften keine weiteren feldverstärkenden Effekte auf die magnetische Flussdichte mehr wirksam.

12 Die Grenzen der Weiss-Bezirke sind in der schematischen Darstellung von Bild 6.17 orthogonal eingezeichnet. Tatsächlich verlaufen diese Grenzen jedoch nicht rechtwinkelig zueinander.

Entfernung des äußeren Magnetfelds. Wird ausgehend vom Sättigungszustand des Materials das äußere Magnetfeld entfernt, bleiben die magnetischen Momente unverändert ausgerichtet. Das Material ist magnetisiert. Dieser Zustand wird als *Remanenz* oder Restmagnetismus bezeichnet.

Ferrimagnetisches Material. Ein ferrimagnetisches Material können wir uns ähnlich wie ein ferromagnetisches Material mit Weiss-Bezirken vorstellen. Die magnetischen Momente zeigen jedoch abwechselnd in entgegengesetzte Richtungen und sind unterschiedlich groß. Zu den ferrimagnetischen Materialien gehören vor allem die Ferrite, die in der Hochfrequenztechnik eingesetzt werden. Wir können uns Ferrite als »schwächere« ferromagnetische Materialien vorstellen.

> **Ferromagnetische Materialien** werden in technischen Anwendungen eingesetzt, ...
>
> 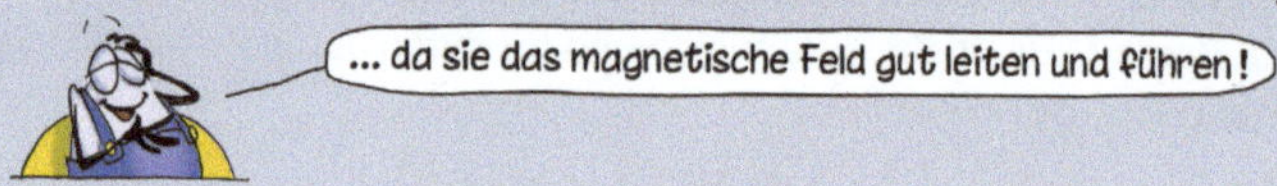
>

Typische technische Anwendungen mit ferromagnetischen Materialien sind Transformatoren und elektrische Maschinen, wie sie beispielhaft in Bild 6.18 dargestellt sind.

(a) (b)

Bild 6.18 (a) Transformator mit Eisenkern und zwei Spulen, (b) Asynchronmaschine in aufgeschnittener Darstellung (Fotos: © Siemens AG 2024, Alle Rechte vorbehalten)

6.3 Magnetisches Ersatzschaltbild

Um die Analyse magnetischer Kreise zu vereinfachen, verwenden wir magnetische Ersatzschaltbilder. Die für die Erstellung eines magnetischen Ersatzschaltbilds erforderlichen Schritte und Überlegungen führen wir für den in Bild 6.19a beispielhaft dargestellten magnetischen Kreis durch:

Magnetischer Kreis. Als Material für die Führung des magnetischen Felds verwenden wir in technischen Anwendungen häufig Eisen. Das magnetische Feld wird in Bild 6.19a von der Spule Ⓔ erzeugt und verläuft aufgrund der hohen Permeabilität des Eisens praktisch ausschließlich im Eisen Ⓕ. Diese Gesamtheit aus Spule und Eisen nennen wir einen magnetischen Kreis bzw. Eisenkreis.

Mittlere Feldlinie. Für die Entwicklung eines magnetischen Ersatzschaltbilds ersetzen wir das Feldlinienbild aus Bild 6.19a durch eine einzelne mittlere Feldlinie, wie sie in Bild 6.19b dargestellt ist. Diese Feldlinie verläuft jeweils in der geometrischen Mitte eines jeden Schenkels.

Schenkel. Den Eisenkreis können wir uns aus den vier Abschnitten ① bis ④ bestehend vorstellen, die in Bild 6.20a getrennt voneinander dargestellt sind. Diese Abschnitte bezeichnen wir als Schenkel.

Erregerwicklung. Um den rechten Schenkel ① ist die in Bild 6.20b dargestellte Spule Ⓔ mit N Windungen gewickelt, die den Eisenkreis infolge des Stroms I magnetisiert bzw. erregt. Eine derartige Spule, deren Zweck die Erzeugung eines magnetisches Felds infolge eines elektrischen Stroms ist, nennen wir Erregerwicklung oder kurz Wicklung.

Magnetisches Ersatzschaltbild. In einem magnetischen Ersatzschaltbild kommen folgende Größen zur Anwendung, die wir in den Abschnitten 6.3.1 bis 6.3.4 genauer kennenlernen:

- magnetischer Widerstand R_m,
- magnetische Spannung U_m,

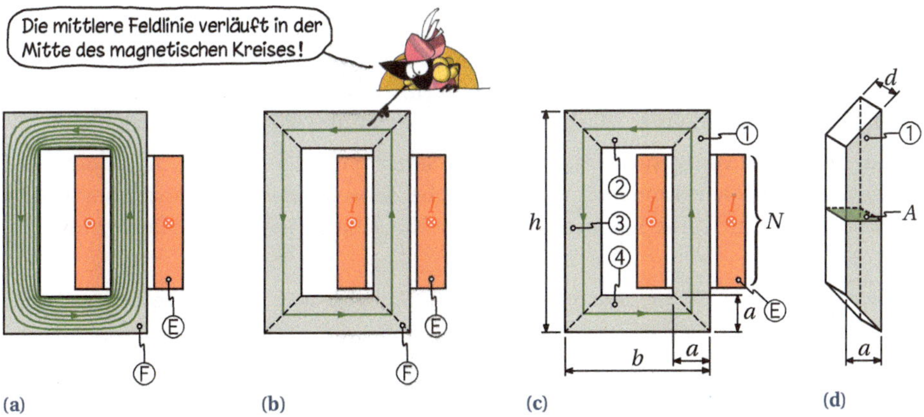

Bild 6.19 Magnetischer Eisenkreis Ⓕ, bestehend aus den vier Schenkeln ① bis ④ und der Spule Ⓔ: (a) Feldbild, (b) mittlere Feldlinie, (c) geometrische Abmessungen, (d) perspektivische Darstellung des Schenkels ① mit Querschnittsabmessungen

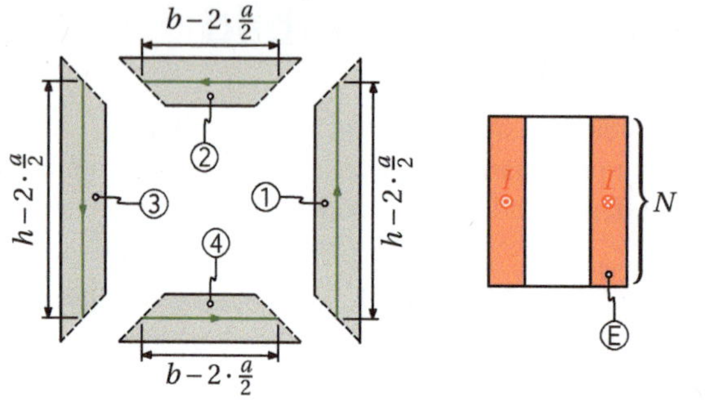

(a) (b)

Bild 6.20 Magnetischer Kreis (a) mit Schenkel ① bis ④, (b) Spule Ⓔ mit *N* Windungen, durchflossen vom Strom *I*

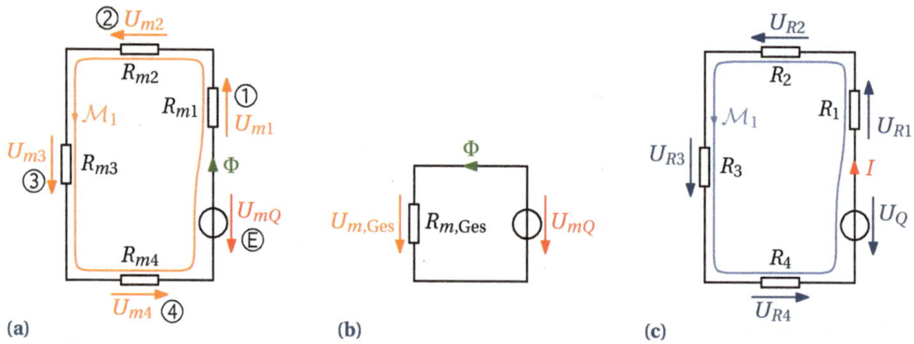

(a) (b) (c)

Bild 6.21 (a) Magnetisches Ersatzschaltbild, (b) vereinfachtes magnetisches Ersatzschaltbild mit magnetischem Gesamtwiderstand $R_{m,Ges}$, (c) mit (a) vergleichbares elektrisches Ersatzschaltbild

- magnetischer Fluss[13] Φ, vergleichbar mit dem elektrischen Strom.

Die vier magnetischen Schenkel in Bild 6.20a ersetzen wir im magnetischen Ersatzschaltbild aus Bild 6.21a durch die magnetischen Widerstände R_{m1} bis R_{m4}. Die stromdurchflossene Spule als Quelle des Magnetfelds wird im Ersatzschaltbild durch eine magnetische Spannungsquelle mit der Quellenspannung U_{mQ} berücksichtigt.

Das in Bild 6.21a dargestellte magnetische Ersatzschaltbild ist mit dem in Bild 6.21c gezeigten elektrischen Stromkreis vergleichbar, bei dem eine elektrische Spannungsquelle einen Strom durch eine Serienschaltung von Ohmschen Widerständen hervorruft.

[13] Der magnetische Fluss wird mit dem großen griechischen Großbuchstaben Φ bezeichnet, der »Phi« gesprochen wird. Dieser Buchstabe sieht aus wie ein großes I, in dessen Mitte sich ein Ring befindet.

6.3.1 Magnetischer Widerstand und Leitwert

Zeichen	Einheit	Größe	Quantity
G_m	Vs/A	Magnetischer Leitwert oder Permeanz	Magnetic conductance or premeance
R_m	A/(Vs)	Magnetischer Widerstand[14] oder Reluktanz	Magnetic resistance or reluctance

Das magnetische Feld in Bild 6.19a geht durch alle vier Schenkel des Eisenkreises. Jedem Schenkel können wir in Bild 6.21a einen separaten magnetischen Widerstand zuordnen:

Magnetischer Widerstand. Der magnetische Widerstand R_m eines Schenkels mit

- der Länge l der mittleren Feldlinie in diesem Schenkel,
- dem Querschnitt A, durch den das magnetische Feld im Schenkel tritt,
- und der Permeabilität μ des Schenkels

lässt sich in Anlehnung an Bild 6.22a wie folgt ermitteln:

$$\boxed{R_m = \frac{l}{\mu \cdot A}} \tag{6.14}$$

Der magnetische Widerstand eines Schenkels ist umso geringer,

- je geringer die die Länge l der mittleren Feldlinie im betrachteten Schenkel ist,
- je größer der Querschnitt A ist, durch den das Magnetfeld tritt und
- je höher die Permeabilität μ und damit die magnetische Leitfähigkeit des Eisens ist.

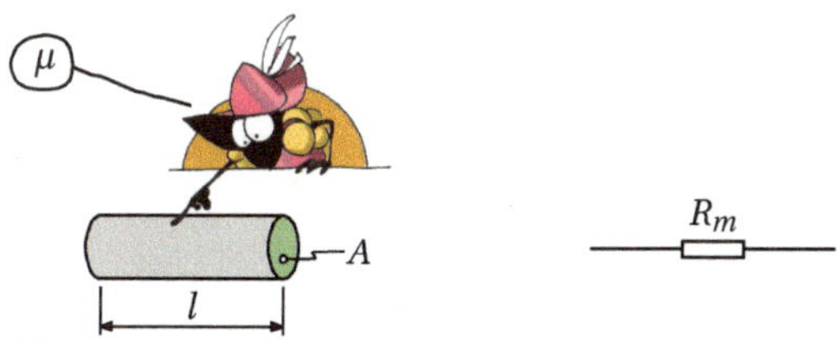

(a) (b)

Bild 6.22 (a) Geometrie und Permeabilität für die Berechnung des magnetischen Widerstands, (b) Schaltzeichen eines magnetischen Widerstands in einem magnetischen Ersatzschaltbild

[14] Die Schreibweise A/(Vs) steht für $\frac{\text{A}}{\text{Vs}}$.

Der magnetische Widerstand von Eisen ist aufgrund dessen hoher Permeabilität deutlich geringer als jener von Luft:

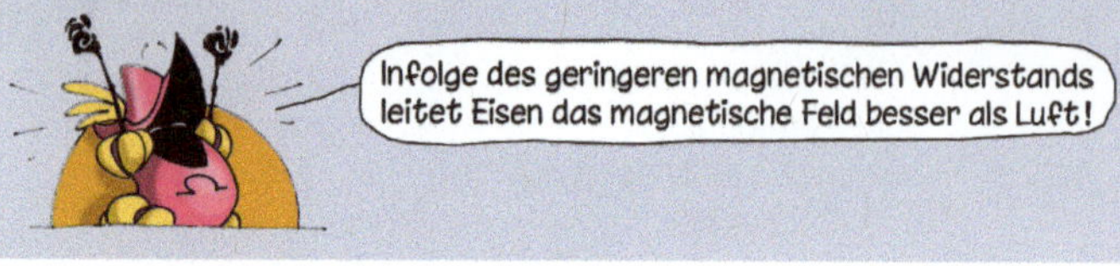

Magnetischer Leitwert. Der magnetische Leiterwert

$$G_m = \frac{\mu \cdot A}{l} \tag{6.15}$$

ist der Kehrwert des magnetischen Widerstands:

$$R_m = \frac{1}{G_m} \qquad G_m = \frac{1}{R_m} \tag{6.16}$$

Wir bezeichnen …

In einem magnetischen Ersatzschaltbild verwenden wir für einen magnetischen Widerstand das in Bild 6.22b angegebene Schaltzeichen. Es sieht gleich aus wie das Schaltzeichen eines Ohmschen Widerstands. Eine Gegenüberstellung der Berechnungsgleichungen eines Ohmschen und magnetischen Widerstands ist in Tabelle 6.3 angegeben.

Konstante **magnetische Widerstände** können durch **Serien- und Parallelschaltungen** vereinfacht bzw. zusammengefasst werden, ebenso wie Ohmsche Widerstände.

Zahlenwertbeispiel 6.6. Wir bestimmen die Reluktanzen der vier Schenkel aus Bild 6.19b mit $a = 20\,\text{mm}$, $b = 100\,\text{m}$, $h = 150\,\text{mm}$, $d = 25\,\text{mm}$ und $\mu_r = 500$.

Tabelle 6.3 Vergleich der Berechnung von elektrischem und magnetischem Widerstand einschließlich Einheiten (EH)

Eigenschaft	Elektr. Widerstand	EH	Magnet. Widerstand	EH
Berechnung	$R = \frac{l}{\gamma \cdot A}$	Ω	$R_m = \frac{l}{\mu \cdot A}$	$\frac{\text{A}}{\text{V s}}$
Länge	Leiterlänge l	m	Länge l der mittleren Feldlinie	m
Querschnitt	Leiterquerschnitt A	m²	Schenkelquerschnitt A	m²
Leitfähigkeit	Spezifische Leitfähigkeit γ	$\frac{\text{S}}{\text{m}}$	Permeabilität μ	$\frac{\text{V s}}{\text{A m}}$

Im ersten Schritt ermitteln wir die absolute Permeabilität des Eisens:

$$\mu = \mu_r \cdot \mu_0 = 500 \cdot 4 \cdot \pi \cdot 10^{-7}\,\frac{\mathrm{Vs}}{\mathrm{Am}} = 6{,}283 \cdot 10^{-4}\,\frac{\mathrm{Vs}}{\mathrm{Am}}$$

Der rechteckige Querschnitt, durch den das magnetische Feld tritt, ist in Bild 6.19d skizziert. Dieser Querschnitt ist bei allen vier Schenkeln gleich groß:

$$A = a \cdot d = 20 \cdot 10^{-3}\,\mathrm{m} \cdot 25 \cdot 10^{-3}\,\mathrm{m} = 5 \cdot 10^{-4}\,\mathrm{m}^2$$

Die Länge des rechten Schenkels ① und des linken Schenkels ③ in Bild 6.20a beträgt jeweils: $l_1 = l_3 = h - 2 \cdot \frac{a}{2} = h - a = 0{,}15\,\mathrm{m} - 0{,}02\,\mathrm{m} = 0{,}13\,\mathrm{m}$

Damit erhalten wir für die magnetischen Widerstände der Schenkel ① und ③:

$$R_{m1} = R_{m3} = \frac{l_1}{\mu \cdot A} = \frac{l_3}{\mu \cdot A} = \frac{0{,}13\,\mathrm{m}}{6{,}283 \cdot 10^{-4}\,\frac{\mathrm{Vs}}{\mathrm{Am}} \cdot 5 \cdot 10^{-4}\,\mathrm{m}^2} = 413{,}8\,\frac{\mathrm{kA}}{\mathrm{Vs}}$$

Für die Länge der mittleren Feldlinie in den Schenkeln ② und ④ erhalten wir mit Bild 6.20a jeweils: $l_2 = l_4 = b - 2 \cdot \frac{a}{2} = b - a = 0{,}1\,\mathrm{m} - 0{,}02\,\mathrm{m} = 0{,}08\,\mathrm{m}$

Wir berechnen für die Schenkel ② und ④:

$$R_{m2} = R_{m4} = \frac{l_2}{\mu \cdot A} = \frac{l_4}{\mu \cdot A} = \frac{0{,}08\,\mathrm{m}}{6{,}283 \cdot 10^{-4}\,\frac{\mathrm{Vs}}{\mathrm{Am}} \cdot 5 \cdot 10^{-4}\,\mathrm{m}^2} = 254{,}6\,\frac{\mathrm{kA}}{\mathrm{Vs}}$$

Der Gesamtwiderstand des magnetischen Kreises errechnet sich gemäß Bild 6.21a bzw. b aus der Serienschaltung der magnetischen Widerstände der Schenkel ① bis ④:

$$\begin{aligned} R_{m,\mathrm{Ges}} &= R_{m1} + R_{m2} + R_{m3} + R_{m4} \\ &= 413{,}8\,\frac{\mathrm{kA}}{\mathrm{Vs}} + 254{,}6\,\frac{\mathrm{kA}}{\mathrm{Vs}} + 413{,}8\,\frac{\mathrm{kA}}{\mathrm{Vs}} + 254{,}6\,\frac{\mathrm{kA}}{\mathrm{Vs}} = 1337\,\frac{\mathrm{kA}}{\mathrm{Vs}} \end{aligned}$$

■

6.3.2 Magnetischer Fluss

Zeichen	Einheit	Größe	Quantity
Φ	Wb, Vs	Magnetischer Fluss	Magnetic flux

■

Der in Bild 6.21a dargestellte magnetische Fluss Φ entspricht dem Strom im elektrischen Ersatzschaltbild aus Bild 6.21c. Die Einheit des magnetischen Flusses ist Voltsekunde (Vs) oder Weber (Wb):

$$[\Phi] = \mathrm{Vs} = \mathrm{Wb} \tag{6.17}$$

Wenn wir die Feldlinien in Bild 6.19a betrachten, so können wir mit guter Näherung annehmen, dass die magnetische Flussdichte in jedem der vier Abschnitte homogen ist. Für

Tabelle 6.4 Vergleich der Berechnung von Stromdichte und magnetischer Flussdichte einschließlich Einheiten (EH)

Eigenschaft	Stromdichte	EH	Magnetische Flussdichte	EH
Berechnung	$J = \frac{I}{A}$	$\frac{\text{A}}{\text{m}^2}$	$B = \frac{\Phi}{A}$	$\frac{\text{Vs}}{\text{m}^2}$
Flussgröße	Strom I	A	Magnetischer Fluss Φ	Vs
Querschnitt	Leiterquerschnitt A	m^2	Schenkelquerschnitt A	m^2

das in Bild 6.23a dargestellte homogene Feld hängt der magnetische Fluss Φ mit der Flussdichte B wie folgt zusammen:

$$\boxed{B = \frac{\Phi}{A}} \tag{6.18}$$

Dabei bezeichnet A die Querschnittsfläche[15], durch die das magnetische Feld tritt:

Die magnetische Flussdichte als Verhältnis von magnetischem Fluss zu Schenkelquerschnitt ist vergleichbar mit der Stromdichte, die gleich dem Verhältnis aus Strom zu Leiterquerschnitt ist. Ein Vergleich dieser Größen ist in Tabelle 6.4 zusammengefasst.

Wir können folgende Vorstellungen und Zusammenhänge zwischen dem magnetischen Fluss Φ und der magnetischen Flussdichte B entwickeln:

Flussdichtevektor. Der magnetische Flussdichtevektor $\vec{B} = B \cdot \vec{e}_x$ in Bild 6.23a weist beispielhaft nur eine x-Koordinate auf, die hier mit B bezeichnet ist. Der magnetische Fluss ist im Gegensatz dazu eine skalare Größe. Die Bezugsrichtung des magnetischen Flusses Φ, repräsentiert durch einen Flusspfeil in Bild 6.23a, zeichnen wir in dieselbe Richtung wie die magnetische Flussdichte, also ebenfalls in die Richtung der positiven x-Achse.

Folgende Vorgehensweise funktioniert für beliebig gerichtete Flussdichtevektoren. Den Bezugspfeil des magnetischen Flusses zeichnen wir in dieselbe Richtung wie jenen Einsvektor, der die Richtung der magnetischen Flussdichte angibt.

Flussdichte. Je geringer der Querschnitt A bei einem bestimmten magnetischen Fluss Φ ist, desto größer ist infolge von Gl. (6.18) die magnetische Flussdichte B. Die magnetische Flussdichte B_1 ist in Bild 6.23b bei gleichem magnetischen Fluss Φ höher als B_2 in Bild 6.23c.

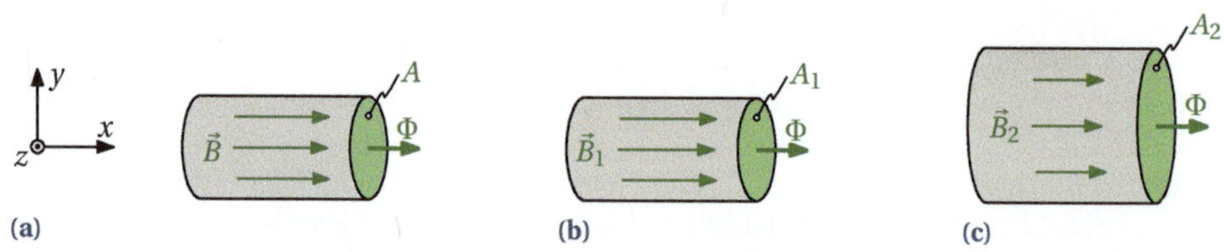

Bild 6.23 (a) Zusammenhang zwischen magnetischer Flussdichte $\vec{B}$ und magnetischem Fluss Φ allgemein; zwei Schenkel mit gleichem Fluss Φ, (b) Schenkelquerschnitt A_1 und magnetische Flussdichte $\vec{B}_1$, (c) Schenkelquerschnitt A_2 und magnetische Flussdichte $\vec{B}_2$

15 Die Querschnittsfläche steht dabei senkrecht auf die Flussdichte.

Bild 6.24 Zwei Henrys haben sich zur Veranschaulichung des nicht materiellen magnetischen Flusses in zwei nebeneinanderliegenden Flussröhren freundlicherweise als Gespenst verkleidet: In jeder Flussröhre »fließt« ein gleich großer Flussanteil.

Flussröhre. Tatsächlich fließt beim magnetischen Fluss nichts materiell. Wir können uns jedoch vorstellen, dass zwei benachbarte Feldlinien die Begrenzung von in sich geschlossenen, schlauchartigen Strukturen bilden, sogenannten Flussröhren.

In jeder dieser Flussröhren fließt jeweils ein gleich großer magnetischer Flussanteil, ohne in eine benachbarte Flussröhre überzutreten. Wir können mit diesen Flussröhren die Vorstellung von Rohrleitungen verbinden, wie das in Bild 6.24 illustriert ist.

Wirbelfeld. Das magnetische Feld ist ein Wirbelfeld. Diese Eigenschaft zeigt sich darin, dass alle magnetischen Feldlinien in sich geschlossen sind. Folglich sind auch die damit einhergehenden Flussröhren stets in sich geschlossen.

Homogenes Feld. In einem homogenen magnetischen Feldbereich weisen alle Feldlinien einen gleich großen Abstand zueinander auf. Die zugehörigen Flussröhren haben in einem homogenen Feldbereich einheitlich große Querschnitte.

Zahlenwertbeispiel 6.7. Bild 6.23b zeigt einen Schenkel, der Bestandteil eines nicht dargestellten magnetischen Kreises ist. Die homogene magnetische Flussdichte in diesem Schenkel beträgt $\vec{B}_1 = B_1 \cdot \vec{e}_x$ mit $B_1 = 0{,}8\,\mathrm{T}$, der zugehörige Querschnitt $A_1 = 500\,\mathrm{mm}^2$.

Wir bestimmen den magnetischen Fluss Φ durch diesen Schenkel, den wir in die Richtung von $\vec{e}_x$ einzeichnen:

$$\Phi = B_1 \cdot A_1 = 0{,}8\,\mathrm{T} \cdot 5 \cdot 10^{-4}\,\mathrm{m}^2 = 4 \cdot 10^{-4}\,\mathrm{Wb} = 400\,\mu\mathrm{Wb}$$

Wenn wir denselben Fluss durch den Schenkel in Bild 6.23c leiten, der den Querschnitt $A_2 = 800\,\mathrm{mm}^2$ aufweist, dann erhalten wir für die magnetische Flussdichte:

$$B_2 = \frac{\Phi}{A_2} = \frac{4 \cdot 10^{-4}\,\mathrm{Vs}}{800 \cdot 10^{-6}\,\mathrm{m}^2} = 0{,}5\,\mathrm{T}$$

Damit ergibt sich für den zugehörigen Vektor der magnetischen Flussdichte:

$$\vec{B}_2 = B_2 \cdot \vec{e}_x = 0{,}5\,\mathrm{T} \cdot \vec{e}_x = \begin{pmatrix} 0{,}5\,\mathrm{T} \\ 0\,\mathrm{T} \\ 0\,\mathrm{T} \end{pmatrix}$$

■

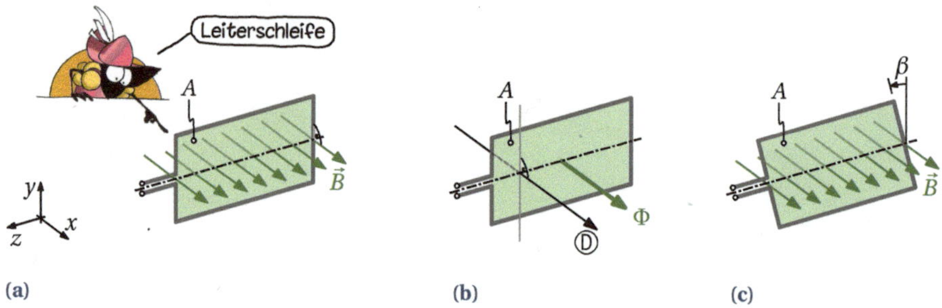

Bild 6.25 Perspektivische Ansicht einer Spule bzw. Leiterschleife in einem homogenen Magnetfeld $\vec{B}$, (a) senkrecht zum Magnetfeld, (b) mit Durchtrittssinn Ⓓ und magnetischem Fluss Φ, (c) um den Winkel β aus der Normallage verdreht

Erweitertes Wissen. In manchen technischen Anwendungen stehen der Vektor der magnetischen Flussdichte $\vec{B}$ und die Querschnittsfläche A nicht senkrecht aufeinander. Wir untersuchen eine derartige Situation anhand der Berechnung des magnetischen Flusses Φ für eine Spule bzw. Leiterschleife[16], wie sie in Bild 6.25 gezeigt ist:

Homogenes Magnetfeld. Wir beginnen unsere Überlegungen mit dem in Bild 6.25a dargestellten homogenen Magnetfeld. Der magnetische Flussdichtevektor ist in diesem Fall in die positive x-Achse gerichtet:

$$\vec{B} = B \cdot \vec{e}_x \tag{6.19}$$

Die Größe B repräsentiert hier die x-Koordinate der magnetischen Flussdichte $\vec{B}$.

Fläche und Durchtrittssinn. Wir setzen vereinfachend voraus, dass die Leiterschleife eben ist. Die beiden Zuleitungen zur Leiterschleife liegen so eng beisammen, dass sie keinen nennenswerten Beitrag zur Fläche A der Leiterschleife liefern. Um den magnetischen Fluss Φ allgemeingültig berechnen zu können, wählen wir den Durchtrittssinn Ⓓ durch die Fläche, wie er in Bild 6.25b eingezeichnet ist:

Richtung des Durchtrittssinns. Wir zeichnen den Durchtrittssinn Ⓓ stets orthogonal zur Fläche A. Wenn wir die Fläche neigen, bleibt der Durchtrittssinn – wie angeschraubt – fest mit der Fläche verbunden.

Flussrichtung. Wir wählen als Bezugsrichtung für die Berechnung des magnetischen Flusses Φ den Durchtrittssinn Ⓓ. Die Bezugsrichtung des magnetischen Flusses ist damit ebenso – wie angeschraubt – fest mit der Fläche A verbunden.

Verdrehung der Leiterschleife. Wir verdrehen die Leiterschleife um den Winkel β, wie das in Bild 6.25c perspektivisch gezeigt ist.

Flussberechnung. Für die Berechnung des magnetischen Flusses leistet nur die Normalkomponente B_n der magnetischen Flussdichte einen Beitrag:

$$\Phi = B_n \cdot A \tag{6.20}$$

---

16 Ob wir eine Spule bzw. Leiterschleife oder einen Eisenschenkel betrachten, macht grundsätzlich keinen Unterschied. Für eine Spule bzw. Leiterschleife gibt es jedoch praktische Anwendungen, die wir in Abschnitt 6.4.2 aufgreifen.

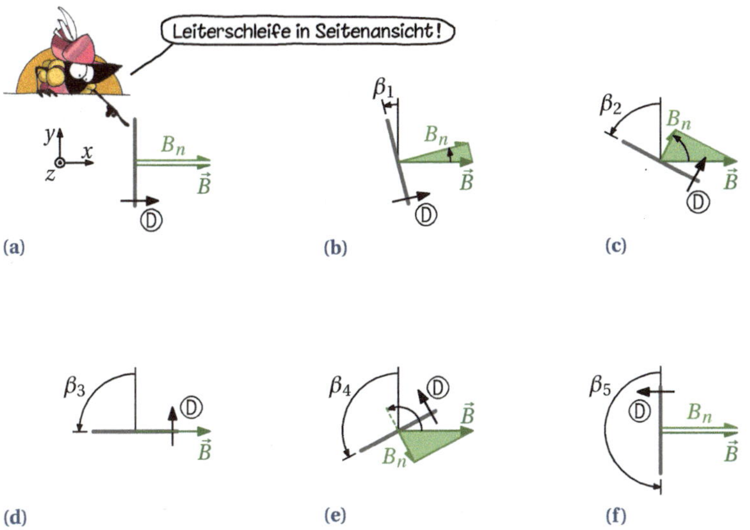

Bild 6.26 Berechnung des magnetischen Flusses Φ einer Leiterschleife aus der Normalkomponente B_n des magnetischen Flussdichtevektors $\vec{B}$ und der Fläche A für insgesamt sechs unterschiedliche Winkel: (a) $\beta_0 = 0°$, (b) $\beta_1 = 12°$, (c) $\beta_2 = 60°$, (d) $\beta_3 = 90°$, (e) $\beta_4 = 120°$, (f) $\beta_5 = 180°$; Durchtrittssinn Ⓓ

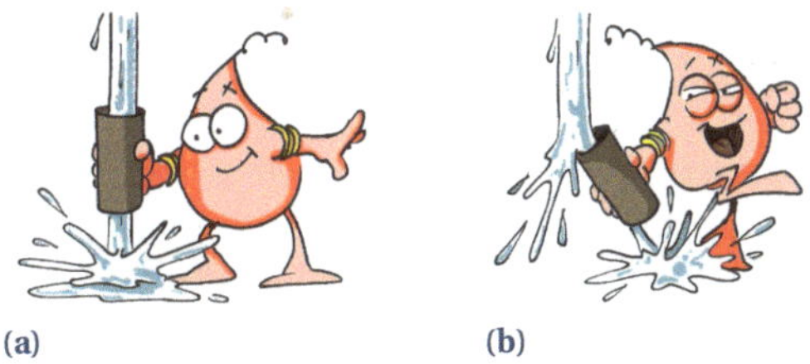

Bild 6.27 Wasserstrahl (a) geht vollständig durch das senkrechte Rohr und (b) teilweise durch das geneigte Rohr

Diese Normalkomponente ist in Bild 6.26 für unterschiedliche Verdrehwinkel β in einer Seitenansicht dargestellt. In Abhängigkeit des Verdrehwinkels β verändert sich die Normalkomponente B_n der magnetischen Flussdichte und damit der magnetische Fluss Φ.

> **!** Die **Normalkomponente** der magnetischen Flussdichte ist
> - **positiv**, wenn sie **in Richtung** des Durchtrittssinns Ⓓ zeigt und
> - **negativ**, wenn sie **gegen die Richtung** des Durchtrittssinns Ⓓ zeigt.

Normalkomponente. Die Bedeutung der Normalkomponente lässt sich anhand von Bild 6.27 erläutern. Die Wassermenge durch das von Henry gehaltene Rohr ist abhängig von der Winkellage, unter der das Rohr zur Richtung des Wasserstrahls gehalten wird. Das Rohr kann nur die Normalkomponente des Wasserstroms aufnehmen. Diese

Eigenschaft gilt in vergleichbarer Weise für den magnetischen Fluss, der durch eine Leiterschleife tritt.

Wir untersuchen beispielhaft einige ausgewählte Winkelwerte für die Berechnung des magnetischen Flusses:

Bild 6.26a. Die Leiterschleife steht senkrecht zum Flussdichtevektor $\vec{B}$, der Winkel $\beta = \beta_0 = 0°$. Die Normalkomponente B_n ist gleich der x-Koordinate B, d. h. $B_n = B$.

Bild 6.26b und c. Sobald die Leiterschleife um einen kleinen Winkel $\beta = \beta_1 > 0°$ verdreht wird, verkürzt sich die Normalkomponente, wie das in Bild 6.26b dargestellt ist. Wenn wir den Winkel auf β_2 erhöhen, verkürzt sich die Normalkomponente weiter. Dies gilt unter der Voraussetzung $90° > \beta_2 > \beta_1 > 0°$.

Bild 6.26d. Die Leiterschleife steht wegen $\beta = \beta_3 = 90°$ orthogonal zum magnetischen Flussdichtevektor. Der magnetische Fluss ist null, da die Normalkomponente der magnetischen Flussdichte gleich null ist.

Bild 6.26e. Der Winkel $\beta = \beta_4$ liegt zwischen 90° und 180°. Die Normalkomponente zeigt nun in Gegenrichtung zum Durchtrittssinn Ⓓ. Folglich ist die Normalkomponente B_n negativ.

Bild 6.26f. Für den Winkel $\beta = \beta_5 = 180°$ zeigt der Durchtrittssinn Ⓓ genau in Gegenrichtung zum magnetischen Flussdichtevektor. Damit beträgt die Normalkomponente $B_n = -B$.

Für die in Bild 6.25 festlegte Richtung des Bezugswinkels β gilt für die Normalkomponente:

$$B_n = B \cdot \cos(\beta) \tag{6.21}$$

Zahlenwertbeispiel 6.8. Wir bestimmen für $B = 0{,}8\,\mathrm{T}$ und $A = 0{,}02\,\mathrm{m}^2$ und die in Bild 6.26 angegebenen Winkel die zugehörigen magnetischen Flüsse in Tabellenform. Dafür wenden wir die Gln. (6.20) und (6.21) an:

Winkel β	$\cos(\beta)$	Φ in mWb
$\beta_0 = 0°$	1	16
$\beta_1 = 12°$	0,9781	15,65
$\beta_2 = 60°$	0,5	8
$\beta_3 = 90°$	0	0
$\beta_4 = 120°$	–0,5	–8
$\beta_5 = 180°$	–1	–16

Bei den Winkeln 0° und 180° tritt der magnetische Fluss senkrecht durch die Fläche der Leiterschleife. Der zugehörige betraglich größte Fluss beträgt in diesen beiden Fällen:

$$\Phi_{max} = B \cdot A = 0{,}8\,\frac{\mathrm{Vs}}{\mathrm{m}^2} \cdot 0{,}02\,\mathrm{m}^2 = 0{,}016\,\mathrm{Wb} = 16\,\mathrm{mWb}$$ ■

6.3.3 Kirchhoffsche Knotenregel des Magnetfelds

In einem elektrischen Stromkreis besagt die Kirchhoffsche Knotenregel, dass die Summe aller zufließenden gleich der Summe aller abfließenden Ströme in einem Knoten ist. Das gilt in vergleichbarer Weise auch für magnetische Flüsse, wie das beispielhaft in Bild 6.28

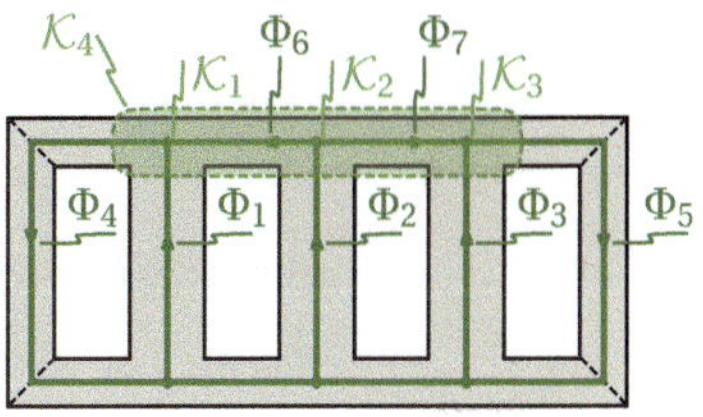

(a)

$$\begin{aligned} \mathcal{K}_1: &\quad \Phi_1 + \Phi_6 = \Phi_4 \\ \mathcal{K}_2: &\quad \Phi_2 = \Phi_6 + \Phi_7 \\ \mathcal{K}_3: &\quad \Phi_3 + \Phi_7 = \Phi_5 \\ \mathcal{K}_4: &\quad \Phi_1 + \Phi_2 + \Phi_3 = \Phi_4 + \Phi_5 \end{aligned}$$

(b)

Bild 6.28 (a) Magnetischer Kreis mit den Knoten $\mathcal{K}_1$ bis $\mathcal{K}_3$, sowie der Kurve $\mathcal{K}_4$, wobei die erregenden Spulen aus Gründen der Übersichtlichkeit nicht eingezeichnet sind, (b) zugehörige Knotengleichungen

dargestellt ist. Die eingezeichneten Knoten $\mathcal{K}_1$ bis $\mathcal{K}_3$ sind dabei Knoten bzw. Verzweigungspunkte des magnetischen Flusses in einem magnetischen Kreis.

Die gestrichelt eingezeichnete Kurve $\mathcal{K}_4$ in Bild 6.28a begrenzt einen hellgrün gekennzeichneten Bereich, auf den die Kirchhoffsche Knotenregel des Magnetfelds ebenfalls angewendet werden kann. Entscheidend ist dabei, dass nur jene zu- und abfließenden magnetischen Flüsse berücksichtigt werden, die durch die gestrichelte Kurve durchtreten.

Die **Kirchhoffsche Knotenregel des Magnetfelds** besagt:

In einem Knotenpunkt eines magnetischen Kreises ist die **Summe** aller **zufließenden** magnetischen **Flüsse gleich** der **Summe** aller **abfließenden** magnetischen **Flüsse**.

Zahlenwertbeispiel 6.9. Wir berechnen für $\Phi_1 = 71\,\text{mWb}$, $\Phi_2 = -35\,\text{mWb}$, $\Phi_3 = -29\,\text{mWb}$, $\Phi_4 = 29\,\text{mWb}$ die unbekannten magnetischen Flüsse in Bild 6.28:

- Knoten $\mathcal{K}_1$: $\Phi_6 = \Phi_4 - \Phi_1 = 29\,\text{mWb} - 71\,\text{mWb} = -42\,\text{mWb}$
- Knoten $\mathcal{K}_2$: $\Phi_7 = \Phi_2 - \Phi_6 = -35\,\text{mWb} - (-42\,\text{mWb}) = 7\,\text{mWb}$
- Knoten $\mathcal{K}_3$: $\Phi_5 = \Phi_3 + \Phi_7 = -29\,\text{mWb} + 7\,\text{mWb} = -22\,\text{mWb}$

Abschließend kontrollieren wir noch die Gleichheit der linken und rechten Seite der Knotengleichung $\mathcal{K}_4$ aus Bild 6.28b für den durch die gestrichelte Linie gekennzeichneten Bereich. Für die zu- und abfließenden magnetischen Flüsse erhalten wir:

$$\Phi_1 + \Phi_2 + \Phi_3 = 71\,\text{mWb} - 35\,\text{mWb} - 29\,\text{mWb} = 7\,\text{mWb} \qquad \text{zufließend}$$
$$\Phi_4 + \Phi_5 = 29\,\text{mWb} - 22\,\text{mWb} = 7\,\text{mWb} \qquad \text{abfließend}$$

■

Erweitertes Wissen. Wenn wir die Kirchhoffsche Knotenregel des Magnetfelds von einer ebenen auf eine räumliche Vorstellung erweitern, dann entspricht die gestrichelte ebene Kurve in Bild 6.28a räumlich einer sogenannten Hüllfläche.

Eine **Hüllfläche** stellen wir uns wie die **Oberfläche** einer **Seifenblase** vor.

■

Wir formulieren in einer zur Kirchhoffschen Knotenregel des Magnetfelds alternativen Weise:

Auf eine räumliche Hüllfläche bezogen bezeichnen wir die Kirchhoffsche Knotenregel als **Satz vom magnetischen Hüllenfluss**:

Die **Summe** aller **magnetischen Flüsse** ist gleich **null**, wenn

- die in die Hüllfläche **eintretenden** magnetischen Flüsse **positiv** und
- die **austretenden** magnetischen Flüsse **negativ**

gezählt werden. ■

6.3.4 Magnetische Spannung

Zeichen	Einheit	Größe	Quantity
U_m	A	Magnetische Spannung	Magnetic voltage

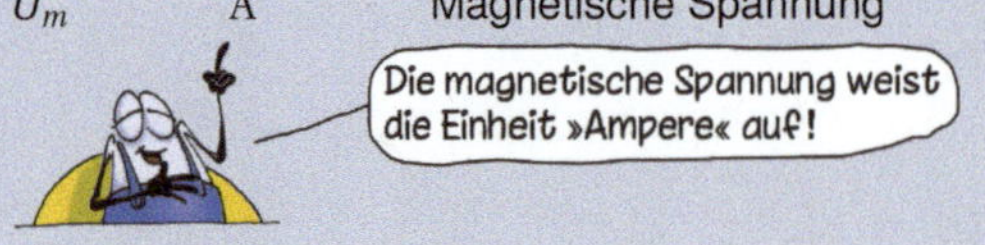

■

In jedem magnetischen Abschnitt bzw. Schenkel eines magnetischen Kreises gilt gemäß Bild 6.29 folgender Zusammenhang zwischen der magnetischen Feldstärke H und der zugehörigen magnetischen Spannung U_m:

$$\boxed{U_m = H \cdot l} \tag{6.22}$$

Wir folgen dazu einer Reihe von Überlegungen und Voraussetzungen:

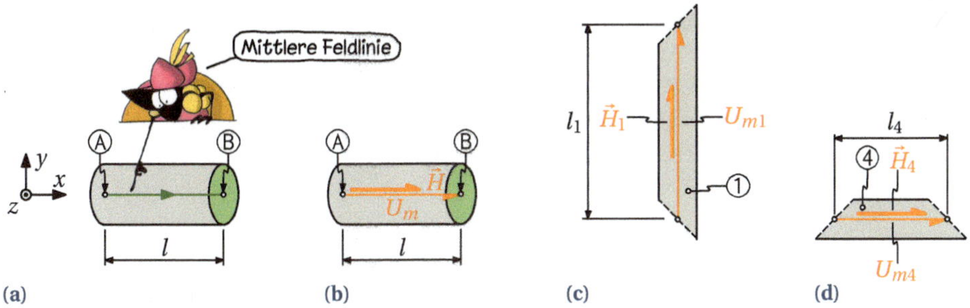

Bild 6.29 Zusammenhang zwischen magnetischer Feldstärke und magnetischer Spannung: (a) Feldlinie zwischen Anfangspunkt Ⓐ und Endpunkt Ⓑ, (b) magnetischer Feldstärkevektor $\vec{H}$ und magnetische Spannung U_m, (c) in Schenkel ① und (d) Schenkel ④

Mittlere Feldlinie. Die mittlere Feldlinie des in Bild 6.29a dargestellten Schenkels verläuft vom Anfangspunkt Ⓐ zum Endpunkt Ⓑ. Die Länge dieser Feldlinie ist mit l bezeichnet.

Homogenes Feld. Die magnetische Feldstärke ist im untersuchten Schenkel homogen[17].

Feldstärkevektor. In Bild 6.29b ist der Feldstärkevektor $\vec{H} = H \cdot \vec{e}_x$ in Richtung der Feldlinie eingezeichnet: Das ist die positive x-Richtung. Damit bezeichnet H in diesem Fall die x-Koordinate der Feldstärke.

Magnetische Spannung. Den Bezugspfeil der magnetischen Spannung U_m zeichnen wir in Bild 6.29b ebenfalls vom Anfangspunkt Ⓐ zum Endpunkt Ⓑ in die Richtung der Feldlinie bzw. der positiven x-Achse. Dabei ist zu beachten, dass die Feldstärke $\vec{H}$ ein Vektor und die magnetische Spannung U_m eine skalare Größe ist.

Was anhand von Bild 6.29b für die positive x-Achse dargestellt ist, gilt auch in vergleichbarer Weise für jede andere Richtung der magnetischen Feldstärke. Der Bezugspfeil der magnetischen Spannung ist immer in dieselbe Richtung wie jener Einsvektor gerichtet, der die Richtung der magnetischen Feldstärke angibt.

Zahlenwertbeispiel 6.10. Wir betrachten in Bild 6.29c und d die beiden Schenkel ① und ④, die zum magnetischen Kreis aus Bild 6.19 gehören. Die Feldlinienlängen in den Schenkeln ① und ④ betragen $l_1 = 130\,\text{mm}$ und $l_4 = 80\,\text{mm}$. In beiden Fällen weist die magnetische Feldstärke betraglich die Größe $H = 1273\,\text{A/m}$ auf. Wir bestimmen die zugehörigen magnetischen Spannungen:

$$U_{m1} = H \cdot l_1 = 1273\,\frac{\text{A}}{\text{m}} \cdot 0{,}13\,\text{m} = 165{,}5\,\text{A}$$

$$U_{m4} = H \cdot l_4 = 1273\,\frac{\text{A}}{\text{m}} \cdot 0{,}08\,\text{m} = 101{,}9\,\text{A}$$

Weiters bestimmen wir die Feldstärkevektoren in den Schenkeln ① und ④ für das in Bild 6.29a angegebene Koordinatensystem:

$$\vec{H}_1 = H \cdot \vec{e}_y = \begin{pmatrix} 0\,\text{A/m} \\ 1273\,\text{A/m} \\ 0\,\text{A/m} \end{pmatrix} \qquad \vec{H}_4 = H \cdot \vec{e}_x = \begin{pmatrix} 1273\,\text{A/m} \\ 0\,\text{A/m} \\ 0\,\text{A/m} \end{pmatrix}$$ ■

[17] In einem homogenen Material geht eine homogene magnetische Flussdichte mit einer homogenen magnetischen Feldstärke einher.

6.3.5 Ohmsches Gesetz des Magnetfelds

Wir betrachten den magnetischen Widerstand aus Bild 6.30. Zwischen der magnetischen Spannung U_m und dem magnetischen Fluss Φ gilt an einem konstanten[18] magnetischen Widerstand R_m das Ohmsche Gesetz des Magnetfelds.

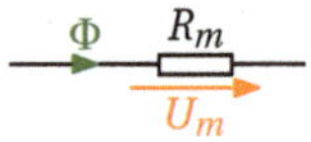

Bild 6.30 Magnetischer Widerstand R_m mit magnetischer Spannung U_m und magnetischem Fluss Φ

Das **Ohmsche Gesetz des Magnetfelds** lautet:

$$\boxed{R_m = \frac{U_m}{\Phi}} \qquad G_m = \frac{\Phi}{U_m} \tag{6.23}$$

Der magnetische **Widerstand** R_m ist das **Verhältnis** aus der magnetischen **Spannung** U_m am magnetischen Widerstand R_m zum magnetischen **Fluss** Φ durch den magnetischen Widerstand R_m.

Eine Gegenüberstellung der Größen für das Ohmsche Gesetz eines elektrischen und magnetischen Kreises ist in Tabelle 6.5 angegeben.

Tabelle 6.5 Vergleich elektrischer und magnetischer Größen einschließlich Einheiten (EH)

Eigenschaft	Elektrische Größe	EH	Magnetisches Feld	EH
Flussgröße	Elektr. Strom I	A	Magnet. Fluss Φ	V s = Wb
Potenzialdifferenz	Elektr. Spannung U	V	Magnet. Spannung U_m	A
Widerstand	Ohmscher Widerstand R	$\frac{\text{V}}{\text{A}} = \Omega$	Magnet. Widerstand R_m	$\frac{\text{A}}{\text{V s}}$
Leitwert	Ohmscher Leitwert G	$\frac{\text{A}}{\text{V}} = \text{S}$	Magnet. Leitwert G_m	$\frac{\text{V s}}{\text{A}}$

6.3.6 Durchflutung

Zeichen	Einheit	Größe	Quantity
Θ	A	Durchflutung	Magnetomotive force (MMF)

[18] Der magnetische Widerstand ist konstant, wenn die Permeabilität μ konstant ist.

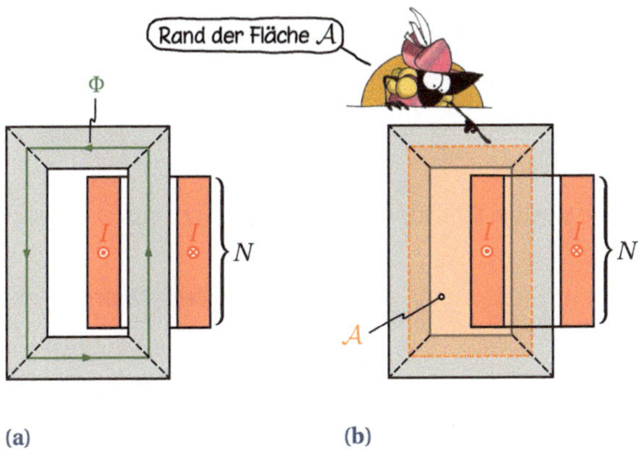

Bild 6.31 Magnetischer Kreis mit Spule (Windungszahl N), (a) mit mittlerer Feldlinie und magnetischem Fluss Φ, (b) mit Fläche $\mathcal{A}$ einschließlich Rand

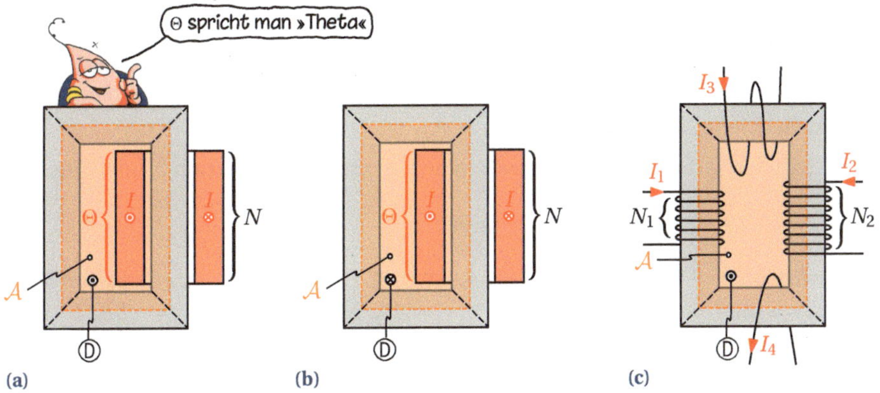

Bild 6.32 Magnetischer Kreis (a) mit aus der Ebene gerichtetem Durchtrittssinn Ⓓ, (b) mit in die Ebene gerichtetem Durchtrittssinn Ⓓ, (c) mit mehreren Spulen und Leitern

Mit der Durchflutung können wir den Magnetisierungszustand eines magnetischen Kreises unter Berücksichtigung einer oder mehrerer Spulen beschreiben. Dazu gehen wir beispielhaft wie folgt vor:

Fläche. Wir wählen die in Bild 6.31a eingezeichnete mittlere Feldlinie als Begrenzung für die in Bild 6.31b orange gekennzeichnete Fläche $\mathcal{A}$. Grundsätzlich könnten wir die Fläche $\mathcal{A}$ beliebig wählen. Letztlich ist es jedoch vorteilhaft, die Fläche derart festzulegen, dass entlang ihres Rands die magnetischen Feldverhältnisse möglichst bekannt sind, so wie das entlang von mittleren Feldlinien praktisch der Fall ist.

Rand. Unter dem Rand der Fläche $\mathcal{A}$ verstehen wir jene in sich geschlossene Kurve, die die Begrenzung der Fläche $\mathcal{A}$ bildet. Diese Kurve ist in Bild 6.31b gestrichelt eingezeichnet.

Durchtrittssinn. Um die gemeinsame Wirkung aller Ströme korrekt berücksichtigen zu können, wählen wir einen Durchtrittssinn Ⓓ durch die Fläche $\mathcal{A}$, wie er beispielhaft in Bild 6.32a aus der Ebene (⊙) eingezeichnet ist. Grundsätzlich ist die Richtung des Durchtrittssinns frei wählbar.

> Unter der **Durchflutung** Θ verstehen wir die Summe aller vorzeichenrichtig addierten Ströme, die durch die Fläche $\mathcal{A}$ in Richtung des gewählten Durchtrittssinns Ⓓ treten. ■

Dabei gilt:

Positives Vorzeichen. Alle Ströme, die dieselbe Richtung wie der Durchtrittssinn Ⓓ aufweisen, werden positiv gezählt.

Negatives Vorzeichen. Alle Ströme, deren Richtungen gegen den Durchtrittssinn Ⓓ gerichtet sind, werden negativ gezählt.

Zahlenwertbeispiel 6.11. Wir berechnen die Durchflutung für den in Bild 6.32a dargestellten magnetischen Kreis mit der Windungszahl $N = 1000$ und dem Strom $I = 534{,}6\,\text{mA}$.

In Richtung des angegebenen Durchtrittssinns (⊙) tritt der Spulenstrom I insgesamt N-mal durch. Daher beträgt die Durchflutung:

$$\Theta = N \cdot I = 1000 \cdot 534{,}6\,\text{mA} = 534{,}6\,\text{A}$$ ■

Zahlenwertbeispiel 6.12. Wir rechnen mit denselben Parametern wie in Zahlenwertbeispiel 6.11, behandeln jedoch den magnetischen Kreis aus Bild 6.32b mit dem Durchtrittssinn, der in die Ebene (⊗) gerichtet ist.

Der Strom tritt durch die Fläche $\mathcal{A}$ in Gegenrichtung zum Durchtrittssinn N-mal durch:

$$\Theta = N \cdot (-I) = 1000 \cdot (-534{,}6\,\text{mA}) = -534{,}6\,\text{A}$$ ■

Zahlenwertbeispiel 6.13. Für den in Bild 6.32b und c dargestellten magnetischen Kreis bestimmen wir die Durchflutung mit $N_1 = 6$, $I_1 = 2\,\text{A}$, $N_2 = 8$, $I_2 = 1\,\text{A}$, $I_3 = -3\,\text{A}$, $I_4 = 4\,\text{A}$. Mit dem eingezeichneten Durchtrittssinn (⊙) gilt:

$$\Theta = -N_1 \cdot I_1 + N_2 \cdot I_2 - 2 \cdot I_3 + I_4 = -6 \cdot 2\,\text{A} + 8 \cdot 1\,\text{A} - 2 \cdot (-3\,\text{A}) + 4\,\text{A} = 6\,\text{A}$$ ■

6.3.7 Durchflutungssatz

Zeichen	Einheit	Größe	Quantity
$\mathring{U}_m$	A	Magnetische Umlaufspannung	Magnetic loop voltage

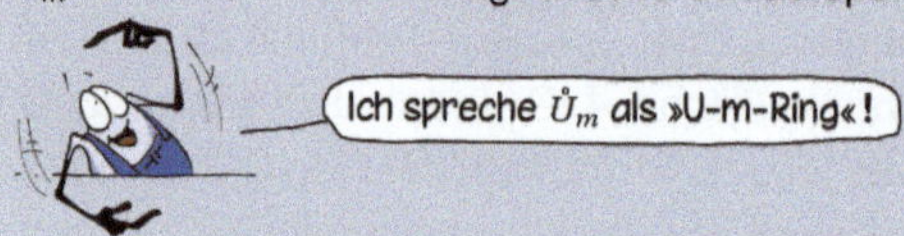

■

Der Durchflutungssatz setzt die Durchflutung Θ eines magnetischen Kreises zu einer neuen Größe – der magnetischen Umlaufspannung $\mathring{U}_m$ – in Beziehung. Wir betrachten dazu den magnetischen Kreis in Bild 6.33a mit der Fläche $\mathcal{A}$ und dem aus der Ebene (⊙) gerichteten Durchtrittssinn Ⓓ:

Magnetische Umlaufspannung. Die magnetische Umlaufspannung $\mathring{U}_m$ ist dem Durchtrittssinn Ⓓ rechtswendig zugeordnet. Wenn in Bild 6.33c der Daumen der rechten

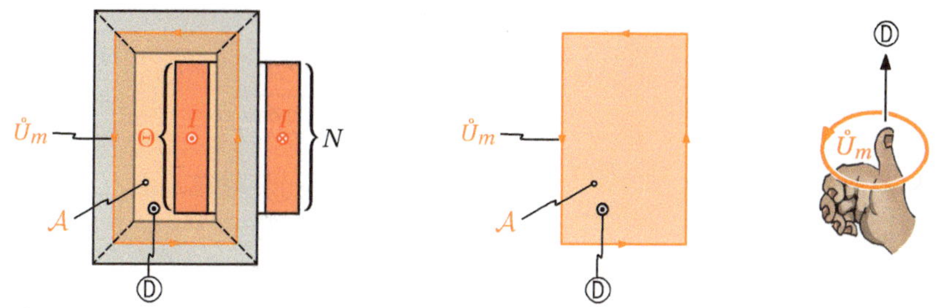

(a) (b) (c)

Bild 6.33 (a) Magnetischer Kreis, (b) Fläche $\mathcal{A}$, Durchtrittssinn Ⓓ und magnetischer Umlaufspannung $\mathring{U}_m$, (c) rechtswendige Zuordnung der magnetischen Umlaufspannung $\mathring{U}_m$ zum Durchtrittssinn Ⓓ

Hand in die Richtung des Durchtrittssinns Ⓓ zeigt, dann kennzeichnen die gekrümmten Finger der rechten Hand die Richtung der magnetischen Umlaufspannung. In Bild 6.33a und b ist die magnetische Umlaufspannung gegen den Uhrzeigersinn (↺) gerichtet, da der Durchtrittssinn aus der Ebene (⊙) zeigt.

Bedeutung. Die magnetische Umlaufspannung $\mathring{U}_m$ tritt entlang des geschlossenen Umlaufs am Rand der Fläche $\mathcal{A}$ auf, vergleichbar mit einer Masche. Sie berechnet sich aus der Summe der vorzeichenrichtig addierten magnetischen Spannungsabfälle *an den magnetischen Widerständen*, die entlang des Randes der Fläche $\mathcal{A}$ auftreten. Vorzeichenrichtige Addition bedeutet:

Positives Vorzeichen. Alle an magnetischen Widerständen auftretenden magnetischen Spannungsabfälle, deren Spannungspfeile mit der Richtung der magnetischen Umlaufspannung übereinstimmen, werden positiv gezählt.

Negatives Vorzeichen. Alle magnetischen Spannungen an magnetischen Widerständen, deren Spannungspfeile gegen die Richtung der magnetischen Umlaufspannung zeigen, werden mit negativem Vorzeichen berücksichtigt.

Der **Ring** bei der magnetischen Umlaufspannung $\mathring{U}_m$ gibt an, dass sich ...

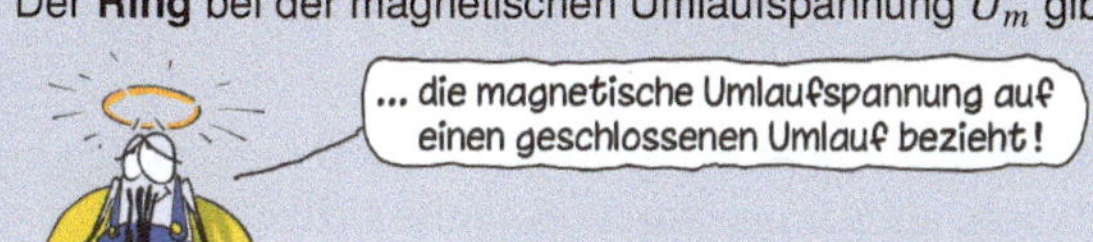

Einheit. Die Einheit der magnetischen Umlaufspannung ist Ampere:

$$[\mathring{U}_m] = \mathrm{A} \tag{6.24}$$

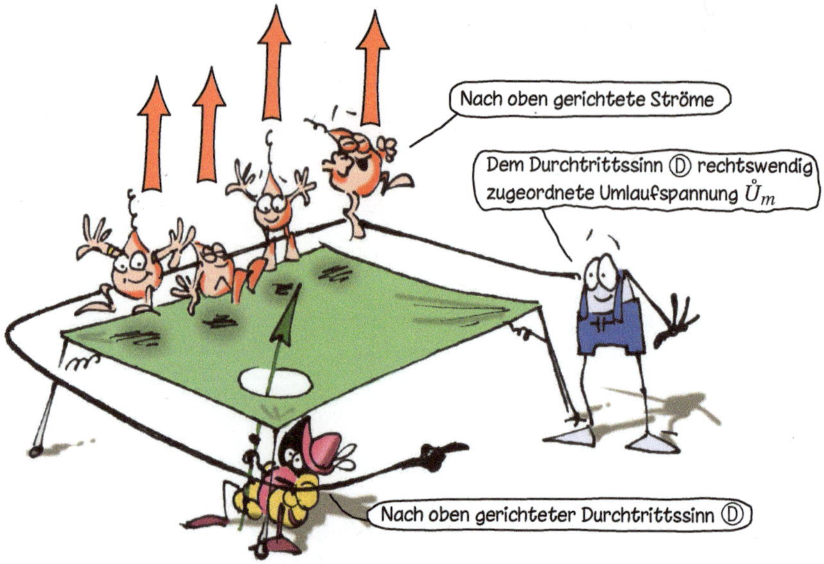

Bild 6.34 Illustration des Durchflutungssatzes mit vier nach oben gerichteten Strömen, repräsentiert durch vier Henrys, in Richtung des Durchtrittssinns orientiert, sowie dem Durchtrittssinn Ⓓ rechtswendig zugeordnete Umlaufspannung

Der **Durchflutungssatz** besagt:

- Die in Richtung des Durchtrittssinns Ⓓ bestimmte **Durchflutung** Θ durch die Fläche $\mathcal{A}$ ist **gleich**
- der **magnetischen Umlaufspannung** $\mathring{U}_m$ entlang des Rands der Fläche $\mathcal{A}$.

$$\boxed{\Theta = \mathring{U}_m} \tag{6.25}$$

Die magnetische Umlaufspannung $\mathring{U}_m$ ist dem Durchtrittssinn Ⓓ **rechtswendig zugeordnet**.

Alternativ lassen sich alle magnetischen Spannungsabfälle an den magnetischen Widerständen über Gl. (6.22) formulieren, als Summe von konstanter Feldstärke H_k mal Feldlinienlänge l_k über alle n Abschnitte.

$$\boxed{\Theta = H_1 \cdot l_1 + H_2 \cdot l_2 + \cdots + H_k \cdot l_k} \tag{6.26}$$

Der Durchflutungssatz ist ein elementares Gesetz der Elektrotechnik, das auch als *Ampere-resches Gesetz* bezeichnet wird. Dieser grundlegende Zusammenhang ist in Bild 6.34 für eine aus vier Strömen bestehenden Durchflutung in Richtung des Durchtrittssinns und der zugehörigen magnetischen Umlaufspannung illustriert.

6.3.8 Magnetische Spannungsquelle

Wenn wir mit magnetischen Ersatzschaltbildern arbeiten, ist es vorteilhaft, magnetische Spannungsquellen zu verwenden, statt den Durchflutungssatz anzuwenden. Wir betrachten dazu das zum magnetischen Kreis aus Bild 6.35a gehörige magnetische Ersatzschaltbild in Bild 6.35b:

Anordnung. Jeder Schenkel eines magnetischen Kreises wird im magnetischen Ersatzschaltbild durch einen magnetischen Widerstand berücksichtigt. Da die Spule in Bild 6.35a um den Schenkel ① gewickelt ist, wird die zugehörige magnetische Spannungsquelle Ⓔ in Bild 6.35b *in Serie* zum magnetischen Widerstand des Schenkels ① geschaltet.

Richtung der Quellenspannung. Um die jeweilige Quellenspannung im magnetischen Ersatzschaltbild korrekt einzeichnen zu können, orientieren wir uns an der Richtung des Spulenstroms I, wie sie in Bild 6.35a und c eingezeichnet ist.

Finger. Die Finger der rechten Hand zeigen in die eingezeichnete Bezugsrichtung des Spulenstroms I, der auf der linken Spulenseite aus der Ebene (⊙) und auf der rechten Spulenseite in die Ebene (⊗) fließt.

Daumen. Der Bezugspfeil der magnetischen Quellenspannung U_{mQ} zeigt in die *Gegenrichtung*[19] zum Daumen der rechten Hand. In Bild 6.35b und c ist die magnetische Quellenspannung U_{mQ} daher nach unten gerichtet.

Größe der Quellenspannung. Die Quellenspannung ist gleich der Durchflutung:

$$U_{mQ} = \Theta = N \cdot I \tag{6.27}$$

Einheit. Die Einheit der magnetischen Quellenspannung ist Ampere:

$$[U_{mQ}] = \text{A} \tag{6.28}$$

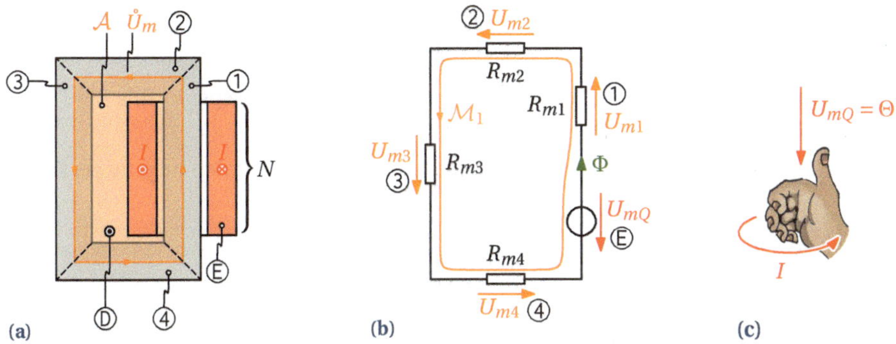

Bild 6.35 (a) Magnetischer Kreis mit Fläche $\mathcal{A}$ und der dem Durchtrittssinn Ⓓ rechtswendig zugeordneter magnetischen Umlaufspannung $\mathring{U}_m$, (b) magnetisches Ersatzschaltbild, (c) der Pfeil der magnetischen Quellenspannung U_{mQ} zeigt in Gegenrichtung zur magnetischen Umlaufspannung $\mathring{U}_m$

[19] Grundsätzlich könnten wir auch die linke Hand verwenden, um die Richtung der Quellenspannung direkt festzustellen. Da linkswendige Zuordnungen in der Elektrotechnik jedoch in aller Regel unerwünscht sind, verwenden wir die *Gegenrichtung* zur rechtswendigen Zuordnung.

Mehrere Spulen. Falls ein magnetischer Kreis mehrere Spulen aufweist, wird das beschriebene Verfahren für jede einzelne Spule angewandt. Die jeweilige magnetische Spannungsquelle wird immer in Serie zum magnetischen Widerstand des betreffenden Schenkels geschaltet.

Zahlenwertbeispiel 6.14. In Bild 6.35b ist jenes magnetische Ersatzschaltbild angegeben, das zum magnetischen Kreis aus Bild 6.35a gehört. Wir bestimmen die magnetische Quellenspannung U_{mQ} für $N = 1000$ und $I = 534{,}6\,\text{mA}$.

Wir berechnen mit Gl. (6.27) die in Bild 6.35b nach unten gerichtete Quellenspannung:

$$U_{mQ} = \Theta = N \cdot I = 1000 \cdot 534{,}6\,\text{mA} = 534{,}6\,\text{A}$$ ■

6.3.9 Kirchhoffsche Maschenregel des Magnetfelds

Die Kirchhoffsche Maschenregel besagt, dass die Summe aller vorzeichenrichtig addierten elektrischen Spannung entlang einer Masche – also eines geschlossenen Umlaufs – gleich null ist. Eine dazu gleichwertige Regel ist auch auf die magnetischen Spannungen eines magnetischen Ersatzschaltbilds anwendbar.

Die Kirchhoffsche **Maschenregel des Magnetfelds** besagt:

■

Die vorzeichenrichtige Addition bedeutet dabei:

Positives Vorzeichen. Magnetische Spannungen, deren Spannungspfeile mit dem Umlaufsinn der Masche übereinstimmen, werden positiv gezählt.

Negatives Vorzeichen. Alle anderen magnetischen Spannungen werden negativ gezählt.

Die **Kirchhoffsche Maschenregel des Magnetfelds** entspricht in ihrer Grundaussage dem **Durchflutungssatz**. ■

Eine Gegenüberstellung des Durchflutungssatzes und der Kirchhoffschen Maschenregel des Magnetfelds ist in Tabelle 6.6 angegeben.

Zahlenwertbeispiel 6.15. Wir untersuchen den magnetischen Kreis aus Bild 6.35a mit dem magnetischen Ersatzschaltbild aus Bild 6.35b. Dafür verwenden wir die magnetischen Widerstände aus Zahlenwertbeispiel 6.6 und den magnetischen Fluss $\Phi = 400\,\mu\text{Wb}$. Wir ermitteln den erforderlichen Spulenstrom über zwei Lösungsverfahren, den Durchflutungssatz und die Kirchhoffsche Maschenregel des Magnetfelds.

Tabelle 6.6 Vergleich des Durchflutungssatzes mit der Kirchhoffschen Maschenregel des Magnetfelds; ⋆ = Summe aller *n* magnetischen Spannungsabfälle an den magnetischen Widerständen entlang des geschlossenen Umlaufs, der dem Durchtrittssinn Ⓓ rechtswendig zugeordnet ist

Eigenschaft	Durchflutungssatz	Kirchhoffsche Maschenregel des Magnetfelds
Kenngröße	$\mathring{U}_m = \Theta$	$U_{mQ} = \Theta$
Gleichung	$\mathring{U}_m = \underbrace{U_{m1} + U_{m2} + \cdots + U_{m,n}}_{\star}$	$U_{mQ} - (\underbrace{U_{m1} + U_{m2} + \cdots + U_{m,n}}_{\star}) = 0\,\mathrm{A}$
Richtung	$\mathring{U}_m$ ist dem Durchtrittssinn Ⓓ rechtswendig zugeordnet	U_{mQ} ist gegen die rechtswendige Zuordnung des Spulenstrom gerichtet

In einem ersten Schritt bestimmen wir die für beide Lösungsverfahren erforderlichen magnetischen Spannungsabfälle an den magnetischen Widerständen. Wir wenden für $R_{m1} = R_{m3}$ und $R_{m2} = R_{m4}$ jeweils das Ohmsche Gesetz des Magnetfelds an:

$$U_{m1} = U_{m3} = R_{m1} \cdot \Phi = R_{m3} \cdot \Phi = 413{,}8 \cdot 10^3\,\frac{\mathrm{A}}{\mathrm{Vs}} \cdot 400 \cdot 10^{-6}\,\mathrm{Vs} = 165{,}5\,\mathrm{A}$$

$$U_{m2} = U_{m4} = R_{m2} \cdot \Phi = R_{m4} \cdot \Phi = 254{,}6 \cdot 10^3\,\frac{\mathrm{A}}{\mathrm{Vs}} \cdot 400 \cdot 10^{-6}\,\mathrm{Vs} = 101{,}8\,\mathrm{A}$$

Durchflutungssatz. Der Durchtrittssinn Ⓓ ist in Bild 6.35a aus der Ebene gerichtet (⊙). Die zugehörige Durchflutung beträgt $\Theta = N \cdot I$. Die magnetische Umlaufspannung $\mathring{U}_m = \Theta = N \cdot I$ ist dem Durchtrittssinn rechtswendig zugeordnet, verläuft also gegen den Uhrzeigersinn (↺). Diese magnetische Umlaufspannung ist nun gleich der Summe aller magnetischer Spannungsabfälle an den magnetischen Widerständen in Richtung der Umlaufspannung (↺):

$$\mathring{U}_m = \underbrace{U_{m1} + U_{m2} + U_{m3} + U_{m4}}_{U_{m,\mathrm{Ges}}} = 165{,}5\,\mathrm{A} + 101{,}8\,\mathrm{A} + 165{,}5\,\mathrm{A} + 101{,}8\,\mathrm{A} = 534{,}6\,\mathrm{A}$$

Daraus ermitteln wir den Strom durch die Spule:

$$I = \frac{\Theta}{N} = \frac{\mathring{U}_m}{N} = \frac{534{,}6\,\mathrm{A}}{1\,000} = 534{,}6\,\mathrm{mA}$$

Kirchhoffsche Maschenregel des Magnetfelds. Aus der Kirchhoffschen Maschenregel des Magnetfelds für die mit $\mathcal{M}_1$ bezeichneten Masche in Bild 6.35b erhalten wir:

$$\underbrace{U_{m1} + U_{m2} + U_{m3} + U_{m4}}_{U_{m,\mathrm{Ges}}} - U_{mQ} = 0\,\mathrm{A}$$

Daraus können wir die magnetische Quellenspannung bestimmen: $U_{mQ} = U_{m,\mathrm{Ges}} = 534{,}6\,\mathrm{A}$

Da die Quellenspannung gleich der Durchflutung ist, d. h. $U_{mQ} = \Theta = N \cdot I$, folgt daraus:

$$I = \frac{\Theta}{N} = \frac{U_{mQ}}{N} = \frac{534{,}6\,\mathrm{A}}{1000} = 534{,}6\,\mathrm{mA}$$

Der Durchflutungssatz und die Kirchhoffsche Maschenregel des Magnetfelds führen zum selben Ergebnis. ■

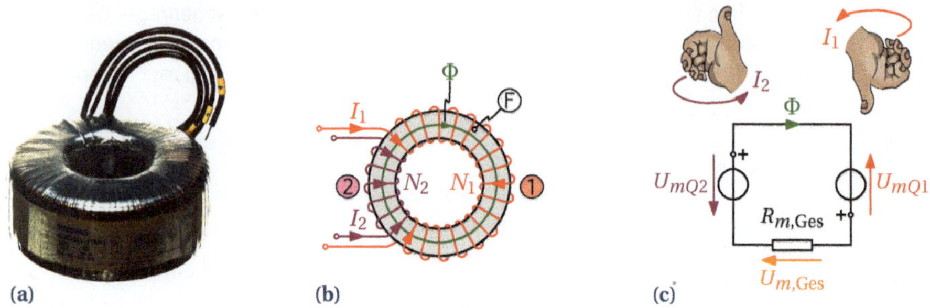

Bild 6.36 Ringkerntransformator: (a) Foto: © Siemens AG 2024, Alle Rechte vorbehalten, (b) schematische Darstellung mit Eisenkern Ⓕ, zwei Spulen ① und ②, (c) magnetisches Ersatzschaltbild

Zahlenwertbeispiel 6.16. Wir berechnen für den Ringkerntransformator[20] in Bild 6.36 den im Uhrzeigersinn (↻) eingezeichneten magnetischen Fluss Φ für $N_1 = 650$, $N_2 = 65$, $I_1 = 1{,}2\text{A}$, $I_2 = -10{,}8\text{A}$. Der magnetische Widerstand des gesamten Eisenkreises beträgt $R_{m,\text{Ges}} = 160\,\frac{\text{kA}}{\text{Vs}}$.

Die magnetische Quellenspannung $U_{mQ1} = N_1 \cdot I_1 = 650 \cdot 1{,}2\text{A} = 780\text{A}$ der Spule ① wird auf der rechten Seite in Bild 6.36c eingezeichnet. Die Quellenspannung $U_{mQ2} = N_2 \cdot I_2 = 65 \cdot (-10{,}8\text{A}) = -702\text{A}$ zeichnen wir auf der linken Seite des magnetischen Ersatzschaltbilds ein. Für beide Quellenspannungen gilt, dass sie jeweils gegen die Richtung des rechten Daumens gezeichnet sind, wenn die Finger der rechten Hand die Stromrichtungen angeben.

Der Bezugspfeil des magnetischen Flusses Φ ist in Bild 6.36c im Uhrzeigersinn (↻) eingezeichnet. Damit können wir die Kirchhoffsche Maschengleichung des Magnetfelds formulieren: $U_{mQ1} + U_{mQ2} - R_{m,\text{Ges}} \cdot \Phi = 0\text{A}$

Wir erhalten für den magnetischen Fluss:

$$\Phi = \frac{U_{mQ1} + U_{mQ2}}{R_{m,\text{Ges}}} = \frac{650 \cdot 1{,}2\text{A} + 65 \cdot (-10{,}8\text{A})}{160\,\frac{\text{kA}}{\text{Vs}}} = \frac{78\text{A}}{160 \cdot 10^3\,\frac{\text{A}}{\text{Vs}}} = 487{,}5\,\mu\text{Wb}$$ ∎

6.3.10 Magnetischer Kreis mit Luftspalt

Für die Untersuchung eines magnetischen Kreises mit Luftspalt Ⓛ beginnen wir unsere Untersuchungen beispielhaft am Feldlinienbild aus Bild 6.37a. Dieses Feldbild unterscheidet sich von einem magnetischen Kreis ohne Luftspalt, wie er in Bild 6.19a dargestellt ist:

Feldlinien. In Bild 6.37a verlaufen die meisten Feldlinien ausschließlich im Eisen Ⓕ bzw. im Luftspalt Ⓛ.

Luftbereich. Die Feldlinien Ⓐ bis Ⓓ in Bild 6.37a verlaufen zu einem relevanten Teil über Luftbereiche, die nicht zum Luftspalt Ⓛ gehören:

[20] Ein Transformator dient zur Übersetzung (Transformation) von Spannungen. Eine mögliche Ausführungsform bei kleinen Leistungen ist der Ringkerntransformator.

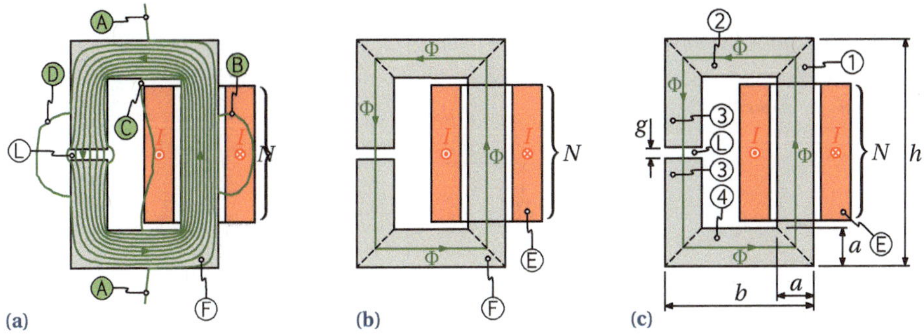

Bild 6.37 Magnetischer Kreis mit Luftspalt, (a) Feldlinien, (b) mit mittlerer Feldlinie, (c) Geometrie; Ⓐ bis Ⓓ: Feldlinien, Ⓛ Luftspalt, Ⓔ Erregerwicklung, Ⓕ Eisenkreis, ① bis ④ Schenkel

Feldlinie Ⓐ schließt sich für Bild 6.37a außerhalb des Bildbereichs.

Feldlinie Ⓑ verläuft über den rechten Teil der stromdurchflossenen Spule.

Feldlinie Ⓒ verläuft über den linken Teil der stromdurchflossenen Spule.

Feldlinie Ⓓ verläuft in einem weiten Bogen um den Luftspalt Ⓛ.

Die Feldlinien Ⓐ bis Ⓓ gehören zum sogenannten *Streufeld*.

Jener Anteil des magnetischen Felds, der **außerhalb** des **Eisens** bzw. **Luftspalts** verläuft und damit nicht im Sinne der Anwendung genutzt werden kann, heißt …

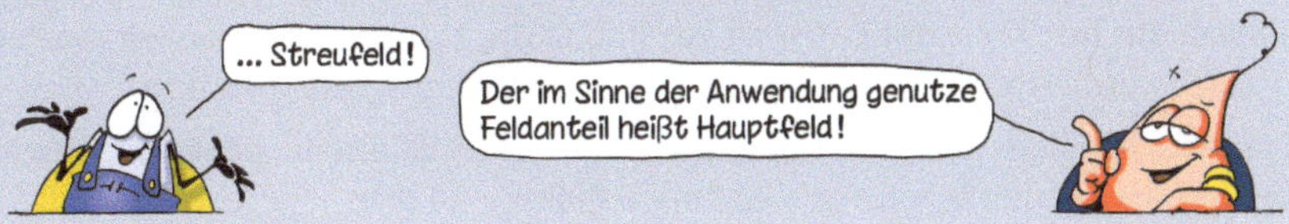

Luftspalt Ⓛ. Als Luftspalt bezeichnen wir in Bild 6.37c jenen Luftbereich, der sich zwischen den beiden Schenkelteilen ③ befindet. Ungeachtet der Aufweitung der Feldlinien im Luftspaltbereich rechnen wir näherungsweise damit, dass die magnetische Flussdichte im Luftspaltbereich Ⓛ gleich groß wie in Schenkel ③ ist.

Mittlere Feldlinie. Das Feldlinienbild aus Bild 6.37a ist in Bild 6.37b vereinfacht durch eine mittlere Feldlinie repräsentiert.

Wir können dem in Bild 6.37 dargestellten magnetischen Kreis ein magnetisches Ersatzschaltbild zuordnen, wie es in Bild 6.38a angegeben ist. Die magnetische Quellenspannung U_{mQ} und die magnetischen Widerstände R_{m1}, R_{m2} und R_{m4} unterscheiden sich hinsichtlich ihrer Berechnungsvorschrift nicht vom magnetischen Kreis ohne Luftspalt in Bild 6.21a. Unterschiede ergeben sich jedoch für:

Schenkel ③. Die Länge der mittleren Feldlinie im Eisen des zweigeteilten Schenkels ③ ist um die Länge g des Luftspalts geringer als jene des Schenkels ①.

Luftspalt Ⓛ. Die Länge der mittleren Feldlinie im Luftspalt beträgt g. Die relative Permeabilität des Luftspalts $\mu_r = 1$ unterscheidet sich von jener des Eisens, die für die Schenkel ① bis ④ zur Anwendung kommt.

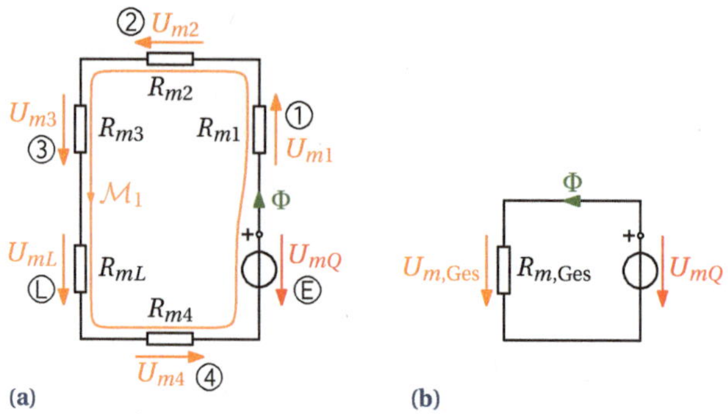

Bild 6.38 (a) Magnetisches Ersatzschaltbild eines Eisenkreises mit Luftspalt, (b) vereinfachtes magnetisches Ersatzschaltbild; magnetische Widerstände ① bis ④ der Schenkel und des Luftspalts Ⓛ, Spannungsquelle Ⓔ infolge der stromdurchflossenen Spule

Bei der Berechnung des mit dem Luftspalt einhergehenden magnetischen Widerstands gemäß Gl. (6.14) rechnen wir mit derselben Querschnittsfläche[21] wie bei Schenkel ③.

Beispiele für Anwendungen von magnetischen Kreisen mit Luftspalt sind:

- rotierende oder linear sich bewegende elektrische Maschinen,
- Relais, bei denen elektromechanische Kontakte bewegt werden,
- Lautsprecher, bei denen eine Membran bewegt wird.

Zahlenwertbeispiel 6.17. Wir berechnen den gesamten magnetischen Widerstand für den magnetischen Kreis mit Luftspalt aus Bild 6.37a. Dafür verwenden wir die Parameter aus Zahlenwertbeispiel 6.6, ergänzt um die Länge des Luftspalts $g = 2\,\text{mm}$.

Die mittlere Feldlinienlänge im Eisen des Schenkels ③ ist um die Länge g geringer als die Länge l_1. Daraus folgt: $l_3 = l_1 - g = 0{,}13\,\text{m} - 0{,}002\,\text{m} = 0{,}128\,\text{m}$

Für den magnetischen Widerstand dieses Schenkels ③ ergibt sich damit:

$$R_{m3} = \frac{l_3}{\mu \cdot A} = \frac{0{,}128\,\text{m}}{6{,}283 \cdot 10^{-4}\,\frac{\text{Vs}}{\text{Am}} \cdot 5 \cdot 10^{-4}\,\text{m}^2} = 407{,}4\,\frac{\text{kA}}{\text{Vs}}$$

Dieser magnetische Widerstand ist geringfügig kleiner als jener, der im Zahlenwertbeispiel 6.6 errechnet ist.

Für den magnetischen Widerstand des Luftspalts Ⓛ gilt:

$$R_{mL} = \frac{g}{\mu_0 \cdot A} = \frac{0{,}002\,\text{m}}{1{,}257 \cdot 10^{-6}\,\frac{\text{Vs}}{\text{Am}} \cdot 5 \cdot 10^{-4}\,\text{m}^2} = 3\,183\,\frac{\text{kA}}{\text{Vs}}$$

Dieser magnetische Widerstand ist beinahe zehn mal so groß wie jener des Schenkels ③.

Der gesamte magnetische Widerstand gemäß Bild 6.38 beträgt damit:

$$\begin{aligned} R_{m,\text{Ges}} &= R_{m1} + R_{m2} + R_{m3} + R_{mL} + R_{m4} \\ &= 413{,}8\,\frac{\text{kA}}{\text{Vs}} + 254{,}6\,\frac{\text{kA}}{\text{Vs}} + 407{,}4\,\frac{\text{kA}}{\text{Vs}} + 3\,183\,\frac{\text{kA}}{\text{Vs}} + 254{,}6\,\frac{\text{kA}}{\text{Vs}} = 4\,513\,\frac{\text{kA}}{\text{Vs}} \end{aligned}$$

■

[21] Dieser Annahme entspricht die Gleichheit der magnetischen Flussdichte im Luftspalt Ⓛ und im umgebenden Schenkel ③.

Wenn in einem magnetischen Kreis die magnetischen Widerstände der Luftspalte deutlich größer als jene des Eisens sind, dann

- **vernachlässigen** wir die magnetischen Widerstände des **Eisens** und
- rechnen **nur** mit den magnetischen Widerständen der **Luftspalte**.

Deutsch	**English**
Durchflutungssatz	Ampere's Circuital Law
Erregung	Excitation
Luftspalt	Air gap
Leiterschleife	Conductor loop
Magnetisches Ersatzschaltbild	Magnetic equivalent circuit
Magnetischer Kreis	Magnetic circuit
Schenkel	Leg

6.4 Induktionsgesetz

Zeichen	Einheit	Größe	Quantity
i	A	Momentanwert des Stroms	Instantaneous value of current
u	V	Momentanwert der Spannung	Instantaneous value of voltage
$\mathring{u}$	V	Elektrische Umlaufspannung	Electrical loop voltage
ω	1/s	Kreisfrequenz	Angular frequency
Ψ	Vs	Verkettungsfluss[22]	Flux linkage, linked flux

Beim Induktionsgesetz verknüpfen wir *zeitlich veränderliche* magnetische Felder mit der elektrischen Spannung. Um die Zeitabhängigkeit der elektrischen Größen hervorzuheben, verwenden wir nachfolgend die Kleinbuchstaben u und i für die Momentanwerte von Spannung und Strom. Für den zeitabhängigen magnetischen Fluss verwenden wir dasselbe Formelzeichen Φ, wie es in Abschnitt 6.3 für zeitlich konstante magnetische Felder verwendet ist.

Für das Induktionsgesetz betrachten wir Bild 6.39 und 6.40:

22 Der Verkettungsfluss wird alternativ auch mit Φ_{ν} gekennzeichnet.

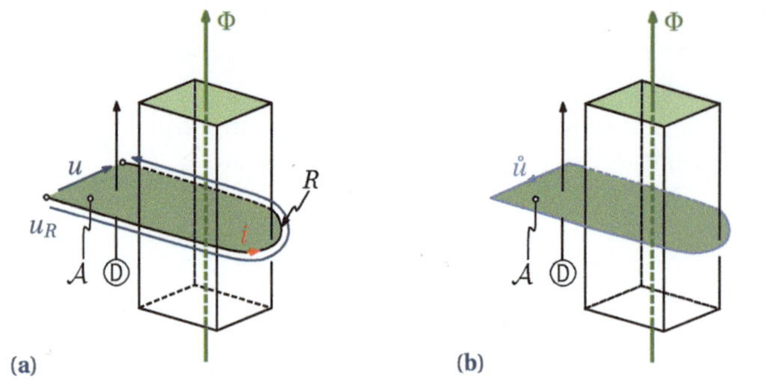

Bild 6.39 Einfache Leiterschleife um einen magnetisch gut leitfähigen Schenkel, (a) mit Klemmenspannung u, (b) mit elektrischer Umlaufspannung $\mathring{u}$; Durchtrittssinn Ⓓ

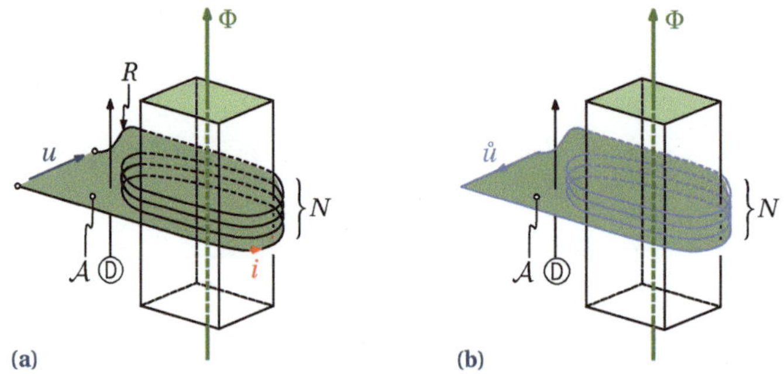

Bild 6.40 Leiterschleife mit N Windungen um einen magnetisch gut leitfähigen Abschnitt, (a) mit Klemmenspannung, (b) mit elektrischer Umlaufspannung $\mathring{u}$; Durchtrittssinn Ⓓ

Schenkel. Der in Bild 6.39a dargestellte Schenkel gehört zu einem magnetischen Kreis, der hier nicht mit abgebildet ist. Die Permeabilität μ des aus Eisen bestehenden Schenkels ist so groß, dass praktisch der gesamte magnetische Fluss Φ im Eisen verläuft. Der Bereich außerhalb des Schenkels kann somit in guter Näherung als feldfrei angesehen werden.

Leiterschleife. Um den Schenkel ist in Bild 6.39a eine Leiterschleife gewickelt, die aus einem elektrisch gut leitfähigem Material besteht. Die Klemmenspannung der Leiterschleife ist mit u bezeichnet.

Geschlossene Leiterschleife. Um den Zusammenhang zwischen der Klemmenspannung u und dem magnetischen Feld herzustellen, ist es erforderlich, eine gedankliche Abstraktion vorzunehmen. Dazu behandeln wir in Bild 6.39b dieselbe Leiterschleife in *geschlossener* Form.[23]

Wicklung. In technischen Anwendungen haben wir in der Regel nicht nur eine Leiterschleife, sondern eine Spule mit beispielsweise N Windungen, wie in Bild 6.40a. Eine derartige Spule wird auch als Wicklung bezeichnet.

[23] Da die Klemmen im praktisch feldfreien Raum liegen, ist es egal entlang welchen Weges wir die Leiterschleife schließen – solange sich dieser Weg nur ebenfalls im feldfreien Raum befindet.

Verkettungsfluss. Wenn wir in Bild 6.40b dem Leiterdraht der Wicklung folgen, können wir uns die zugehörige Fläche dieser Wicklung wie die Haut einer Seifenblase vorstellen, die vom Leiterdraht aufgespannt wird. Die von der Seifenblase gebildete Fläche bezeichnen wir mit $\mathcal{A}$. Praktisch bedeutet das, dass die mittlere Feldlinie des magnetischen Flusses Φ die Spule insgesamt N-mal durchsetzt. Dafür hat sich der Begriff *Verkettungsfluss* Ψ eingebürgert.

> Eine Spule, deren N **Windungen** jeweils vom **Fluss** Φ durchsetzt sind, weist folgenden **Verkettungsfluss** Ψ auf:
>
> $$\boxed{\Psi = N \cdot \Phi} \qquad (6.29)$$

Durchtrittssinn. Wir formulieren das Induktionsgesetz mit Bezug auf einen Durchtrittssinn Ⓓ. Wir wählen den Durchtrittssinn Ⓓ derart, dass er in dieselbe Richtung[24] wie der magnetische Fluss Φ bzw. Verkettungsfluss Ψ zeigt. In Bild 6.39 und 6.40 ist der Durchtrittssinn nach oben gerichtet.

Elektrische Umlaufspannung. Weiters benötigen wir den Begriff der elektrischen Umlaufspannung $\mathring{u}$. Der Umlaufsinn der Umlaufspannung ist dem Durchtrittssinn Ⓓ rechtswendig zugeordnet, also gegen den Uhrzeigersinn (↺), wie das in Bild 6.39b und 6.40b

Bild 6.41 (a) Illustration des Induktionsgesetzes mit dem Durchtrittssinn Ⓓ, der dazu rechtswendig zugeordneten elektrischen Umlaufspannung $\mathring{u}$ und dem im Durchtrittssinn orientierten magnetischen Fluss – wofür sich Henry extra als Gespenst verkleidet hat, zur Veranschaulichung des nicht materiellen magnetischen Flusses, (b) rechtswendige Zuordnung zwischen Durchtrittssinn und elektrischer Umlaufspannung

---

24 Wir setzen die Richtung des Verkettungsflusses Ψ gleich der Richtung des Flusses Φ.

gezeigt ist. Die Umlaufspannung bezieht sich auf einen geschlossenen Umlauf, vergleichbar mit einer Masche.

> Die elektrische **Umlaufspannung** $\mathring{u}$ ist **gleich** der vorzeichenrichtigen **Summe** aller **elektrischen Spannungen** in Richtung des Umlaufsinns von $\mathring{u}$.
>
> 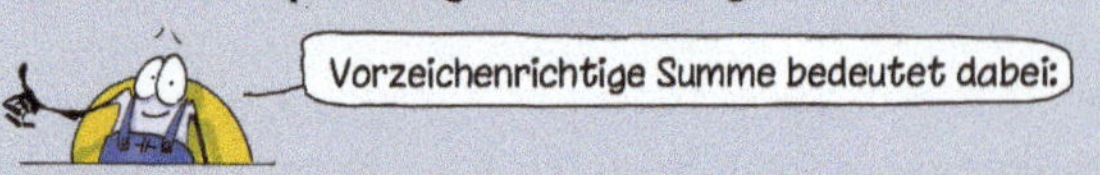
>
>
> **Positives Vorzeichen.** Alle Spannungen, deren Bezugspfeile mit dem Umlaufsinn von $\mathring{u}$ übereinstimmt, werden positiv gezählt.
>
> **Negatives Vorzeichen.** Alle anderen Spannungen werden mit einem negativen Vorzeichen berücksichtigt.

Induktionsgesetz. Das Induktionsgesetz verknüpft die zeitliche Änderung des Verkettungsflusses $\frac{\Delta\Psi}{\Delta t}$ mit der elektrischen Umlaufspannung $\mathring{u}$. Der Verkettungsfluss Ψ tritt dabei durch Fläche $\mathcal{A}$ hindurch, während die Umlaufspannung diese Fläche umrandet.

> Das **Induktionsgesetz** besagt:
>
> Die **elektrische Umlaufspannung** ist gleich der **negativen zeitlichen Änderung** des magnetischen **Verkettungsflusses**:
>
> $$\boxed{\mathring{u} = -\frac{\Delta\Psi}{\Delta t} = -N \cdot \frac{\Delta\Phi}{\Delta t}} \qquad (6.30)$$
>
> - Die elektrische Umlaufspannung $\mathring{u}$ ist dem Durchtrittssinn Ⓓ rechtswendig zugeordnet.
> - Der Verkettungsfluss Ψ bzw. der Fluss Φ zeigen in die Richtung des Durchtrittssinns Ⓓ.

Das Induktionsgesetz ist in Bild 6.41a illustriert.

> Für die Berechnung der **Umlaufspannung** $\mathring{u}$ gilt:
>
> - Die Umlaufspannung bezieht sich auf einen **geschlossenen Umlauf**.
> - Die Umlaufspannung wird in aller Regel entlang eines **Spulendrahts** bzw. Stromkreises eingezeichnet.
> - Falls eine Spule nicht mit einem elektrischen Kreis verbunden ist, muss die **Klemmenspannung** in die Umlaufspannung mit einbezogen werden.

Bezogen auf Bild 6.39a bzw. c besteht die elektrische Umlaufspannung $\mathring{u}$ aus den beiden elektrischen Teilspannungen u und u_R, in der jeweils eingezeichneten Richtung:

Positives Vorzeichen. Der Spannungsabfall $u_R = R \cdot i$ tritt infolge des endlichen Widerstands R der Leiterschleife in Bild 6.39a bzw. 6.40a auf. Er zeigt in dieselbe Richtung (↺) wie der Strom i und damit in dieselbe Richtung wie die Umlaufspannung $\mathring{u}$. Dieser Spannungsabfall wird daher mit positivem Vorzeichen berücksichtigt.

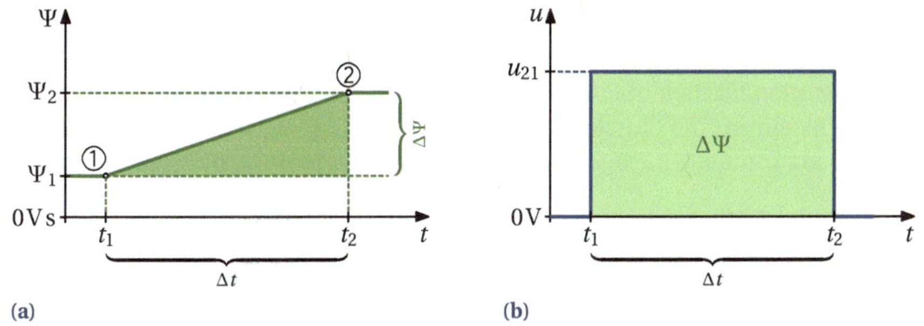

Bild 6.42 (a) Verlauf des magnetischen Verkettungsflusses Ψ als Funktion der Zeit t, (b) Verlauf der induzierten Spannung u als Funktion der Zeit t

Negatives Vorzeichen. Die Klemmenspannung u ist gegen die Umlaufspannung $\mathring{u}$ gerichtet (↻) und weist daher ein negatives Vorzeichen auf:

$$\mathring{u} = u_R - u = R \cdot i - u \tag{6.31}$$

Unter Berücksichtigung des Induktionsgesetzes aus Gl. (6.30) folgt daraus für die elektrische *Klemmenspannung*:

$$u = R \cdot i - \mathring{u} = R \cdot i + \frac{\Delta\Psi}{\Delta t} = R \cdot i + N \cdot \frac{\Delta\Phi}{\Delta t} \tag{6.32}$$

Wenn der Ohmsche Widerstand R vernachlässigt wird oder der Strom gleich null ist, dann nennen wir die elektrische Klemmenspannung u infolge der zeitlichen Änderung des magnetischen Felds auch *induzierte Spannung*:

$$\boxed{u = \frac{\Delta\Psi}{\Delta t} = N \cdot \frac{\Delta\Phi}{\Delta t}} \tag{6.33}$$

Wir betrachten beispielhaft den Verlauf des magnetischen Flusses in Bild 6.42a:

Konstanter Fluss. In den Zeitbereichen $t < t_1$ und $t > t_2$ ist die zeitliche Änderung des magnetischen Flusses jeweils gleich null, da der Fluss konstant ist. Folglich ist in diesen Zeitbereichen auch die induzierte Spannung gemäß Gl. (6.33) gleich null. Dies ist in Bild 6.42b ersichtlich.

Lineare Flussänderung. Im Zeitbereich $t_1 < t < t_2$ ändert sich der magnetische Fluss linear. In diesem Zeitintervall beträgt die induzierte Spannung:

$$u_{21} = \frac{\Delta\Psi}{\Delta t} = \frac{\Psi_2 - \Psi_1}{t_2 - t_1} \tag{6.34}$$

Für die **Fluss- und Zeitänderungen** werden ...

Umkehrung. Die grün unterlegte Fläche in Bild 6.42b ist gleich der Änderung des Verkettungsflusses $\Delta\Psi$ zwischen den Zeitpunkten t_1 und t_2. Für die Flächenberechnung berücksichtigt man Flächen oberhalb der Zeitachse positiv, jene darunter negativ. Für Bild 6.42b erhalten wir die Flussänderung $\Delta\Psi = \Psi_2 - \Psi_1 = u_{21} \cdot (t_2 - t_1)$. Über diesen Zusammenhang können wir entweder Ψ_1 aus Ψ_2 ausrechnen oder umgekehrt.

Zahlenwertbeispiel 6.18. Wir bestimmen die induzierte Spannung für die Änderung des Verkettungsflusses $\Delta\Psi = 0{,}4\,\text{Vs}$ innerhalb der Zeit $\Delta t = 2\,\text{ms}$.

Die Anwendung von Gl. (6.34) führt auf:

$$u_{21} = \frac{\Delta\Psi}{\Delta t} = \frac{0{,}4\,\text{Vs}}{2 \cdot 10^{-3}\,\text{s}} = 200\,\text{V}$$ ■

6.4.1 Bewegungsinduktion

Das Induktionsgesetz ist für unbewegte und bewegte Leiter und Spulen gleichermaßen gültig. In elektrischen Maschinen haben wir mitunter den Sonderfall vorliegen, dass Leiter in einem homogenen und konstanten Magnetfeld bewegt werden. Dazu untersuchen wir die in Bild 6.43 dargestellte Konfiguration.

Dieser Sonderfall eines bewegten Leiters in einem konstanten magnetischen Feld soll etwas genauer untersucht werden. Eine derartige Konfiguration treffen wir in elektrischen Maschinen an:

Homogenes Magnetfeld. Wir nehmen dazu an, dass im grün unterlegten Bereich von Bild 6.43a ein homogenes Magnetfeld mit der konstanten Flussdichte $\vec{B} = B \cdot \vec{e}_z$ vorherrscht. Dabei bezeichnet B die z-Koordinate der Flussdichte.

Längsschienen. Seitlich wird der grün unterlegte Feldbereich in Bild 6.43a von zwei parallelen, elektrisch gut leitfähigen Längsschienen Ⓛ begrenzt.

Querschiene. Auf den beiden Längsschienen liegt im Abstand x – gezählt vom Beginn des Feldbereichs – eine elektrisch gut leitfähige und bewegliche Querschiene Ⓠ, deren Geschwindigkeit $\vec{v} = v \cdot \vec{e}_x$ beträgt. Die x-Koordinate der Geschwindigkeit ist dabei mit v bezeichnet. Es gilt der Zusammenhang:

$$v = \frac{\Delta x}{\Delta t} \tag{6.35}$$

Die Geschwindigkeit v ist gleich der zeitlichen Änderung des Abstands x. Die Länge der Querschiene zwischen den Längsschienen ist mit l bezeichnet.

Magnetischer Fluss. Wir betrachten nun die Fläche, die von der Umlaufspannung $\mathring{u}$ in Bild 6.43a begrenzt wird. Der Durchtrittssinn Ⓓ und die magnetische Flussdichte $\vec{B}$ sind beide nach oben gerichtet, in die positive z-Richtung. Damit berechnen wird den magnetischen Fluss:

$$\Phi = B \cdot A \tag{6.36}$$

Zeitliche Änderung des Flusses. Die Fläche beträgt $A = l \cdot x$ und ist damit von der Zeit abhängig, da x über $v = \frac{\Delta x}{\Delta t}$ mit den Geschwindigkeit zusammenhängt. Folglich kommt die zeitliche Änderung des magnetischen Flusses gemäß Gl. (6.30) bei der konstanten

(a) (b)

Bild 6.43 Bewegungsinduktion eines mit der Geschwindigkeit $\vec{v}$ bewegten Leiters in einem homogenen Magnetfeld $\vec{B}$ (a) Skizze mit Durchtrittssinn Ⓓ, dazu rechtswendig zugeordnete elektrische Umlaufspannung $\mathring{u}$ und Klemmenspannung u, (b) Illustration, wobei die immaterielle Eigenschaft des magnetischen Flusses durch Henry repräsentiert wird, der wieder als Gespenst verkleidet ist; Ⓛ Längsschiene, Ⓠ Querschiene

Flussdichte B über die zeitliche Änderung der Fläche – bei konstanter Länge l – zustande:

$$\frac{\Delta\Phi}{\Delta t} = \frac{B \cdot l \cdot \Delta x}{\Delta t} = B \cdot l \cdot v = -\mathring{u} \qquad (6.37)$$

Induzierte Spannung. Wenn wir die Ohmschen Widerstände der Schienen vernachlässigen oder der Strom über die Schiene gleich null ist, erhalten wir mit Bezug auf Bild 6.43 wegen $\mathring{u} = -u$ für die *induzierte Spannung u*:

$$\boxed{u = B \cdot l \cdot v} \qquad (6.38)$$

Für diese Gleichung setzen wir voraus, dass

- die konstante, homogene magnetische Flussdichte $\vec{B}$,
- der bewegte Leiter in Form der Querschiene Ⓠ und
- die Bewegungsrichtung $\vec{v}$ des untersuchten Leiters

zueinander orthogonal sind.

Zahlenwertbeispiel 6.19. Wir bestimmen die induzierte Spannung eines Leiters der Länge $l = 400\,\text{mm}$, der mit der Geschwindigkeit $v = 25\,\text{m/s}$ in einem homogenen Magnetfeld mit der Flussdichte $B = 0{,}8\,\text{T}$ bewegt wird.

Die Anwendung von Gl. (6.38) führt auf:

$$u = B \cdot l \cdot v = 0{,}8\,\frac{\text{Vs}}{\text{m}^2} \cdot 0{,}4\,\text{m} \cdot 25\,\frac{\text{m}}{\text{s}} = 8\,\text{V}$$ ■

6.4.2 Wechselstromgenerator

Wir betrachten die Leiterschleife aus Bild 6.44, die sich in einem magnetischen Feld um die z-Achse dreht. Diese Konfiguration kann im Wesentlichen als Wechselstromgenerator angesehen werden, ohne hier auf die konstruktiven Details einzugehen. Für die dargestellte Anordnung bestimmen wir die induzierte Spannung u:

Homogenes Magnetfeld. Wir setzen voraus, dass die in Bild 6.44a gezeigte Leiterschleife einem homogenen und konstanten magnetischen Feld mit $\vec{B} = B \cdot \vec{e}_x$ ausgesetzt ist. Dabei bezeichnet B die x-Koordinate der magnetischen Flussdichte.

Leiterschleife. Die in Bild 6.44a dargestellte Leiterschleife weist die Fläche A auf. Wir nehmen an, dass sich die Zuleitungen der Leiterschleife außerhalb des Feldbereichs befinden.

Durchtrittssinn. Wir verbinden den Durchtrittssinn Ⓓ in Bild 6.44b fest mit der Leiterschleife. Wenn die Leiterschleife gedreht wird, dann bleibt der Durchtrittssinn – wie angeschraubt – mit der Fläche der Leiterschleife verbunden.

Magnetischer Fluss. Wenn wir die Leiterschleife um den Winkel β verdrehen, dann leistet, bezogen auf die Fläche der Leiterschleife, nur die Normalkomponente der magnetischen Flussdichte einen Beitrag zum magnetischen Fluss. Aus den Gln. (6.20) und (6.21) folgt:

$$\Phi = \underbrace{B \cdot A}_{\Phi_{max}} \cdot \cos(\beta) = \Phi_{max} \cdot \cos(\beta) \tag{6.39}$$

Der zugehörige Zeitverlauf ist in Bild 6.45a dargestellt und der betraglich größte Wert mit Φ_{max} bezeichnet.

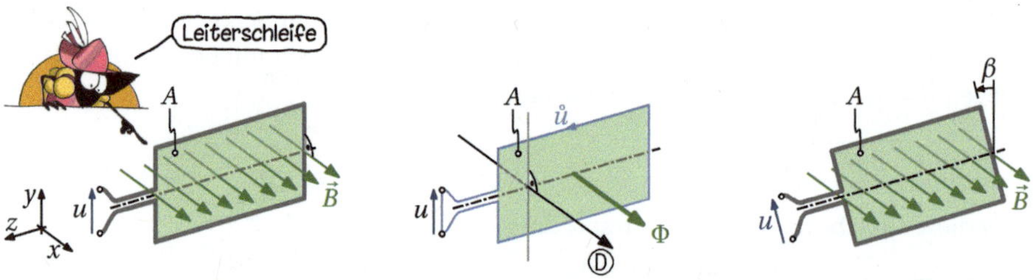

(a) (b) (c)

Bild 6.44 Perspektivische Ansicht einer Leiterschleife in einem homogenen Magnetfeld $\vec{B}$, (a) senkrecht zum Magnetfeld, (b) mit Durchtrittssinn Ⓓ, magnetischem Fluss Φ und elektrischer Umlaufspannung $\mathring{u}$, (c) um den Winkel β aus der Normallage verdreht

Drehung. Wir gehen von einer gleichförmigen Drehung der Spule um die z-Achse aus. Wir setzen für den in Bild 6.44c angegebenen Verdrehwinkel β eine lineare Abhängigkeit von der Zeit an:

$$\beta = \omega \cdot t \tag{6.40}$$

Den griechischen Buchstaben »Omega« kennen wir als Großbuchstaben (Ω) von der Einheit Ohm des Ohmschen Widerstands. Der zugehörige Kleinbuchstabe (ω) wird gleich ausgesprochen und bezeichnet hier eine Kenngröße, die wir Winkelgeschwindigkeit nennen. Diese Größe weist die Einheit eins (1) durch Sekunde (s) auf:

$$[\omega] = \frac{1}{\mathrm{s}} \tag{6.41}$$

Elektrische Umlaufspannung. Die in Bild 6.44b eingezeichnete elektrische Umlaufspannung $\mathring{u}$ ist dem Durchtrittssinn rechtswendig zugeordnet. Aus dem Induktionsgesetz folgt, ohne auf die mathematischen Ableitung näher einzugehen:

$$\mathring{u} = -\frac{\Delta\Phi}{\Delta t} = \underbrace{\omega \cdot B \cdot A}_{U_{\mathrm{max}}} \cdot \sin(\omega \cdot t) \tag{6.42}$$

Induzierte Spannung. Wir nehmen an, dass die Leiterschleife stromfrei ist bzw. der Spannungsabfall am Ohmschen Widerstand der Leiterschleife vernachlässigt werden kann. Die induzierte Spannung u kann nun aus der Beziehung $\mathring{u} = -u$ ermittelt werden:

$$u = -U_{\mathrm{max}} \cdot \sin(\omega \cdot t) = U_{\mathrm{max}} \cdot \cos(\omega \cdot t + 90^\circ) \tag{6.43}$$

Diese Spannung weist folgende Eigenschaften auf:

Wechselspannung. Die induzierte Spannung ist sinusförmig, wie das in Bild 6.45b dargestellt ist. Die Spannung wechselt periodisch ihr Vorzeichen.

Amplitude. Der betraglich größte Wert U_{max} dieser sinusförmigen Spannung beträgt:

$$U_{\mathrm{max}} = \omega \cdot B \cdot A \tag{6.44}$$

Diese Kenngröße ist umso größer,

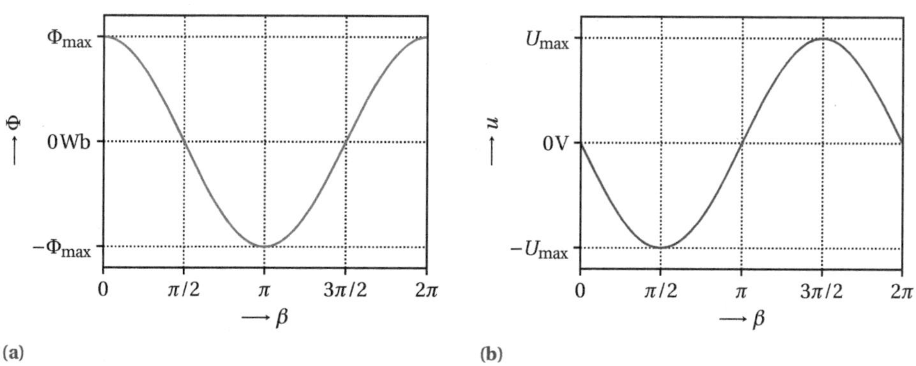

Bild 6.45 (a) Magnetischer Fluss Φ und (b) induzierte Spannung u als Funktion des Verdrehwinkels β für einen Wechselstromgenerator

- je größer die magnetische Flussdichte B,
- je größer die Fläche A der Leiterschleife und
- je schneller die Leiterschleife – charakterisiert durch die Kreisfrequenz ω – rotiert.

Phasenverschiebung. Die induzierte Spannung u weist gegenüber dem magnetischen Fluss Φ in Bild 6.45b die Phasenverschiebung $\frac{\pi}{2} = 90°$ auf.

Zahlenwertbeispiel 6.20. Wir bestimmen die Amplitude der induzierten Spannung einer Leiterschleife mit der Fläche $A = 0{,}16\,\mathrm{m}^2$ in einem homogenen Magnetfeld mit $B = 0{,}8\,\mathrm{T}$. Die Leiterschleife weist die zeitliche Winkeländerung $\omega = 125\,\frac{1}{\mathrm{s}}$ auf.

Wir berechnen die Amplitude aus Gl. (6.42):

$$U_{\max} = \omega \cdot B \cdot A = 125\,\frac{1}{\mathrm{s}} \cdot 0{,}8\,\frac{\mathrm{Vs}}{\mathrm{m}^2} \cdot 0{,}16\,\mathrm{m}^2 = 16\,\mathrm{V}$$ ■

6.4.3 Keine Flussänderung

Wenn wir in einer Konfiguration **kein zeitlich veränderliches Magnetfeld** und keinen bewegten Leiter haben oder das Magnetfeld sogar null ist, so folgt aus dem Induktionsgesetz, dass die Umlaufspannung gleich null ist:

$$\boxed{\mathring{u} = 0\,\mathrm{V}} \tag{6.45}$$ ■

Diese Gleichung entspricht der **Kirchhoffschen Maschenregel**, die besagt, dass die Summe aller vorzeichenrichtig addierten Spannungen entlang eines geschlossenen Umlaufs bzw. einer Masche gleich null ist.[25]

Deutsch	**English**
Induktionsgesetz	Faraday's law of induction
Klemmenspannung	Terminal voltage

■

■ 6.5 Induktivität

Zeichen	**Einheit**	**Größe**	**Quantity**
L	H	Induktivität	Inductance

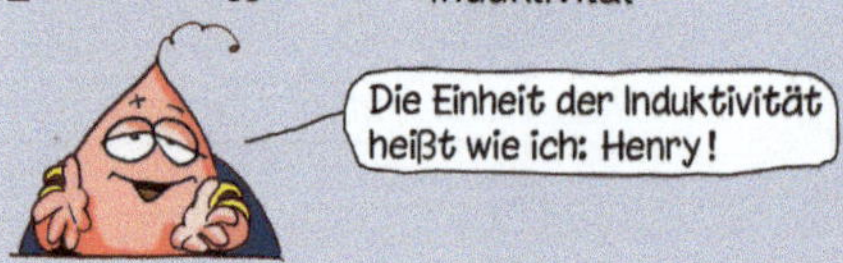

■

[25] In feldfreien elektrischen Ersatzschaltbildern gilt die Kirchhoffsche Maschengleichung, weil eine zeitliche Änderung des Magnetfelds über Gl. (6.33) als Spannungsabfall an einer Spule berücksichtigt wird.

Eine typische Kenngröße für einen magnetischen Kreis bzw. eine Spule ist die Induktivität. Dazu betrachten wir den einfachen magnetischen Kreis aus Bild 6.46a. Der Strom i in der Spule ruft den magnetischen Fluss Φ hervor. Die Spule weist N Windungen und damit den Verkettungsfluss $\Psi = N \cdot \Phi$ auf.

Die **Induktivität** L ist das Verhältnis von Verkettungsfluss Ψ zu Strom i:

$$\boxed{L = \frac{\Psi}{i}} \tag{6.46}$$

Die Einheit der Induktivität L ist die Einheit des Verkettungsflusses (Vs), dividiert durch die Einheit des Stroms (A). Diese Einheit wird auch als Henry bezeichnet und mit H abgekürzt:

$$[L] = \frac{\text{Vs}}{\text{A}} = \text{H} \tag{6.47}$$

Die Induktivität L ist unter anderem ein Maß dafür, wie viel magnetische Energie in einem magnetischen Kreis bzw. einer Spule gespeichert werden kann. Der Begriff Induktivität mit seinen zugrundeliegenden Größen und Einheiten ist mit dem Begriff Kapazität in Tabelle 6.7 verglichen.

Wir leiten für einen einfachen magnetischen Kreis, wie er in Bild 6.46 dargestellt ist, die Berechnungsgleichung für die Induktivität ab:

Magnetische Quellenspannung. Die magnetische Quellenspannung in Bild 6.46b ist gleich der Durchflutung und beträgt: $U_{mQ} = N \cdot i$

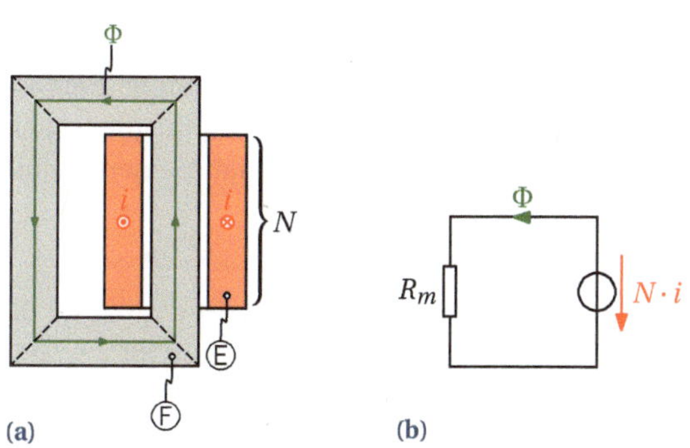

Bild 6.46 (a) Magnetischer Kreis Ⓕ mit Spule Ⓔ, (b) zugehöriges magnetisches Ersatzschaltbild

Tabelle 6.7 Vergleich von Kapazität und Induktivität einschließlich Einheiten (EH)

Eigenschaft	Elektrisches Feld	EH	Magnetisches Feld	EH
Flussgröße	Elektr. Fluss Ψ Elektr. Ladung Q	As As	Magnet. Verkettungsfluss Ψ	Vs
Bezugsgröße	Elektr. Spannung u	V	Elektr. Strom i	A
Kenngröße	Kapazität $C = \frac{\Psi}{u} = \frac{Q}{u}$	$\text{F} = \frac{\text{As}}{\text{V}}$	Induktivität $L = \frac{\Psi}{i}$	$\text{H} = \frac{\text{Vs}}{\text{A}}$

Magnetischer Widerstand. Der gesamte magnetische Widerstand ist mit R_m bezeichnet. Der zugehörige magnetische Leiterwert $G_m = \frac{1}{R_m}$ ist der Kehrwert des magnetischen Widerstands.

Magnetischer Fluss. Der magnetische Fluss wird aus der magnetischen Quellenspannung und dem magnetischen Widerstand bzw. Leitwert ermittelt: $\Phi = \frac{N \cdot i}{R_m} = N \cdot i \cdot G_m$

Verkettungsfluss. Der Verkettungsfluss ergibt sich gemäß Gl. (6.29) aus der Windungszahl und dem magnetischen Fluss: $\Psi = N \cdot \Phi = N^2 \cdot i \cdot G_m$

Induktivität. Für die Induktivität L eines magnetischen Kreises, der über seinen gesamten magnetischen Leitwert G_m und die Windungszahl N charakterisiert werden kann, gilt damit:

$$\boxed{L = N^2 \cdot G_m} \qquad (6.48)$$

Grafische Darstellung. Der aus Gl. (6.46) resultierende Zusammenhang $\Psi = L \cdot i$ lässt sich für eine konstante Induktivität L grafisch als Gerade darstellen, die durch den Ursprung verläuft. In Bild 6.47a ist diese Beziehung für zwei unterschiedliche Induktivitäten L_1 und L_2 gezeichnet. Da die Induktivität die Steigung der jeweiligen Geraden angibt, gilt für Bild 6.47a die Relation $L_1 < L_2$.

Wenn die Permeabilität des Eisens und somit der magnetische Leitwert konstant sind, dann ist auch die Induktivität eine konstante Größe.

Unter der Voraussetzung einer konstanten Induktivität kann der Zusammenhang $\Psi = L \cdot i$ in das Induktionsgesetz eingesetzt werden, wodurch sich folgender Ausdruck ergibt:

$$\boxed{u = L \cdot \frac{\Delta i}{\Delta t}} \qquad \text{für konstante Induktivität } L \qquad (6.49)$$

Diese Gleichung ist für die in Bild 6.48 eingezeichneten Spannungs- und Strompfeile gültig. Die beiden in Europa verwendeten Schaltzeichen für eine Spule bzw. einen magnetischen Kreis sind in Bild 6.48a und b dargestellt. Das in Bild 6.48c gezeigte Schaltzeichen gehört typisch in den US-amerikanischen Raum.

Wir betrachten dazu beispielhaft den Spannungs- und Stromverlauf in Bild 6.49:

Spannung null. Wenn die Spannung $u = 0\,\text{V}$ ist, dann ist auch die Stromänderung gleich null und der Strom entsprechend konstant. In Bild 6.49 ist diese Eigenschaft für die Zeitbereiche $t < t_1$ und $t > t_2$ erfüllt.

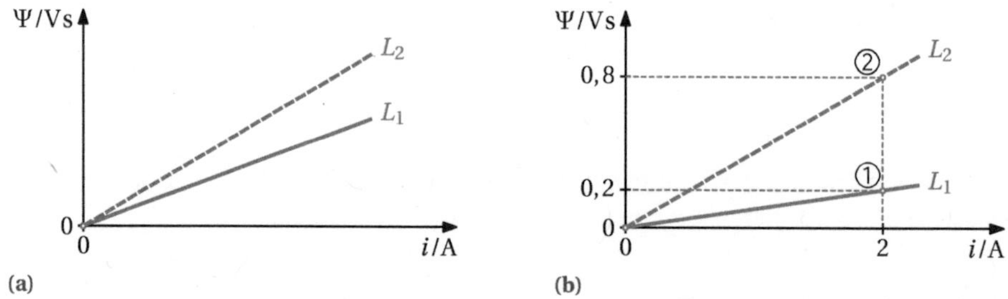

Bild 6.47 Verkettungsfluss Ψ als Funktion des Stroms i (a) allgemein für zwei Induktivitäten mit $L_1 < L_2$ und (b) für $L_1 = 0{,}1\,\text{H}$ und $L_2 = 0{,}4\,\text{H}$

Konstante Spannung. Wenn wir an die Spule mit der Induktivität L die konstante Spannung $u = u_{21}$ anlegen, wie das in Bild 6.49b für $t_1 < t < t_2$ der Fall ist, dann ist die Stromänderung konstant.

$$u_{21} = L \cdot \frac{\Delta i}{\Delta t} = L \cdot \frac{i_2 - i_1}{t_2 - t_1} \tag{6.50}$$

Dementsprechend ändert sich der Strom i in diesem Zeitbereich in Bild 6.49a linear von i_1 auf i_2.

> **!** Eine zur **Begrenzung** des Stroms bzw. Stromanstiegs verwendete Spule wird auch als **Drossel** bezeichnet. ■

Zahlenwertbeispiel 6.21. Wir zeichnen den grafischen Zusammenhang $\Psi = L \cdot i$ gemäß Gl. (6.46) und Bild 6.47 für eine Spule mit $N_1 = 100$ Windungen und $L_1 = 0{,}1\,\mathrm{H}$.

Da es sich bei diesem Zusammenhang um eine Geradengleichung handelt, die durch den Ursprung verläuft, ist es ausreichend, einen einzigen zusätzlichen Punkt zu berechnen. Für den Strom $i = 2\,\mathrm{A}$ ermitteln wir:

$$\Psi = L_1 \cdot i = 0{,}1\,\mathrm{H} \cdot 2\,\mathrm{A} = 0{,}2\,\mathrm{Vs}$$

Dieser Punkt ① ist in Bild 6.47b für die mit L_1 gekennzeichnete Gerade dargestellt.

Zusätzlich untersuchen wir den Fall, dass wir für die Spule die Windungszahl auf $N_2 = 200$ verdoppeln, aber den magnetischen Leitwert G_m unverändert lassen. Infolge von Gl. (6.48) vervierfacht sich durch diese Maßnahme die Induktivität auf $L_2 = 0{,}4\,\mathrm{H}$. Die vergrößerte Induktivität führt in Bild 6.47b bei $2\,\mathrm{A}$ zum vierfachen Verkettungsfluss, also $\Psi = 0{,}8\,\mathrm{Vs}$. Dieser zugehörige Punkt ② befindet sich auf der mit L_2 gekennzeichneten Geraden. ■

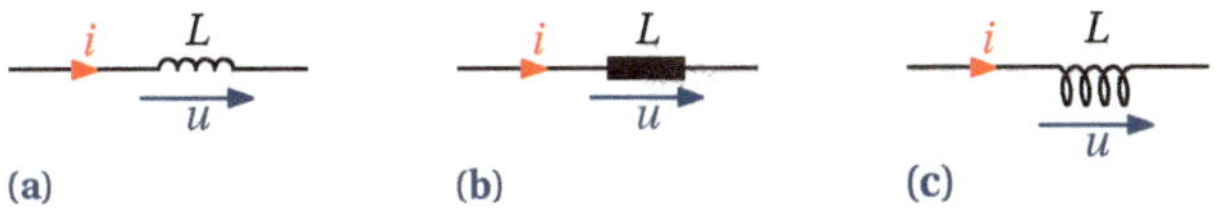

Bild 6.48 Schaltzeichen eines magnetischen Kreises bzw. einer Spule mit der Induktivität L (a) und (b) in europäischer und (c) US-amerikanischer Darstellungsweise; Spannungs- und Strompfeile einheitlich in europäischer Bezeichnungsform

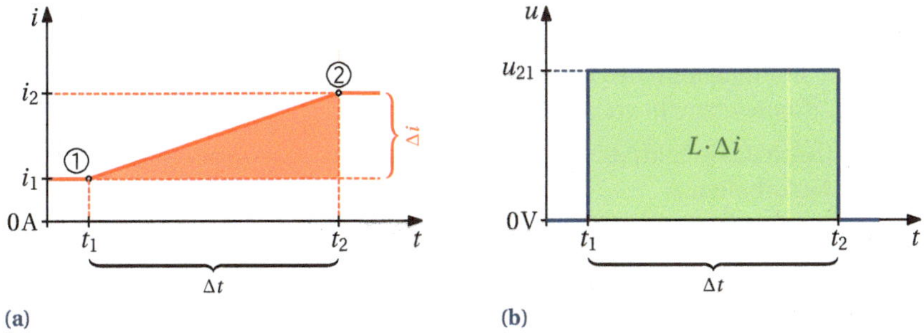

Bild 6.49 (a) Verlauf des Stroms i als Funktion der Zeit t, (b) Verlauf der induzierten Spannung u als Funktion der Zeit t

Zahlenwertbeispiel 6.22. Wir bestimmen die Induktivität des in Bild 6.19b dargestellten magnetischen Kreises für den magnetischen Gesamtwiderstand $R_{m,\text{Ges}} = 1\,337\,\text{kA}/(\text{V s})$ aus Zahlenwertbeispiel 6.6 und $N = 1\,000$.

Dafür ermitteln wir zunächst den magnetischen Leitwert:

$$G_m = \frac{1}{R_{m,\text{Ges}}} = \frac{1}{1{,}337 \cdot 10^6\,\frac{\text{A}}{\text{Vs}}} = 7{,}479 \cdot 10^{-7}\,\frac{\text{Vs}}{\text{A}}$$

Damit ergibt sich über Gl. (6.48) für die Induktivität:

$$L = N^2 \cdot G_m = 1\,000^2 \cdot 7{,}479 \cdot 10^{-7}\,\frac{\text{Vs}}{\text{A}} = 747{,}9\,\text{mH}$$ ■

Zahlenwertbeispiel 6.23. Wir untersuchen die induzierte Spannung an einer Spule mit der Induktivität $L = 747{,}9\,\text{mH}$ anhand der in Bild 6.49 angegeben Kurvenverläufe. Dieser Analyse legen wir die Zeiten $t_1 = 0\,\text{s}$ und $t_2 = 2\,\text{ms}$, sowie die Ströme $i_1 = 0\,\text{A}$ und $i_2 = 534{,}6\,\text{mA}$ zugrunde.

Im Zeitintervall $t_1 < t < t_2$ beträgt die induzierte Spannung:

$$u = u_{21} = L \cdot \frac{i_2 - i_1}{t_2 - t_1} = 0{,}7479\,\text{H} \cdot \frac{0{,}5346\,\text{A} - 0\,\text{A}}{2 \cdot 10^{-3}\,\text{s} - 0\,\text{s}} = 199{,}9\,\text{V}$$ ■

6.5.1 Streufeld

Zeichen	Einheit	Größe	Quantity
k	1	Kopplungskoeffient	Coupling coefficient
L_h	H	Hauptfeldinduktivität	Main field inductance
L_{Ges}	H	Gesamtinduktivität	Total inductance
L_σ	H	Streufeldinduktivität	Leakage field inductance
σ	1	Streukoeffizient	Leakage coefficient

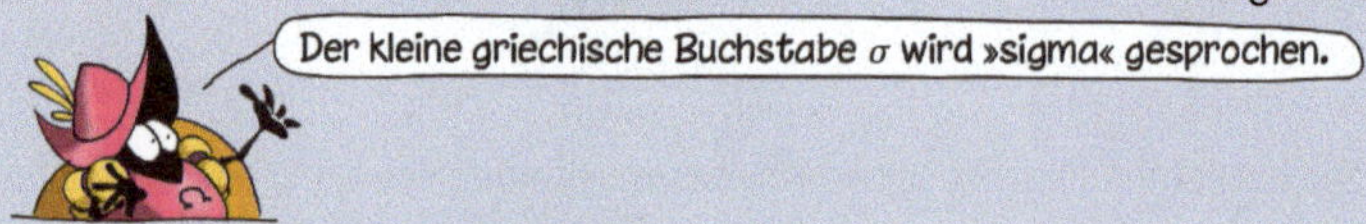

■

Die Permeabilität des Eisens in einem magnetischen Kreis ist meist deutlich größer als jene von Luft. Dennoch ist die Permeabilität des Eisens immer endlich und damit auch in seiner Größe beschränkt. Ein magnetisches Feld tritt daher hauptsächlich im Eisen auf, obwohl der umgebende Luftbereich nicht vollständig feldfrei ist.

Wir behandeln anhand des in Bild 6.50 dargestellten magnetischen Kreises folgende Eigenschaften und Besonderheiten:

Feldlinien. Das Feldbild des in Bild 6.50a dargestellten magnetischen Kreises ohne Luftspalt ist mit insgesamt zehn Feldlinien dargestellt.

Hauptfeld. Jener Feldanteil von sieben Feldlinien in Bild 6.50a, der im magnetischen Kreis ausschließlich im Eisen verläuft, nennen wir Hauptfeld. Dieses Hauptfeld wird im Sinne einer technischen Anwendung genutzt – ohne hier konkret darauf einzugehen.

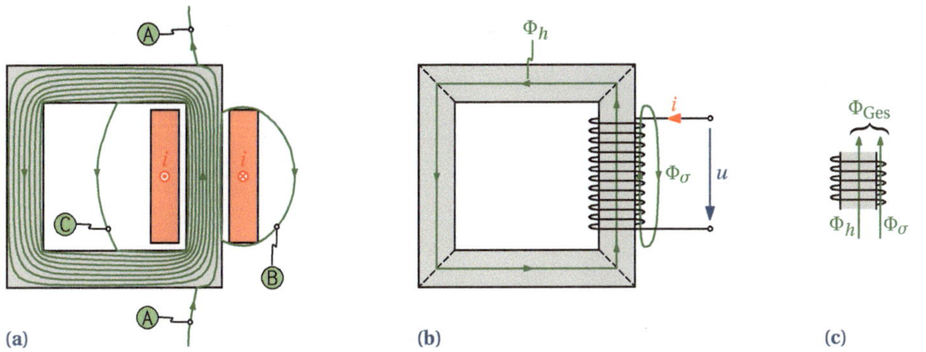

Bild 6.50 Magnetischer Kreis mit Streufeld, (a) Feldlinien, (b) vereinfachte Feldaufteilung in Hauptfluss Φ_h und Streufluss Φ_σ, (c) Gesamtfluss als Summe des Haupt- und Streuflusses; Ⓐ bis Ⓒ Feldlinien des Streufelds

Streufeld. Von den insgesamt zehn Feldlinien verlaufen in Bild 6.50a die drei Feldlinien Ⓐ bis Ⓒ über weite Bereiche in Luft:

Feldlinie Ⓐ schließt sich in Bild 6.50a außerhalb des Bildbereichs.

Feldlinie Ⓑ verläuft über den rechten Teil der stromdurchflossenen Spule.

Feldlinie Ⓒ verläuft zwischen dem oberen und unteren Schenkel über den dazwischenliegenden Luftbereich.

Die drei Feldlinien Ⓐ bis Ⓒ gehören zum Streufeld, das technisch nicht im Sinne der Anwendung genutzt wird, aber vorhanden ist. Das in Bild 6.50a gezeigte Feldbild weist gegenüber Bild 6.19a ein signifikantes Streufeld auf, da dem in Bild 6.50a dargestellten Feldlinienbild eine deutlich geringere Permeabilität zugrunde liegt.

Hauptfluss. Wir ordnen dem in Bild 6.50a aus sieben Feldlinien bestehenden magnetischen Hauptfeld den magnetischen Hauptfluss Φ_h zu, den wir über eine mittlere Feldlinie in Bild 6.50b vereinfacht repräsentieren.

Streufluss. Anstelle der drei Feldlinien Ⓐ bis Ⓒ in Bild 6.50a zeichnen wir in Bild 6.50b eine einzelne, repräsentative Feldlinie für den magnetischen Streufluss Φ_σ.

Gesamtfluss. Der magnetische Haupt- und Streufluss bilden gemeinsam den Gesamtfluss:

$$\Phi_{Ges} = \Phi_h + \Phi_\sigma \tag{6.51}$$

Dieser Zusammenhang ist in Bild 6.50c grafisch veranschaulicht und stellt einen Ausschnitt von Bild 6.50b dar.

Für den in Bild 6.50a dargestellten magnetischen Kreis können wir nun ein magnetisches Ersatzschaltbild entwickeln:

Magnetische Quellenspannung. Der Spulenstrom fließt in Bild 6.50a links aus der Ebene heraus (⊙) und rechts in Ebene hinein (⊗). Wenn die Finger der rechten Hand in Bild 6.51a dem Stromfluss folgen, so zeigt der Daumen der rechten Hand nach oben und die magnetische Quellenspannung $U_{mQ} = N \cdot i$ in Gegenrichtung dazu nach unten. Dabei bezeichnet N die Windungszahl der Spule.

Magnetischer Fluss. Der von der magnetischen Spannungsquelle erzeugte Gesamtfluss Φ_{Ges} teilt sich in Bild 6.51b in den Hauptfluss Φ_h und den Streufluss Φ_σ auf. Die magne-

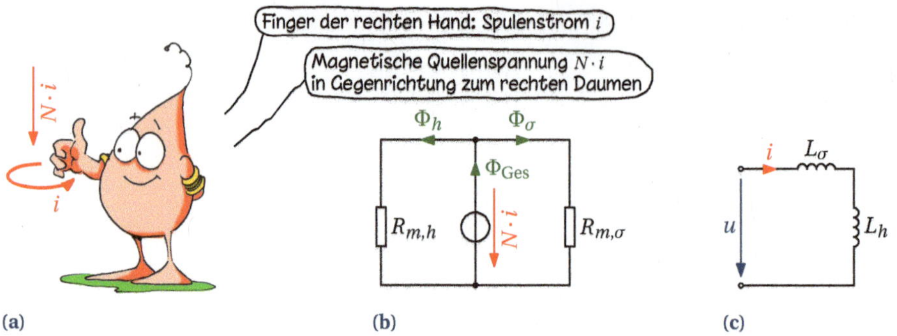

Bild 6.51 Magnetischer Kreis mit Haupt- und Streufeld, (a) Richtung der magnetischen Quellenspannung, (b) magnetisches Ersatzschaltbild, (c) elektrisches Ersatzschaltbild

tische Spannungsquelle treibt den Hauptfluss über den magnetischen Widerstand $R_{m,h}$ des Eisenkreises. Der magnetische Streufluss Φ_σ stellt sich über das Ohmsche Gesetz des Magnetfelds am magnetischen Widerstand $R_{m,\sigma}$ ein. Dieser magnetische Widerstand repräsentiert den magnetisch wirksamen Pfad des Streufelds.

Parallelschaltung. Die magnetischen Widerstände des Haupt- und Streufelds sind im magnetischen Ersatzschaltbild von Bild 6.51b parallel geschaltet. Dementsprechend addieren sich der Haupt- und Streufluss zum Gesamtfluss.

Das magnetische Ersatzschaltbild aus Bild 6.51b kann nun in ein elektrisches Ersatzschaltbild umgewandelt werden, wie es in Bild 6.51c dargestellt ist. Wir benötigen dazu den Begriff der Induktivität, der gemäß Gl. (6.46) als Verhältnis von Verkettungsfluss zu Strom definiert ist:

Hauptfeldinduktivität. Wenn wir den mit dem Hauptfeld verketteten Fluss $\Psi_h = N \cdot \Phi_h$ durch den Strom dividieren, erhalten wir die *Hauptfeldinduktivität*:

$$L_h = \frac{\Psi_h}{i} \tag{6.52}$$

Streufeldinduktivität. In zum Hauptfeld vergleichbarer Weise können wir dem Streufeld die *Streufeldinduktivität*, kurz *Streuinduktivität*, zuordnen. Diese Größe berechnet sich aus dem Verhältnis des mit dem Streufeld verketteten Flusses $\Psi_\sigma = N \cdot \Phi_\sigma$ zum Strom i:

$$L_\sigma = \frac{\Psi_\sigma}{i} \tag{6.53}$$

Spannungsgleichung. Da das Streu- und Hauptfeld vom selben Strom hervorgerufen wird, sind im elektrischen Ersatzschaltbild die Streufeld- und Hauptfeldinduktivität in Serie geschaltet, wie das in Bild 6.51c dargestellt ist. Folglich gilt die Spannungsgleichung nach Anwendung des Induktionsgesetzes:

$$u = \underbrace{(L_\sigma + L_h)}_{L_{Ges}} \cdot \frac{\Delta i}{\Delta t} = L_{Ges} \cdot \frac{\Delta i}{\Delta t} \tag{6.54}$$

Streukoeffizient. Als Streukoeffizient bzw. Streuziffer legen wir das Verhältnis aus Streuinduktivität zur Gesamtinduktivität [Bü11, Abschnitt 5.4.3] fest:

$$\sigma = \frac{L_\sigma}{L_{Ges}} = \frac{\Phi_\sigma}{\Phi_{Ges}} \tag{6.55}$$

Trennung. Eine Trennung der Streu- und Hauptfeldinduktivität ist durch eine elektrische Messung nicht möglich. Allerdings kann man die beiden Induktivitäten mitunter rechnerisch gut bestimmen, indem man ihnen eine entsprechende Modellvorstellung zugrundelegt. Eine derartige Modellvorstellung ist vergleichbar mit einer Aufteilung der Feldlinien in Bild 6.50a in ein Hauptfeld mit sieben und ein Streufeld mit drei Feldlinien.

6.5.2 Magnetisch gekoppelter Kreis

Wir können zwei elektrische Kreise magnetisch miteinander koppeln, indem wir beispielsweise zwei Spulen bzw. Wicklungen um die Schenkel eines Eisenkreises wickeln, wie das in Bild 6.52a gezeigt ist:

Galvanische Trennung. Die beiden Spulen ① und ② der Seiten 1 (links) und 2 (rechts) sind magnetisch gekoppelt, aber elektrisch voneinander getrennt.

Die Seite 1 und 2 weisen **keine elektrisch leitende Verbindung** miteinander auf und heißen daher ...

Magnetische Kopplung. Die beiden Spulen ① und ② stehen magnetisch über

- das Induktionsgesetz,
- den Durchflutungssatz bzw. die Kirchhoffsche Maschenregel des Magnetfelds und
- das Ohmsche Gesetz des Magnetfelds

physikalisch miteinander in Beziehungen.

Seite 1. Die Spule ① der Seite 1 weist die Windungszahl N_1, die Klemmenspannung u_1 und den Strom i_1 auf.

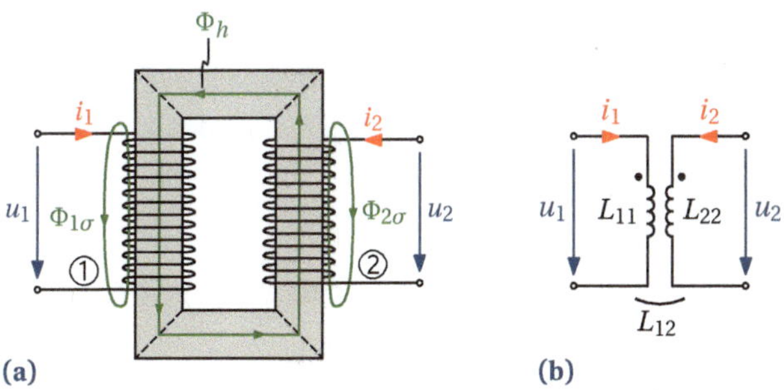

Bild 6.52 Magnetisch gekoppelte Kreise (a) mit mittlerer Feldlinie des Hauptfelds Φ_h und repräsentativen Feldlinien der Streufelder $\Phi_{1\sigma}$ und $\Phi_{2\sigma}$, (b) elektrisches Ersatzschaltbild der gekoppelten Kreise; ① Spule der Seite 1, ② Spule der Seite 2

Seite 2. Die auf der Seite 2 befindliche Spule ② besitzt die Windungszahl N_2, die Klemmenspannung u_2 und den Strom i_2.

> **!** Eine Anordnung mit über einen magnetischen Kreis **gekoppelten Spulen** bezeichnet man als **Transformator**. ■

Magnetisches Feld. Das von den beiden Spulen ① und ② gemeinsam entwickelte magnetische Feld in Bild 6.52a folgt einer vereinfachten Modellvorstellung: Dabei betrachten wir das Hauptfeld getrennt von den Streufeldern der beiden Spulen ① und ②.

Hauptfeld. Der magnetische Hauptfluss Φ_h verläuft in Bild 6.52a vollständig im Eisen. Der Hauptfluss stellt sich infolge der von den Spulen der Seite ① und ② gemeinsam erzeugten Durchflutung und dem magnetischen Widerstand des Eisens ein.

Streufelder. Wir verknüpfen mit der Spule ① den magnetischen Streufluss $\Phi_{1\sigma}$. Dieser Fluss gehört zur Spule ①, aber nicht zum Hauptfeld oder der Spule ②. Umgekehrt bezeichnen wir den zur Spule ② gehörigen Streufluss mit $\Phi_{2\sigma}$. Die beiden Streuflüsse sind in Bild 6.52a eingezeichnet.

Verkettungsfluss. Die Spule ① ist vom Streufluss $\Phi_{1\sigma}$ und dem Hauptfluss Φ_h durchsetzt. Da die Spule ① insgesamt N_1 Windungen aufweist, beträgt der zugehörige Verkettungsfluss:

$$\Psi_1 = N_1 \cdot (\Phi_{1\sigma} + \Phi_h) \tag{6.56}$$

In vergleichbarer Weise gilt für den Verkettungsfluss der Spule ②:

$$\Psi_2 = N_2 \cdot (\Phi_{2\sigma} + \Phi_h) \tag{6.57}$$

Induktivitätsterme. Die Verkettungsflüsse der Spulen ① und ② sind mit den Strömen i_1 und i_2 über Induktivitätsterme verknüpft:

$$\Psi_1 = L_{11} \cdot i_1 + L_{12} \cdot i_2 \tag{6.58}$$

$$\Psi_2 = L_{21} \cdot i_1 + L_{22} \cdot i_2 \tag{6.59}$$

Tabelle 6.8 Induktivitätsbegriffe von magnetisch gekoppelten Kreisen

Formelzeichen Doppelindex	Begriff	Auswirkung Index 1	Ursache Index 2
L_{11}	Selbstinduktivität der Seite 1	Verkettungsfluss Ψ_1	Strom i_1
L_{12}	Gegenseitige Induktivität zwischen den Seiten 1 und 2	Verkettungsfluss Ψ_1	Strom i_2
L_{21}	Gegenseitige Induktivität zwischen den Seiten 2 und 1	Verkettungsfluss Ψ_2	Strom i_1
L_{22}	Selbstinduktivität der Seite 2	Verkettungsfluss Ψ_2	Strom i_2

Die Benennung der auftretenden Induktivitätsterme ist in Tabelle 6.8 angegeben. Diese Induktivitäten weisen jeweils zwei Indizes[26] mit folgender Bedeutung auf:

Erster Index. Index der *Auswirkung*, der gleich dem Index des Verkettungsflusses ist.

Zweiter Index. Index der *Ursache*, also des jeweilig beteiligten Stroms.

Die Verkettungsflüsse der beiden Seiten 1 und 2 sind über die jeweilige Selbstinduktivität vom »eigenen« Strom und über die gegenseitige Induktivität vom jeweils »anderen« Strom abhängig. So ist beispielsweise der Verkettungsfluss Ψ_1 (Index 1) über die Selbstinduktivität L_{11} mit dem »eigenen« Strom i_1 (selber Index 1) und über L_{12} mit dem »anderen« Strom i_2 (anderer Index 2) verknüpft.

Die **gegenseitigen Induktivitäten** L_{12} und L_{21} sind gleich:

$$\boxed{L_{12} = L_{21}} \tag{6.60}$$

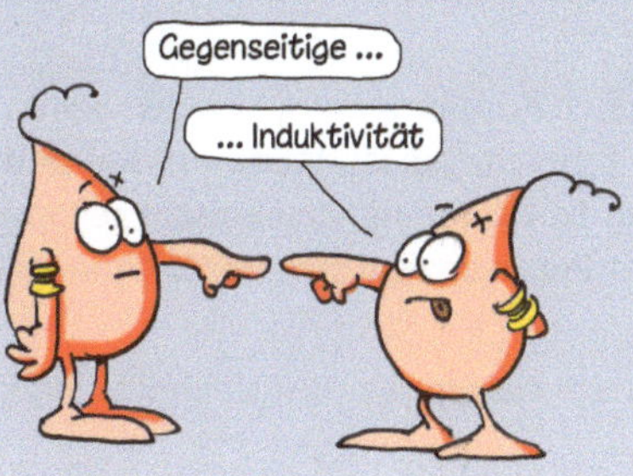

Spannungsgleichungen. Wenn wir das Induktionsgesetz auf die Gleichungen (6.58) und (6.59) der Verkettungsflüsse anwenden, erhalten wir:

$$u_1 = L_{11} \cdot \frac{\Delta i_1}{\Delta t} + L_{12} \cdot \frac{\Delta i_2}{\Delta t} \tag{6.61}$$

$$u_2 = L_{21} \cdot \frac{\Delta i_1}{\Delta t} + L_{22} \cdot \frac{\Delta i_2}{\Delta t} \tag{6.62}$$

In der Spule der Seite 1 wird beispielsweise eine Spannung u_1 induziert, wenn es entweder zu einer zeitlichen Änderung des Strom i_1 oder des Stroms i_2 oder von beiden Strömen kommt. Diese Aussage gilt in vergleichbarer Weise für die Spannung u_2.

Ersatzschaltbild. Die Spannungsgleichungen (6.61) und (6.62) gehören zu dem elektrischen Ersatzschaltbild, das in Bild 6.52b dargestellt ist. Die Spulen der Seiten 1 und 2 sind dabei auf jener Seite mit einem Punkt gekennzeichnet,

- bei der der Strom in die Spule hineinfließt und
- von der weg der Spannungspfeil gezeichnet wird.

Wenn wir die eingezeichnete Bezugsrichtung eines Stroms oder einer Spannung ändern, muss dies durch ein negatives Vorzeichen bei der entsprechenden Größe in den Gln. (6.61) und (6.62) berücksichtigt werden.

---

[26] In der Literatur werden mitunter die Formelzeichen L_1 und L_2 für die Selbstinduktivitäten verwendet. Ebenso kommt manchmal das Formelzeichen M für die gegenseitige Induktivität zum Einsatz, die auch als Gegeninduktivität bezeichnet wird.

> **!** Der **Punkt** im elektrischen **Ersatzschaltbild** eines magnetisch gekoppelten Systems kennzeichnet die einheitliche **Bezugsrichtung** für die Durchflutungen bzw. Verkettungsflüsse.

Besondere Kenngrößen magnetisch gekoppelter Systeme sind:

Kopplungskoeffizient. Durch diese Kenngröße wird ausgedrückt, wie stark die beiden Seiten 1 und 2 miteinander magnetisch verkoppelt sind:

$$k = \frac{L_{12}}{\sqrt{L_{11} \cdot L_{12}}} \tag{6.63}$$

Der theoretische Fall der idealen magnetischen Kopplung zwischen den Seiten 1 und 2 führt dazu, dass der Kopplungskoeffizient k gleich eins ist. Wenn der Kopplungskoeffizient gleich null ist, sind die beiden Seiten 1 und 2 magnetisch nicht gekoppelt, also vollständig voneinander unabhängig. In der Praxis bewegt sich der Kopplungskoeffizient tatsächlich zwischen null und eins.

Streuziffer. Die Streuziffer gibt umgekehrt an, wie ausgeprägt die Streufelder sind:

$$\sigma = 1 - k^2 = 1 - \frac{L_{12}^2}{L_{11} \cdot L_{22}} \tag{6.64}$$

Diese Größe wird auch als Streukoeffizient bezeichnet.

> **!** Magnetisch gekoppelte Kreise lassen sich mit **hohem Kopplungskoeffizienten** bzw. **geringer Streuziffer** ausführen, ...

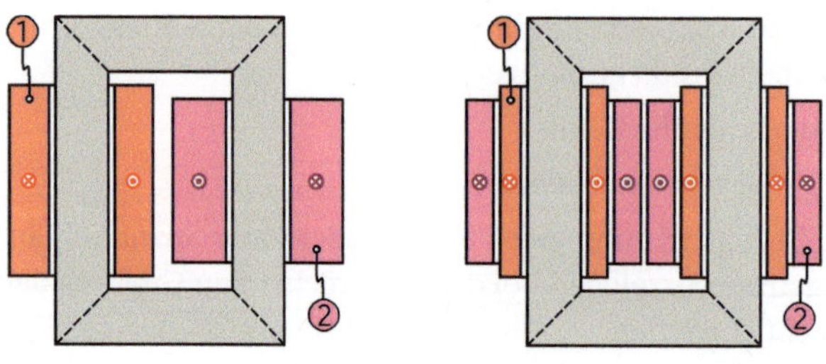

(a) (b)

Bild 6.53 Magnetisch gekoppelte Kreise (a) Spulen ① und ② auf zwei unterschiedlichen Schenkeln, (b) Hälften der Spulen ① und ② auf jeweils zwei Schenkel aufgeteilt

Wicklungsanordnung. In Bild 6.53a sind die Wicklungen ① und ② auf zwei unterschiedlichen Schenkeln angeordnet und damit räumlich weit voneinander getrennt.

Wenn wir die Wicklungen ① und ② nun in zwei gleich große Teile aufteilen und zu gleichen Teilen auf zwei Schenkeln anordnen, so befinden sich die beiden Seiten 1 und 2 räumlich viel enger beieinander. Folglich ist die Streuziffer der Wicklungsanordnung in Bild 6.53b geringer als in Bild 6.53a.

> Die **Streuziffer** von zwei Wicklungen lässt sich, bei sonst praktisch unveränderten Kenngrößen, durch die geometrische **Anordnung** der **Wicklungen** der Seiten 1 und 2 beeinflussen. ■

Zahlenwertbeispiel 6.24. Zwei magnetisch gekoppelte Spulen weisen die Selbstinduktivitäten $L_{11} = 0{,}8\,\mathrm{H}$ und $L_{22} = 0{,}2\,\mathrm{H}$, sowie den Kopplungskoeffizienten $k = 0{,}9$ auf. Wir bestimmen in einem ersten Schritt die gegenseitigen Induktivitäten.

Durch Umformung von Gl. (6.63) erhalten wir:

$$L_{12} = L_{21} = k \cdot \sqrt{L_{11} \cdot L_{22}} = 0{,}9 \cdot \sqrt{0{,}8\,\mathrm{H} \cdot 0{,}2\,\mathrm{H}} = 0{,}36\,\mathrm{H}$$

In einem zweiten Schritt ermitteln wir die zugehörige Streuziffer:

$$\sigma = 1 - k^2 = 1 - 0{,}9^2 = 0{,}19$$ ■

6.5.3 Magnetisch ideal gekoppelter Kreis

Die ideale Kopplung eines magnetischen Kreises ist durch $k = 1$ gekennzeichnet. Ein derartiger magnetischer Kreis weist daher keine Streufelder auf und stellt damit eine gedankliche Idealisierung dar. Folglich ist in diesem Fall $\sigma = 0$.

Wenn wir den magnetischen Leitwert für das im Eisen verlaufende Hauptfeld mit G_m bezeichnen, dann können die Induktivitäten wie folgt ermittelt werden:

$$L_{11} = N_1^2 \cdot G_m \qquad L_{22} = N_2^2 \cdot G_m \qquad L_{12} = L_{21} = N_1 \cdot N_2 \cdot G_m \tag{6.65}$$

Da infolge der idealen magnetischen Kopplung die Streuflüsse gleich null sind, ergibt sich aus den Gln. (6.56) und (6.57) mit $\Phi_{1\sigma} = \Phi_{2\sigma} = 0\,\mathrm{Vs}$:

$$\boxed{\frac{u_1}{u_2} = \frac{N_1}{N_2}} \tag{6.66}$$

> In einem magnetisch **ideal gekoppelten Kreis** verhalten sich die **Spannungen wie** die **Windungszahlen**. ■

Deutsch	English
Gegenseitige Induktivität	Mutual inductance
Gesamtfluss	Total flux
Hauptfluss	Main flux
Selbstinduktivität	Self inductance
Streukoeffizient	Leakage coefficient
Streufluss	Leakage flux

6.6 Kraftwirkung

6.6.1 Lorentzkraft

Auf einen stromdurchflossenen Leiter wirkt eine Kraft, wenn er einem magnetischen Feld[27] ausgesetzt ist. Diese Eigenschaft machen wir uns bei rotierenden und linear sich bewegenden elektrischen Maschinen zunutze:

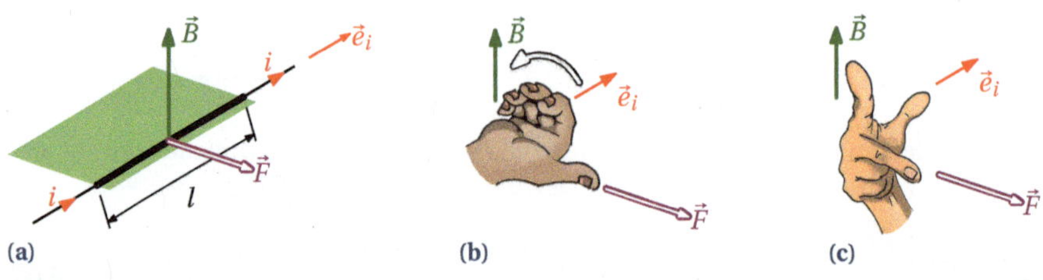

Bild 6.54 Lorentzkraft $\vec{F}$ eines vom Strom i durchflossenen Leiters (a) in einem Bereich des homogenen Magnetfelds (grün unterlegt) und (b) Drehung der Stromrichtung $\vec{e}_i$ in die Feldrichtung $\vec{B}$ auf dem kürzesten Weg, rechtswendig zugeordnet wirkt die Lorentzkraft $\vec{F}$, (c) rechte Hand: Daumen in die Richtung $\vec{e}_i$, Zeigefinger in die Richtung $\vec{B}$, Mittelfinger in die Richtung der Lorentzkraft $\vec{F}$

[27] Dieses Feld muss bei einem geraden Linienleiter jedoch von einem anderen stromdurchflossenen Leiter oder einem Permanentmagneten erzeugt werden. Durch das eigene Magnetfeld kommt es bei einem stromdurchflossenen geraden Linienleiter zu keiner Kraftwirkung.

Stromdurchflossener Leiter. Wir betrachten den vom Strom i durchflossenen Leiter in Bild 6.54a. Die vektorielle Richtung des Stromflusses wird über den Einsvektor $\vec{e}_i$ beschrieben. Die Länge des Leiters im magnetischen Feld ist mit l bezeichnet.

Homogenes Magnetfeld. Der Leiter ist in Bild 6.54a im grün unterlegten Bereich einem homogenen magnetischen Feld ausgesetzt, das durch die Flussdichte $\vec{B}$ repräsentiert ist.

Lorentzkraft. Die auf den stromdurchflossen Leiter im magnetischen Feld ausgeübte Kraft wird als Lorentzkraft bezeichnet.

Auf einen vom **Strom** i durchflossenen Leiter, der über die Länge l einem homogenen **Magnetfeld** $\vec{B}$ ausgesetzt ist, wirkt die **Lorentzkraft**:

$$\vec{F} = i \cdot \vec{e}_i \times \vec{B} \cdot l \tag{6.67}$$

Dabei bezeichnet der Einsvektor $\vec{e}_i$ die vektorielle Richtung des Stroms i. ■

Diese Berechnungsvorschrift baut auf dem äußeren Produkt auf. Folglich steht die daraus resultierende Lorentzkraft $\vec{F}$ orthogonal

- zur Stromrichtung $\vec{e}_i$ und
- zur Flussdichte $\vec{B}$.

Über die in Bild 6.54b dargestellte Zuordnungen kann die Richtung der Lorentzkraft $\vec{F}$ eindeutig bestimmt werden. Dafür dreht man den Vektor $\vec{e}_i$ gedanklich über den kleineren der beiden Winkel in die Richtung von $\vec{B}$. Die Finger der rechten Hand folgen dieser Drehrichtung und der Daumen gibt die Richtung der Lorentzkraft $\vec{F}$ an.

Wenn die magnetische Flussdichte $\vec{B}$ und die Stromrichtung $\vec{e}_i$ zueinander orthogonal sind, dann kann die Kraftrichtung alternativ nach Bild 6.54c ermittelt werden. Für den Betrag der Lorentzkraft gilt in diesem Fall:

$$|\vec{F}| = |i| \cdot |\vec{B}| \cdot l \tag{6.68}$$

Zahlenwertbeispiel 6.25. Ein vom Strom $i = 15\,\mathrm{A}$ durchflossener Leiter der Länge $l = 0{,}4\,\mathrm{m}$ befindet sich in einem homogenen Magnetfeld $B = 0{,}8\,\mathrm{T}$. Die Vektoren $\vec{e}_i$ und $\vec{B}$ sind zueinander orthogonal. Wir bestimmen den Betrag der resultierenden Kraft gemäß Gl. (6.68):

$$F = |i| \cdot |\vec{B}| \cdot l = 15\,\mathrm{A} \cdot 0{,}8\,\mathrm{T} \cdot 0{,}4\,\mathrm{m} = 4{,}8\,\mathrm{N}$$ ■

6.6.2 Kraft auf Grenzfläche

In technischen Anwendungen durchsetzt der magnetische Fluss mitunter ferromagnetische Abschnitte und Luftspalte. In Bild 6.55a sieht man einen derartigen magnetischen Kreis, der aus einem feststehen Eisenteil Ⓕ und einem beweglichen Eisenabschnitt Ⓑ besteht. Dazwischen befindet sich der Luftspalt Ⓛ. Der bewegliche Teil ist über die Feder Ⓢ mit dem festen Montagepunkt Ⓧ verbunden. Dazu stellen wir folgende Überlegungen an:

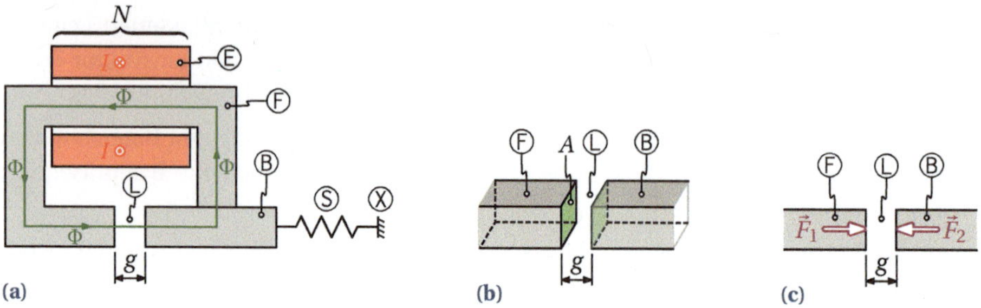

(a) (b) (c)

Bild 6.55 (a) Magnetischer Kreis mit Luftspalt, (b) feststehender und beweglicher Schenkel mit Grenzfläche A, sowie (c) den Kräften $\vec{F}_1$ und $\vec{F}_2$; Ⓔ Spule, Ⓕ feststehender Eisenkreis, Ⓑ beweglicher Teil des Eisenkreises, Ⓛ Luftspalt, Ⓢ Feder, Ⓧ fester Montagepunkt der Feder

Grenzfläche. Der in Bild 6.55b dargestellte perspektivische Ausschnitt zeigt den festen und den beweglichen Schenkel, sowie die zugehörige Grenzfläche A zum Luftspalt Ⓛ. Die Länge des Luftspalts ist mit g bezeichnet.

Magnetische Flussdichte. Beruhend auf der Länge g des Luftspalts und allen weiteren geometrischen Abmessungen und Materialeigenschaften kann der magnetische Fluss Φ im magnetischen Kreis bestimmt werden. Daraus lässt sich im Luftspalt bzw. an der Grenzfläche die magnetische Flussdichte $B = \Phi / A$ berechnen.

Kräfte an den Grenzflächen. An den Grenzflächen des feststehenden Ⓕ und des beweglichen Ⓑ Schenkels tritt jeweils eine Kraft auf. Die Beträge dieser Kräfte errechnen sich mit guter Näherung gemäß:

$$\boxed{F_1 = F_2 = F = \frac{\Phi^2}{2 \cdot A \cdot \mu_0} = \frac{B^2}{2 \cdot \mu_0} \cdot A} \tag{6.69}$$

Auf den feststehenden und den beweglichen Schenkel wirkt gemäß Bild 6.55c jeweils eine anziehende Kraft, unabhängig vom Vorzeichen des Stroms i bzw. der Richtung des magnetischen Felds.

Die **Kraftvektoren** an den **Grenzflächen** zwischen Luft und Eisen sind stets so gerichtet, dass sie versuchen den **Luftspalt** ...

Gleichgewichtszustand. Für den in Bild 6.55a dargestellten magnetischen Kreis stellt sich ein Gleichgewichtszustand ein, wenn die Kraft $\vec{F}_2$ und die Federkraft gleich groß sind. Die Federkraft ist dabei umso größer, je geringer der Abstand g ist und je höher der Strom i ist. Über den Spulenstrom i lässt sich der Luftspalt g und damit die Position des beweglichen Schenkels Ⓑ einstellen.

Zahlenwertbeispiel 6.26. Wir bestimmen die Kraft an einer Grenzfläche mit $A = 4\,\text{cm}^2$ bei der Flussdichte $B = 0{,}8\,\text{T}$:

$$F = \frac{B^2}{2 \cdot \mu_0} \cdot A = \frac{(0{,}8\,\text{T})^2}{2 \cdot 4 \cdot \pi \cdot 10^{-7}\,\frac{\text{Vs}}{\text{Am}}} \cdot 4 \cdot 10^{-4}\,\text{m}^2 = 101{,}9\,\text{N}$$ ■

6.6.3 Erweitertes Wissen: Hall-Effekt

Die Anwendung des **Hall-Effekts** ermöglicht die **Messung** von **magnetischen Feldern**. ■

Der Hall-Effekt beruht auf der Kraftwirkung, die auf bewegte Ladungsträger in einem magnetischen Feld ausgeübt wird:

Lorentzkraft. Für die dafür erforderliche Formulierung der Lorentzkraft $\vec{F}$ begeben wir uns auf die Ebene einzelner Ladungsträger. Für einen Ladungsträger, der die Ladung Q und die Driftgeschwindigkeit $\vec{v}$ aufweist, gilt:

$$\boxed{\vec{F} = Q \cdot \vec{v} \times \vec{B}} \tag{6.70}$$

Diese Gleichung ist eine Verallgemeinerung des in Gl. (6.67) formulierten Ausdrucks für die Lorentzkraft.

Strom. Alle nachfolgenden Betrachtungen orientieren wir am Koordinatensystem, das in Bild 6.56a angegeben ist. Wir untersuchen den Strom i in einem Bereich, der einem homogenen magnetischen Feld ausgesetzt ist. Der Stromfluss ist gemäß $\vec{e}_i = \vec{e}_x$ in die positive x-Koordinate gerichtet. Wir vergleichen dazu den Stromfluss von positiven und negativen Ladungsträgern.

Homogenes Feld. Wir untersuchen die Lorentzkraft in einem homogenen magnetischen Feldbereich mit $\vec{B} = -B \cdot \vec{e}_z$. Dabei bezeichnet B die negative z-Koordinate der magnetischen Flussdichte.

Positive Ladungsträger. Ein einzelner positiver Ladungsträger mit der positiven Ladung Q_p und der Driftgeschwindigkeit $\vec{v}_p = v_p \cdot \vec{e}_x$ ist in Bild 6.56b dargestellt. Auf diesen Ladungsträger wirkt die Kraft:

$$\vec{F}_p = Q_p \cdot \vec{v}_p \times \vec{B} = Q_p \cdot v_p \cdot B \cdot \vec{e}_x \times (-\vec{e}_z) = Q_p \cdot v_p \cdot B \cdot \vec{e}_y \tag{6.71}$$

Dieser Kraftvektor zeigt in die Richtung der positiven y-Koordinate.

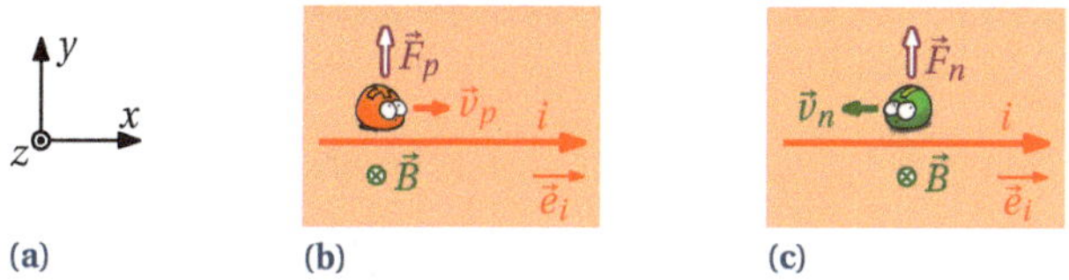

Bild 6.56 (a) Räumliches Koordinatensystem; Lorentzkraft auf einen bewegten (b) positiven und (c) negativen Ladungsträger

Negative Ladungsträger. Der in Bild 6.56c dargestellte negative Ladungsträger bewegt sich gegen die Stromrichtung. Seine Driftgeschwindigkeit bezeichnen wir mit $\vec{v}_n = -v_n \cdot \vec{e}_x$. Für den Kraftvektor erhalten wir:

$$\vec{F}_n = Q_n \cdot \vec{v}_n \times \vec{B} = Q_n \cdot v_n \cdot (-\vec{e}_x) \times (-\vec{e}_z) = -Q_n \cdot v_n \cdot B \cdot \vec{e}_y \tag{6.72}$$

Da die Ladung $Q_n < 0\,\mathrm{C}$ ist, zeigt der Kraftvektor ebenfalls in die positive y-Koordinate.

Für die Beschreibung des Hall-Effekts untersuchen wir in Bild 6.57 ein vom Strom i durchflossenes Plättchen, das vorteilhaft aus einem Halbleitermaterial[28] besteht:

p-Halbleiter. Das in Bild 6.57b dargestellte Plättchen Ⓟ besteht aus einem p-Halbleiter. Die infolge von Dotierung im Halbleiter fehlenden Elektronen werden als Löcher bezeichnet. Sie können als bewegliche positive Ladungsträger angesehen werden. Die auf diese Ladungsträger wirkende Lorentzkraft $\vec{F}_p$ ist nach oben in die positive y-Achse gerichtet.

Die auf die positiven Ladungsträger wirkende Kraft $\vec{F}_p$ führt in Bild 6.57b zu einer Ladungstrennung, sodass die negativ geladenen Elektronen am unteren und die Löcher am oberen Rand verbleiben. Diese Ladungstrennung ist vergleichbar mit der Situation in einem Kondensator, sodass sich die elektrische Feldstärke $\vec{E}_p$ ausbildet.

Hall-Spannung. Infolge der Feldstärke $\vec{E}_p$ kann zwischen dem oberen und unteren Rand die *Hall-Spannung* U_H abgegriffen werden:

$$U_H = k_H \cdot \frac{B \cdot i}{d} \tag{6.73}$$

Die infolge der Ladungstrennung auftretende Spannung ist proportional zum Strom i durch das Plättchen und der magnetischen Flussdichte B, der das Plättchen ausgesetzt ist. Die vom Material und der Geometrie abhängige Kenngröße k_H wird Hall-Konstante genannt. Die Dicke des untersuchten Plättchens in z-Richtung ist mit d bezeichnet.

n-Halbleiter. Wir behandeln zum Vergleich das in Bild 6.57c dargestellten Plättchen Ⓝ, das als n-Halbleiter ausgeführt ist. Infolge der in die positive y-Richtung weisenden Lorentzkraft bewegen sich umgekehrt die negativen Ladungsträger nach oben und die Löcher bleiben am unteren Rand zurück. Die dadurch verursachte Ladungstrennung führt zur elektrischen Feldstärke $\vec{E}_n$ und wiederum zu einer Hall-Spannung U_H gemäß Gl. (6.73). Im Vergleich zu einem p-Halbleiter sind die Bezugspfeile der elektrischen Feldstärke und der Hall-Spannung umgekehrt.

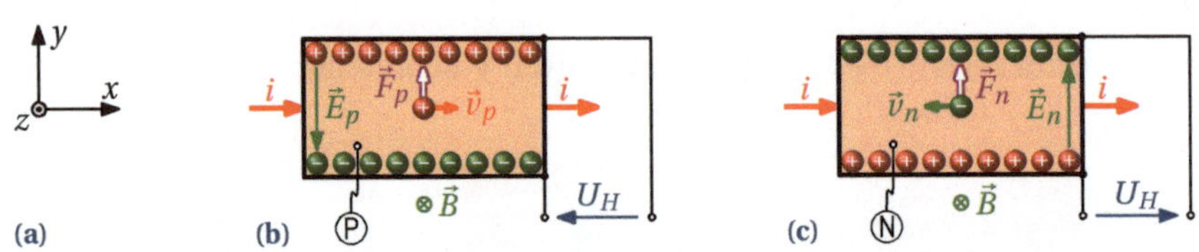

Bild 6.57 (a) Räumliches Koordinatensystem; Hall-Effekt in (b) einem p-Halbleiter Ⓟ und (c) einem n-Halbleiter Ⓝ

[28] Im Vergleich zu Metallen weisen Halbleiter eine verhältnismäßig geringe Ladungsträgerdichte und damit eine entsprechend höhere Driftgeschwindigkeit der Ladungsträger auf.

Deutsch	English
Gleichgewichtszustand	Equilibrium
Halbleiter	Semiconductor
Hall-Effekt	Hall effect
Lorentzkraft	Lorentz force

6.7 Energie

Zeichen	Einheit	Größe	Quantity
E_M	J, Ws	Magnetische Energie	Magnetic energy
E'_M	$\mathrm{J/m^3}$, $\mathrm{Ws/m^3}$	Magnetische Energiedichte	Magnetic energy density

In einem magnetischen **Feld** wird **Energie** gespeichert.

6.7.1 Energiedichte und Energie

Die magnetische Energiedichte ist ein Maß für die magnetisch gespeicherte Energie, bezogen auf das Volumen. Je höher die Energiedichte ist, desto kompakter kann beispielsweise eine rotierende elektrische Maschine oder ein Transformator gebaut werden.

Aus der magnetischen Flussdichte und der magnetischen Feldstärke lässt sich die Energiedichte E'_M des magnetischen Felds in einem linearen[29] magnetischen Material berechnen:

$$\boxed{E'_M = \frac{B \cdot H}{2} = \mu \cdot \frac{H^2}{2}} \tag{6.74}$$

Diese Größe weist folgende Eigenschaften auf:

Einheit. Die Einheit der Energiedichte ist Joule (J) pro Kubikmeter ($\mathrm{m^3}$):

$$[E'_M] = \frac{\mathrm{J}}{\mathrm{m^3}} \tag{6.75}$$

Homogenes Feld. Wir betrachten das Volumen V, in dem homogene Feldverhältnisse vorherrschen. In diesem Volumen ist insgesamt folgende magnetische Energie gespeichert:

$$E_M = E'_M \cdot V \tag{6.76}$$

Zahlenwertbeispiel 6.27. Wir vergleichen die gespeicherte Energie in einem elektrostatischen und einem magnetischen Feldbereich mit dem Volumen $V = 1\,\mathrm{dm^3}$. Dafür setzen wir jeweils technisch übliche Feldstärken bzw. Flussdichten an und untersuchen einen Bereich in Luft. Wir wählen die Feldstärke $E = 3\,\mathrm{kV/mm}$ und die magnetische Flussdichte $B = 1\,\mathrm{T}$.

29 Lineare magnetische Materialien weisen eine konstante Permeabilität μ auf.

Für die Berechnung der gespeicherten elektrischen Energie wenden wir die Gln. (3.27) und (3.29) für Luft mit $\varepsilon = \varepsilon_0$ an:

$$E_E = \varepsilon_0 \cdot \frac{E^2}{2} \cdot V = 8{,}854 \cdot 10^{-12}\,\frac{\text{As}}{\text{Vm}} \cdot \frac{(3 \cdot 10^6\,\text{V/m})^2}{2} \cdot 10^{-3}\,\text{m}^3 = 39{,}84\,\text{mJ}$$

Für die gespeicherte magnetische Energie berechnen wir mit $B = \mu_0 \cdot H$:

$$E_M = \frac{B \cdot \overbrace{H}^{\frac{B}{\mu_0}}}{2} \cdot V = \frac{B^2}{2 \cdot \mu_0} \cdot V = \frac{(1\,\text{T})^2}{2 \cdot 4 \cdot \pi \cdot 10^{-7}\,\frac{\text{Vs}}{\text{Am}}} \cdot 10^{-3}\,\text{m}^3 = 397{,}9\,\text{J}$$

Die im magnetischen Feld gespeicherte Energie ist in diesem Zahlenwertbeispiel etwa 10 000 mal höher als die im elektrischen Feld gespeicherte Energie. Aus diesem Ergebnis können wir folgende Schlussfolgerung ziehen:

Für einen elektromechanischen Energiewandler – eine elektrische Maschine – benötigen wir ein elektrisches oder magnetisches Feld. Elektrostatische Maschinen, die auf elektrischen Feldern beruhen, können für die Umsetzung einer bestimmten Leistung bei weitem nicht so kompakt gebaut werden wie elektrische Maschinen, die auf der Wirkungsweise magnetischer Felder beruhen. ■

6.7.2 Energie der Spule

Wenn wir in Gl. (6.74) für die magnetischen Feldgrößen B und H den magnetischen Verkettungsfluss und den Strom i einsetzen, dann kommt der Begriff der Induktivität L mit ins Spiel. Als Folge davon können wir für eine Spule mit der konstanten Induktivität L die gespeicherte magnetische Energie wie folgt berechnen:

$$\boxed{E_M = L \cdot \frac{i^2}{2}} \tag{6.77}$$

Die Berechnungsgleichungen der Energiedichte und Energie des magnetischen und elektrischen Felds sind einander in Tabelle 6.9 gegenüberstellt.

Tabelle 6.9 Vergleich der elektrischen und magnetischen Energiedichte und Energie einschließlich Einheiten (EH)

Eigenschaft	Elektrisches Feld	EH	Magnetisches Feld	EH
Flussdichte	Elektr. Flussdichte D	$\frac{\text{As}}{\text{m}^2}$	Magnet. Flussdichte B	$\frac{\text{Vs}}{\text{m}^2}$
Feldstärke	Elektr. Feldstärke E	$\frac{\text{V}}{\text{m}}$	Magnet. Feldstärke H	$\frac{\text{A}}{\text{m}}$
Energiedichte	Elektr. Energied. $E'_E = \frac{D \cdot E}{2}$	$\frac{\text{J}}{\text{m}^3}$	Magnet. Energied. $E'_M = \frac{B \cdot H}{2}$	$\frac{\text{J}}{\text{m}^3}$
Energie	Elektr. Energie $E_E = C \cdot \frac{u^2}{2}$	J	Magnet. Energie $E_E = L \cdot \frac{i^2}{2}$	J

Zahlenwertbeispiel 6.28. Eine Spule mit der Induktivität $L = 747{,}9\,\mathrm{mH}$ wird mit dem Strom $i = 534{,}6\,\mathrm{mA}$ betrieben. Wir bestimmen die gespeicherte magnetische Energie:

$$E_M = L \cdot \frac{i^2}{2} = 0{,}7479\,\mathrm{H} \cdot \frac{(0{,}5346\,\mathrm{A})^2}{2} = 106{,}4\,\mathrm{mJ}$$

6.8 Ferromagnetisches Material

Zeichen	Einheit	Größe	Quantity
E'_h	$\mathrm{J/m^3}$	Energiedichte der Hysteresekurve	Energy density of the hysteresis loop
f	Hz, $\mathrm{s^{-1}}$	Frequenz	Frequency
J	T, $\mathrm{Vs/m^2}$	Magnetische Polarisation	Magnetic polarization
m	kg	Masse	Mass
P_{Fe}	W	Eisenverluste	Core loss
P_h	W	Hystereseverluste[30]	Hysteresis loss
P'_h	$\mathrm{W/m^3}$	Hystereseverlustedichte	Hysteresis loss density
v_{15}	W/kg	Spezifische Eisenverluste bei $J = 1{,}5\,\mathrm{T}$ und $50\,\mathrm{Hz}$	Specific core loss at $J = 1{,}5\,\mathrm{T}$ and $50\,\mathrm{Hz}$
V	$\mathrm{m^3}$	Volumen	Volume
ρ	$\mathrm{kg/m^3}$	Massedichte	Mass density

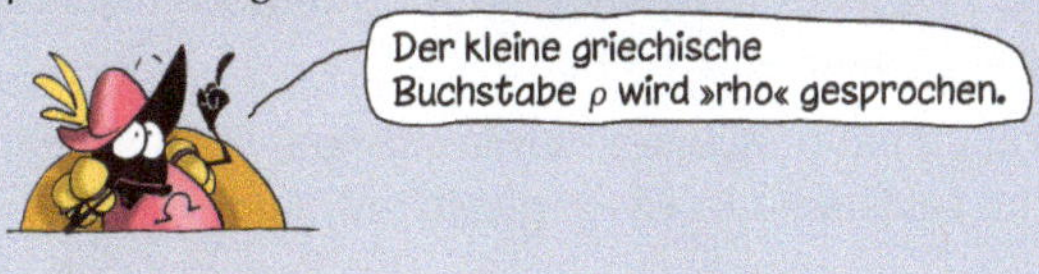

Für Transformatoren und rotierende elektrische Maschinen werden ferromagnetische Materialien eingesetzt. Dass wir bislang magnetische Kreise mit konstanter Permeabilität μ behandelt haben, stellt eine vereinfachte Betrachtungsweise dar, die nicht immer zulässig ist.

Die Permeabilität μ von ferromagnetischen Materialien ist nicht konstant. Folglich ist der Zusammenhang $B = \mu \cdot H$ nichtlinear.

Ferromagnetische Werkstoffe gehören daher zu den **nichtlinearen** Materialien.

Die Zusammenhänge zwischen der magnetischen Flussdichte B und der Feldstärke H werden nachfolgend behandelt. In Bild 6.58 ist darüber hinaus dargestellt, wie diese Feldgrößen mit dem magnetisierend wirkenden Strom i und der induzierten Spannung u zusammenhängen.

[30] Für eine konkrete Form von Verlusten verwenden wir auf Deutsch in der Regel die Pluralform, also etwa »Eisenverluste«, während in Englisch meist die Singularform »hysteresis loss« verwendet wird.

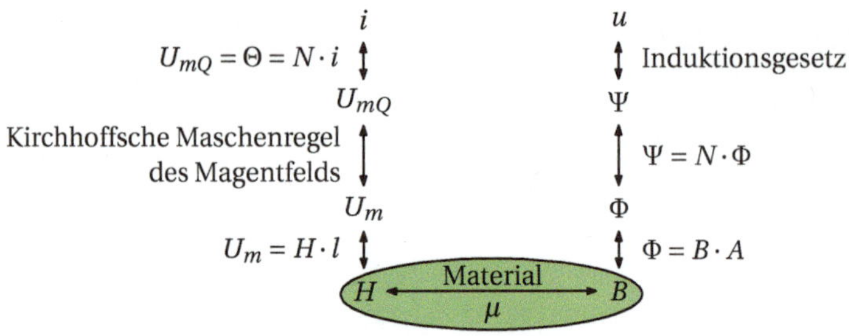

Bild 6.58 Zusammenhang zwischen elektrischen und magnetischen Größen

> Für die Untersuchung der magnetischen Flussdichte B und Feldstärke H gilt in einem magnetischen Kreis:
> - Die magnetische **Feldstärke** H und der magnetisierend wirkende **Strom** i stehen in direktem Zusammenhang.
> - Die magnetische **Flussdichte** B und die **Spannung** u hängen zusammen.

6.8.1 Hysterese und Sättigung

Wir untersuchen die magnetischen Eigenschaften eines ferromagnetischen Werkstoffs anhand von magnetischen Feldgrößen, beginnend mit Bild 6.59a:

Ausgangszustand. Wir gehen von einem unmagnetisierten Zustand ⓪ aus, bei dem die magnetische Flussdichte B und Feldstärke H jeweils gleich null sind.

Neukurve. Wir steigern die magnetische Feldstärke ausgehend vom Punkt ⓪ in die positive Richtung bis zur Feldstärke H_{max}. Wir bewegen uns dabei auf der grün gestrichelt dargestellten Neukurve bis zum Punkt ①.

Abmagnetisierung. Vom Punkt ① weg reduzieren wir nun die magnetische Feldstärke auf null. Dabei bewegen wir uns nicht mehr auf der Neukurve zurück, sondern landen im Punkt ②.

Remanenzflussdichte. Im Punkt ② tritt die magnetische Remanenzflussdichte $B = B_r$ auf, wie das in Bild 6.59b eingezeichnet ist. Unter dem Begriff Remanenzflussdichte verstehen wir die Restflussdichte ohne äußere Feldstärke.

> Die **Restflussdichte** bzw. **Remanenzflussdichte** B_r tritt bei der Feldstärke $H = 0\,\text{A/m}$ auf.

Negative Feldstärke. Ausgehend vom Punkt ② machen wir nun in Bild 6.59a die magnetische Feldstärke H stärker negativ, bis wir den Punkt ③ und nachfolgend den Punkt ④ bei $H = -H_{\text{max}}$ erreichen.

Koerzitivfeldstärke. Der Punkt ③ zeichnet sich dadurch aus, dass die Flussdichte B gleich null ist. Die zugehörige Feldstärke im Punkt ③ nennen wir die negative Koerzitivfeldstärke, d. h. $H = -H_c$. Die Koerzitivfeldstärke H_c ist eine positive Kenngröße.

> **!** Die **Koerzitivfeldstärke** H_c tritt bei der Flussdichte $B = 0\,\mathrm{T}$ auf. ∎

Feldstärke steigern. Wenn wir die Feldstärke ausgehend von der negativen Größe $-H_{\text{max}}$ bis H_{max} steigern, so durchlaufen wir die grüne Kurve von ④ über ⑤ und ⑥ bis zum Punkt ①. Dabei passieren wir die Punkte ⑤ mit der negativen Remanenzflussdichte ($B = -B_r$) und ⑥ mit der positiven Koerzitivfeldstärke ($H = H_c$).

Hysteresekurve. Die in Bild 6.59a bzw. b dargestellte Kurve nennen wir Hysteresekurve. Wenn wir die magnetische Feldstärke periodisch von H_{max} auf $-H_{\text{max}}$ absenken und danach wieder auf H_{max} steigern, wird die Hysteresekurve stets in der durch Pfeile gekennzeichneten Richtung, also gegen den Uhrzeigersinn (↺), durchlaufen. Derartig zeitlich veränderliche Feldstärken finden wir beispielsweise in Transformatoren und rotierenden elektrischen Maschinen wieder.

> **!** Die **Hysteresekurve** wird stets ...

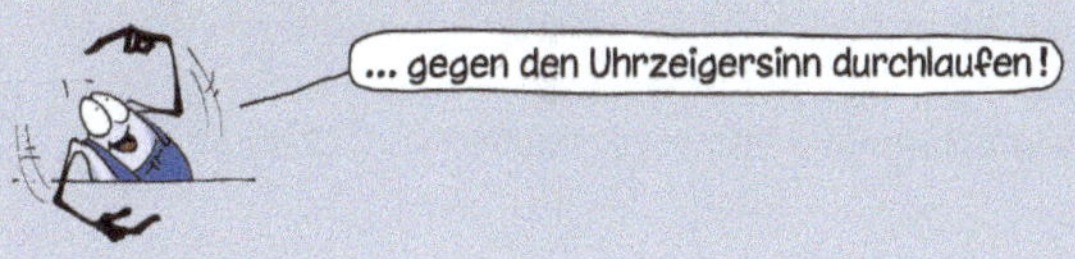

∎

Bei sehr großen magnetischen Feldstärken in der Nähe der Punkte ① und ④ in Bild 6.59a gibt es Bereiche, in denen die Hysteresekurve mit guter Näherung linear verläuft. Damit gehen folgende Aspekte und Eigenschaften einher:

Luft. Für Luft ist der Zusammenhang $B = \mu_0 \cdot H$ als Gerade Ⓛ in Bild 6.59a eingezeichnet. Die Steigung dieser Geraden beträgt folglich μ_0.

Weiss-Bezirke. Wenn in einem ferromagnetischen Material alle Weiss-Bezirke so gut wie vollständig magnetisch ausgerichtet sind, dann hat eine weiter steigende Feldstärke auf die Flussdichte keine feldverstärkende Auswirkung mehr, siehe Abschnitt 6.2.3. Dieser Effekt tritt in der Nähe der Punkte ① und ④ auf. Daher weist die Hysteresekennlinie in diesem Bereich, ebenso wie Luft, praktisch die Steigung μ_0 auf.

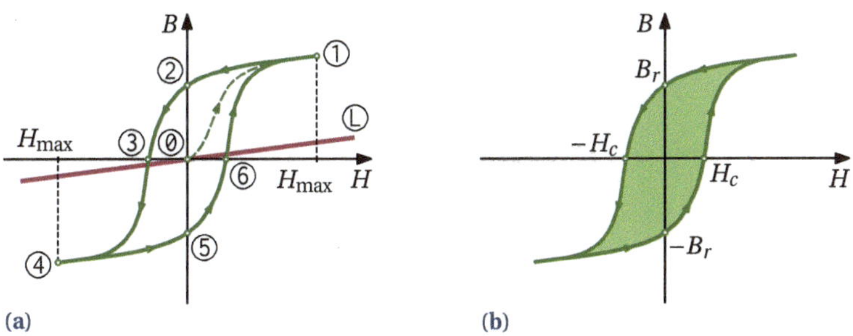

Bild 6.59 Hysteresekurve mit magnetischer Flussdichte B und Feldstärke H, (a) mit charakteristischen Punkten ⓪ bis ⑥, sowie der Geraden Ⓛ für Luft mit $B = \mu_0 \cdot H$, (b) mit charakteristischen Kenngrößen

Magnetische Polarisation. Um den Einfluss $B = \mu_0 \cdot H$ von der Hysteresekennlinie zu entfernen, definieren wir die magnetische Polarisation:

$$J = B - \mu_0 \cdot H \tag{6.78}$$

Die Einheit der magnetischen Polarisation ist Tesla (T), ebenso wie von der magnetischen Flussdichte:

$$[J] = \mathrm{T} \tag{6.79}$$

Wenn wir also die Gerade Ⓛ von der Hysteresekurve in Bild 6.59a subtrahieren, erhalten wir die Kurve in Bild 6.60a. Die Kenngrößen dieser Hysteresekurve sind:

Remanenz. Im Remanenzpunkt ist die magnetische Feldstärke gleich null und daher ist die zugehörige magnetische Polarisation gleich der Remanenzflussdichte B_r.

Koerzitivfeldstärke. Die Koerzitivfeldstärke H_{cJ} der magnetischen Polarisation liegt infolge von Gl. (6.78) weiter vom Ursprung entfernt als die Koerzitivfeldstärke H_c der magnetischen Flussdichte. Es gilt also $H_{cJ} > H_c$.

! Wenn es mit zunehmender magnetischer Feldstärke H zu keiner nennenswerten Steigerung der **Polarisation** J mehr kommt, so sprechen wir vom Zustand der ...

Wir unterscheiden ferromagnetische Materialien anhand der Größe der Koerzitivfeldstärke [Pre08, Abschnitt 16.4]:

Hartmagnetische Werkstoffe weisen eine Koerzitivfeldstärke $H_c \gtrsim 0{,}5\,\mathrm{kA/m}$ auf. Die zugehörige Hysteresekurve Ⓗ ist in Bild 6.60b dargestellt.

Weichmagnetische Werkstoffe sind durch eine geringe Koerzitivfeldstärke $H_c \lesssim 0{,}1\,\mathrm{kA/m}$ gekennzeichnet. Die Hysteresekurve Ⓦ ist Bild 6.60b deutlich schmäler als eine hartmagnetische Hysteresekurve. Zusätzlich ermöglichen weichmagnetische Werkstoffe in aller Regel eine höhere magnetische Polarisation J.

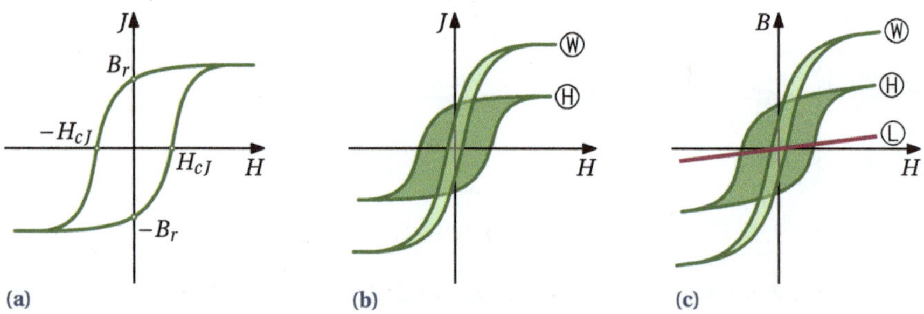

Bild 6.60 (a) Hysteresekurve mit charakteristischen Parametern der magnetischen Polarisation J und Feldstärke H, (b) J-H-Kennlinie, sowie (c) B-H-Kennlinie für Ⓛ Luft, Ⓗ hartmagnetisches Material, Ⓦ weichmagnetisches Material

> Die Begriffe **hart-** und **weichmagnetisch** haben nichts mit ...
>
> 
>
>
> - Typische **hartmagnetische** Werkstoffe sind **Permanentmagnete**.
> - Typische **weichmagnetische** Werkstoffe werden zur Führung des magnetischen Felds in einem **Eisenkreis** verwendet.

6.8.2 Eisenverluste

In Transformatoren und rotierenden elektrischen Maschinen kommt es zu zeitlich veränderlichen magnetischen Größen. Dies führt in den dabei verwendeten ferromagnetischen Materialien zu den sogenannten Eisenverlusten, die über ihren Wärmestrom zur Erwärmung des Eisens beitragen.

> Die **Eisenverluste** bestehen hauptsächlich aus ...
>
> 
>

Hystereseverluste

Als Hystereseverluste bezeichnen wir jene Wärmeverluste, die dadurch entstehen, dass die Hysteresekurve eines ferromagnetischen Materials durchlaufen wird:

Fläche. Die in Bild 6.59b grün unterlegte Fläche der Hysteresekurve bezeichnen wir mit E'_h. Sie ist ein Maß für die Energie pro Volumen, die während eines vollständigen Umlaufs der Hysteresekurve in Wärme umgesetzt wird. Die Größe E'_h bezeichnet daher eine volumetrische[31] Energiedichte mit der Einheit:

$$[E'_h] = [B] \cdot [H] = \frac{\mathrm{Vs}}{\mathrm{m}^2} \cdot \frac{\mathrm{A}}{\mathrm{m}} = \frac{\mathrm{J}}{\mathrm{m}^3} \tag{6.80}$$

Hystereseverluste. Um die Verlustleistung infolge von Hysterese ermitteln zu können, benötigen wir zwei weitere Größen:

Volumen. Wir bezeichnen jenes Eisenvolumen, für das wir die Hystereseverluste ermitteln wollen wir mit V. Wir nehmen dazu an, dass wir in diesem Volumen ein homogenes magnetisches Feld vorliegen haben.

Frequenz. Die Anzahl der vollständigen Umläufe der Hysteresekurve pro Zeit wird über die Frequenz f charakterisiert. Diese Größe weist die Einheit eins pro Sekunde auf,

---

[31] Unter volumetrisch verstehen wir: Auf das Volumen bezogen.

die auch mit Hertz (Hz) bezeichnet wird:

$$[f] = \frac{1}{\mathrm{s}} = \mathrm{Hz} \tag{6.81}$$

Die Hystereseverluste berechnen sich damit wie folgt:

$$P_h = \underbrace{E'_h \cdot f}_{P'_h} \cdot V = P'_h \cdot V \tag{6.82}$$

Volumetrische Verlustdichte. Die bei der Frequenz f auftretende volumetrische Verlustdichte infolge von Hysterese ist in Gl. (6.82) mit P'_h bezeichnet. Diese Größe weist folgende Einheit auf:

$$[P'_h] = \frac{\mathrm{W}}{\mathrm{m}^3}$$

Wirbelstromverluste

Das in Bild 6.61a dargestellte Stück Eisen gehört zu einem magnetischen Kreis, das vom magnetischen Fluss Φ durchsetzt ist. Wir führen dazu folgende Überlegungen durch:

Induzierte Spannung. Die zeitliche Änderung des magnetischen Flusses führt infolge des Induktionsgesetzes zur elektrischen Umlaufspannung $\mathring{u} = -\frac{\Delta\Phi}{\Delta t}$.

Wirbelströme. Ferromagnetische Materialien weisen neben einer guten magnetischen auch eine gute elektrische Leitfähigkeit auf. Die elektrische Umlaufspannung führt infolge der *elektrischen* Leitfähigkeit des Eisens daher zu elektrischen Stromflüssen, die als Wirbelströme bezeichnet werden. Die Wirbelströme fließen in wirbelförmigen, geschlossenen Bahnen. Eine einzelne repräsentative Wirbelstrombahn ist in Bild 6.61a dargestellt und mit i beschriftet.

Wirbelstromverluste. Der elektrische Widerstand des Eisens führt gemeinsam mit den Wirbelströmen zu den sogenannten Wirbelstromverlusten.

Infolge des Induktionsgesetzes hervorgerufene elektrische Spannungen können nicht verhindert werden – das ist die Physik. Um die Wirbelstromverluste gering zu halten, kann man jedoch im Wesentlichen zwei Maßnahmen setzen:

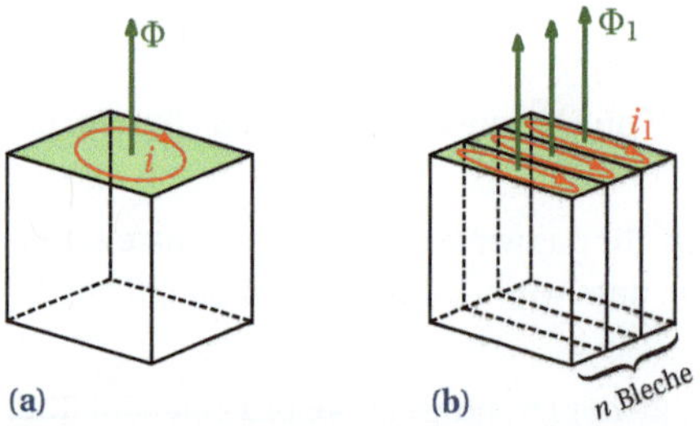

Bild 6.61 (a) Die zeitliche Änderung des magnetischen Flusses Φ in einem Stück Eisen führt zu einer elektrischen Umlaufspannung $\mathring{u}$ und zu Wirbelströmen, charakterisiert durch eine Wirbelstrombahn i, (b) geblechtes Eisen mit geringerem Fluss Φ_1 je Blech, aber gleichem Gesamtfluss Φ, Wirbelstrombahn i_1 in einem Blech

(a) (b)

Bild 6.62 (a) Blechpaket, zusammengefügt aus einzelnen gestanzten bzw. geschnittenen Blechen, (b) Elektroband (Fotos: © VACUUMSCHMELZE GmbH & Co. KG)

Verringerung der elektrischen Leitfähigkeit. Die elektrische Leitfähigkeit lässt sich durch technologische Maßnahmen während des Herstellungsprozesses verringern. Dazu gehört beispielsweise die Dotierung mit Silizium[32]. Eine reduzierte elektrische Leitfähigkeit bringt jedoch immer auch den Nachteil einer reduzierten magnetischen Leitfähigkeit mit sich. Zusätzlich vergrößert sich durch einen erhöhten Siliziumanteil die Sprödigkeit des Materials.

Blechung des Eisens. Um die Wirbelstromverluste zu reduzieren, verwendet man anstelle von soliden Eisenquerschnitten in der Regel Eisenbleche, wie das in Bild 6.61b angedeutet ist. Die Eisenbleche sind ein- oder beidseitig mit einer isolierenden Lackschicht versehen, damit sie untereinander keinen elektrischen Kontakt aufweisen. Der benötigte Eisenquerschnitt wird durch aufeinandergeschichtete Eisenbleche zu einem sogenannten *Blechpaket* zusammengefügt, wie das in Bild 6.62a für eine elektrische Maschine gezeigt ist.

Werden für die Führung des magnetischen Flusses Φ im rechteckigen Querschnitt aus Bild 6.61b insgesamt n gleich dicke Bleche verwendet, dann reduziert sich der magnetische Fluss in einem einzelnen Blech auf $\Phi_1 = \Phi/n$. In vergleichbarer Weise reduziert sich auch die Umlaufspannung $\mathring{u}_1$ in einem einzelnen Blech. Durch die geringere Dicke der Bleche erhöht sich zusätzlich der Ohmsche Widerstand der Strombahnen, was zu einer signifikanten Senkung der Wirbelstromverluste führt. In Bild 6.61b ist eine einzelne Wirbelstrombahn mit i_1 beschriftet.

> **!** Die **Wirbelstromverluste** sind umso **geringer**, je **dünner** die verwendeten **Bleche** sind.

---

[32] Dabei werden Silizium-Fremdatome in das Eisen eingebracht.

6.8.3 Elektroband und -blech

Unter einem *Elektroblech* versteht man ein magnetisch gut leitfähiges, weichmagnetisches Eisenblech, das für elektrotechnische Anwendungen zum Einsatz kommt. Wenn dieses Blech als langes, aufgewickeltes Band geliefert wird, so spricht man von einem *Elektroband*, wie es beispielhaft in Bild 6.62b gezeigt ist.

Eine typische Kennzeichnung für ein Elektroblech gemäß der in Tabelle 6.10 angeführten Normen lautet:

$$\mathrm{M}\ \underbrace{330}_{\text{Verluste}}\ \text{-}\ \underbrace{50}_{\text{Dicke}}\ \underbrace{\mathrm{A}}_{\text{Kennbuchstabe Herstellungsprozess}}$$

Die Buchstaben und Zahlen dieser Kennzeichnung haben folgende Bedeutung:

Buchstabe M. Mit dem Buchstaben M wird Elektroband und -blech bezeichnet.

Verluste. Die Verlustzahl 330 gibt das Hundertfache der maximalen Eisenverluste in Watt pro Kilogramm an. Die Kenngröße bezieht sich immer auf eine bestimmte magnetische Polarisation und Frequenz, die in den Normen der Tabelle 6.10 festgelegt ist. Beim Blech M330-50A tritt gemäß der Norm EN 10106 höchstens die Verlustleistung $v_{15} = 3{,}30\,\mathrm{W/kg}$ bei der Referenzpolarisation $J_{\mathrm{Ref}} = 1{,}5\,\mathrm{T}$ und der Referenzfrequenz $f_{\mathrm{Ref}} = 50\,\mathrm{Hz}$ auf.

Dicke. Die Zahl 50 gibt das Hundertfache der Blechdicke in Millimeter an. Das Blech M330-50A kennzeichnet daher die Blechdicke 0,50 mm.

Kennbuchstabe Herstellungsprozess. Elektroband und -bleche werden in der Herstellung mehrfach den Prozessen des Kalt- bzw. Warmwalzens und Glühens unterzogen. Dadurch können kornorientierte und nicht-kornorientierte Bleche erzeugt werden, deren Vergleich in Tabelle 6.11 angegeben ist und die nach ihren Kennbuchstaben unterschieden werden.

Tabelle 6.10 Normen zu Elektroband- und blech

Titel	Deutschland	Österreich	Schweiz
Kaltgewalztes, nicht kornorientiertes Elektroband und -blech im schlussgeglühten Zustand	DIN EN 10106	ÖNORM EN 10106	SN EN 10106
Kornorientiertes Elektroband und -blech im schlussgeglühten Zustand	DIN EN 10107	ÖNORM EN 10107	SN EN 10107

Tabelle 6.11 Vergleich von kornorientiertem und nicht-kornorientiertem Elektroband und -blech, + + Sehr hoch, + Hoch, 0 Neutral, – Gering, – – Sehr gering

Eigenschaft	Kornorientiert	Nicht-kornorientiert
Herstellungskosten	+ +	+
Polarisation in Walzrichtung	+ +	+
Polarisation quer zur Walzrichtung	+	0
Verluste in Walzrichtung	– –	–
Verluste quer zur Walzrichtung	–	0
Anwendungsbeispiele	Transformatoren, Relais	Rotierende elektrische Maschinen
Kennbuchstabe(n) Herstellungsprozess	S, P, R	A

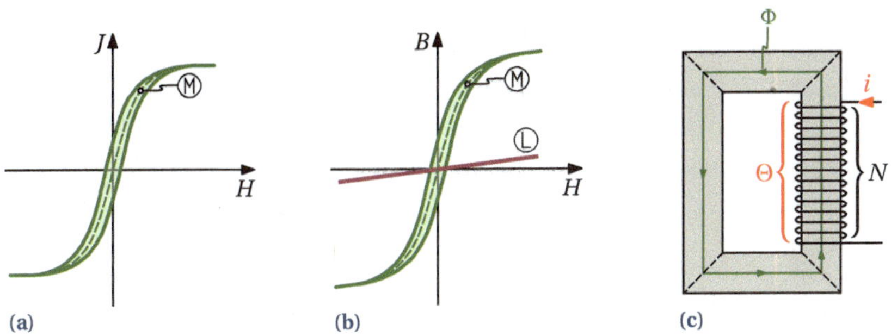

Bild 6.63 Hysteresekurve und daraus vereinfacht abgeleitete, mittlere Sättigungskennlinie Ⓜ: (a) J-H-Kennlinie, (b) B-H-Kennlinie einschließlich Ⓛ Luft mit $B = \mu_0 \cdot H$, (c) magnetischer Kreis mit Spule

Kornorientierte Bleche weisen in Walzrichtung deutlich bessere Eigenschaften auf, als quer dazu. Die Walzrichtung wird daher als *Vorzugsrichtung* bezeichnet. Bei einer bestimmten magnetischen Feldstärke stellt sich in Vorzugsrichtung eine höhere magnetische Polarisation ein, als wenn man diese Feldstärke quer dazu aufbringt. Zusätzlich sind die Verluste für Magnetisierungen in Vorzugsrichtung geringer als in Querrichtung. Daher eignen sich kornorientierte Bleche für Anwendungen, bei denen die Richtung der Magnetisierung stets konstant ist.

Nicht-kornorientierte Bleche sind in allen Richtungen annähernd gleich gut magnetisierbar. Daher sind sie für den Einsatz in rotierenden elektrischen Maschinen geeignet, wo sich die Magnetisierungsrichtung fortlaufend ändert.

Die Hersteller von weichmagnetischen Materialien geben in aller Regel eine mittlere Kennlinie der magnetischen Polarisation J als Funktion der magnetischen Feldstärke H unter Vernachlässigung der Hysterese an, wie das in Bild 6.63a gestrichelt dargestellt ist. Zum Vergleich zeigt Bild 6.63b die mittlere Kennlinie der magnetischen Flussdichte B als Funktion der magnetischen Feldstärke H. Umgangssprachlich bezeichnen wir eine derartige Kennlinie als *Magnetisierungskurve* oder *-kennlinie.*

Zahlenwertbeispiel 6.29. Wir untersuchen den in Bild 6.63c dargestellten magnetischen Kreis, der aus dem weichmagnetischen Material M330-50A hergestellt ist. Alle Schenkel weisen den einheitlichen Eisenquerschnitt $A = 5\,\text{cm}^2$ auf, die Gesamtlänge der mittleren Feldlinie über alle vier Schenkel beträgt $l = 0{,}42\,\text{m}$. Die erregende Spule besitzt die Windungszahl $N = 1\,000$ und wird vom Strom $i = 534{,}6\,\text{mA}$ durchflossen. Wir bestimmen den magnetischen Fluss Φ und die relative Permeabilität μ_r unter Verwendung der in Bild 6.64 dargestellten Magnetisierungskennlinie.

Zunächst ermitteln wir die Durchflutung: $\Theta = N \cdot i = 1\,000 \cdot 0{,}5346\,\text{A} = 534{,}6\,\text{A}$

Die vier Schenkel können wir aufgrund ihres einheitlichen Querschnitts als vier abschnittsweise homogen magnetisierte Abschnitte ansehen. Folglich sind die magnetische Feldstärke H und die magnetische Flussdichte B in allen vier Abschnitten betraglich gleich groß. Aus dem Durchflutungssatz gemäß Gl. (6.26) bestimmen wir:

$$H = \frac{\Theta}{l} = \frac{534{,}6\,\text{A}}{0{,}42\,\text{m}} = 1\,273\,\frac{\text{A}}{\text{m}}$$

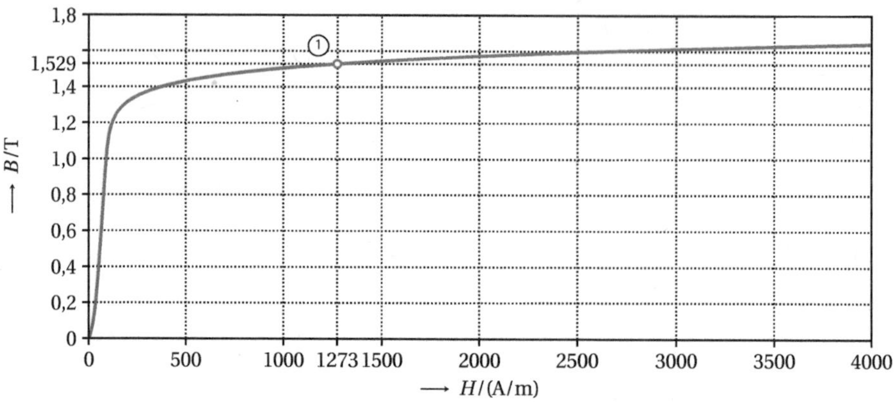

Bild 6.64 Magnetisierungskennlinie des weichmagnetischen Materials M330-50A

Der zugehörige magnetische Arbeitspunkt ① ist in Bild 6.64 markiert. Aus der Kennlinie lesen wir die magnetische Flussdichte $B = 1{,}529\,\mathrm{T}$ ab. Damit ergibt sich für den magnetischen Fluss:

$$\Phi = B \cdot A = 1{,}529\,\frac{\mathrm{Vs}}{\mathrm{m}^2} \cdot 5 \cdot 10^{-4}\,\mathrm{m}^2 = 764{,}5\,\mu\mathrm{Vs}$$

Abschließend bestimmen wir noch die relative Permeabilität im ermittelten Arbeitspunkt. Das Verhältnis aus Flussdichte und Feldstärke liefert:

$$\mu = \frac{B}{H} = \frac{1{,}529\,\frac{\mathrm{Vs}}{\mathrm{m}^2}}{1273\,\frac{\mathrm{A}}{\mathrm{m}}} = 1{,}201 \cdot 10^{-3}\,\frac{\mathrm{Vs}}{\mathrm{Am}}$$

Damit ergibt sich für die relative Permeabilität:

$$\mu_r = \frac{\mu}{\mu_0} = \frac{1{,}201 \cdot 10^{-3}\,\frac{\mathrm{Vs}}{\mathrm{Am}}}{4 \cdot \pi \cdot 10^{-7}\,\frac{\mathrm{Vs}}{\mathrm{Am}}} = 955{,}8$$ ■

Zahlenwertbeispiel 6.30. Der magnetische Kreis aus Bild 6.63c besteht aus weichmagnetischem Material M330-50A und wird bei der magnetischen Polarisation $J = 1{,}5\,\mathrm{T}$ und 50 Hz betrieben. Die Länge der mittleren Feldlinie beträgt $l = 0{,}42\,\mathrm{m}$. Der magnetisch wirksame Querschnitt der Schenkel beträgt einheitlich $A = 5\,\mathrm{cm}^2$.

Die Norm EN 10106 gibt für das Material M330-50A folgende Kenngrößen an:

- Die Eisenverluste betragen nicht mehr als $v_{15} = 3{,}30\,\mathrm{W/kg}$ (Höchstwert).
- Die Massedichte beträgt $\rho = 7650\,\mathrm{kg/m}^3$.

Wir bestimmen die maximal auftretenden Eisenverluste. Im ersten Schritt berechnen wir das Volumen des magnetischen Kreises:

$$V = A \cdot l = 5 \cdot 10^{-4}\,\mathrm{m}^2 \cdot 0{,}42\,\mathrm{m} = 2{,}1 \cdot 10^{-4}\,\mathrm{m}^3$$

Daraus können wir unter Berücksichtigung der Massedichte ρ die Masse des magnetischen Kreises ermitteln:

$$m = \rho \cdot V = 7650\,\frac{\mathrm{kg}}{\mathrm{m}^3} \cdot 2{,}1 \cdot 10^{-4}\,\mathrm{m}^3 = 1{,}607\,\mathrm{kg}$$

Im letzten Schritt berechnen wir den Höchstwert der gesamten Eisenverluste für den magnetischen Kreis:

$$P_{Fe} = v_{15} \cdot m = 3{,}30\,\frac{\text{W}}{\text{kg}} \cdot 1{,}607\,\text{kg} = 5{,}301\,\text{W}$$ ■

6.8.4 Permanentmagnet

Ein Permanentmagnet kann, ebenso wie eine stromdurchflossene Spule, für die Erzeugung eines magnetischen Felds eingesetzt werden. Ein entsprechender magnetischer Kreis ist beispielhaft in Bild 6.65a dargestellt. Wir führen dazu folgende Überlegungen und Untersuchungen durch:

Feldlinien. Die Feldlinien treten beim Nordpol Ⓝ aus dem Permanentmagneten aus und beim Südpol Ⓢ wieder ein, wie das in Bild 6.65a dargestellt ist. Sie verlaufen hauptsächlich im Eisen Ⓕ, nur die Feldlinie ⓪ schließt sich über den Luftbereich außerhalb des dargestellten Bilds. Die Feldlinie ⓪ ist Teil eines Streufelds, dessen Einfluss wir nachfolgend vernachlässigen. Wir rechnen vereinfachend damit, dass alle Feldlinien im Eisen Ⓕ verlaufen.

Mittlere Feldlinie. Wir ersetzen das Feldlinienbild aus Bild 6.65a durch die in Bild 6.65b gezeigte, repräsentative mittlere Feldlinie. Zusätzlich unterteilen wir den magnetischen Kreis in die vier Eisenabschnitte ① bis ④, in denen jeweils ein annähernd homogener Feldverlauf auftritt.

Zwischen den beiden Schenkelteilen ④ sitzt der Permanentmagnet Ⓟ. Die mittlere Feldlinie weist im Schenkel ④ – unter Berücksichtigung beider Schenkelteile – insgesamt die Länge a auf.

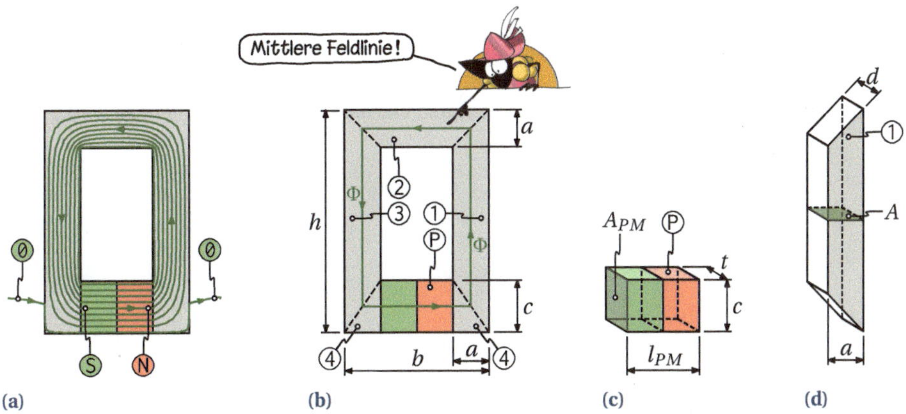

Bild 6.65 Magnetischer Kreis mit Permanentmagnet, (a) Feldlinien, (b) mittlere Feldlinie und geometrische Abmessungen, (c) perspektivische Darstellung des Permanentmagneten mit Querschnittsabmessung, (d) perspektivische Darstellung eines Schenkels mit Querschnittsabmessungen; ① bis ④ Schenkel, Permanentmagnet Ⓟ mit Ⓝ Nordpol und Ⓢ Südpol, ⓪ Feldlinie des Streufelds

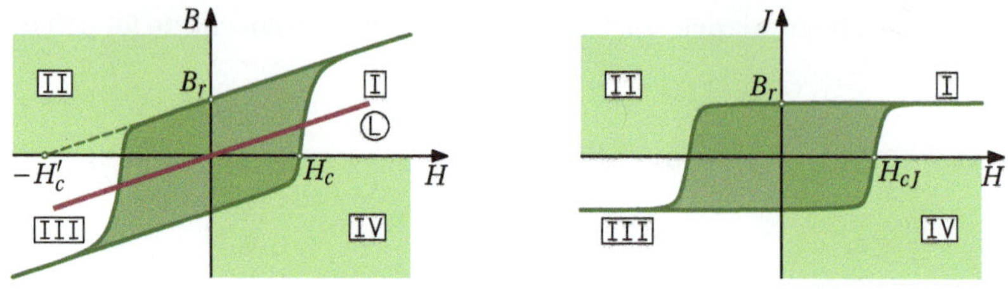

(a) (b)

Bild 6.66 Permanentmagnet: (a) Hysteresekennlinie mit magnetischer Flussdichte B und Feldstärke H im Vergleich zu Ⓛ Luft mit $B = \mu_0 \cdot H$, (b) Hysteresekennlinie mit magnetischer Polarisation J und Feldstärke H; Quadranten I bis IV

Weichmagnetische Eisenschenkel. Die in Bild 6.65b dargestellten Schenkel ① bis ④ sind aus *weichmagnetischem* Material hergestellt. Für die nachfolgende Analyse bezeichnen wir den gesamten magnetischen Widerstand der Schenkel ① bis ④ mit $R_{m,\mathrm{Ges}}$.

Hartmagnetischer Permanentmagnet. Für die Erregung des magnetischen Kreises wird der Permanentmagnet Ⓟ verwendet, der aus *hartmagnetischem* Material besteht. Die in Bild 6.66 abgebildete Hysteresekennlinie zeigt beispielhaft den Zusammenhang zwischen der magnetischen Flussdichte B bzw. Polarisation J und der magnetischen Feldstärke H für einen derartigen Permanentmagneten.

Hysterese-Kennlinie. Die Hysteresekurve der magnetischen Flussdichte B und Feldstärke H aus Bild 6.66a kann im Quadranten II vereinfacht durch die gestrichelt dargestellte Gerade angenähert werden. Die Steigung dieser Geraden ist die absolute Permeabilität des Permanentmagneten, die aus folgender Beziehung ermittelt werden kann:

$$\mu_{\mathrm{PM}} = \frac{B_r}{H_c'} = \mu_{r,\mathrm{PM}} \cdot \mu_0 \tag{6.83}$$

Die relative Permeabilität des Permanentmagneten $\mu_{r,\mathrm{PM}}$ ist über weite Bereiche in grober Näherung gleich eins. Daraus resultiert in Bild 6.65b, dass die dargestellte magnetische Polarisation J für weite Bereiche praktisch konstant ist.

Aufgrund von $\mu_{r,\mathrm{PM}} \approx 1$ verhält sich der **Permanentmagnet** bezüglich seiner **Permeabilität** näherungsweise so gut ...

Energiedichte. Ein typischer Kennwert für einen Permanentmagneten wird mit $(BH)_{\max}$ bezeichnet. Damit ist der größte Wert des Produkt aus $B \cdot H$ der Hysteresekennlinie gemeint. Diese Kenngröße beschreibt die größtmögliche Energiedichte eines Permanentmagneten.

Im nächsten Schritt entwickeln wir das magnetische Ersatzschaltbild des untersuchten magnetischen Kreises aus Bild 6.65b:

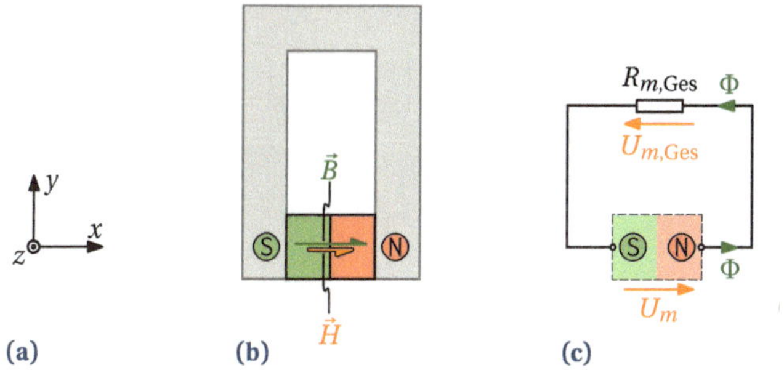

Bild 6.67 (a) Dreidimensionales Koordinatensystem, (b) Magnetische Flussdichte $\vec{B}$ und Feldstärke $\vec{H}$ im Inneren des Permanentmagneten, (c) Modell des Permanentmagneten, verbunden mit dem magnetischen Gesamtwiderstand der Eisenschenkel; Ⓝ Nordpol, Ⓢ Südpol

Feldgrößen. Da die mittlere Feldlinie des magnetischen Kreises in Bild 6.65b aus dem Nordpol Ⓝ des Permanentmagneten austritt und beim Südpol Ⓢ wieder eintritt, sind die magnetische Flussdichte $\vec{B} = B \cdot \vec{e}_x$ und Feldstärke $\vec{H} = H \cdot \vec{e}_x$, mit Bezug auf Bild 6.67a und b, in Richtung der positiven x-Koordinate eingezeichnet. Für den magnetischen Fluss Φ durch den Permanentmagneten und die magnetischen Spannung U_m am Permanentmagneten gelten folgende Zusammenhänge mit der Flussdichte B und der Feldstärke H:

$$\Phi = B \cdot A_{\text{PM}} \qquad\qquad U_m = H \cdot l_{\text{PM}} \tag{6.84}$$

In dieser Gleichung sind gemäß Bild 6.65c die Querschnittsfläche des Permanentmagneten mit A_{PM} und die Länge der mittleren Feldlinie in seinem Inneren mit l_{PM} bezeichnet. Der magnetische Fluss Φ und die magnetische Spannung U_m sind dabei gemäß Bild 6.67c in die positive x-Richtung eingezeichnet.

Vorzeichen. Aus dem magnetischen Ersatzschaltbild in Bild 6.67c folgt für die Kirchhoffsche Maschengleichung des Magnetfelds:

$$U_m = -U_{m,\text{Ges}} \tag{6.85}$$

Damit leiten wir folgende Schlussfolgerungen ab:

- Der magnetische Fluss Φ ist positiv, da er aus dem Nordpol Ⓝ austritt. Der magnetische Spannungsabfall $U_{m,\text{Ges}} = R_{m,\text{Ges}} \cdot \Phi$ ist daher ebenfalls *positiv*. Aufgrund des positiven Flusses ist auch die magnetische Flussdichte B des Permanentmagneten *positiv*.
- Infolge von Gl. (6.85) muss der magnetische Spannungsabfall U_m am Permanentmagneten *negativ* sein. Daher ist auch die magnetische Feldstärke H im Permanentmagneten *negativ*.
- Aufgrund der positiven magnetischen Flussdichte B und der negativen magnetischen Feldstärke H befinden wir uns im Quadranten [II] der Hysteresekurve aus Bild 6.66a.
- Für den Quadranten [II] ersetzen wir die Hysteresekennlinie in guter Näherung mit der gestrichelt eingezeichneten Geraden.

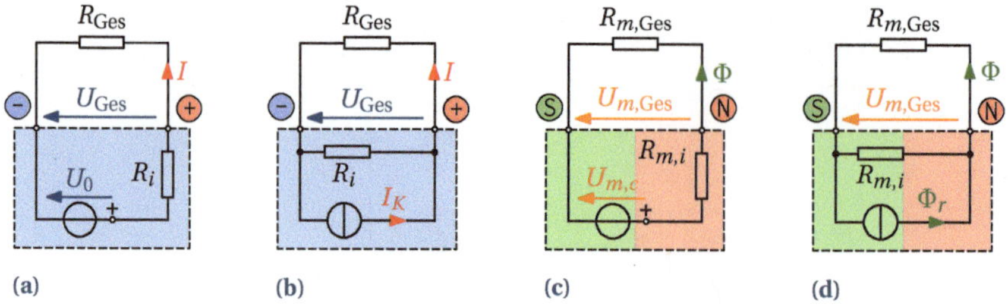

Bild 6.68 (a) Lineare Spannungsquelle mit Innenwiderstand, (b) lineare Stromquelle mit Innenwiderstand, (c) magnetische Spannungsquelle mit magnetischem Innenwiderstand, (d) magnetische Flussquelle mit magnetischem Innenwiderstand

Vergleich mit elektrischem Ersatzschaltbild. Der lineare Zusammenhang zwischen der magnetischen Flussdichte B und der Feldstärke H führt infolge von Gl. (6.84) auch zu einem linearen Zusammenhang zwischen dem magnetischen Fluss Φ durch den Permanentmagneten und der magnetischen Spannung U_m am Permanentmagneten. Ein derartiges Verhalten kennen wir bereits von den linearen elektrischen Quellen aus Abschnitt 2.12. Die zugehörigen elektrischen Ersatzschaltbilder sind in Bild 6.68a und b dargestellt.

Die lineare Spannungsquelle in Bild 6.68a weist die positive Leerlaufspannung U_0 und den Innenwiderstand R_i auf. Dieses Modell kann in eine lineare Stromquelle mit parallel geschaltetem Innenwiderstand umgewandelt werden, wie das in Bild 6.68b gezeigt ist. Zwischen der Leerlaufspannung U_0 und dem Kurzschlussstrom I_K gilt: $U_0 = R_i \cdot I_K$

Die in Bild 6.68c und d dargestellten magnetischen Ersatzschaltbilder des Permanentmagneten weisen folgende Kenngrößen auf:

Magnetischer Innenwiderstand des Permanentmagneten. Der innere magnetische Widerstand des Permanentmagneten errechnet sich gemäß:

$$R_{m,i} = \frac{l_{PM}}{\mu_{PM} \cdot A_{PM}} \tag{6.86}$$

Magnetische Flussquelle. Für die magnetische Flussquelle aus Bild 6.68d berechnen wir den Quellenfluss direkt aus der Remanenzflussdichte – also für den Fall des gedachten, magnetischen Kurzschlusses mit $\Phi = \Phi_r$, unter der Bedingung $U_m = 0\,\text{A}$ bzw. $H = 0\,\text{A/m}$:

$$\Phi_r = B_r \cdot A_{PM} \tag{6.87}$$

Magnetische Spannungsquelle. Für die magnetische Quellenspannung $U_{m,c}$ aus Bild 6.68c wenden wir in Analogie zu den elektrischen Ersatzschaltbildern folgende Umrechnung an:

$$U_{m,c} = R_{m,i} \cdot \Phi_r = -H_c' \cdot l_{PM} \tag{6.88}$$

Einige technisch ausgeführte Permanentmagnete sind in Bild 6.69 dargestellt. Moderne Permanentmagnete werden aus Seltenen Erden hergestellt. Wichtige Kenngrößen der beiden wichtigsten Permanentmagnete aus Seltenen Erden sind in Tabelle 6.12 verglichen:

Bild 6.69 Permanentmagnete in unterschiedlichen Ausführungsformen (Foto: © VACUUMSCHMELZE GmbH & Co. KG)

Tabelle 6.12 Vergleich der Eigenschaften von Permanentmagneten aus Samarium-Cobalt (SmCo) und Neodym-Eisen-Bor (NdFeB): + + Sehr hoch, + Hoch, 0 Neutral

	SmCo	NdFeB
Energiedichte $(BH)_{max}$	+	+ +
Remanenzflussdichte B_r	+	+ +
Betriebstemperatur	+ +	0
Herstellungskosten	+ +	+

SmCo. Permanentmagnete aus Samarium (Sm) und Kobalt (Co) sind für den Einsatz bei hohen Temperaturen bis mitunter über 200 °C geeignet und weisen eine gute Korrosionsbeständigkeit auf. Dafür ist dieses Material verhältnismäßig teuer in der Herstellung.

NdFeB. Aus Neodym (Nd), Eisen (Fe) und Bor (B) hergestellte Permanentmagnete weisen eine besonders hohe Energiedichte $(BH)_{max}$ und Remanenzflussdichte B_r auf, sind jedoch für geringere Betriebstemperaturen geeignet. Sie sind günstiger herstellbar als SmCo-Permanentmagnete.

Alle Permanentmagnete weisen temperaturabhängige Eigenschaften auf. Die Remanenzflussdichte eines Permanentmagneten sinkt mit zunehmender Temperatur. In einem einfachen mathematischen Ansatz kann mit einer linearen Temperaturabhängigkeit gerechnet werden:

$$B_r = B_{r,20} \cdot (1 + \alpha_{Br,20} \cdot (T - 293{,}15\,\mathrm{K})) \tag{6.89}$$

Ein vergleichbarer Ausdruck ist für temperaturabhängige Ohmsche Widerstände in Gl. (2.51) formuliert. Der Temperaturkoeffizient $\alpha_{Br,20}$ ist eine negative Größe, die in aller Regel in den Datenblättern der Hersteller angegeben ist.

Zahlenwertbeispiel 6.31. Es soll der magnetische Fluss Φ für den in Bild 6.65 dargestellten magnetischen Kreis ermittelt werden. Folgende geometrische Abmessungen werden aus Zahlenwertbeispiel 6.6 übernommen: $a = 20\,\text{mm}$, $b = 100\,\text{mm}$, $h = 150\,\text{mm}$, $d = 25\,\text{mm}$ und für das Eisen $\mu_r = 500$.

Weitere Angaben zum Permanentmagneten sind: $c = 28\,\text{mm}$, $B_r = 1{,}4\,\text{T}$ und $\mu_{r,\text{PM}} = 1{,}029$

Für die Schenkel ① bis ③ können wir die in Zahlenwertbeispiel 6.6 berechneten magnetischen Widerstände verwenden:

$$R_{m1} = R_{m3} = 413{,}8\,\frac{\text{kA}}{\text{Vs}} \qquad R_{m2} = 254{,}6\,\frac{\text{kA}}{\text{Vs}}$$

Für den Schenkel ④ und den Permanentmagneten Ⓟ setzen wir folgende wirksame Querschnittsfläche an: $A_{\text{PM}} = c \cdot d = 28 \cdot 10^{-3}\,\text{m} \cdot 25 \cdot 10^{-3}\,\text{m} = 7 \cdot 10^{-4}\,\text{m}^2$

Die Länge der mittleren Feldlinie im Schenkel ④ beträgt $a = 20\,\text{mm}$. Aus Zahlenwertbeispiel 6.6 entnehmen wir die Permeabilität $\mu = 6{,}283 \cdot 10^{-4}\,\frac{\text{Vs}}{\text{Am}}$:

$$R_{m4} = \frac{a}{\mu \cdot A_{\text{PM}}} = \frac{20 \cdot 10^{-3}\,\text{m}}{6{,}283 \cdot 10^{-4}\,\frac{\text{Vs}}{\text{Am}} \cdot 7 \cdot 10^{-4}\,\text{m}^2} = 45{,}47\,\frac{\text{kA}}{\text{Vs}}$$

Die Länge des Permanentmagneten beträgt: $l_{\text{PM}} = b - 2 \cdot a = 100\,\text{mm} - 2 \cdot 20\,\text{mm} = 60\,\text{mm}$

Für den Permanentmagneten ermitteln wir mit den Gln. (6.86) und (6.87):

$$R_{m,i} = \frac{l_{\text{PM}}}{\mu_{r,\text{PM}} \cdot \mu \cdot A_{\text{PM}}} = \frac{60 \cdot 10^{-3}\,\text{m}}{1{,}029 \cdot 4 \cdot \pi \cdot 10^{-7}\,\frac{\text{Vs}}{\text{Am}} \cdot 7 \cdot 10^{-4}\,\text{m}^2} = 6629\,\frac{\text{kA}}{\text{Vs}}$$

$$\Phi_r = B_r \cdot A_{\text{PM}} = 1{,}4\,\text{T} \cdot 7 \cdot 10^{-4}\,\text{m}^2 = 980\,\mu\text{Vs}$$

Wir analysieren das magnetische Ersatzschaltbild mit der magnetischen Spannungsquelle in Bild 6.68c. Dafür berechnen wir die magnetische Leerlaufspannung und den gesamten magnetischen Widerstand der Schenkel ① bis ④:

$$U_{m,c} = R_{m,i} \cdot \Phi_r = 6629 \cdot 10^3\,\frac{\text{A}}{\text{Vs}} \cdot 980 \cdot 10^{-6}\,\text{Vs} = 6496\,\text{A}$$

$$\begin{aligned} R_{m,\text{Ges}} &= R_{m1} + R_{m2} + R_{m3} + R_{m4} \\ &= 413{,}8\,\frac{\text{kA}}{\text{Vs}} + 254{,}6\,\frac{\text{kA}}{\text{Vs}} + 413{,}8\,\frac{\text{kA}}{\text{Vs}} + 45{,}47\,\frac{\text{kA}}{\text{Vs}} = 1128\,\frac{\text{kA}}{\text{Vs}} \end{aligned}$$

Damit ergibt sich für den magnetischen Fluss des magnetischen Kreises:

$$\Phi = \frac{U_{m,c}}{R_{m,i} + R_{m,\text{Ges}}} = \frac{6496\,\text{A}}{6629\,\frac{\text{A}}{\text{Vs}} + 1128\,\frac{\text{A}}{\text{Vs}}} = 837{,}4 \cdot 10^{-6}\,\text{Vs} = 837{,}4\,\mu\text{Vs}$$

Der Permanentmagnet weist die Remanenzflussdichte $B_r = 1{,}4\,\text{T}$ auf. Die tatsächliche Flussdichte im Permanentmagneten beträgt jedoch:

$$B = \frac{\Phi}{A_{\text{PM}}} = \frac{837{,}4 \cdot 10^{-6}\,\text{Vs}}{7 \cdot 10^{-4}\,\text{m}^2} = 1{,}196\,\text{T}$$

■

6.8.5 Entmagnetisierung

Wir unterscheiden mehrere Formen der Entmagnetisierung von ferromagnetischen Werkstoffen:

Elektrische Entmagnetisierung. Sowohl weich- als auch hartmagnetische Werkstoffe weisen eine Hysteresekurve auf. Wenn wir einen magnetischen Kreis mit einem zeitlich periodischen Wechselstrom[33] betreiben, wie er beispielhaft in Bild 6.70a dargestellt ist, so bildet die in Bild 6.70b dargestellte Hysteresekurve eine geschlossene Schleife, die periodisch in der angegebenen Pfeilrichtung durchlaufen wird. Wenn der magnetisierend wirkende Strom i und damit die Feldstärke H gleich null sind, so bleibt die Remanenzflussdichte B_r – mit positivem oder negativem Vorzeichen – bestehen.

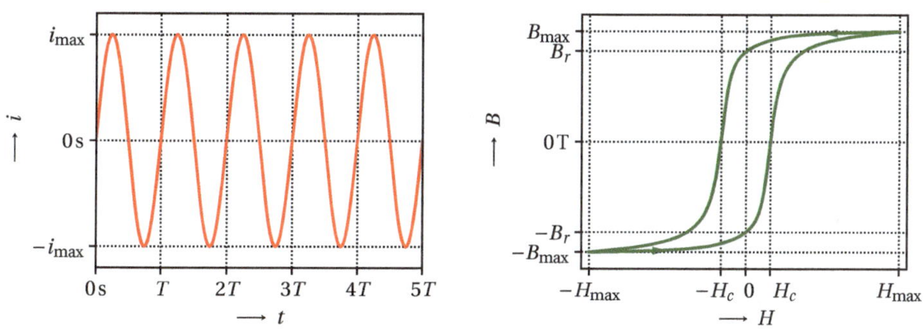

(a) (b)

Bild 6.70 (a) Zeitverlauf eines periodischen Wechselstroms i mit der Periodendauer T und (b) dadurch hervorgerufene, in sich geschlossene Hysteresekurve, in Pfeilrichtung durchlaufen (aus Platzgründen ist $H = 0\,\mathrm{A/m}$ nur mit 0 beschriftet)

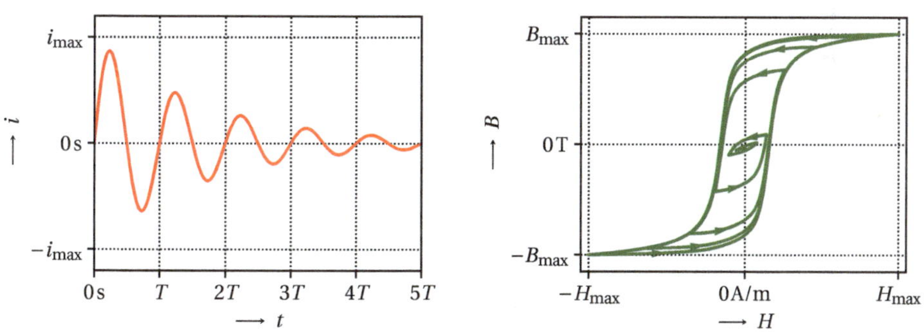

(a) (b)

Bild 6.71 (a) Abklingender Wechselstrom i und (b) dadurch in der Größe sich reduzierende Hysteresekurve, in Pfeilrichtung durchlaufen

33 Die Periodendauer ist dabei mit T bezeichnet.

Um einen derartigen magnetischen Kreis zu entmagnetisieren, kann man den Spitzenwert des Wechselstroms kontinuierlich reduzieren, wie das in Bild 6.71a gezeigt ist. Dadurch wird auch die magnetische Feldstärke kontinuierlich kleiner und die durchlaufene Hysteresekurve wird ebenfalls in ihrer Größe reduziert, wie in Bild 6.71b dargestellt. Damit kann man die magnetische Feldstärke und die magnetische Flussdichte signifikant reduzieren.

Curie-Temperatur. Die Remanenzflussdichte eines ferromagnetischen Materials sinkt mit zunehmender Temperatur. Weiters führt die Erwärmung über die sogenannte Curie-Temperatur hinaus zum vollständigen Verlust der Magnetisierung. Für reines Eisen beträgt die Curie-Temperatur beispielsweise etwa 770 °C [Pre08, Abschnitt 16.4].

Mechanische Erschütterung. Durch mechanische Erschütterung kann es ebenso zum teilweisen Verlust der Magnetisierung kommen.

Deutsch	**English**
Blech	Sheet
Blechpaket	Laminated core
Eisenblech	Sheet iron
Eisenverluste	Core loss
Elektroband	Electrical steel strip
Elektroblech	Electrical steel sheet
Hystereseverluste	Hysteresis loss
Kornorientiert	Grain-oriented
Nicht-kornorientiert	Non-oriented
Sättigung	Saturation
Wirbelstromverluste	Eddy current loss

A Lösung linearer Gleichungssysteme

Wir lösen beispielhaft das Gleichungssystem

$$\underbrace{\begin{bmatrix} 1 & -1 & 0 \\ 70\,\Omega & 0 & 1 \\ 0 & 120\,\Omega & -1 \end{bmatrix}}_{\mathbf{A}} \cdot \underbrace{\begin{bmatrix} I_{R1} \\ I_{R4} \\ U_{Q2} \end{bmatrix}}_{\mathbf{x}} = \underbrace{\begin{bmatrix} -0{,}2\,\mathrm{A} \\ 110\,\mathrm{V} \\ -10\,\mathrm{V} \end{bmatrix}}_{\mathbf{B}}$$

aus Abschnitt 2.13.3 mit den ausgewählten Taschenrechnern

- Casio FX-991 DC CW
- Sharp EL-W506T
- Texas Instruments TI-30X Pro MathPrint

und dem Computerprogramm Julia.

A.1 Taschenrechner Casio FX-991 DC CW

Für eine Matrix-Berechnungen müssen wir den Taschenrechner[1] Casio FX-991 DC CW auf den Matrix-Modus umschalten.

Matrix A

- [HOME] [↓] [↓] [↓]

- Matrix auswählen mit [OK]

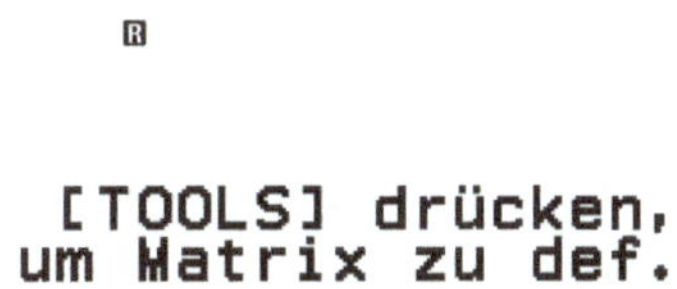

- [TOOLS]

[1] Sämtliche Screenshots dieses Abschnitts wurden mit dem ClassWiz FX-991DE CW Emulator von CASIO erstellt.

- MatA mit OK auswählen
- Mit den Cursortasten → sowie ↓ und OK insgesamt 3 Zeilen und 3 Spalten festlegen

```
Matrix-Größe?
Zeilen       :3  ▶
Spalten      :3  ▶
◊Bestätigen
```

- OK und anschließend Matrix-Koeffizienten eingeben und mit OK abschließen

```
MatA=
[  1   -1   0 ]
[ 70    0   1 ]
[  0  120  -1 ]
                -1
```

- OK

```
[TOOLS] drücken,
um Matrix zu def.
```

Matrix B

- TOOLS

```
MatA:3×3
MatB:Keine
MatC:Keine
MatD:Keine
```

- MatB auswählen und anschließen OK
- Matrix mit 3 Zeilen und 1 Spalte wählen

```
Matrix-Größe?
Zeilen       :3  ▶
Spalten      :1  ▶
◊Bestätigen
```

- OK und anschließend Koeffizienten eingeben und mit OK abschließen

```
MatB=
[ -0,2 ]
[  110 ]
[  -10 ]
                -10
```

Matrix x

Wir berechnen nun die Lösung des Gleichungssystems: $\mathbf{x} = \mathbf{A}^{-1} \cdot \mathbf{B}$

- CATALOG

```
Matrix             ▶
Funktionsanalyse   ▶
Wahrscheinlichk.   ▶
Num. Berechnung    ▶
```

- Matrix auswählen und OK

```
Matrizenrechnung ▶
MatA
MatB
MatC
```

- MatA auswählen und OK
- Hoch −1 über SHIFT $\blacksquare^{-1}$
- Multiplikation ×
- MatB auswählen über CATALOG OK ↓ ↓ OK

```
MatA⁻¹×MatB
```

- Ergebnis berechnen mit EXE

```
MatAns=
[ 0,4 ]
[ 0,6 ]
[  82 ]
                0,4
```

- Wir erhalten die Lösungen $I_{R1} = 0{,}4\,\text{A}$, $I_{R4} = 0{,}6\,\text{A}$ und $U_{Q2} = 82\,\text{V}$.

A.2 Taschenrechner Sharp EL-W506T

Wir wechseln bei Taschenrechner[2] Sharp EL-W506T in den Matrix-Modus.

Matrix A

- [MODE] [↓]

- [5] Wechsel in den Matrix-Modus
- [MATH]

- [1] für die Bearbeitung (EDIT) und Größe 3 × 3 festlegen mit [3] [3] festlegen
- Koeffizienten der Matrix **A** eingeben

- [ON/C] zum Löschen der Anzeige
- [MATH] [3] für Store (speichern)

- [0] um die eingegebene Matrix **A** als matA zu speichern

Matrix B

- [MATH]

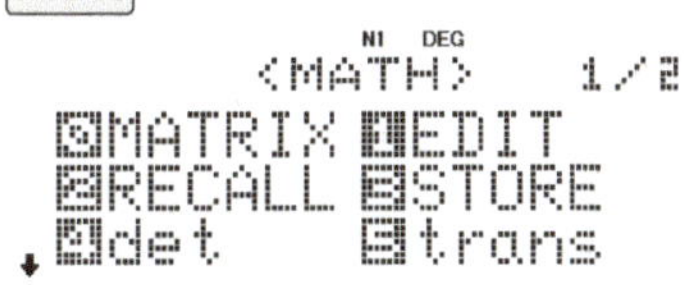

- [1] für die Bearbeitung (EDIT)
- Größe 3×1 festlegen mit [3] [1] festlegen
- Koeffizienten der Matrix **B** eingeben

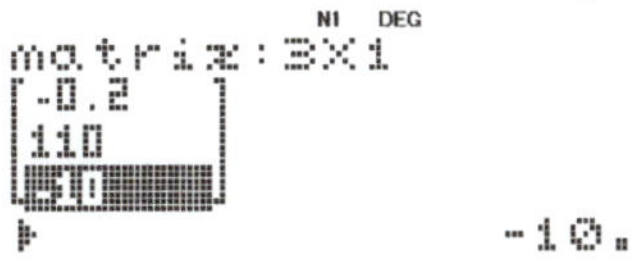

- [ON/C] zum Löschen der Anzeige
- [MATH] [3] für Store (speichern)

- [1] um die eingegebene Matrix **B** als matB zu speichern

Matrix x

Für die Lösung des Gleichungssystems schreiben wir:

- [MATH] [0] [0] [y^x] [(-)] [1] [×] [MATH] [0] [1] um die Matrix $\mathbf{A}^{-1}$ mit der Matrix **B** zu multiplizieren

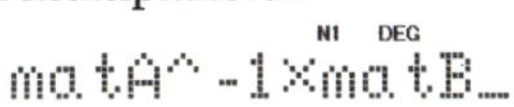

- [=] Wir erhalten für die 3 × 1 Lösungsmatrix **x**

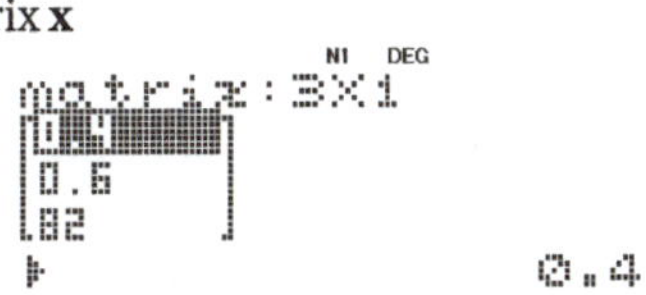

- Die Lösungen ergeben sich damit zu $I_{R1} = 0{,}4\,\mathrm{A}$, $I_{R4} = 0{,}6\,\mathrm{A}$ und $U_{Q2} = 82\,\mathrm{V}$.

---

[2] Sämtliche Screenshots dieses Abschnitts wurden mit der Software *PC simulator EL-W506T* von Sharp erstellt, die auf der Seite *https://www.sharp-calculators.com/* verfügbar ist.

A.3 Taschenrechner Texas Instruments TI-30X Pro MathPrint

Auf dem Taschenrechner TI-30X Pro MathPrint von Texas Instruments[3] gehen wir wie folgt vor:

Matrix A

- [2nd] [matrix] [→] [→]

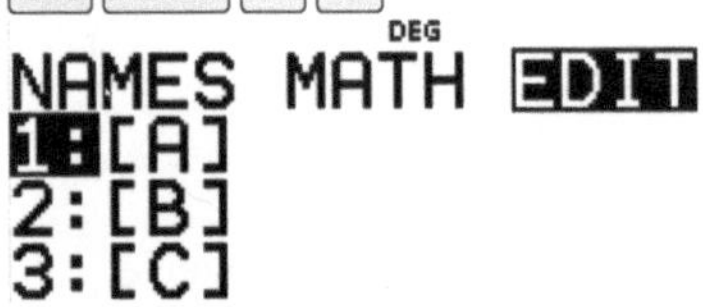

- [enter] um EDIT auszuwählen
- Größenfestlegung der 3 × 3 Matrix
  - Rows (Spalten): 3 mit [→] [→] [ENTER]
  - Columns (Zeilen): 3 [→] [→] [ENTER]

- Mit [ENTER] in den Eingabemodus für die Matrix **A** wechseln und Koeffizienten eingeben und mit [ENTER] einzeln bestätigen:

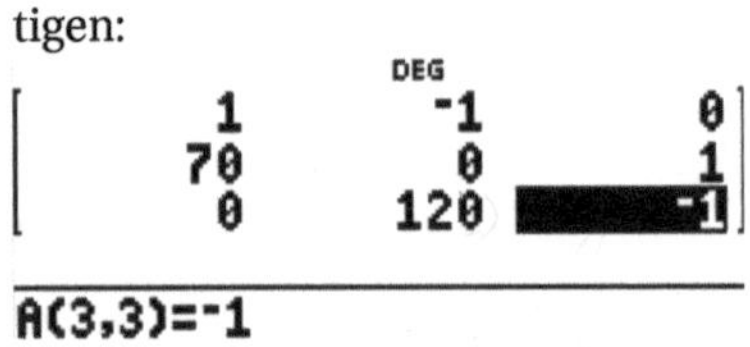

Matrix B

- [2nd] [matrix] [→] [→] [↓]

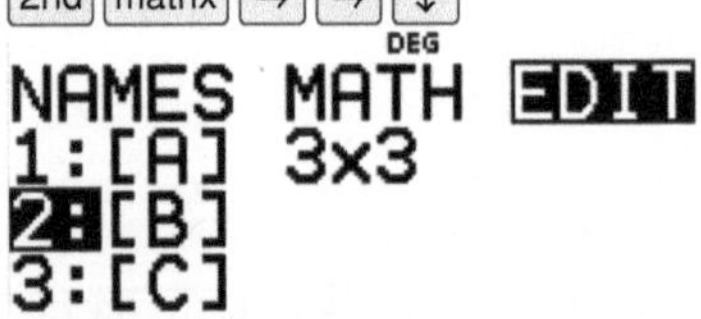

- Matrix **B** mit [enter] auswählen
- Größe 3 × 1 festlegen mit [enter] [→] [→] [enter]

- Mit [enter] die Größenfestlegung bestätigen
- Koeffizienten der Matrix **B** eingeben

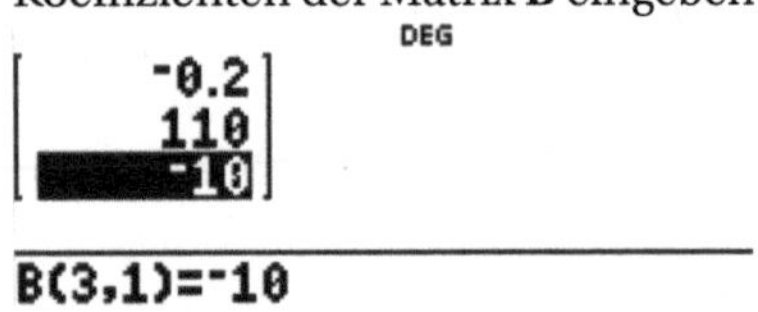

- Eingabemodus mit [2nd] [quit] verlassen

Matrix x

- Für die Berechnung der Matrix **x** berechnen wir $\mathbf{A}^{-1} \cdot \mathbf{B}$
- Im Matrix-Menü [2nd] [matrix]:

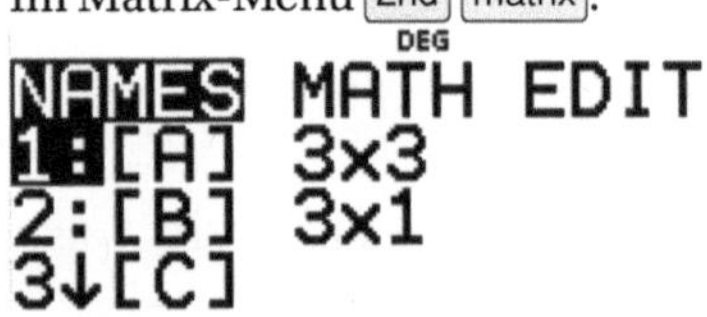

- Dafür wählen wir zuerst die Matrix **A** über [enter] aus

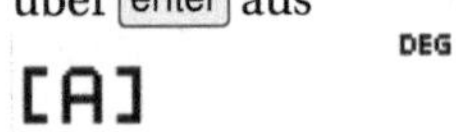

- Die Matrix **A** wird hoch −1 gerechnet mit [$x^{\square}$] [(-)] [1]

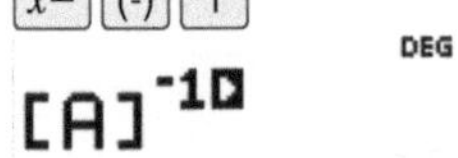

[3] Sämtliche Screenshots dieses Abschnitts wurden mit der Software *TI-SmartView™ for MathPrint* erstellt. Darstellung mit freundlicher Genehmigung von Texas Instruments Education Technology GmbH, Freising.

- In die Basiszeile gelangt man mit [→] zurück
- Danach über [×] [2nd] [matrix] [↓] die Multiplikation mit der Matrix **B** eingegeben:

```
DEG
[A]^-1*[B]
```

- Die Berechnung wird mit [enter] durchgeführt und zeigt folgendes Ergebnis:

```
DEG
[ 0.4 ]
[ 0.6 ]
[ 82  ]
Ans(1,1)=0.4
```

- Die Lösungen betragen $I_{R1} = 0{,}4\,\text{A}$, $I_{R4} = 0{,}6\,\text{A}$ und $U_{Q2} = 82\,\text{V}$.

A.4 Julia-Programmcode

Für die Lösung von mathematischen Problemen ist eine Vielzahl von Software-Paketen kostenfrei erhältlich, von denen viele Open-Source sind. Der nachfolgend angegebene Programmcode ist mit den Open-Source-Programmen Julia und GNU Octave[4] verwendbar. Dabei ist zu beachten:

- Eine Matrix und ein Vektor werden mit eckigen Klammern spezifiziert.
- Die Spaltenelemente werden durch Leerzeichen [Space] getrennt.
- Die Zeilenelemente werden durch Strichpunkte [;] getrennt.

Eine konkrete Lösung sieht wie folgt aus:

- Alle interaktiven Eingaben beginnen nach `julia>` und werden mit [↵] abgeschlossen.
- Kommentarzeilen beginnen mit # und können bei der Eingabe ersatzlos fortgelassen werden.
- Die Rückmeldungen (der Programmiersprache Julia) stehen direkt unter den Eingaben.

```
julia> # Definition der Matrix A

julia> A = [[1 -1 0]; [70 0 1]; [0 120 -1]]
3x3 Matrix{Int64}:
  1   -1   0
 70    0   1
  0  120  -1

julia> # Definition des Vektors B

julia> B = [-0.2; 110; -10]
3-element Vector{Float64}:
  -0.2
 110.0
 -10.0

julia> # Bestimmung des Lösungsvektors x

julia> x = A \ B
3-element Vector{Float64}:
  0.4
  0.6
 82.0
```

Im Lösungsvektor **x** stehen die Elemente für $I_{R1} = 0{,}4\,\text{A}$, $I_{R4} = 0{,}6\,\text{A}$ und $U_{Q2} = 82\,\text{V}$.

---

4 Der Programmcode von Octave ist weitgehend mit der kommerziell verfügbaren Software Matlab® kompatibel.

B Verzeichnis der Formelzeichen

Die nachfolgend angeführten Formelzeichen bezeichnen die in diesem Buch verwendeten physikalische Größen mitsamt ihren Einheiten (EH). Falls es mehrere Bedeutungen eines Formelzeichens gibt, so werden diese untereinander angeführt.

B.1 Griechische Kleinbuchstaben

Größe	Aussprache	EH	Beschreibung	Seite
α	»Alpha«	1	Winkel	159
		K^{-1}	Temperaturkoeffizient	77, 269
β	»Beta«	1	Winkel	159
γ	»Gamma«	1	Winkel	159
		S/m	Spezifische elektrische Leitfähigkeit	80
ε	»Epsilon«	As/(Vm)	Permittivität	140
ε_r		1	Relative Permittivität	140
ϑ	»Theta«	°C	Celsius-Temperatur	77
η	»Eta«	1	Wirkungsgrad	88
μ	»Müh«	Vs/(Am)	Permeabilität	197
μ_r		1	Relative Permeabilität	197
π	»Pi«	1	Kreiszahl	14
ρ	»Rho«	Ωm	Spezifische elektrische Leitfähigkeit	80
		kg/m^3	Massedichte	255
σ	»Sigma«	1	Streukoeffizient	240
φ	»Phi«	V	Potenzial	40
ω	»Omega«	s^{-1}	Kreisfrequenz	227

B.2 Griechische Großbuchstaben

Größe	Aussprache	EH	Beschreibung	Seite
Δ	»Delta«		Änderung	29
Θ	»Theta«	A	Durchflutung	216
Φ	»Phi«	Wb, Vs	Magnetischer Fluss	207
Ψ	»Psi«	C, As	Elektrischer Fluss	138
		Wb, Vs	Magnetischer Verkettungsfluss	227
	»Omega«	Ω	Einheit des Widerstands, gesprochen als »Ohm«	44

B.3 Lateinische Kleinbuchstaben

Größe	EH	Beschreibung	Seite
a		Ganze Zahl	7
	m	Länge	14, 159
b		Ganze Zahl	7
	m	Länge	14, 159
c	m	Länge	14, 159
	J/(kgK)	Spezifische Wärmespeicherkapazität	88
d	m	Abstand, Länge	134, 159
e	C, As	Elementarladung	23
$\vec{e}$	1	Einsvektor	176
f	Hz, s^{-1}	Frequenz	255
g	m	Länge des Luftspalts	224
	m/s^2	Erdbeschleunigung	88, 127
h	m	Höhe	14
i	A	Momentanwert des Stroms	227
j		ganzzahliger Index	59, 68
k		ganzzahliger Index, allgemeine Größe	59, 68
	1	Steigung	161
	1	Kopplungsfaktor	240
k_H	$m^3/(As)$	Hall-Konstante	251
l	m	Länge	80
m	kg	Masse	88
n		Anzahl von Komponenten	59, 68
r	m	Radius	14
$\vec{r}$	m	Ebener oder räumlicher Vektor	169
t	s	Zeit	23
u	V	Momentanwert der Spannung	227

Größe	**EH**	**Beschreibung**	**Seite**
$\mathring{u}$	A	Magnetische Umlaufspannung	240
v	m/s	Geschwindigkeit	88, 232
v_{15}	W/kg	Spezifische Eisenverluste bei 1,5 T und 50 Hz	255
x	1	Allgemeine Größe, relative Position	5, 82
	m	Länge bzw. Koordinate	169
y	1	Allgemeine Größe	5
	m	Koordinate	169
z	1	Allgemeine Größe	163
	m	Koordinate	169

B.4 Lateinische Großbuchstaben

Größe	**EH**	**Beschreibung**	**Seite**
A	m^2	Fläche	38
B	T, Vs/m^2	Magnetische Flussdichte	197
C	F, As/V	Kapazität	142
D	m	Durchmesser	140
	As/m^2	Elektrische Flussdichte	139
E	V/m	Elektrische Feldstärke	127
E_E	J, Ws	Energie des elektrischen Felds	150
E'_E	J/m^3	Energiedichte des elektrischen Felds	150
E_M	J, Ws	Energie des magnetischen Felds	253
E'_M	J/m^3	Energiedichte des magnetischen Felds	253
F	N	Kraft	127
G	S, A/V	Leitwert	44
	$m^3/(kg\,s^2)$	Gravitationskonstante	155
G_m	Vs/A	Magnetischer Widerstand	205
H	A/m	Magnetische Feldstärke	183
I	A	Strom	23
J	A/m^2	Stromdichte	38
	T, Vs/m^2	Polarisation	255
L	H, Vs/A	Induktivität	236
M	m^2	Mantelfläche	14
N	1	Windungszahl	183
O	m^2	Oberfläche	14
P	W, VA	Leistung	88
P'	W/m^3	Leistungsdichte	255
Q	C, As	Ladung	23
R	Ω, V/A	Widerstand	44
R_m	A/(Vs)	Magnetischer Widerstand	205

Größe	EH	Beschreibung	Seite
T	K	Temperatur	77
U	m	Umfang	14
	V	Spannung	40
U_m	A	Magnetische Spannung	214
$\mathring{U}_m$	A	Magnetische Umlaufspannung	218
V	m^3	Volumen	14

Literatur

[BBD⁺20] Bumiller, Horst; Burgmaier, Monika; Duhr, Christian; Eichler, Walter; Feustel, Bernd; Käppel, Thomas; Klee, Werner; Manderla, Jürgen; Reichmann, Olaf; Schwarz, Jürgen; Tkotz, Klaus; Winter, Ulrich: *Fachkunde Elektrotechnik.* 32. Auflage. Verlag Europa-Lehrmittel, 2020. – ISBN 978–3–8085–3791–6

[Bur22] Bureau International des Poids et Mesures: *The International System of Units (SI).* 9th Edition 2019, version V2.01 December 2022. 2022. – ISBN 978–92–822–2272–0

[Bü11] Büttner, Wolf-Ewald: *Grundlagen der Elektrotechnik 1.* 3. Auflage. Oldenbourg Verlag, 2011. – ISBN 978–3–486–70706–9

[FRS⁺93] Friedrich, Wilhelm; Rohlfing, Horst; Schmidt, Harry; Lipsmeier, Antonius; Teml, Adolf: *Friedrich – Tabellenbuch Elektrotechnik Elektronik.* 527.-552. Auflage. Ferd. Dümmlers Verlag, 1993. – ISBN 3–427–53024–8

[Pre06] Prechtl, Adalbert: *Vorlesungen über die Grundlagen der Elektrotechnik, Band 1.* 2. Auflage. Springer, 2006. – ISBN 978–3–211–30418–1

[Pre08] Prechtl, Adalbert: *Vorlesungen über die Grundlagen der Elektrotechnik, Band 2.* 2. Auflage. Springer, 2008. – ISBN 978–3–211–72455–2

[SRZ22] Schrüfer, Elmar; Reind, Leonhard M.; Zagar, Bernhard: *Elektrische Messtechnik.* 13. Auflage. Carl Hanser Verlag, 2022. – ISBN 978–3–446–47164–1

Stichwortverzeichnis